工程力学

Gongcheng Lixue

（第2版）

陈天富 冯贤桂 编著

重庆大学出版社

内 容 提 要

本书是根据教育部高等学校工科力学课程教学基本要求编写的。

全书分为两篇,第 1 篇是静力学,第 2 篇是材料力学。全书共 15 章,静力学部分的内容包括:绪论、静力学基本概念与基本原理、力系的简化与合成、力系的平衡;材料力学部分的内容包括:材料力学的一般概念、轴向拉伸和压缩、剪切、平面图形的几何性质、扭转、弯曲内力、弯曲应力、弯曲变形、应力状态分析和强度理论、组合变形、压杆的稳定性、交变应力和冲击应力。各章都附有习题,书末附有部分习题答案。

本书还附有可以直接用于课堂教学的多媒体光盘。光盘覆盖了本书的全部内容,图文并茂,生动形象,有利于读者学习、掌握工程力学的基本内容。

本书主要适用于高等工科院校机械制造、机械生产自动化、采矿、材料加工、冶金机械、电机、动力工程等专业的力学课程,还能作为高职、高专各专业的工程力学多学时和中学时课程教材,同时可供有关工程技术人员参考使用。

图书在版编目(CIP)数据

工程力学/陈天富,冯贤桂编著.—重庆:重庆大学出版社,2008.6(2022.7 重印)

ISBN 978-7-5624-4419-0

Ⅰ.工…　Ⅱ.①陈…②冯…　Ⅲ.工程力学—高等学校—教材　Ⅳ.TB12

中国版本图书馆 CIP 数据核字(2008)第 018503 号

工　程　力　学
(第 2 版)

陈天富　冯贤桂　编著

责任编辑:梁　涛　文　雯　　版式设计:梁　涛
责任校对:谢　芳　　　　　　　责任印制:赵　晟

*

重庆大学出版社出版发行
出版人:饶帮华
社址:重庆市沙坪坝区大学城西路 21 号
邮编:401331
电话:(023)88617190　88617185(中小学)
传真:(023)88617186　88617166
网址:http://www.cqup.com.cn
邮箱:fxk@cqup.com.cn(营销中心)
全国新华书店经销
重庆巍承印务有限公司印刷

*

开本:787mm×1092mm　1/16　印张:21　字数:524 千
2017 年 7 月第 2 版　　2022 年 7 月第 11 次印刷
印数:25 001—28 000
ISBN 978-7-5624-4419-0　定价:53.00 元

前 言

本书是根据教学改革新思想,在传统工程力学教材的基础上,按教育部高等学校工科力学课程教学基本要求编写的,内容和体系作了较大的调整和更新。全书分为两篇,第1篇是静力学,第2篇是材料力学。

作者根据多年来在工程力学教学中积累的基本经验,注意吸取各类教材的精华,尽力争取编写一本融合我国传统教材,具有理论性强、简明扼要特点的工程力学教材,以适应现代教学改革的要求。教材的内容安排由一般到特殊,避免了工程力学自身的繁杂以及与大学物理课程相关部分的重复。本书中静力学与材料力学内容相互协调、体系连贯,并且注意引进新的知识点。物理概念准确,数学推导过程精练,并且精心制作了与教学配套的教学课件,在教学应用中非常方便。

本书突出了以下几个方面的特点:

(1)在参考各种版本工程力学教材的基础上,融入了编者多年的教学经验与体会;

(2)合理组合教学内容,避免不必要的内容重复,在满足基本理论要求的基础上,突出重点,实现教学内容的相互贯通和综合;

(3)采用从一般到特殊的内容体系,尽量能够全面、准确地阐述基本概念和基本定理;

(4)力求做到教材的文字内容简练,理论部分容易理解;

(5)各章节的例题难度适当,有利于读者加深对内容的理解与掌握,讲透重点问题,简化处理难点问题;

(6)配套的教学课件具有图文并茂、生动形象的特点,可以直接用于课堂教学。

第1篇静力学的安排上,首先介绍有关力的一些重要基本概念,力的基本性质、力的投影、力矩、力偶、约束及约束力和物体的受力分析等。随后在力系的简化、合成和平衡这些内容中,公式推导从空间一般力系出发,将平面问题作为空间力系的特例处理,但在平衡方程的应用方面,又以平面力系作用下物体系的平衡为重点,例题讲解和作业的重点仍放在平面力系上,这就使论证过程简练,重点突出。这样可以减少内容重复及公式推导过程,减少教学时数。考虑到当前高中教学中已经引入了许多现代数学知识,并且理工科大学生已经学过高等数学,对矢量知识已有相当基础,所以本书努力将矢量方法运用于公式推导和定理证明。例如,力的分解与合成、力对点的矩、

1

平行力系的中心、各种力系的简化等都运用了矢量方法,证明过程简单明了。

第2篇材料力学包含了材料力学课程基本要求的全部内容:从拉伸、压缩、剪切、扭转、弯曲,到应力状态与强度理论、组合变形、压杆稳定、交变应力的基本理论和方法都作了较为详尽的阐述。内容的编写与安排尽量做到理论联系实际,注重工程应用,为读者从事工程设计提供必要的理论基础。在材料的力学性能中,按最新国标规定,取消了弹性极限概念,用"规定非比例伸长应力"代替"比例极限"定义;在扭转变形中,去掉了薄壁圆筒扭转这一节,直接从圆轴扭转来建立剪应力的计算表达式,节省了教材篇幅;弯曲剪应力的计算公式,也采用了新的推导方法;利用虚功原理,简洁地证明了计算弯曲变形的"莫尔定理";对强度理论概念提出了新的定义方法;在压杆稳定方面,提出了压杆稳定的物理实质。

本书由重庆大学陈天富担任主编,陈天富、冯贤桂共同编写,陈天富编写"静力学"部分的绪论、第1章,"材料力学"部分的第5章、第12章、第13章、第14章、第15章;冯贤桂编写"静力学"部分的第2章、第3章,"材料力学"部分的第4章、第6章、第7章、第8章、第9章、第10章、第11章。与教材配套的多媒体教学课件,由陈天富、冯贤桂和重庆市巴蜀中学陈肖共同制作完成。

本书主要适用于高等工科院校机械制造、机械生产自动化、采矿、材料加工、冶金机械、电机、动力工程等专业的力学课程,也可以供有关工程技术人员参考使用。

限于编者的水平,书中难免有不少缺点错误与疏漏之处,希望使用本书的广大师生和读者批评指正。

本书得到重庆大学教材建设基金资助。

编　者

2007 年 12 月于重庆大学

主要符号表

符　号	量的含义
A	面积
a	间距
b	宽度
d	直径、距离、力偶臂
D	直径
e	偏心距
E	弹性模量（杨氏模量）
f_s	静摩擦系数
F_{Ax}, F_{Ay}	A 处铰约束力
F_N	法向约束力、轴力
F_P	荷载
F_{Pcr}	临界荷载
F_Q	剪力
F_R	合力、主矢
F_S	牵引力、拉力
F_T	拉力
F_x, F_y, F_z	力在 x, y, z 方向的分量
F_{Pc}	挤压力
G	剪切弹性模量
h	高度
I	惯性矩
I_P	极惯性矩
I_{yz}	惯性积
k	弹簧刚度系数
K_σ, K_τ	有效应力集中系数
K_t	理论应力集中系数
l	长度、跨度
M, M_y, M_z	弯矩
M_e	外力偶矩

M_x	扭矩
m	质量
M_O	力系对点 O 的主矩
$M_O(F)$	力 F 对点 O 之矩
M	力偶矩
M_x, M_y, M_z	力对 x, y, z 轴之矩
M_f	滚动阻力偶
n	转速
$[n]_{st}$	稳定安全系数
p	内压力
P	功率
q	均布荷载集度
R, r	半径
r	矢径
s	路程、弧长
u	比能
u_V	体积改变比能
u_f	形状改变比能
W	功、重量、抗弯截面模量
W_p	抗扭截面模量
α	倾角、线膨胀系数
β	角、表面加工质量系数
θ	角梁横截面转角、单位长度相对扭转角
φ	相对扭转角
γ	剪应变
Δ	变形、位移
δ	厚度
ε	线应变
λ	柔度、长细比
μ	泊松比、长度系数
ρ	曲率半径
σ	正应力
σ^+	拉应力
σ^-	压应力
σ_m	平均应力
σ_b	强度极限
σ_c	挤压应力

$[\sigma_c]$	许用挤压应力
$[\sigma]^+$	许用拉应力
$[\sigma]^-$	许用压应力
$[\sigma]$	许用应力
σ_{cr}	临界应力
$\sigma_{0.2}$	条件屈服极限
σ_s	屈服极限
σ_u	极限正应力
σ_{-1}	对称循环时的疲劳极限
τ	剪应力
τ_b	剪切强度极限
$[\tau]$	许用剪应力
τ_u	极限剪应力

目录

绪论 ……………………………………………………… 1
  0.1 工程力学的研究任务及内容…………………… 1
  0.2 工程力学的研究方法………………………… 2
  0.3 工程力学在机电类专业中的地位和作用……… 2

第1篇 静力学

第1章 静力学基本概念与基本原理 ……………… 4
  1.1 力与力系的概念………………………………… 4
  1.2 静力学基本公理………………………………… 6
  1.3 力的分解与投影………………………………… 8
  1.4 力矩与力偶……………………………………… 9
  1.5 约束与约束力………………………………… 15
  1.6 受力分析与受力图…………………………… 17
  习题 ……………………………………………… 21

第2章 力系的简化与合成 ……………………… 23
  2.1 力的平移定理………………………………… 23
  2.2 力系的简化…………………………………… 24
  2.3 物体的重心…………………………………… 33
  习题 ……………………………………………… 37

第3章 力系的平衡 ……………………………… 40
  3.1 汇交力系的平衡方程………………………… 40
  3.2 力偶系的平衡方程…………………………… 41
  3.3 任意力系的平衡方程………………………… 42
  3.4 平衡方程的应用……………………………… 44
  3.5 平面静定桁架………………………………… 55
  3.6 考虑摩擦时的平衡问题……………………… 59
  习题 ……………………………………………… 65

第2篇 材料力学

第4章 材料力学的一般概念 …………………… 71
  4.1 材料力学的任务 …………………………… 71

4.2　可变形固体及其基本假设 ·················· 72

4.3　杆件变形的基本形式 ·················· 73

第5章　轴向拉伸和压缩 ·················· 75

5.1　轴向拉伸和压缩的概念 ·················· 75

5.2　内力和截面法　轴力和轴力图 ·················· 75

5.3　拉压杆应力 ·················· 78

5.4　轴向拉伸或压缩时的变形 ·················· 81

5.5　材料在拉伸和压缩时的力学性能 ·················· 85

5.6　轴向拉伸和压缩时的强度计算 ·················· 92

5.7　拉伸和压缩静不定问题 ·················· 95

习题 ·················· 101

第6章　剪切 ·················· 108

6.1　概述 ·················· 108

6.2　剪切强度计算 ·················· 109

6.3　挤压强度计算 ·················· 110

6.4　计算实例 ·················· 110

习题 ·················· 114

第7章　平面图形的几何性质 ·················· 117

7.1　概述 ·················· 117

7.2　静矩和形心 ·················· 117

7.3　惯性矩和惯性积 ·················· 120

7.4　平行移轴公式 ·················· 122

习题 ·················· 124

第8章　扭转 ·················· 126

8.1　扭转的概念和实例 ·················· 126

8.2　外力偶矩的计算　扭矩和扭矩图 ·················· 127

8.3　纯剪切 ·················· 129

8.4　圆轴扭转时的应力和变形 ·················· 130

8.5　圆轴扭转时的强度和刚度计算 ·················· 135

8.6　扭转静不定问题 ·················· 138

8.7　非圆截面杆扭转简介 ·················· 139

习题 ·················· 141

第9章　弯曲内力 ·················· 144

9.1　平面弯曲的概念 ·················· 144

9.2　梁的计算简图 ·················· 145

9.3　剪力和弯矩 ·················· 147

9.4　剪力图和弯矩图 ·················· 149

9.5　用叠加法作弯矩图 ·················· 153

9.6　剪力、弯矩和荷载集度间的关系 ················· 154

习题 ········· 157

第10章　弯曲应力 ················· 162

10.1　梁弯曲时的正应力 ················· 162

10.2　弯曲正应力强度计算 ················· 167

*10.3　非对称梁的弯曲 ················· 170

10.4　梁弯曲时的剪应力 ················· 171

10.5　提高梁弯曲强度的措施 ················· 178

习题 ········· 181

第11章　弯曲变形 ················· 185

11.1　工程中的弯曲变形问题 ················· 185

11.2　梁的挠曲线近似微分方程 ················· 185

11.3　用积分法求梁的弯曲变形 ················· 187

11.4　用叠加法求弯曲变形 ················· 193

11.5　梁的刚度计算 ················· 195

11.6　静不定梁 ················· 199

11.7　用莫尔定理计算梁的弯曲变形 ················· 202

习题 ········· 208

第12章　应力状态分析和强度理论 ················· 213

12.1　应力状态概述 ················· 213

12.2　二向应力状态分析——解析法 ················· 215

12.3　二向应力状态分析——图解法 ················· 218

12.4　三向应力状态 ················· 222

12.5　广义胡克定律　体积应变 ················· 225

12.6　三向应力状态下的弹性比能 ················· 228

12.7　强度理论的概念 ················· 230

12.8　4个常用的强度理论 ················· 231

12.9　莫尔强度理论 ················· 235

习题 ········· 238

第13章　组合变形 ················· 242

13.1　组合变形概念和应力叠加法 ················· 242

13.2　斜弯曲 ················· 243

13.3　拉伸(压缩)与弯曲的组合 ················· 247

13.4　弯曲与扭转的组合 ················· 250

习题 ········· 254

第14章　压杆的稳定性 ················· 260

14.1　压杆稳定的概念 ················· 260

14.2　细长压杆的临界力　欧拉公式 ················· 262

14.3　其他约束条件下细长压杆的临界力 ················· 265

14.4　欧拉公式适用范围　中、小柔度杆的临界应力
　　　　　…………………………………………………　269
14.5　压杆的稳定性计算　……………………………　274
14.6　提高压杆稳定性的措施　………………………　279
习题　……………………………………………………　279

第15章　交变应力和冲击应力　……………………　284
15.1　交变应力和疲劳破坏　…………………………　284
15.2　循环特征、平均应力和应力幅　………………　286
15.3　材料的持久极限及其测定　……………………　287
15.4　影响构件持久极限的主要因素　………………　288
15.5　对称循环下构件的疲劳强度校核　……………　292
15.6　冲击应力　………………………………………　294
习题　……………………………………………………　298

附录　型钢表　………………………………………　300
习题答案　……………………………………………　311
参考文献　……………………………………………　321

绪　论

0.1　工程力学的研究任务及内容

工程力学是一门研究物体机械运动和构件强度、刚度及稳定性的学科,它主要包括刚体静力学与材料力学两部分。

静力学是刚体力学的一个分支,它主要研究物体在力的作用下处于平衡状态的规律,以及各种力系的平衡条件。平衡是物体机械运动的特殊形式,即物体相对于地球表面处于静止或作匀速直线运动的状态。静力学还研究力系的简化和物体受力分析的基本方法。作用于物体上的诸力必须满足一定的条件,物体才能处于平衡状态。根据平衡条件,由作用于物体上的已知力可以求出未知的力,这一过程称为静力分析。对处于平衡状态的物体进行静力分析是工程力学的一项任务。

材料力学是固体力学的一个分支,它是研究结构构件和机械零件承载能力的基础学科。材料力学的研究范畴通常包括两大部分:一部分是材料的力学性能的研究,另一部分是对构件进行力学分析,为保证各构件或机械零件能正常工作,提供设计理论依据和计算方法。工程结构和构件受力作用而丧失正常功能的现象,称为失效。在工程中,要求构件有足够的承载能力,即不发生失效而能安全正常工作。承载能力衡量的标准主要有以下 3 个方面:①不发生破坏(屈服或断裂),即具有足够的强度;②发生的变形在工程容许的范围内,即具有足够的刚度;③不丧失原来形状下的平衡状态,即具有足够的稳定性。工程力学的另一项任务正是研究构件的强度、刚度和稳定性问题,为合理确定构件的材料和形状尺寸,使其达到安全、经济和美观的要求,创建有关的理论方法和试验技术。

综上所述,工程力学的任务就是为设计工程构件或机械零件提供行之有效的基础理论及分析方法和计算方法,从而使构件具有足够的承载能力。为完成上述任务,要对构件进行受力分析、平衡分析和承载能力分析与计算。

0.2 工程力学的研究方法

对工程结构进行现场观察和部分实验是认识力学规律的重要实践性环节。将实践过程中所得结果,利用抽象化的方法加以分析、归纳、综合,可得到一些最普遍的公理或定律,再通过严格的逻辑推理和数学演绎,可得到运用于工程的力学公式。

自然界与各种工程中涉及机械运动的物体有时是很复杂的,工程力学在研究其机械运动、对物体进行力学分析时,首先必须根据研究问题的性质,抓住其主要特征,忽略一些次要因素,对其进行合理的简化,科学地抽象出力学模型。物体在受力后都要发生变形,但在大多数工程问题中这种变形是极其微小的。当分析物体的运动和平衡规律时,这种微小变形的影响很小,可略去不计,而认为物体不发生变形。这种在受力时保持形状、大小不变的力学模型称为刚体。由若干个刚体组成的系统称为刚体系。当分析强度、刚度和稳定性问题时,由于这些问题都与变形密切相关,因而即使是极其微小的变形也必须加以考虑,这时就必须把物体抽象为变形体这一力学模型。

理论分析、试验分析和计算机分析是工程力学中三种主要的研究方法。理论分析是以基本概念和定理为基础,经过严密的数学推演,得到问题的解析解答,是广泛使用的一种方法。材料的力学性能是材料在力的作用下,抵抗变形和破坏等表现出来的性能,它必须通过材料试验来测定;另外,对于现有理论还不能解决的某些复杂的工程力学问题,有时也要依靠试验来解决,因此试验方法在工程力学中占有重要的地位。随着计算机的出现和飞速发展,又增加了一种新的研究方法,即计算机分析方法。对于一些较为复杂的力学问题,在理论分析中,可以利用计算机得到难于导出的公式;在试验过程中,利用计算机整理数据、绘制实验曲线、显示图形、选用最优参数等。计算机的应用使工程力学的计算手段发生了根本性变化,用计算机可以解决许多手算无法解决的问题。计算机分析已成为一种独特的研究方法,其地位将越来越重要,由此可以展望,力学加电子计算机将成为工程设计的新的主要手段。

应该指出,上述工程力学的三种研究方法是相辅相成、互为补充、互相促进的。在学习工程力学经典内容的同时,掌握传统的理论分析与试验分析方法是很重要的,因为它是进一步学习工程力学其他内容以及掌握计算机分析方法的基础。

学习工程力学,要求深刻理解工程力学中已被实践证明是正确的基本概念和基本定律,这些是力学知识的基础;因此由基本概念和基本定律导出的工程力学定理和公式,必须熟练掌握。为了巩固和加深理解所学知识,演算一定数量的习题,把学到的理论知识不断用到实践中去,这也是很重要的一方面。

0.3 工程力学在机电类专业中的地位和作用

工程力学是机电类专业和其他工科类专业的重要技术基础课,具有较强的理论性和实践性。工程力学中讲述的基础理论和基本知识,在基础课与专业课之间起桥梁作用,是机械设计基础等后继课程的基础课。它为各种设备及机器的机械零件受力分析和强度计算提供必要的理论基础。

　　一些日常生活中的现象和工程技术问题,可直接运用工程力学的基本知识去分析研究。比较复杂的问题,则需要用工程力学知识结合其他专业知识进行研究。所以学好工程力学知识,能对一般的受力物体进行力学分析与计算,可为解决工程实际问题打下基础。

　　工程力学的理论既抽象而又紧密结合实际,研究的问题涉及面广,系统性、逻辑性强,这些特点能够培养逻辑思维和分析问题的能力,对于培养辩证唯物主义世界观,也起着重要作用。

第1篇 静力学

第 1 章
静力学基本概念与基本原理

力与力偶是力学中两个基本物理量,力与力偶使物体产生的运动效应和变形效应是力学分析的基本知识。本章所述的力、力偶、约束等基本概念以及静力学的几个公理,是静力学的基础。而研究工程中常见的约束及产生的约束力,研究如何将工程中的实际问题简化成便于分析计算的力学模型则是本章的重要内容。

1.1 力与力系的概念

1.1.1 力的概念

力是物体间的相互作用,这种作用使物体的运动状态发生变化,或使物体的形状发生改变。即力的作用结果产生两种作用效应,分别称为运动效应(外效应)和变形效应(内效应)。在刚体静力学中,只讨论力的运动效应,力的变形效应将在材料力学中考虑。

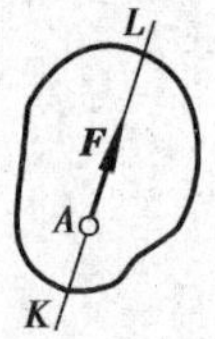

图 1.1

力对物体作用的效应取决于力的三要素:力的大小、方向和作用点。所以力是矢量,应符合矢量运算法则。

度量力的大小通常采用国际单位制(SI),力的单位是 N 或 kN。力的方向是指它在空间的方位和指向,力的作用点是指力在物体上的作用位置。力矢量可以用带箭头的线段表示,如图 1.1 所示,与力矢量重合的直线 KL 称为力的作用线。

力作用的理想化情况可分为集中力或分布力:当力的作用面积小到可以不计其大小时,就抽象为一个点,这个点就是力的作用点,而这种作用于一点的力则称为集中力;当作用力分布在有限面积上或体积内时,称为分布力。分布力的分布规律一般比较复杂,需要作简化处理,然后再进行分析计算。作用在一条线段上的分布力,其单位是 N/m 或 kN/m。

1.1.2　力系

作用在物体上的所有力的集合,称为力系。

(1)力系的分类

1)空间任意力系　各力的作用线不在同一平面内的力系。空间力系是最一般的力系。如图 1.2 所示。

2)空间汇交力系　空间力系中各力的作用线汇交于一点。如图 1.3 所示。

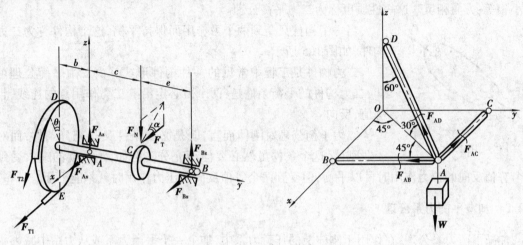

图 1.2　　　　　　　　　　　　　　　　　　图 1.3

3)空间平行力系　各力的作用线互相平行。

4)平面任意力系　力系中各力的作用线在同一平面内。如图 1.4 所示。

5)平面汇交力系　平面力系中各力的作用线汇交于一点。

6)平面平行力系　各力的作用线在同一平面内且相互平行。

除了以上几种力系外,工程应用中还会遇到空间力偶系和平面力偶系,这两种力偶系将在本章的1.4.2 中讲述。

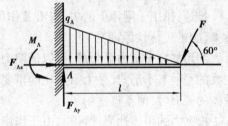

图 1.4

(2)力系的有关概念

1)等效力系　当研究力对物体的外效应时,如果两个力系对同一物体的作用效果相同,则这两个力系可以相互替代,互称等效力系。

2)简化力系　当研究力对物体的外效应时,用一个简单力系等效地替代复杂力系,此简单力系称为复杂力系的简化力系。

3)力系合成　当研究力对物体的外效应时,用一个力与一个力系等效,这一过程即为力系的合成,此力称为力系的合力。

4)平衡力系　物体在力系作用下,能够保持平衡状态,这一力系就称为平衡力系。

1.2 静力学基本公理

1.2.1 二力平衡公理

作用于同一刚体上的两个力使刚体平衡的必要与充分条件是:两个力作用在同一直线上,大小相等,方向相反。这一性质也称为二力平衡公理。

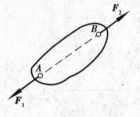

图 1.5

当一个构件只受到两个力作用而保持平衡,这个构件称为二力构件,如图 1.5 所示。

二力构件是工程中常见的一种构件形式。由二力平衡公理可知,二力构件的平衡条件是:两个力必定沿着二力作用点的连线,且等值、反向。

二力平衡公理对刚体而言,既是必要条件又是充分条件;而对于非刚体,这个条件虽然必要但不充分。例如,当柔软的绳索受到两个等值反向的拉力作用时可以平衡,但受到两个等值反向的压力作用时就不能平衡。

1.2.2 加减平衡力系公理

加减平衡力系公理:在作用于刚体上的任意力系中,加上一个平衡力系或从力系中减去一个平衡力系,不影响原力系对刚体的作用效果。

这一公理说明,如果两个力系只相差一个或几个平衡力系,那么它们对刚体的作用效果完全相同,可以互相等效替换。

推论:作用于刚体上的力,可沿其作用线移至刚体上任一点,而不改变该力对刚体的作用效果(力的可传性原理)。

利用加减平衡力系公理,可以证明力的可传性原理。加减平衡力系公理给出了力系等效变换的一种基本形式,是力系简化的重要工具。但它只适用于刚体,当所研究的问题中要考虑物体的变形时,便不再适用了。

根据力的可传性原理可知,由于作用在刚体上的力可以沿其作用线任意移动,因此对于刚体,力是滑动矢量。在力的三要素中,作用点可由它的作用线代替,所以对作用在刚体上的力,力的三要素变为:力的大小、方向和作用线。

1.2.3 力的平行四边形法则

力的平行四边形法则:作用于物体上同一点的两个力,可以合成为一个合力,合力也作用在该点,合力的大小和方向由这两个力为边构成的平行四边形的对角线来表示。

如图 1.6(a)所示,两个力 F_1 和 F_2 作用于物体上同一点 A,可以合成为作用于该点的一个合力 F_R。力的平行四边形法则表明,两个力的合力等于两个分力的矢量和,可用矢量方程表示

$$F_R = F_1 + F_2 \tag{1.1}$$

力的平行四边形也可以简化为力的三角形,如图 1.6(b)所示。在平面上任取一点 B,由

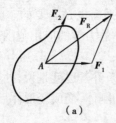
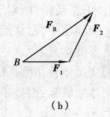

（a）　　　　　　　　　　（b）

图 1.6

这一点开始,按任意次序将力 F_1,F_2 以首尾相接的方式画出,从第一个力的始端向第二个力的末端作一矢量,即可得合力 F_R。这种方法称为力的三角形法则。

力三角形只表示各力的大小和方向,并不表示各力作用线的位置,力三角形只是一种矢量运算方法,不能完全表示力系的真实作用情况。

平行四边形法则是力系简化的最基本法则,它表达了最简单情况下合力和分力之间的关系,是力系合成和分解的基础。

推论:若作用于刚体上的三个力使刚体平衡,其中两个力的作用线汇交于一点,则这三个力必定在同一平面内,且第三个力的作用线通过该汇交点(三力平衡汇交定理)。

三力平衡汇交定理的证明如下:如图 1.7 所示,在刚体的 A,B,C 三点上分别作用三个力 F_1,F_2,F_3,且在力的作用下刚体平衡,根据力的可传性原理,将力 F_1,F_2 的作用点移至汇交点 O 处,然后根据力的平行四边形法则,求得 F_1,F_2 的合力 F_{12}。由于刚体平衡,则力 F_3 应与合力 F_{12} 平衡,根据二力平衡公理可知,力 F_3 应与合力 F_{12} 共线,所以力 F_3 必与力 F_1,F_2 共面,且其作用线通过汇交点 O。

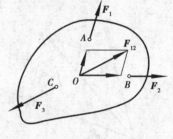

图 1.7

三力平衡汇交定理只是共面、不平行的 3 个力平衡的必要条件,而并非充分条件。当两个力相交时,可用来确定第三个力的作用线的方位。

1.2.4　作用和反作用定律

作用和反作用定律:两物体间相互作用的力称为作用力和反作用力。作用力和反作用力总是同时存在,并且大小相等、方向相反、沿着同一条直线,分别作用在两个相互作用的物体上。作用和反作用定律揭示了自然界中物体间相互作用力的关系,即作用力与反作用力总是成对出现,成对消失。它普遍适用于任何相互作用的物体,是研究若干个物体所组成的物体系统平衡问题的基础。

作用和反作用定律所建立的作用力与反作用力之间的关系,以及二力平衡公理所建立的两个平衡力之间的关系,都表达为两个力共线、等值、反向。但它们之间存在着本质上的差别,作用和反作用定律所指的是分别作用在两个相互作用物体上的两个力,二力平衡公理所指的是作用在同一刚体上的两个力。

1.2.5　刚化公理

刚化公理:变形体在某一力系作用下处于平衡,若将此变形体刚化为刚体,则其平衡状态保持不变。

这个公理指出,刚体的平衡条件,对于变形体的平衡也是必要的。因此,可将刚体的平衡条件应用到变形体的平衡问题中去,从而扩大了刚体静力学的应用范围,这对于弹性体静力学和流体静力学都有着重要的意义。

刚化公理提供了把变形体看作刚体模型的必要条件。也就是说,处于平衡状态的变形体,我们总可以把它视为刚体来研究;而处于平衡状态的刚体,变成变形体后就不一定能平衡。

1.3　力的分解与投影

力的分解与力的投影是两个不同的概念。一个力可分解成两个或两个以上的分力,力沿坐标轴分解的分力是矢量,所以力的分解应满足矢量运算法则;而力在坐标轴上的投影,是力的始端与终端分别向该坐标轴作垂线而截得的线段,力的投影是代数量。

对非正交坐标轴,可以看出分力与力的投影的差别,F_1,F_2 是力 F 的分力,线段 OA,OB 为力 F 的投影,如图 1.8 所示。只有当力沿正交坐标轴分解和投影时,其分力与投影在数值上才相等。

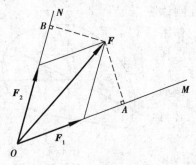

图 1.8

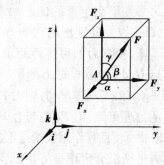

图 1.9

最常用的力的分解是将一个力分解为沿直角坐标轴 x,y,z 的分力,如图 1.9 所示。根据矢量运算法则,力 F 的矢量分解公式为

$$F = F_x + F_y + F_z = F_x i + F_y j + F_z k \tag{1.2}$$

式中　i,j,k 为沿直角坐标轴正向的单位矢量;

F_x,F_y,F_z 为力 F 在直角坐标轴上的投影。

$$F_x = F \cos \alpha, F_y = F \cos \beta, F_z = F \cos \gamma \tag{1.3}$$

式中　α,β,γ 为力 F 与 x,y,z 轴正向的夹角。

当力与 3 个坐标轴间的夹角不全知道,或者不易直接确定时,常用二次投影法求该力在坐标轴上的投影（图 1.10）。先将力 F 投影到 Oxy 平面,由于空间力 F 在 Oxy 平面上的投影 F_{xy} 仍然是矢量,再将 F_{xy} 投影到 x,y 轴上,于是得到力 F 在 3 个坐标轴上的投影为

$$\left. \begin{array}{l} F_x = F \cos \theta \cos \varphi \\ F_y = F \cos \theta \sin \varphi \\ F_z = F \sin \theta \end{array} \right\} \tag{1.4}$$

在许多工程实际问题中,运用二次投影法往往比较方便。

若已知力 F 在 x,y,z 轴上的投影 F_x,F_y,F_z,则可以求得力 F 的大小及方向余弦

$$F = \sqrt{F_x^2 + F_y^2 + F_z^2}$$
$$\left.\cos \alpha = \frac{F_x}{F}, \cos \beta = \frac{F_y}{F}, \cos \gamma = \frac{F_z}{F}\right\} \qquad (1.5)$$

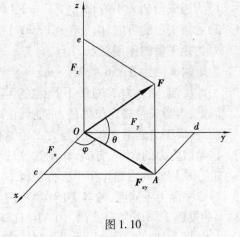

图 1.10

对于平面力系,若力系作用平面为 Oxy 平面,则可以得到以下力的分解公式

$$F = F_x + F_y = F_x i + F_y j \qquad (1.6)$$

$$F_x = F \cos \alpha, F_y = F \cos \beta \qquad (1.7)$$

以及力的合成公式

$$\left.\begin{array}{l} F = \sqrt{F_x^2 + F_y^2} \\ \cos \alpha = \dfrac{F_x}{F}, \cos \beta = \dfrac{F_y}{F} \end{array}\right\} \qquad (1.8)$$

以上两式中,F_x, F_y 为力 F 在 x, y 坐标轴上的投影,α, β 为力 F 与 x, y 轴正向的夹角。

1.4 力矩与力偶

1.4.1 力矩的概念

对于一般情况,作用在物体上质心以外点的力可使物体产生移动,同时也可使物体产生相对于质心的转动。力对物体的转动效应,可以用力矩来度量:力对某点的矩是力使物体绕该点转动效应的量度;而力对某轴的矩,则是力使物体绕该轴转动效应的量度。

(1)力对点之矩

空间力 F 对某一点 O 的力矩是矢量,可以表示为

$$M_O(F) = r \times F \qquad (1.9)$$

上式中下标 O 为物体内或外的任意点,称为力矩中心,简称矩心,r 为力 F 始端的位置矢径。

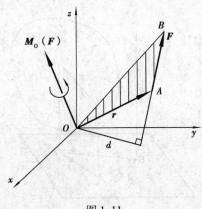

图 1.11

图 1.11 中,d 为矩心 O 到力 F 作用线的距离,称为力臂,三角形 OAB 的面积用 $A_{\triangle OAB}$ 表示,矢径 r 与力 F 组成的平面为力矩的作用平面。

式(1.9)还可以用单位矢量的形式表示

$$\begin{aligned} M_O(F) = r \times F &= (xi + yj + zk) \times (F_x i + F_y j + F_z k) \\ &= (F_z y - F_y z)i + (F_x z - F_z x)j + (F_y x - F_x y)k \\ &= [M_O(F)]_x i + [M_O(F)]_y j + [M_O(F)]_z k \end{aligned}$$
$$(1.10)$$

式中,$[M_O(F)]_x$,$[M_O(F)]_y$,$[M_O(F)]_z$ 为力矩矢量 $M_O(F)$ 在 x, y, z 轴上的投影。

力矩的矢量表达式包含了力 F 对 O 点之矩的全部要素:

1)力矩矢量的大小为 $|\boldsymbol{M}_0(\boldsymbol{F})| = Fd = 2A_{\triangle OAB}$；

2)力矩矢量的方向,由矢量积$(\boldsymbol{r} \times \boldsymbol{F})$按右手螺旋法则确定；

3)力矩矢量的作用在点 O 点。

力矩的单位为 N·m 或 kN·m。

由此可知,同一力 $\boldsymbol{F}$ 对于不同点的矩显然是不同的,即力矩矢量 $\boldsymbol{M}_0(\boldsymbol{F})$ 与矩心的位置有关。因此,力矩矢量是定位矢量,只能画在矩心 O 点处。

此外,由于力是滑动矢量,当力 $\boldsymbol{F}$ 沿其作用线移动时,力对物体绕 O 点的转动效应保持不变。这是因为力的大小、方向、作用线,以及由 O 点到力作用线的距离总是保持不变,因此,力 $\boldsymbol{F}$ 与矩心 O 构成的力矩作用平面方位也不变,因而上述力矩矢量的三要素都没有发生变化。

对于平面力系问题,取各力所在平面为 Oxy 平面,则任一力的作用点坐标 $z = 0$,任一力在 z 轴上的投影 $F_z = 0$,于是式(1.10)中,只剩下与 $\boldsymbol{k}$ 相关的一项

$$M_0(\boldsymbol{F}) = (F_y x - F_x y)\boldsymbol{k} \tag{1.11}$$

由于在平面力系中,各力作用线与矩心均位于同一平面,力矩矢量的方向总是与 z 轴平行,故平面力系中,力对点之矩可以用代数值表示

$$M_0(\boldsymbol{F}) = F_y x - F_x y = \pm Fd = \pm 2A_{\triangle OAB} \tag{1.12}$$

平面力系内,力矩的符号规定:逆时针向为正;顺时针向为负。

(2)力对轴的矩

力对物体的转动效应,除了使物体产生相对于一个点的转动外,同时也可以使物体绕某一轴转动。

如图1.12所示,力 $\boldsymbol{F}$ 作用于门上 A 点,只有力 $\boldsymbol{F}$ 在垂直于 z 轴的平面上的分力 $\boldsymbol{F}_{xy}$ 才能使门转动,而与 z 轴平行的分力 $\boldsymbol{F}_z$ 对门无转动效应。

在静力学中,力对轴的矩定义为:力对于任一轴的矩,等于力在垂直于轴的平面上的投影对该轴与平面之交点的矩。

如图1.13中,力 $\boldsymbol{F}$ 对 z 轴的矩,按以上定义可表示为

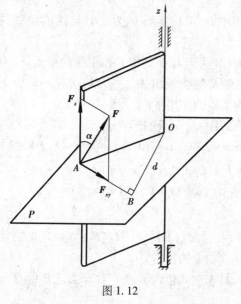

图 1.12

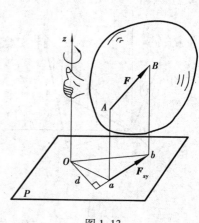

图 1.13

$$M_z(\boldsymbol{F}) = M_O(\boldsymbol{F}_{xy}) = \pm F_{xy}d = \pm 2A_{\triangle oab}$$

在空间力系中,力对轴的矩是一个代数量,其正负号依据右手法则判断,见图1.13,以右手四指握起的方向表示力 $\boldsymbol{F}$ 使物体绕 z 轴转动的方向,若大拇指指向与 z 轴正向一致则力矩为正,反之为负。

由力对轴的矩之定义知,在下面两种情况下,力对于轴的矩等于零:1)力与轴平行;2)力与轴相交。这两种情况可概括为,力与轴在同一平面内时,力对轴的矩为零。

在许多问题中,常利用力 $\boldsymbol{F}$ 在直角坐标轴上的投影 F_x,F_y,F_z 及其作用点的坐标 x,y,z 来计算力对于某轴的矩。

如图1.14所示,$\boldsymbol{F}$ 为对 z 轴的矩可表示为

$$M_z(\boldsymbol{F}) = M_O(\boldsymbol{F}_{xy}) = F_y x - F_x y$$

用同样方法,可以求得 $\boldsymbol{F}$ 对 x,y 轴的矩,将这些公式一并写出

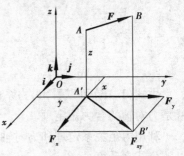

图 1.14

$$\left.\begin{aligned} M_x(\boldsymbol{F}) &= F_z y - F_y z \\ M_y(\boldsymbol{F}) &= F_x z - F_z x \\ M_z(\boldsymbol{F}) &= F_y x - F_x y \end{aligned}\right\} \qquad (1.13)$$

(3)力矩关系定理

将式(1.10)与式(1.13)进行比较,可以发现式(1.10)中各单位矢量前面的系数就分别等于力 $\boldsymbol{F}$ 对于 x,y,z 轴的力矩。这就表示:一个力对于一点的力矩矢量在通过该点的任一轴上的投影等于这力对于该轴的力矩,即

$$\left.\begin{aligned} \left[\boldsymbol{M}_O(\boldsymbol{F})\right]_x &= M_x(\boldsymbol{F}) \\ \left[\boldsymbol{M}_O(\boldsymbol{F})\right]_y &= M_y(\boldsymbol{F}) \\ \left[\boldsymbol{M}_O(\boldsymbol{F})\right]_z &= M_z(\boldsymbol{F}) \end{aligned}\right\} \qquad (1.14)$$

以上结论称为力矩关系定理,这一定理给出了力对点的矩和力对轴的矩之间的关系,力对点的矩在理论分析中比较方便,而力对轴的矩在工程计算中比较实用。

(4)合力矩定理

一空间汇交力系如图1.15所示,汇交点 A 作用有 n 个力 $F_1,F_2,\cdots,F_n$。它们的合力为 $\boldsymbol{F}_R$ 也作用在 A 点,点 A 的位置矢径为 $\boldsymbol{r}$。

根据矢量加法原则,合力 $\boldsymbol{F}_R$ 可表示如下

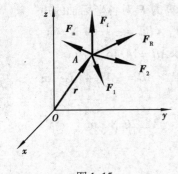

图 1.15

$$\boldsymbol{F}_R = \boldsymbol{F}_1 + \boldsymbol{F}_2 + \cdots + \boldsymbol{F}_n = \sum_{i=1}^{n} \boldsymbol{F}_i$$

将合力 $\boldsymbol{F}_R$ 对坐标原点 O 取矩

$$\boldsymbol{M}_O(\boldsymbol{F}_R) = \boldsymbol{r} \times \boldsymbol{F}_R = \boldsymbol{r} \times \left(\sum_{i=1}^{n} \boldsymbol{F}_i\right) = \sum_{i=1}^{n}(\boldsymbol{r} \times \boldsymbol{F}_i) = \sum_{i=1}^{n} \boldsymbol{M}_O(\boldsymbol{F}_i)$$

此式可以简写为

$$\boldsymbol{M}_O(\boldsymbol{F}_R) = \sum \boldsymbol{M}_O(\boldsymbol{F}) \qquad (1.15)$$

式(1.15)表明,力系的合力对某一点的矩,等于其分力对同一点之矩的矢量和,这就是力对点的合力矩定理。

以上推导过程,虽然是利用空间汇交力系进行的,但是可以证明,对于任意力系,只要力系存在合力,上述定理都是正确的。

式(1.15)两边都是矢量表达式,将它们分别向 x,y,z 轴投影,利用力矩关系定理,可以得到

$$\left.\begin{aligned}
M_x(F_R) &= \sum M_x(F) \\
M_y(F_R) &= \sum M_y(F) \\
M_z(F_R) &= \sum M_z(F)
\end{aligned}\right\} \tag{1.16}$$

由式(1.16)可以看出,力系的合力对某一轴的矩,等于其分力对同一轴之矩的代数和,这就是力对轴的合力矩定理。

利用力矩关系定理和力对轴的合力矩定理,力对坐标原点 O 的力矩矢量及大小也可以用以下公式来计算

$$\left.\begin{aligned}
M_O(F) &= [M_x(F)]i + [M_y(F)]j + [M_z(F)]k \\
M_O(F) &= \sqrt{[M_x(F)]^2 + [M_y(F)]^2 + [M_z(F)]^2}
\end{aligned}\right\} \tag{1.17}$$

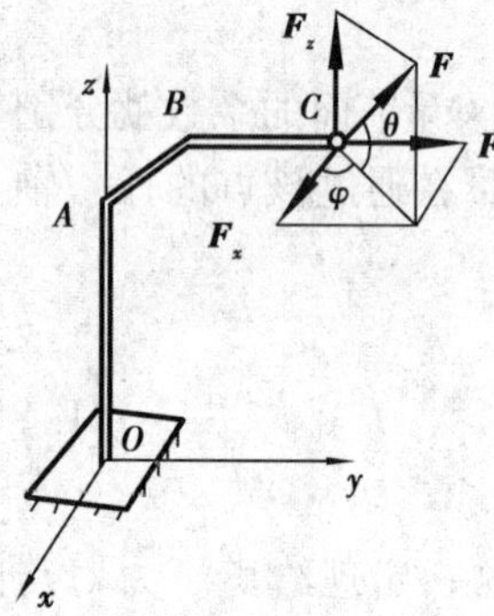

例1.1 图1.16所示弯折杆,杆的 C 端作用一集中力。已知力 $F = 100$ N,$OA = 200$ mm,$AB = 100$ mm,$BC = 150$ mm,$\theta = 45°$,$\varphi = 60°$,试求力 F 对 O 点的矩及对各坐标轴的矩。

解 把力 F 沿各坐标轴分解,计算各分力的大小

$$F_x = F \cos\theta \cos\varphi = 35.36 \text{ N}$$

$$F_y = F \cos\theta \sin\varphi = 61.24 \text{ N}$$

$$F_z = F \sin\theta = 70.71 \text{ N}$$

然后,利用力对轴的合力矩定理计算力 F 对各坐标轴的矩

$$M_x(F) = -F_y \times OA + F_z \times BC = -1.64 \text{ N} \cdot \text{m}$$

$$M_y(F) = F_x \times OA + F_z \times AB = 14.14 \text{ N} \cdot \text{m}$$

$$M_z(F) = -F_x \times BC - F_y \times AB = -11.43 \text{ N} \cdot \text{m}$$

由式(1.17),力 F 对 O 点的力矩矢量的大小为

$$M_O(F) = \sqrt{[M_x(F)]^2 + [M_y(F)]^2 + [M_z(F)]^2} = 18.26 \text{ N} \cdot \text{m}$$

图1.16

1.4.2 力偶的概念

大小相等、方向相反的两个平行力 F 与 F' 组成的力系,称为力偶,常用符号 (F, F') 表示。力偶中两力作用线间的距离称为力偶臂,力偶所在的平面称为力偶作用面,力偶中力的大小与力偶臂长度的乘积称为力偶矩。力偶矩的单位与力矩的单位一样,也为 N·m 或 kN·m。

力偶是一种最简单而又特殊的力系,力偶是由两个力组成的,它对刚体的作用效应,就是这两个力分别对刚体作用效应的叠加。由于组成力偶的两个力大小相等、方向相反,它们的矢量和必为零,它们在任一轴上投影之和也必为零,即力偶对刚体没有平移效应,而只有使刚体转动的效应。这也表明,力偶不可能和一个力等效,也不可能存在合力,因此,不能用一个力去

平衡它,力偶只可能和力偶等效或平衡。

如果一个刚体只受力偶作用,这些力偶的集合便称为力偶系。当力偶系中的各个力偶不在同一平面内时,称为空间力偶系;若位于同一平面内,则称为平面力偶系。如图1.17(a),(b)所示。

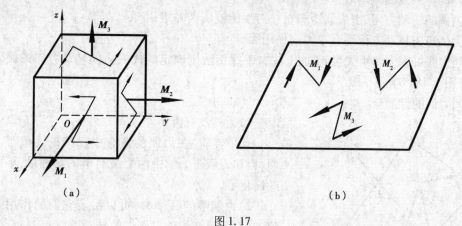

图 1.17

(1)力偶的矢量表示

当研究空间力偶系时,由于力偶作用平面为空间任意位置,力偶对刚体作用的效应,不仅取决于力偶矩的大小和力偶在其作用面内的转向,而且还与力偶作用面的方位有关。力偶矩的大小、转向和力偶作用面的方位是组成空间力偶的三要素。这三要素只有用矢量才能完整描述。

因此,空间力偶的力偶矩是矢量,图1.18(a)中,d 为力偶臂,$A_{\triangle ABC}$ 是三角形 ABC 的面积,力偶矩矢量的表达式为

$$M = r_{BA} \times F$$

力偶矩矢量垂直于力偶作用面,指向由右手螺旋法则确定。即四个手指弯曲的方向与力偶的转向一致,大拇指的方向为力偶矩矢量的方向,如图1.18(b)所示。

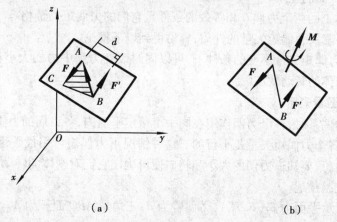

图 1.18

由于力偶对刚体的转动效应由力偶矩矢量可以完全确定,因此,只要力偶矩矢量的大小和方向不变,它对刚体的作用效应就保持不变。所以力偶可以在其作用面内任意平行移动或从

刚体的一个平面移到另一个平行的平面内,而对刚体的转动效应不变。因此,力偶矩矢量可以在空间任意移动,称为自由矢量。

力偶矩矢量表达式包含了力偶(F,F')对刚体的作用效应的全部要素:

1)力偶矩矢量的大小为 $M = Fd = 2A_{\triangle ABC}$;

2)力偶的转动方向,由力偶矩矢量按右手螺旋法则确定;

3)力偶矩矢量的方位垂直于力偶作用面。

空间力偶可用力偶矩矢量 M 加上按右手螺旋法则确定的代表力偶转动方向的旋转箭头来表示[图1.18(b)]。

空间力偶的性质:

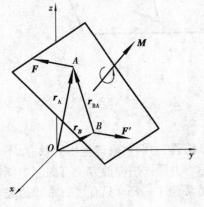

图 1.19

1)力偶没有合力。

这一性质,在力偶的概念中已经论述过了。它表明,力和力偶是力学中两个最简单的物理量,不能再继续简化了。

2)力偶中的两个力,可以沿着它们的作用线任意移动,而不改变力偶对刚体的转动效应。

3)力偶对空间任意一点之矩都等于其自身的力偶矩矢量。

如图1.19,力偶(F,F'),其中两个力作用点的位置矢径为r_A,r_B,力偶对O点的矩,就是其中两个力对O点的力矩的矢量和

$$M_O(F,F') = M_O(F) + M_O(F') = r_A \times F + r_B \times F'$$
$$= (r_B + r_{BA}) \times F + r_B \times (-F) = r_{BA} \times F = M$$

这一性质表明,力偶对刚体的转动效应完全决定于力偶矩矢量。由于力偶没有合力,力偶矩矢量又完全决定了力偶对刚体的转动效应,所以力偶矩矢量相等的两个力偶,一定是等效力偶,于是又可得到下面的性质。

4)作用于刚体上的两个力偶互相等效的条件是它们的力偶矩矢量相等。

由力偶的三要素及力偶矩矢量的性质,容易得到以下推论。

推论:在保证力偶矩矢量不变的条件下,可以同时改变力偶中力的大小和力偶臂的长短,而不改变力偶对刚体的转动效应。

(2)力偶的代数量表示

当研究平面力偶系时,各个力偶作用在同一个给定平面内,各力偶的力偶矩矢量都垂直于同一个平面,所以各个力偶矩矢量是平行的。这种情况下力偶矩可用代数量表示。由于各力偶都在同一平面内,只要知道力偶的大小和转向便可确定它们对刚体的转动效应,所以平面力偶用代数量足以完整描述。

图1.20(a)所示平面力偶(F,F'),力偶臂为d,三角形ABC面积为$A_{\triangle ABC}$,力偶矩可用如下代数式表示

$$M = \pm Fd = \pm 2A_{\triangle ABC}$$

平面力偶矩的符号规定:逆时针向为正;顺时针向为负。

平面力偶是空间力偶的特例,上述空间力偶的性质及推论对平面力偶也完全是适用的,只

要将力偶矩由矢量改变为代数量即可。平面力偶可用符号 M 加上代表力偶转动方向的旋转箭头来表示[图1.20(b)]。

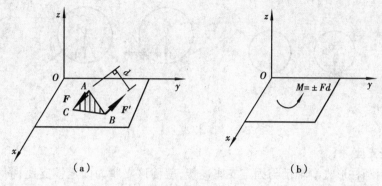

图 1.20

1.5　约束与约束力

1.5.1　约束与约束力的概念

有的物体不受什么限制,可以在空间自由运动,这种物体称为自由体,如在空中飞行的飞机、炮弹等;有的物体则在某些地方受到限制而使其沿某些方向不能运动,这种物体称为非自由体,如桌面上放置的书、用绳子悬挂而不能下落的重物等。

阻碍物体运动的其他物体称为约束物,简称约束。约束是以物体相互接触的方式构成的,如上述桌面和绳子就是书和重物的约束。约束对物体的作用称为约束力或约束反力。与约束力相对应,能主动地使物体运动或使物体有运动趋势的力,称为主动力,例如重力、水压力、土压力等。物体所受的主动力一般是已知的,而约束力是未知的。约束力作用在约束与物体的接触处,其方向总是与约束所能阻止物体的运动方向相反。

1.5.2　工程中常见的约束

（1）柔性约束

由柔软的绳索、链条或皮带等构成的约束称为柔性约束。这种约束只能阻止物体沿着柔索伸长的方向运动,而不能阻止其他方向的运动。柔索的约束力沿着它的中心线且背离物体,即为拉力。如图1.21(a)所示,用绳索悬挂一物体,绳索对物体的约束力作用在接触点处,方向为沿着绳索的中心线且背离物体,如图1.21(b)所示。

（2）光滑接触面约束

当两物体接触面间的摩擦力很小,可以忽略不计时,就构成了光滑接触面约束。不论支承面的形状如何,光滑接触面只能限制物体沿着接触表面公法线朝约束物方向的运动,而不能限制物体沿其他方向的运动。光滑接触面约束力的方向为沿接触面在接触点处的公法线且指

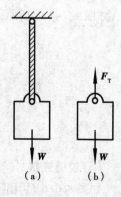

图 1.21

向被约束物体。光滑接触面约束力,也称为法向反力。如图 1.22 中,接触面的接触形式一般有面与面接触、点与面接触、点与线接触三种类型。

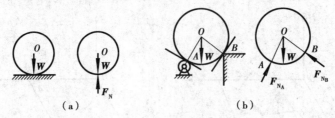

图 1.22

（3）固定铰支座

若将构件用圆柱形光滑轴销与固定支座连接,就称该支座为固定铰支座,简称铰支座,如图 1.23（a）所示。轴销既不能阻止构件的转动,也不能阻止构件沿轴销轴线方向的移动,只能阻止构件在垂直于轴销轴线的平面内的移动。固定铰支座是工程中常用的约束形式。

一般认为轴销与圆孔的接触面是光滑的,平面铰链可以产生通过铰链中心、沿任意方向的约束力 F 如图 1.23（a）所示。显然,当主动力未知时,约束力 F 的大小和方向是不确定的,但无论约束力方向如何,它的作用线必垂直于轴销轴线并通过轴销中心。由于约束力方向不能预先确定,常常将其分解为通过轴销中心,沿 x,y 轴方向的两个分力 F_x,F_y。

固定铰支座一般有两种简化表示法,如图 1.23（c）所示。

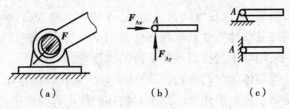

图 1.23

（4）活动铰支座

如果在固定铰支座下装上几个辊轴,使支座可以沿支承面移动,就构成了活动铰支座,也称为辊轴支座,如图 1.24（a）所示。活动铰支座能限制物体沿着支承面法线方向的运动,但不能限制物体沿着支承面切线方向的运动,也不能限制物体绕轴销轴线的转动。活动铰支座的约束力通过轴销中心,垂直于支承面,它可能是压力也可能是拉力。活动铰支座的简化表示方法,如图 1.24（b）所示。活动铰支座约束力的表示方法,如图 1.24（c）所示。

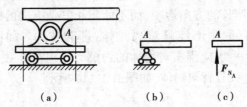

图 1.24

（5）铰链连接

如果两个构件用圆柱形光滑轴销连接,则称为铰链连接,简称铰链或铰,如图 1.25（a）所示。铰的简化表示,如图 1.25（b）所示。铰的轴销对构件的约束与铰支座的轴销对构件的约束相同,其约束力通常表示为两个互相垂直的力 $\boldsymbol{F}_x$ 和 $\boldsymbol{F}_y$,如图 1.25(c)所示。

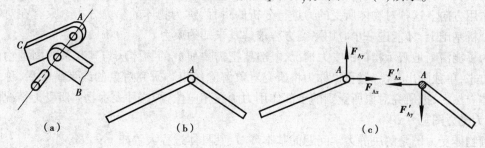

图 1.25

(6) 链杆连接

两端用光滑轴销与物体连接的直杆,并且直杆上不受外力作用,称为链杆约束[图 1.26(a)]。链杆只能阻止物体上与链杆连接的一点沿着链杆中心线方向的运动。由于链杆只在两端存在作用力,满足二力杆的受力特点,因此,链杆的约束力沿着链杆中心线,其指向可以任意假设[图 1.26(b)]。

利用链杆约束,前述的固定铰支座与活动铰支座,又可以画成图 1.26(c)的形式。

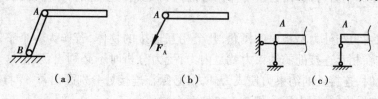

图 1.26

(7) 固定端支座

若将构件的一端与静止的物体紧密相连,构件既不能移动,又不能转动,就称为固定端支座,如图 1.27(a)所示。固定端支座的简化表示方法,如图 1.27(b)所示。显然,固定端支座对物体的约束力为一个方向待定的力和一个转向待定的力偶。固定端支座约束力可以表示为两个正交约束力 $\boldsymbol{F}_x$,$\boldsymbol{F}_y$ 和一个力偶 M,如图 1.27(c)所示。

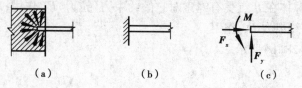

图 1.27

值得注意的是,以上各种约束中,当约束力的指向不能确定时,可以任意假设它的指向,其正确与否可以由计算结果的正、负来确定。若计算结果为正值,说明约束力指向的假设是正确的;计算结果为负值时,约束力的指向与假设方向相反。

1.6   受力分析与受力图

在求解工程力学问题时,为了求出作用于物体上的未知约束力,应选择一个或几个物体为研究对象,分析其受力情况,确定物体受了几个主动力和约束力作用,并判定每个力的作用位置和作用方向。这种对物体所受的力进行分析的过程,称为物体的受力分析。只有在对物体受力分析基础上,才能进一步应用平衡方程求解其未知约束力。

为了能清晰地表示物体的受力情况,一般要把需要研究的物体从与其联系的周围物体中分离出来,单独画出,这一过程也称为将研究对象解除约束。研究对象的约束解除后,称之为隔离体。然后,把研究对象所受到的全部作用力画在相应位置,这种表示物体所受力情况的图形,称为受力图。

画物体受力图是解决静力学问题的基本环节,其具体过程大致如下:

1)取隔离体。根据分析问题的具体要求,选择受力分析对象,画出隔离体的轮廓图。

2)画上约束力。根据约束的性质,正确地画出所有的约束力。对预先不能确定指向的约束力,可以任意假定其指向。

3)画上主动力。画出隔离体上所有的主动力。

4)只画外力,不画内力。若研究对象不是单独一个物体,而是由几个物体组成的物体系时,要分清内力与外力。物体系以外的其他物体对物体系的作用力,称为外力;物体系内部各物体之间的相互作用力,称为内力。物体系中的内力是成对出现的,不必画出,只画作用在物体系上的外力。

应当注意,内力与外力是相对的概念,几个相互连接的物体,若作为一个整体进行受力分析,这几个物体在相互连接处的约束力就是内力,受力分析时不必画出;若把这几个物体分开作受力分析,此时,连接处的约束力便成为外力,必须在连接处分别画出每一对约束力,它们互为作用力与反作用力,分别作用在相互连接的两个物体上。

下面举例说明受力图的画法

例1.2 如图1.28(a)所示,重力为 W 的球体放在光滑的斜面上,并用绳索 AB 系牢固定。试画出球体的受力图。

解 (1)取球体为研究对象,并单独画出它的轮廓图。

(2)画主动力。作用于球体的主动力为球的重力 W。

(3)画约束力。球体在 B 点受有绳索对它的约束力(拉力)F_B 作用;球体在 C 点受有光滑接触斜面给它的法向约束力 F_{NC} 作用。

球的受力如图1.28(b)所示。

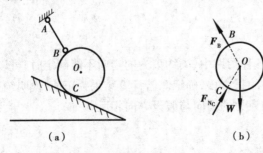

(a)   (b)

图1.28

在画球体的受力图时,应注意各力作用线汇交点的位置。由于球在 W,F_B 和 F_{NC} 三个力作用下平衡,其中重力 W 经过球心 O 竖直向下,约束力 F_{NC} 经 C 点垂直于斜面并指向球心 O,

根据三力平衡汇交定理,拉力 $\boldsymbol{F}_B$ 必经过球心 O。静止球体所受3个力作用线的汇交点是球心 O。

例1.3 梁 AB 的支承如图1.29(a)所示,受主动力 $\boldsymbol{F}$ 作用。试画出梁 AB 的受力图。

解 (1)取梁 AB 为研究对象,单独画出梁的轮廓图。

(2)画主动力。作用于梁 AB 的主动力有 $\boldsymbol{F}$ 和梁的重力 $\boldsymbol{W}$。

(3)画约束力。梁 AB 在 A 点处受有固定铰支座对它的约束力作用,但由于方向未知,可用两个大小未定的正交力 $\boldsymbol{F}_{Ax}$ 和 $\boldsymbol{F}_{Ay}$ 代替;梁 AB 在 B 点处受有辊轴支座给它的垂直于支承面的约束力 $\boldsymbol{F}_{NB}$ 的作用。

梁 AB 的受力图,如图1.29(b)所示。

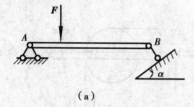 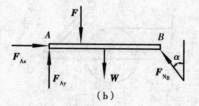

图1.29

例1.4 如图1.30(a)所示的结构,由 AB 和 CD 两杆铰接而成,在 AB 杆上作用外力 $\boldsymbol{F}$。设各杆自重不计,α 角已知,试分别画出 AB 和 CD 杆的受力图。

解 (1)杆件 CD 的受力图

取 CD 为隔离体,由于 CD 杆自重不计,只有 C,D 两铰链处受力,因此,CD 杆为二力杆。在 C,D 处分别受 $\boldsymbol{F}'_C$ 和 $\boldsymbol{F}'_D$ 两力作用,根据二力平衡条件,$\boldsymbol{F}'_C = \boldsymbol{F}'_D$,如图1.30(b)所示。

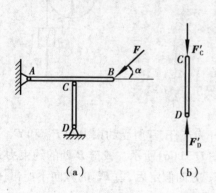 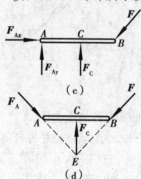

图1.30

(2)杆件 AB 的受力图

AB 杆自重不计,AB 杆上的主动力为 $\boldsymbol{F}$,在 C 点处有 CD 杆支撑,CD 杆给 AB 杆的反作用力为 $\boldsymbol{F}_C$,根据作用与反作用公理,$\boldsymbol{F}_C = \boldsymbol{F}'_C$。

杆 AB 在 A 处为固定铰链支座,约束力用两个正交分力 $\boldsymbol{F}_{Ax}$ 和 $\boldsymbol{F}_{Ay}$ 表示,如图1.30(c)所示。也可采用下述方法进行受力分析:

由于 AB 杆在 $\boldsymbol{F}$,$\boldsymbol{F}_C$ 和 $\boldsymbol{F}_A$ 三力作用下平衡,根据三力平衡汇交定理,$\boldsymbol{F}$ 和 $\boldsymbol{F}_C$ 二力作用线的交点为 E,$\boldsymbol{F}_A$ 的作用线也必然通过 E 点,从而确定了铰链 A 处的约束力,如图1.30(d)所示。

例1.5 在如图1.31(a)所示的吊架结构中,物体 H 重为 $\boldsymbol{W}$,滑轮 C 及各杆自重不计。

(1)以滑轮 C、杆 AB 和重物 H 为研究对象,画出整个系统的受力图。(2)分别画出杆 AB、杆 BE、滑轮 C 的受力图。

解 (1) 作杆 AB、滑轮 C 和重物 H 所组成的研究对象的受力图。

隔离体上作用的主动力为重力 W。A 处为固定铰支座,其约束力用两个正交分力 F_{Ax}、F_{Ay} 表示,指向假定如图所示;B 处受连杆 BE 约束,其约束力为 F_{BE},方位沿 B,E 铰链中心的连线,指向任意假定;绳对滑轮 C 的约束力 F_{TD},方位沿绳,指向为背离滑轮 C。杆 AB 与滑轮 C 之间以及绳与滑轮之间的相互作用力均为内力,内力在受力图上不应画出,受力图如图 1.31(b) 所示。

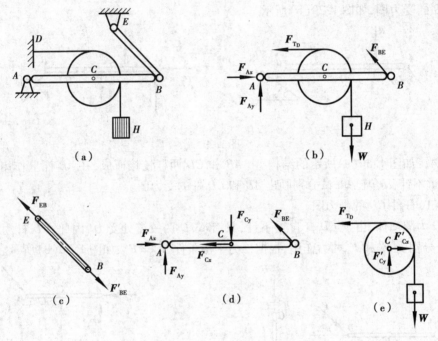

图 1.31

(2)画 BE 杆的受力图。

取杆 BE 为隔离体,并将杆 BE 单独画出。BE 杆为连杆,其所受约束力为 F'_{BE} 和 F_{EB},依二力平衡条件,它们的大小相等,$F'_{BE} = F_{EB}$,受力图如图 1.31(c)所示。铰链 B 处的约束力 F'_{BE} 与图 1.31(b)上的 F_{BE} 互为作用力与反作用力,当力 F_{BE} 方向假定后,力 F'_{BE} 的方向不能再任意假定,必须满足作用力与反作用力定律。

(3)分别画出杆 AB、滑轮 C 的受力图。

杆 AB 受力图如图 1.31(d)所示。杆上没有主动力作用。铰链 A 处及铰链 B 处的约束力分别为 F_{Ax},F_{Ay} 以及 F_{BE},与图 1.31(b)上 A,B 两处约束力的假定指向应一致。C 处为圆柱形铰链,其约束力用两个正交分力 F_{Cx},F_{Cy} 表示,指向可任意假定。画滑轮受力图时,将滑轮及重物单独画出,其受力图如图 1.31(e)所示。滑轮受绳索的约束力 F_{TD} 和重物的重力 W,铰链 C 处约束力为 F'_{Cx},F'_{Cy},这两个力分别与图 1.31(d)上的两个力 F_{Cx},F_{Cy} 互为作用力与反作用力。

习　题

1.1　分别画出题图 1.1 所示各物体的受力图。已知各接触面均为光滑面,并且未注明自重的杆件,其自重不计。

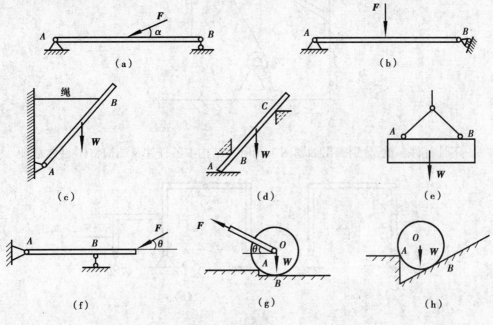

题图 1.1

1.2　如题图 1.2 所示,两球重力分别为 W_1 和 W_2,以绳索悬挂固定。试分别按要求画出受力图:(1)大球;(2)小球;(3)小球和大球。

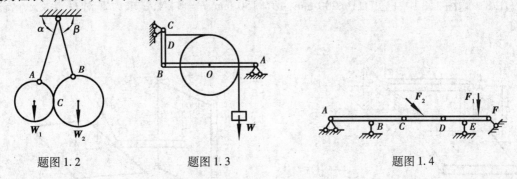

题图 1.2　　　　　　题图 1.3　　　　　　题图 1.4

1.3　题图 1.3 所示结构中,物体重力为 W,轮 O 及其他直杆的自重不计。试画杆 BC 及轮 O 的受力图。

1.4　不计杆件自重,分析题图 1.4 所示系统中,杆 AC,CD,DF 及整体的受力,并分别画出各部分的受力图。

1.5　如题图 1.5 所示结构,D 为绞车,转动 D 便能使物体升起。设滑轮的大小及其摩擦略去不计,A,B,C 三处均为铰链连接,杆件 AB,BC 及滑轮、绳索的自重不计,物体处于平衡状态。试画出支架上滑轮 B 的受力图。

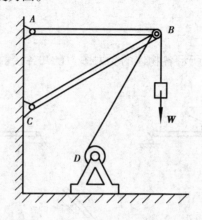

题图 1.5

1.6　不计杆件自重,分别画出如题图 1.6 所示结构中各杆件及结构整体的受力图。

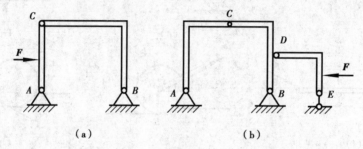

（a）　　　　　　　（b）

题图 1.6

1.7　如题图 1.7 所示,悬臂刚架的 C 端作用有一集中力 F,已知 $F = 120$ kN,$\alpha = 45°$,$\beta = 60°$。求集中力 F 对 x,y,z 轴的矩。

1.8　题图 1.8 中,已知 $OA = 200$ mm,$AB = 150$ mm,$F = 1$ kN,试求力 F 对 O 点及 x,y,z 轴之矩。

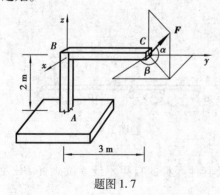

题图 1.7

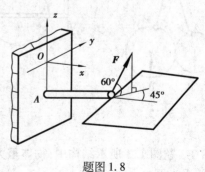

题图 1.8

第2章
力系的简化与合成

　　静力学主要研究物体在力系作用下的平衡条件。当物体处于平衡状态时,作用在其上的力系必平衡,使物体处于平衡态的力系称为平衡力系。力系平衡所应满足的条件,称为力系的平衡条件。静力学就是研究各种力系的平衡条件及其应用。为了便于导出力系的平衡条件,必须先研究力系的简化与合成。另一方面,力系的简化与合成也是力学的其他部分所需要的。因此,在这一章中,将研究力系的简化与合成以及力的平衡。

2.1　力的平移定理

　　在研究任意力系的简化之前,先介绍力的平移定理,这是对任意力系进行简化的基础。设在刚体上的 A 点有一已知力 F,现欲将此力平行移至刚体上另一点 B。B 点到力 F 作用线的距离为 d(图2.1)。为此,按照刚体的加减平衡力系公理,可以在 B 点加上一对平衡力 F',F'',并且使它们与力 F 平行且大小相等。这样,F,F',F'' 三个力组成的力系与原力 F 等效。而这3 个力又可以看成是一个作用在 B 点的力 F'(其大小、方向与原力 F 相同)和一个力偶(F,F''),其力偶矩为 $M = \pm Fd = M_B(F)$。于是,原来作用于 A 点的力 F,可以由作用在 B 点的力 F' 和力偶(F,F'')来等效代换。力偶(F,F'')则是力 F 平移到 B 点后,要使之与原力 F 等效而必须附加的力偶,称为附加力偶。

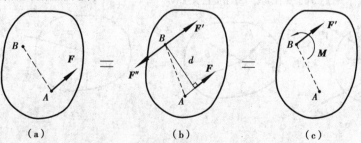

（a）　　　　　（b）　　　　　（c）

图2.1

　　由此可以得到力的平移定理:作用于刚体上某点的力,可以将它平移至刚体上任一点,但必须附加一个力偶,此附加力偶的矩,等于原力对新作用点的矩。

根据力的平移定理,作用于刚体上的一个力可以分解为一个力和一个力偶;反之,作用于同一平面内的一个力和一个力偶也可以合成为一个力。

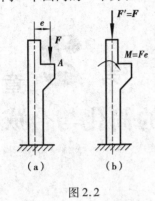

图 2.2

力向一点平移的结果揭示了力对刚体作用的两方面效应。例如作用在静止的自由刚体某点上的一个力向刚体的质量中心平移后,力使物体平行移动,附加力偶使物体绕质量中心转动。

对非自由体也有类似的情形,如图2.2(a)支承吊车梁的立柱,受有吊车梁传来的偏心荷载 F,则根据力的平移定理,将 F 平移到轴线上后,应附加一力偶 $M = Fe$[图2.2(b)]。力 F 对立柱有两方面的作用效果:一是力 F' 压紧柱和基础;二是附加力偶 M 使立柱相对基础有转动趋势,从而使基础对立柱产生约束力及约束力偶。在材料力学中研究此立柱的内效应时,则力 F' 使之压缩,附加力偶 M 则使之弯曲。

力的平移定理,只能用于刚体,对于非刚体是不适用的。所以,研究变形体问题时,力是不能移动的。

2.2 力系的简化

2.2.1 汇交力系的简化

汇交力系是各种力系中最简单和最基本的力系,其特征是力系中各力作用线都汇交于同一点。容易看到,若连续运用力的平行四边形法则或力的三角形法则,将力系中各力依次两两相加,总可以将一个汇交力系最终合成为一个力,它就是汇交力系的合力。

(1)汇交力系合成的几何法

在静力学中,为了求图2.3(a)中汇交力系 F_1,F_2,F_3 的合力 F_R,只要按图2.3(d)那样,从任选的点 D 开始,将各力矢量按原来的大小和方向按任意次序首尾相接地画出,然后从第一个力的始端向最后一个力的终端画一矢量,根据矢量加法原则,这个矢量就代表了合力 F_R 的大小和方向。以上所画的空间图形,称为汇交力系的力多边形,合力矢量是力多边形的封闭边。合力 F_R 的作用点,仍然在原力系的汇交点。

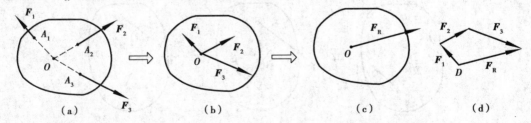

图 2.3

在原力系的汇交点 O 作一矢量等于 F_R,则该矢量就是力系的合力。这种利用各力矢量组成的力多边形来确定合力的方法,称为几何法,它可以推广到有 n 个力的汇交力系。

由此可得如下结论:

汇交力系合力的大小和方向等于各分力的矢量和,作用点仍在汇交点。

几何法的矢量表达式为

$$F_R = F_1 + F_2 + \cdots + F_n = \sum_{i=1}^{n} F_i$$

上式可简写为

$$F_R = \sum F \tag{2.1}$$

这种求汇交力系合力的几何法,对于力作用线不在同一平面的空间汇交力系,在理论上是适用的,但是,由于空间图形的作图困难以及直观性较差等原因,实际上不宜用几何法而用解析法。即使是平面汇交力系,若要求更准确的结果,也多采用解析法。

(2)汇交力系合成的解析法

对于有 n 个力的汇交力系 $F_1, F_2, \cdots, F_n$,其合力为 F_R,设合力在直角坐标系 $Oxyz$ 的 3 个坐标轴上的投影为 F_{Rx}, F_{Ry}, F_{Rz},则合力为 F_R 可表示为

$$F_R = F_{Rx} i + F_{Ry} j + F_{Rz} k \tag{2.2}$$

按矢量投影定理,将式(2.1)两边向直角坐标系的 3 个坐标轴上投影,得到

$$\left. \begin{aligned} F_{Rx} &= \sum F_x \\ F_{Ry} &= \sum F_y \\ F_{Rz} &= \sum F_z \end{aligned} \right\} \tag{2.3}$$

式中,F_x, F_y, F_z 为汇交力系中各分力在 x, y, z 轴上的投影。

由式(2.2)及式(2.3)即可求得合力 F_R 的大小和方向

$$\left. \begin{aligned} F_R &= \sqrt{\left(\sum F_x\right)^2 + \left(\sum F_y\right)^2 + \left(\sum F_z\right)^2} \\ \cos \alpha &= \frac{\sum F_x}{F_R}, \cos \beta = \frac{\sum F_y}{F_R}, \cos \gamma = \frac{\sum F_z}{F_R} \end{aligned} \right\} \tag{2.4}$$

式(2.4)中,α, β, γ 分别为合力为 F_R 与 x, y, z 轴正向的夹角。

对于平面汇交力系,采用平面直角坐标系 Oxy,此时,由于力系中各力在 z 轴上的投影均为零,上述各公式可得到相应的简化

$$\left. \begin{aligned} F_{Rx} &= \sum F_x, F_{Ry} = \sum F_y \\ F_R &= \sqrt{\left(\sum F_x\right)^2 + \left(\sum F_y\right)^2} \\ \cos \alpha &= \frac{\sum F_x}{F_R}, \cos \beta = \frac{\sum F_y}{F_R} \end{aligned} \right\} \tag{2.5}$$

对汇交力系进行合成,常常采用解析法,只需将力系中所有的力向各坐标轴轴上投影,然后按上述公式计算合力的大小、方向。

例 2.1　长方体上作用有 3 个力,$F_1 = 500$ N,$F_2 = 1\,000$ N,$F_3 = 1\,500$ N,力的方向如图2.4所示,图中 $AC = 2.5$ m,$CD = 4$ m,$BD = 3$ m。求合力的大小、方向。

解　由几何关系可知

$$BC = \sqrt{CD^2 + BD^2} = 5 \text{ m}, AB = \sqrt{AC^2 + BC^2} = 5.59 \text{ m}, \sin \theta = \frac{AC}{AB} = 0.447\,2, \cos \theta = \frac{BC}{AB} =$$

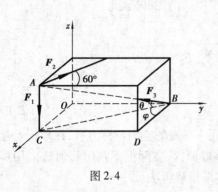

图 2.4

$0.894\ 5, \sin \varphi = \dfrac{CD}{BC} = 0.8, \cos \varphi = \dfrac{BD}{BC} = 0.6$

分别按直接投影法和二次投影法计算各力在坐标轴上的投影分量

$F_{1x} = 0, F_{1y} = 0, F_{1z} = -500 \text{ N}$

$F_{2x} = -F_2 \sin 60° = -866 \text{ N}$

$F_{2y} = F_2 \cos 60° = 500 \text{ N}, F_{2z} = 0,$

$F_{3x} = F_3 \cos \theta \cos \varphi = 805 \text{ N}$

$F_{3y} = -F_3 \cos \theta \sin \varphi = -1\ 073 \text{ N}$

$F_{3z} = F_3 \sin \theta = 671 \text{ N}$

计算合力的大小与方向

$F_{Rx} = F_{1x} + F_{2x} + F_{3x} = -61 \text{ N}, F_{Ry} = F_{1y} + F_{2y} + F_{3y} = -573 \text{ N}$

$F_{Rz} = F_{1z} + F_{2z} + F_{3z} = 171 \text{ N}, F_R = \sqrt{F_{Rx}^2 + F_{Ry}^2 + F_{Rz}^2} = 601.1 \text{ N}$

$\alpha = \arccos \dfrac{F_{Rx}}{F_R} = 95.8°, \beta = \arccos \dfrac{F_{Ry}}{F_R} = 162.4°, \gamma = \arccos \dfrac{F_{Rz}}{F_R} = 73.5°$

2.2.2 力偶系的简化

力偶系也和汇交力系一样,是各种力系中简单而基本的一种力系。其特征是力系全由力偶组成,而没有一个单独的力。由前一章的讨论可知,力偶对刚体的转动效应完全由力偶矩矢量来决定。因此力偶系的合成问题,就可以转化成为各个力偶矩矢量的合成问题。与力的合成一样,力偶矩矢量的合成,也可运用矢量合成的运算规则,即矢量相加的平行四边形法则或三角形法则。

设刚体上有 n 个力偶作用[图 2.5(a)],其力偶矩矢分别为 $\boldsymbol{M}_1, \boldsymbol{M}_2, \cdots, \boldsymbol{M}_n$,由于力偶矩矢量为自由矢量,故可将它们平移或滑动至某一点,从而组成一组汇交于该点的力偶矩矢量,如图 2.5(b)所示。然后按矢量合成的平行四边形法则或三角形法则,将各个力偶矩矢量按任意次序两两相加,即可求得合力偶矩矢量 $\boldsymbol{M}$。

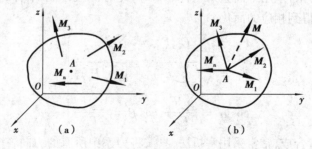

图 2.5

所以,力偶系的合成结果为一合力偶。合力偶之力偶矩矢量 $\boldsymbol{M}$ 为

$$\boldsymbol{M} = \boldsymbol{M}_1 + \boldsymbol{M}_2 + \cdots + \boldsymbol{M}_n = \sum_{i=1}^{n} \boldsymbol{M}_i$$

简写为

$$\boldsymbol{M} = \sum \boldsymbol{M}_i \tag{2.6}$$

若合力偶矩矢量 M 在 x,y,z 三个坐标轴上的投影分别为 M_x,M_y,M_z，则 M 可表示为

$$M = M_x \boldsymbol{i} + M_y \boldsymbol{j} + M_z \boldsymbol{k} \tag{2.7}$$

按矢量投影定理，将式(2.6)两边向直角坐标系的三个坐标轴上投影，得到

$$\left.\begin{aligned} M_x &= \sum M_{ix} \\ M_y &= \sum M_{iy} \\ M_z &= \sum M_{iz} \end{aligned}\right\} \tag{2.8}$$

式中，M_{ix},M_{iy},M_{iz} 为力偶系中各分力偶矩矢量在 x,y,z 轴上的投影。

由式(2.7)及式(2.8)即可求得力偶矩矢量 M 的大小和方向

$$\left.\begin{aligned} M &= \sqrt{\left(\sum M_{ix}\right)^2 + \left(\sum M_{iy}\right)^2 + \left(\sum M_{iz}\right)^2} \\ \cos \alpha &= \frac{\sum M_{ix}}{M}, \cos \beta = \frac{\sum M_{iy}}{M}, \cos \gamma = \frac{\sum M_{iz}}{M} \end{aligned}\right\} \tag{2.9}$$

式中 α,β,γ 表示合力偶矩矢量 M 的三个方向角。

如果力偶系中各力偶均位于同一平面，则此力偶系为平面力偶系，力偶系中的力偶以及合力偶都可用代数值表示。合力偶矩等于各力偶矩的代数和，相应的计算公式是

$$M = \sum M_i \tag{2.10}$$

例 2.2　三角形块体上面作用有三个力偶($\boldsymbol{F}_1,\boldsymbol{F}_1'$)，($\boldsymbol{F}_2,\boldsymbol{F}_2'$)，($\boldsymbol{F}_1,\boldsymbol{F}_3'$)，如图 2.6 所示。已知 $F_1 = 5$ N，$F_2 = 15$ N，$F_3 = 20$ N，$a = 0.2$ m，求三个力偶的合成结果。

解　按式(2.6)计算合力偶矩矢量在 x,y,z 轴上的投影

$M_x = -F_2 a - (F_3 a)\cos 45° = -5.83$ N·m，$M_y = F_1 a - (F_3 a)\cos 45° = -1.83$ N·m，$M_z = 0$

按式(2.7)计算合力偶矩矢量的大小、方向

$$M = \sqrt{M_x^2 + M_y^2 + M_z^2} = 6.11 \text{ N·m}$$

$$\alpha = \arccos \frac{M_x}{M} = 162.6°,$$

$$\beta = \arccos \frac{M_y}{M} = 107.4°,$$

$$\gamma = \arccos \frac{M_z}{M} = 90°$$

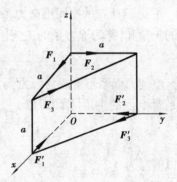

图 2.6

2.2.3　任意力系的简化

任意力系是指力系中各个力的作用线在空间或者平面呈任意分布形式。研究任意力系，一方面使我们对力系的简化和平衡理论有一个全面完整的认识，另一方面对工程中空间结构和机构的静力分析也是有益的。

(1)空间任意力系的简化

空间任意力系是各力作用线在空间任意分布的力系。显然这是力系中最普遍的情形，其他各种力系都是它的特例。因此，对空间任意力系的简化和平衡理论的研究，也是研究其他力

系的重要基础。

设一空间空间任意力系 $F_1,F_2,\cdots\cdots,F_n$ 作用在刚体上的 $A_1,A_2,\cdots,A_n$ 各点,如图2.7(a)所示,在空间任选一点 O 为简化中心,根据力的平移定理,将各力平移至 O 点,并附加一个相应的力偶。这样可得到一个汇交于 O 点的空间汇交力系 $F_1',F_2',\cdots,F_n'$,以及力偶矩矢量分别为 $M_1,M_2,\cdots,M_n$ 的空间力偶系,如图2.7(b)所示。其中

$$F_1' = F_1, F_2' = F_2, \cdots, F_n' = F_n$$
$$M_1 = M_O(F_1), M_2 = M_O(F_2), \cdots, M_n = M_O(F_n)$$

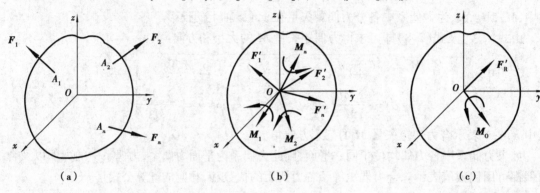

图2.7

汇交于 O 点的空间汇交力系可合成为作用线通过 O 点的一个力 F_R',它等于原力系中各力的矢量和,称为原力系的主矢[图2.7(c)],即

$$F_R' = \sum F' = \sum F \tag{2.11}$$

空间力偶系可合成为一力偶,其力偶矩矢量 M_O 等于各附加力偶矩矢量的矢量和,称为原力系对 O 点的主矩[图2.7(c)],即

$$M_O = \sum_{i=1}^n M_i = \sum_{i=1}^n M_O(F_i)$$

可以简写为

$$M_O = \sum M_O(F) \tag{2.12}$$

如上所述,一个空间任意力系向任一简化中心简化,一般可得到一个力和一个力偶,这个力作用在简化中心 O,其力矢等于力系的主矢;该力偶的力偶矩矢量等于力系对于简化中心 O 的主矩。

由式(2.11),利用矢量投影规则,可以得到主矢的大小、方向为

$$\left. \begin{array}{l} F_R' = \sqrt{\left(\sum F_x\right)^2 + \left(\sum F_y\right)^2 + \left(\sum F_z\right)^2} \\ \cos\alpha = \dfrac{\sum F_x}{F_R'}, \cos\beta = \dfrac{\sum F_y}{F_R'}, \cos\gamma = \dfrac{\sum F_z}{F_R'} \end{array} \right\} \tag{2.13}$$

式(2.13)中, α,β,γ 分别为主矢 F_R' 与 x,y,z 轴正向的夹角。

根据矢量投影规则,将式(2.12)两边向 x,y,z 轴投影,并利用力矩关系定理,可以得到主矩大小、方向的计算公式

$$M_O = \sqrt{\left[\sum M_x(\boldsymbol{F})\right]^2 + \left[\sum M_y(\boldsymbol{F})\right]^2 + \left[\sum M_z(\boldsymbol{F})\right]^2}$$
$$\cos\alpha' = \frac{\sum M_x(\boldsymbol{F})}{M_O},\ \cos\beta' = \frac{\sum M_y(\boldsymbol{F})}{M_O},\ \cos\gamma' = \frac{\sum M_z(\boldsymbol{F})}{M_O} \tag{2.14}$$

式(2.14)中，α'，β'，γ'分别为主矩 $\boldsymbol{M}_O$ 与 x,y,z 轴正向的夹角。

主矢 $\boldsymbol{F}_R'$ 的大小、方向由原力系各力矢的矢量和来确定。它只决定于原力系中各力矢的大小和方向，而与简化中心 O 的位置无关。也就是说，无论力系向何处简化，所得到的主矢的大小和方向都是不变的。力系的主矢表征力系对刚体作用的总体效应中的平移(平动)部分。

力系向简化中心 O 简化后得到的主矩 $\boldsymbol{M}_O$ 则与简化中心 O 的位置有关。因为选择不同位置的简化中心，各附加力偶矩矢量的大小和方向均将发生改变，因而主矩也随着变化。力系对简化中心 O 的主矩，表征力系对刚体作用的总效应中绕 O 点转动的那一部分。

(2)空间任意力系的简化结果

根据空间任意力系的主矢 $\boldsymbol{F}_R'$ 和对于简化中心的主矩 $\boldsymbol{M}_O$ 来进一步讨论力系简化的最后结果。

1)若主矢 $\boldsymbol{F}_R'=0$，主矩 $\boldsymbol{M}_O=0$。这种情况表明原力系为平衡力系，关于力系平衡的问题，将在第3章中进一步讨论。

2)若主矢 $\boldsymbol{F}_R'=0$，主矩 $\boldsymbol{M}_O\neq0$。表明原力系和一个力偶等效，即力系可简化为一合力偶，其力偶矩矢量就等于原力系对简化中心的主矩 $\boldsymbol{M}_O$。由于力偶矩矢量是自由矢量，与作用位置无关。因此，在这种情况下，主矩也就与简化中心位置无关。

3)若主矢 $\boldsymbol{F}_R'\neq0$，主矩 $\boldsymbol{M}_O=0$。表明原力系和一个力等效，即力系可简化为一作用线通过简化中心 O 的合力，其大小和方向等于原力系的主矢。

4)若主矢 $\boldsymbol{F}_R'\neq0$，主矩 $\boldsymbol{M}_O\neq0$。此时，力系还可进一步简化，这又可分为如下(a)，(b)，(c)3种情况。

(a)$\boldsymbol{F}_R'\perp\boldsymbol{M}_O$。此时，力 $\boldsymbol{F}_R'$ 和力偶矩矢量为 $\boldsymbol{M}_O$ 的力偶$(\boldsymbol{F}_R'',\boldsymbol{F}_R)$ 在同一平面内[图2.8(b)]，若取 $F_R=F_R'=F_R''$，则可将力 $\boldsymbol{F}_R'$ 与力偶$(\boldsymbol{F}_R'',\boldsymbol{F}_R)$ 进一步简化为一作用线通过 A 点的一个合力 $\boldsymbol{F}_R$。合力的力矢等于原力系的主矢，其作用线到简化中心 O 的距离为

$$d = \frac{M_O}{F_R} = \frac{M_O}{F_R'}$$

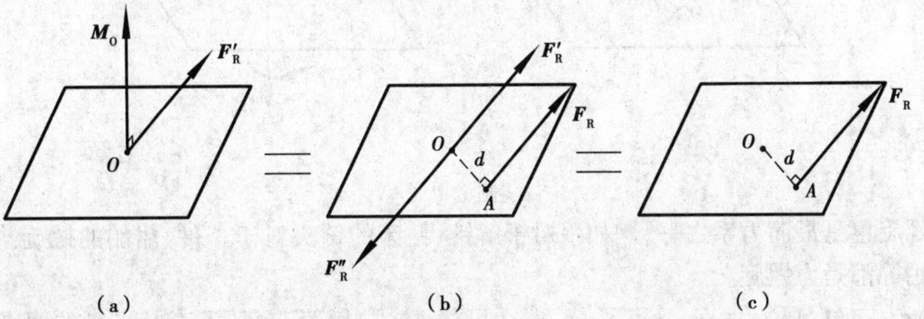

(a)　(b)　(c)

图2.8

由图2.8(b)可知，力偶$(\boldsymbol{F}_R'',\boldsymbol{F}_R)$ 的矩 $\boldsymbol{M}_O$ 等于合力 $\boldsymbol{F}_R$ 对 O 点的矩，即

$$\boldsymbol{M}_O = \boldsymbol{d}\times\boldsymbol{F}_R = \boldsymbol{M}_O(\boldsymbol{F}_R)$$

由式(2.12)有

$$M_O = \sum M_O(F)$$

于是可以得到

$$M_O(F_R) = \sum M_O(F) \tag{2.15}$$

此式表明,空间任意力系的合力对任一点的矩等于各分力对同一点的矩的矢量和。这就是空间任意力系的合力矩定理。当然,式(2.15)也可以利用空间中力矩的定义,直接由矢量运算方法来证明。

以简化中心 O 为原点建立直角坐标系 $Oxyz$(图2.9),合力 F_R 作用点 O' 的矢径用 r 表示。由于作用在刚体上的力可以沿其作用线任意移动,故 O' 点可看作是合力 F_R 作用线上的一个动点,由力矩计算公式

$$M_O = r \times F_R$$

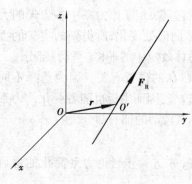

图2.9

能够确定合力 F_R 的作用线,式中 $F_R = \sum F$,M_O 为力系的主矩,将上式向各坐标轴投影,并移项整理,可以得到

$$\left.\begin{array}{l} F_{Rz}y - F_{Ry}z - M_{Ox} = 0 \\ F_{Rx}z - F_{Rz}x - M_{Oy} = 0 \\ F_{Ry}x - F_{Rx}y - M_{Oz} = 0 \end{array}\right\} \tag{2.16}$$

式(2.16)中,独立的两个方程即为力系的合力 F_R 的作用线方程。

(b) $F'_R \parallel M_O$,这时力系不能再进一步简化(图2.10)。这种由一个力和一个在力垂直平面内的力偶组成的力系,称为力螺旋。如果力螺旋中的力矢 F'_R 与力偶矩矢 M_O 的指向相同[图2.10(a)],称为右手力螺旋;若 F'_R 与 M_O 的指向相反[图2.10(b)],则称为左手力螺旋。力螺旋中力 F'_R 的作用线称为力螺旋的中心轴。在上述情况下,中心轴通过简化中心。

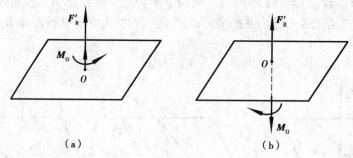

(a)   (b)

图2.10

力螺旋也是最简力系之一,例如手对于解锥、钻床的钻头对于工件、船舶的螺旋桨对于流体的作用等都是力螺旋。

(c) F'_R 与 M_O 既不垂直,又不平行,那么可将 M_O 分解为与 F'_R 垂直及平行的两个分矢量 M'_O 和 M''_O[图2.11(b)],显然 F'_R 与 M'_O 可合成为一作用线通过 A 点的一个力 F_R。由于力偶矩矢量是自由矢量,故可将 M''_O 平行移至 A 点,使之与 F_R 共线。这样得到一个力螺旋,其中心

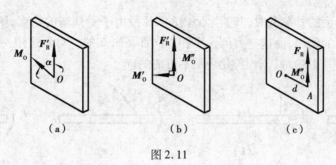

图 2.11

轴不再通过简化中心 O，而是通过另一点 A［图 2.11（c）］，且 O,A 两点之间的距离 $d = \dfrac{M'_O}{F'_R}$，这就是空间任意力系简化的最一般情况。

综上所述，空间任意力系若不平衡，则可以简化为一个合力或者简化为一个合力偶，也可以简化为一个力螺旋。

（3）平面任意力系的简化结果

平面任意力系只是空间任意力系的特例，其简化结果可以直接由空间任意力系的简化结果得到。

平面任意力系中，由于各力的作用线都在同一平面内，例如在 Oxy 平面内，取 O 点为简化中心。因为所有的力在 z 轴上的投影都等于零，所以主矢 F'_R 位于 Oxy 平面内，利用式（2.13），它的大小及方向为

$$\left. \begin{array}{l} F'_R = \sqrt{\left(\sum F_x \right)^2 + \left(\sum F_y \right)^2} \\[2mm] \cos\,\alpha = \dfrac{\sum F_x}{F'_R},\cos\,\beta = \dfrac{\sum F_y}{F'_R} \end{array} \right\} \tag{2.17}$$

式（2.17）中，α,β 分别为主矢 F'_R 与 x,y 轴正向的夹角。

平面任意力系中的各个力向简化中心 O 平移时，所有的附加力偶都位于 Oxy 平面内，组成一个平面力偶系。这个平面力偶系的合力偶就是原力系对简化中心的主矩。此时，主矩 M_O 与主矢 F'_R 垂直，可以用代数量表示

$$M_O = \sum M_O(\boldsymbol{F}) \tag{2.18}$$

平面任意力系平衡时，力系的主矢 $F'_R = 0$，主矩 $M_O = 0$。若力系不平衡，当主矢 $F'_R \neq 0$，主矩 $M_O = 0$ 时，力系简化为一作用线通过简化中心 O 的合力；当主矢 $F'_R = 0$，主矩 $M_O \neq 0$ 时，力系可简化为一合力偶，且与简化中心的位置无关；当主矢 $F'_R \neq 0$，主矩 $M_O \neq 0$ 时，根据空间任意力系的简化结果所讨论的情况 4）之（a），力系还可进一步简化为一个合力，式（2.16）中的第三式便是平面任意力系合力作用线方程

$$F_{Ry}x - F_{Rx}y - M_O = 0 \tag{2.19}$$

式中，F_{Rx}，F_{Ry} 为合力 $\boldsymbol{F}_R$ 在坐标轴上的投影。

所以，平面任意力系不平衡时，则可以简化为一个合力或者简化为一个合力偶。

作为力系简化的应用，可以用力系简化的方法来分析平面固定端约束的约束力。例如有一悬臂梁，其一端固定在墙内，从而使之既不能沿任何方向移动，也不能绕任何轴转动［图 2.12（a）］。当所受荷载为平面力系时，墙对梁就成为平面固定端约束。其约束力已在第 1 章中，从其所能阻止物体的位移来分析而得到了。现在用力系简化的方法，也能得到同样结论：

当悬臂梁受到同平面的外荷载时,其插入墙内的 AB 段由于受到墙的约束,则其与墙接触的各点都将受到约束力的作用,而这些力的大小和方向都是未知的。对于这样一个平面任意力系,如果要直接去分析其中的每一个力,几乎是不可能的。

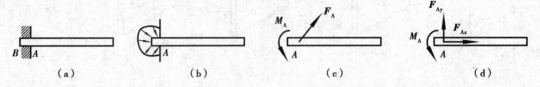

图 2.12

这时只要应用力系简化的方法,则很容易将这个力系变得简单而明了。为此,将这个力系向 A 点简化,得到一个作用于 A 点的力 F_A 和一个矩为 M_A 的力偶。由于 F_A 的大小和作用线的方位都是未知的,可用两个大小未知的正交分力 F_{Ax} 和 F_{Ay} 来代替它[图 2.12(d)]。这样便得到与第 1 章中相同的结果。

例 2.3　如图 2.13 所示为平面一般力系各力作用线位置,且 $F_1 = 130$ N,$F_2 = 100\sqrt{2}$ N,$F_3 = 50$ N,$M = 500$ N·m。图中尺寸单位为 m,试求该力系合成的结果。

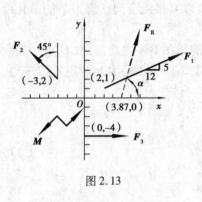

图 2.13

解　(1)以 O 点为简化中心,建立图示直角坐标系 Oxy

(2)计算主矢 F'_R

$$F'_{Rx} = \sum F_x = F_1 \times \frac{12}{13} - F_2\cos 45° + F_3 = 70 \text{ N}$$

$$F'_{Ry} = \sum F_y = F_1 \times \frac{5}{13} + F_2\sin 45° = 150 \text{ N}$$

$$F'_R = \sqrt{\left(\sum F_x\right)^2 + \left(\sum F_y\right)^2} = 165.3 \text{ N}$$

主矢 F'_R 与 x 轴的夹角

$$\alpha = \arccos \frac{\sum F_x}{F'_R} = 65°$$

(3)计算主矩 M_0

$$M_0 = \sum M_0(F) = -F_1 \times \frac{12}{13} \times 1 + F_1 \times \frac{5}{13} \times 2 + F_2\cos 45° \times 2 - F_2\sin 45° \times 3 + F_3 \times$$

$4 + M = 580$ N·m

(4)求合力 F_R 的作用线位置

由于主矢量、主矩都不为零,所以这个力系简化的最后结果为一合力 F_R。合力的大小和方向与主矢量 F'_R 相同,利用式(2.19)可得合力 F_R 的作用线方程为

$$15x - 7y - 58 = 0$$

合力 F_R 的作用线如图 2.13 所示,F_R 与 x 轴的交点横坐标为 $x = 3.87$ m。

2.2.4　平行分布荷载的简化

分布荷载可以简化为沿物体中心线作用的平行力,成为平行分布荷载或者线荷载。在工程中,结构常常受到各种形式的线荷载作用。平面结构所受的线荷载,常见的是沿物体中心线并垂直于该直线连续分布的同向平行力系。表示力的分布情况的图形称为荷载图,单位长度所受的力称为线荷载集度,单位为 N/m 或者 kN/m。

图 2.14 所示的平行分布荷载,为求其合力 F_R,选取图示坐标系 Axy,横坐标为 x 处的线荷载集度为 $q(x)$,在微段 $\mathrm{d}x$ 上的线荷载集度可视为不变,则作用在微段 $\mathrm{d}x$ 上分布力系合力的大小为 $\mathrm{d}F = q(x)\mathrm{d}x$,它等于 $\mathrm{d}x$ 段上荷载图形的面积 $\mathrm{d}A$。整个线荷载的合力大小为

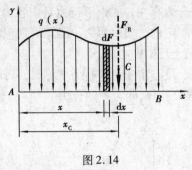

图 2.14

$$F_R = \int \mathrm{d}F = \int q(x)\mathrm{d}x = \int \mathrm{d}A = A$$

式中,A 为 AB 段上荷载图形的面积。

设力 F_R 的作用线与 x 轴交点之坐标为 x_C,应用合力矩定理可得

$$F_R x_C = \int x\mathrm{d}F = \int xq(x)\mathrm{d}x = \int x\mathrm{d}A$$

$$x_C = \frac{\int xq(x)\mathrm{d}x}{F_R} = \frac{\int x\mathrm{d}A}{A} \tag{2.20}$$

由下一节的内容将会看到,x_C 就是线段 AB 上荷载图形形心 C 的横坐标。

以上结果表明:沿直线且垂直于该直线分布的同向平行线荷载,其合力的大小等于荷载图的面积,合力的方向与原荷载方向相同;合力的作用线通过荷载图形形心。

工程上常见的均布荷载,三角形分布荷载的合力及其作用线位置如图 2.15(a),(b) 所示。

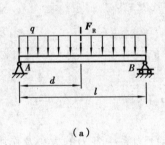

（a）

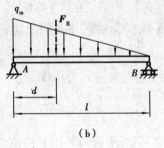

（b）

图 2.15

图 2.15(a) 中,$F_R = ql$,$d = \dfrac{l}{2}$;图 2.15(b) 中,$F_R = \dfrac{1}{2}q_m l$,$d = \dfrac{l}{3}$。

2.3 物体的重心

2.3.1 平行力系的中心

平行力系合力的作用点,称为平行力系中心。现在讨论如何确定平行力系中心的一般方

法,并进而将其应用到求物体的重心等问题中去。

对于一个平行力系,由于其中每一个力对任一选定的简化中心的力矩矢量,都与各力作用线垂直,因而力系对简化中心的主矩矢量也必与力系的主矢垂直。对于同向的平行力系,必定有合力存在。如果平行力系中各力的作用点已固定,则其合力的作用点,即平行力系的中心也是固定的。如水压力、土压力等都属于作用点固定的平行力系,其合力作用点常称为水压力中心、土压力中心等。

设有由 n 个平行力 $F_1,F_2,\cdots,F_n$ 组成的平行力系,各力作用点的矢径分别为 $r_1,r_2,\cdots,r_n$(图 2.16),此力系的合力

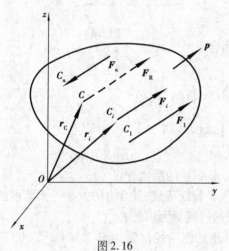

图 2.16

$$F_R = \sum F_i \tag{2.21}$$

合力 F_R 的作用点 C 就是此平行力系的中心,C 点的矢径为 r_C。设 p 为平行力系力作用线方向的单位矢量,于是式(2.21)又可写成

$$F_R p = \sum F_i p \tag{2.22}$$

式中,F_R 和 F_i 分别为平行力系的合力及各分力在单位矢量 p 方向上的投影,当投影的方向与 p 的正向一致时为正,否则为负。显然,$F_R = \sum F_i$。

利用式(2.21),由合力矩定理,将平行力系的合力和各分力对坐标原点 O 取矩,得到

$$r_C \times F_R = \sum r_i \times F_i$$

将式(2.22)代入上式,经过整理及移项化简后,得

$$(F_R r_C - \sum F_i r_i) \times p = 0$$

因为单位矢量 p 是非零矢量,于是由上式有

$$F_R r_C = \sum F_i r_i$$

所以,平行力系中心的矢径 r_C 的计算公式为

$$r_C = \frac{\sum F_i r_i}{F_R} \tag{2.23}$$

由式(2.23)可知,平行力系中心的位置,只决定于力系中各力的大小及作用点的位置,而与各力作用线的方位无关。即只要保持各力的大小及作用点位置不变,而将各力向同一方向转过相同的角度,其合力 F_R 也会转过同一角度,但其作用点仍保持不变。

若将式(2.23)向 3 个坐标轴上投影,则得

$$x_C = \frac{\sum F_i x_i}{F_R}, y_C = \frac{\sum F_i y_i}{F_R}, z_C = \frac{\sum F_i z_i}{F_R} \tag{2.24}$$

式中 x_i,y_i,z_i 分别为各力作用点的坐标。

2.3.2 物体的重心

地球表面的一切物体,都具有一定的重量,这就是地球对物体作用产生的引力。而任何物体均由许多微小质点组成,每一质点均受地球引力的作用,物体的重量就是各质点所受地球引

力的合力,合力的作用点称为该物体的重心。

重心在工程实际中是具有重要意义的,例如在考虑飞机、汽车、船舶、起重机以及高速旋转物体等的平衡或稳定性等问题时,就必须知道其重心的位置。

将一物体分割为很多微小的部分,其各微小部分所受的地球引力为 W_1,W_2,$\cdots$,W_n,其重心为 C(图 2.17)。由于各微小部分的重力都指向地心,故 W_1,W_2,$\cdots$,W_n 组成一作用线汇交于地心的空间汇交力系。但由于实际物体的尺寸远远小于它到地心的距离,实际上完全可将物体各微小部分的重力视为一同向平行力系。

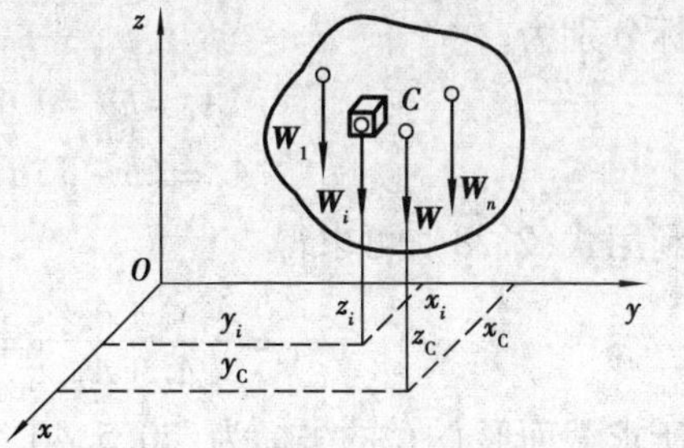

图 2.17

这样一来,求重心的问题,也就成为求平行力系合力作用点的问题了,因此,平行力系中心的式(2.23)、式(2.24)对于求重心也适用,只要将其中的力 F 换成重力 W 即可。于是得到物体重心 C 的坐标公式

$$x_C = \frac{\sum W_i x_i}{W}, y_C = \frac{\sum W_i y_i}{W}, z_C = \frac{\sum W_i z_i}{W} \tag{2.25}$$

式中 x_i,y_i,z_i 分别为各微小部分重心的坐标,W_i 为各微小部分的重量,W 为整个物体的重量,并且 $W = \sum W_i$。

如果物体是均质的,其容重(单位体积重量)γ 为常量,以 V_i 表示各微小部分的体积,整个物体的体积为 $V = \sum V_i$,将 $W_i = \gamma V_i$ 及 $W = \gamma V$ 代入式(2.25),得到

$$x_C = \frac{\sum V_i x_i}{V}, y_C = \frac{\sum V_i y_i}{V}, z_C = \frac{\sum V_i z_i}{V} \tag{2.26}$$

可见,均质物体的重心完全决定于物体的几何形状,而与其重量无关。故均质物体的重心就是物体的几何形状中心,常称为形心。对于均质物体,物体的重心与几何形体的形心是重合的。

形心坐标公式(2.26)的积分形式

$$x_C = \frac{\int_V x \mathrm{d}V}{V}, y_C = \frac{\int_V y \mathrm{d}V}{V}, z_C = \frac{\int_V z \mathrm{d}V}{V} \tag{2.27}$$

对于均质薄板,其重心或形心的坐标公式为

$$x_C = \frac{\sum A_i x_i}{A}, y_C = \frac{\sum A_i y_i}{A} \tag{2.28}$$

式中 x_i,y_i 分别为均质薄板上各微小部分形心的坐标,A_i 为各微小部分的面积,A 为整个薄板的面积,并且 $A = \sum A_i$。

在实际应用中,可以将薄板的面积 A 划分为若干个几何形状规则的有限大小的面积 A_i 来计算薄板的重心或形心坐标。

均质薄板形心坐标公式(2.28)的积分形式

$$x_C = \frac{\int_A x \mathrm{d}A}{A}, y_C = \frac{\int_A y \mathrm{d}A}{A} \tag{2.29}$$

例 2.4   热轧不等边角钢的截面简化如图 2.18 所示,已知 $h = 120$ mm, $b = 80$ mm, $d = 12$ mm。求该截面形心的位置。

解   将该截面分割成两个矩形,取坐标系 Oxy 如图 2.18 所示,两个矩形的面积和形心坐标分别为

$$A_1 = hd = 1\ 440\ \text{mm}^2, x_1 = 6\ \text{mm}, y_1 = 60\ \text{mm},$$

$$A_2 = (b - d)d = 816\ \text{mm}^2, x_2 = 46\ \text{mm}, y_2 = 6\ \text{mm}$$

利用式(2.28),可求得

$$x_C = \frac{A_1 x_1 + A_2 x_2}{A_1 + A_2} = 20.5\ \text{mm}, y_C = \frac{A_1 y_1 + A_2 y_2}{A_1 + A_2} = 40.5\ \text{mm}$$

所求截面形心 C 的坐标为(20.5,40.5)。

例 2.5   图 2.19 所示扇形截面,其半径为 R,顶角为 2α,求该截面形心的位置。

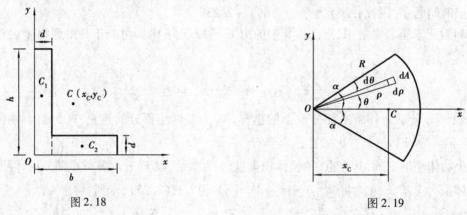

图 2.18   图 2.19

解   取坐标系 Oxy 如图所示,x 轴为对称轴,由于对称性,形心 C 一定在对称轴上,所以 $y_C = 0$,对于扇形截面采用极坐标比较方便。在极坐标(ρ, θ)处,取微面积 $\mathrm{d}A = \rho \mathrm{d}\rho \mathrm{d}\theta$,微面积的横坐标为 $x = \rho \cos \theta$。

由式(2.29),形心 C 的坐标

$$x_C = \frac{\int_A x \mathrm{d}A}{A} = \frac{\int_A x \mathrm{d}A}{\int_A \mathrm{d}A} = \frac{\iint_A (\rho \cos \theta) \rho \mathrm{d}\rho \mathrm{d}\theta}{\iint_A \rho \mathrm{d}\rho \mathrm{d}\theta}$$

$$= \frac{\int_0^R \rho^2 \mathrm{d}\rho \int_{-\alpha}^{\alpha} \cos \theta \mathrm{d}\theta}{\int_0^R \rho \mathrm{d}\rho \int_{-\alpha}^{\alpha} \mathrm{d}\theta} = \frac{\frac{2}{3} R^3 \sin \alpha}{\alpha R^2} = \frac{2R \sin \alpha}{3\alpha}$$

所求截面形心 C 的坐标为$\left(\dfrac{2R \sin \alpha}{3\alpha}, 0\right)$。

以上介绍了几种求重心的常用方法。对于一般具有规则几何形状的均质物体,其重心或形心均可按上述公式求得,也可以从有关工程手册中查到。

工程实际中,很多零部件都是均质的,且其形状常具有一定的对称性,如具有对称轴、对称面或对称中心等。对于这种均质形体,它的重心必在其对称轴、对称面或对称中心上。还有许多物体,其形状虽不规则,但它们却是由一些具有简单几何形状的物体组合而成。对于这种组合

形体,只要将它们分割成一些简单几何形体,再按公式(2.26)~公式(2.29)即可求得其重心。

若有的物体是由一些简单几何形体中挖去另一些简单几何形体所组成,则可将此被挖去部分的体积(或面积)视为负值而仍用上述方法计算。

对于形状不规则或材料非均质,而不便用公式计算其重心的一些物体,工程上常用实验法来测定其重心位置。常用的方法有悬挂法和称重法。

悬挂法是根据二力平衡原理,物体的重力作用线必沿悬挂的铅垂直线,故其重心必在此直线上。于是两次悬挂所画出的两条直线的交点,就是该物体或截面的重心。

称重法主要运用于一些形状复杂,体积庞大的物体。一般是首先测得物体的重量,然后将物体一端放在固定支座上,另一端置于台秤上。测出支座与台秤间的水平距离,并读出台秤的受力读数,根据杠杆原理可求得物体重心与支座间的水平距离,从而可得到一条通过物体重心的铅垂线。如果按上法求出两条不同位置的铅垂线,则这两条线的交点就是物体的重心。

习　题

2.1　三力作用在正方形上,各力的大小、方向及位置如题图 2.1 所示,试求合力的大小、方向及位置。分别以 O 点和 A 点为简化中心,讨论选不同的简化中心对结果是否有影响。

2.2　题图 2.2 所示平面力系中 $F_1 = 40\sqrt{2}$ N, $F_2 = 80$ N, $F_3 = 40$ N, $F_4 = 110$ N, $M = 2\,000$ N·mm。各力作用位置如题图 2.2 所示,图中尺寸的单位为 mm。求:①力系向 O 点的简化结果;②力系的合力的大小、方向及作用线。

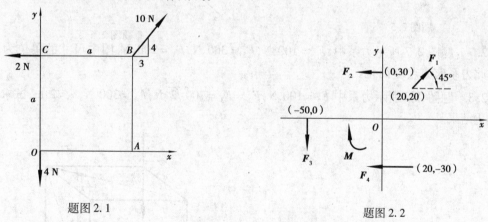

题图 2.1　　　　　　　　　　　　　　　题图 2.2

2.3　题图 2.3 所示等边三角形 ABC,边长为 l,现在其三顶点沿三边作用 3 个大小相等的力 F,试求此力系的简化结果。

2.4　沿着直棱边作用 5 个力,如题图 2.4 所示。已知 $F_1 = F_3 = F_4 = F_5 = F$, $F_2 = \sqrt{2}\,F$, $OA = OC = a$, $OB = 2a$。试将此力系简化。

2.5　沿长方体的 3 个不相交且不平行的棱上作用有 3 个大小均为 F 的力,如题图 2.5 所示,问棱长 a, b, c 应满足什么关系,此力系才能合成为一个合力?

2.6　题图 2.6 所示力系中,已知 $F_1 = F_4 = 100$ N, $F_2 = F_3 = 100\sqrt{2}$ N, $F_5 = 200$ N, $a = 2$ m,试将此力系简化。

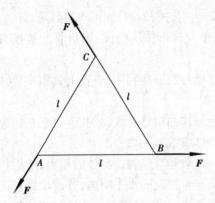

题图 2.3

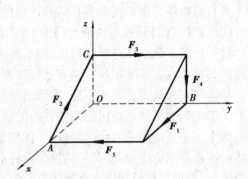

题图 2.4

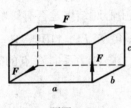

题图 2.5

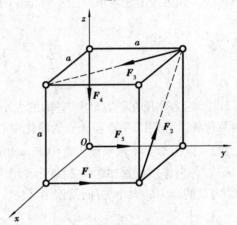

题图 2.6

2.7 题图 2.7 所示力系中，$F_1 = 100$ N，$F_2 = 300$ N，$F_3 = 200$ N，图中尺寸的单位为 mm。试将此力系向原点 O 简化。

2.8 题图 2.8 所示力系中 $F_1 = 100$ N，$F_2 = F_3 = 100\sqrt{2}$ N，$F_4 = 300$ N，$a = 2$ m，试求此力系简化结果。

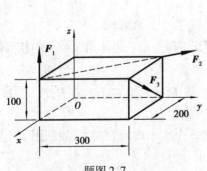

题图 2.7

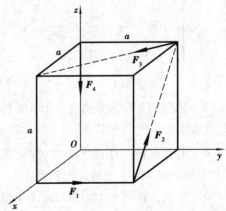

题图 2.8

2.9 求题图 2.9 所示平行力系合力的大小和方向，并求平行力系中心。图中每格代表 1 m。

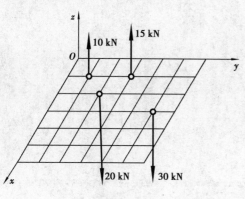

题图 2.9

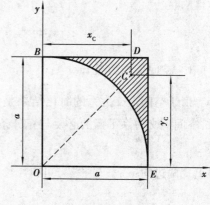

题图 2.10

2.10 用积分法求题图 2.10 所示正圆锥体的重心。

2.11 求题图 2.11 所示图形的形心。

2.12 求题图 2.12 所示由正方形 *OBDE* 切去扇形 *OBE* 后,所剩图形的形心。

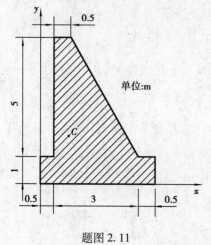

题图 2.11

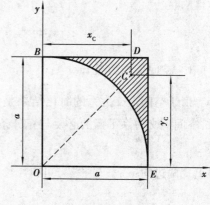

题图 2.12

第 **3** 章
力系的平衡

3.1 汇交力系的平衡方程

3.1.1 空间汇交力系

由于空间汇交力系的简化结果是一个合力 $\boldsymbol{F}_R$，因此，若力系平衡，其合力一定为零。所以，空间汇交力系平衡的必要与充分条件为

$$\boldsymbol{F}_R = \sum \boldsymbol{F} = 0 \tag{3.1}$$

将上式两边向 x,y,z 轴投影，可得

$$\left.\begin{array}{l} \sum F_x = 0 \\ \sum F_y = 0 \\ \sum F_z = 0 \end{array}\right\} \tag{3.2}$$

式(3.2)就是空间汇交力系的平衡方程。它表明：空间汇交力系平衡的必要与充分条件是，力系中各力在 3 个坐标轴上的投影的代数和分别等于零。

3.1.2 平面汇交力系

对于平面汇交力系，如果选取 Oxy 平面为力系所在平面，则式(3.2)的第三个方程变为恒等式，便可得到平面汇交力系的平衡方程

$$\left.\begin{array}{l} \sum F_x = 0 \\ \sum F_y = 0 \end{array}\right\} \tag{3.3}$$

因此，平面汇交力系平衡的必要与充分条件是，力系中各力在其作用平面内任意两正交坐标轴上投影的代数和分别等于零。

空间汇交力系有 3 个独立的平衡方程，可以求解 3 个未知量。平面汇交力系只有 2 个独

立的平衡方程,可以求解两个未知量。

由式(3.1)可以看出,汇交力系的合力 F_R 等于零即表示力系的力多边形的第一个力矢量的起点与最后一个力矢量的终点恰好重合,构成一个自行封闭的力多边形。因此,汇交力系平衡的必要与充分条件还能表示为:力系中的各个力组成的力多边形自行封闭。这就是汇交力系平衡的几何条件。

应用式(3.1)求解汇交力系的平衡问题,称为几何法;应用式(3.2)及式(3.3)求解汇交力系的平衡问题,则称为解析法。

用几何法分析平衡问题时,可以利用图解方法或者利用几何关系求解,并且要注意到力多边形自行封闭以及各个力矢量应该是首尾相接的特点。

3.2　力偶系的平衡方程

3.2.1　空间力偶系

空间力偶系可以简化为一个合力偶,合力偶矩矢量 M 等于各分力偶矩矢量 M_i 的矢量和。显然,如果力偶系平衡,其合力偶矩矢量一定为零。因此,空间力偶系平衡的必要与充分条件为

$$M = \sum M_i = 0 \tag{3.4}$$

式(3.4)在 x,y,z 轴上的投影式为

$$\left. \begin{array}{l} \sum M_{ix} = 0 \\ \sum M_{iy} = 0 \\ \sum M_{iz} = 0 \end{array} \right\} \tag{3.5}$$

式(3.5)便是空间力偶系的平衡方程,它表示空间力偶系平衡的必要与充分条件为:力偶系中所有的力偶矩矢量在直角坐标系的 3 个坐标轴上投影的代数和分别等于零。

与汇交力系平衡的几何条件的推导过程相类似,可以得到空间力偶系平衡的几何条件是:力偶系中的各分力偶矩矢量所组成的矢量多边形自行封闭。

3.2.2　平面力偶系

如果取 Oxy 平面为平面力偶系中各个力偶的作用平面,由于 $M_{ix}=0,M_{iy}=0,M_{iz}=M_i$,式(3.5)的前二个方程成为恒等式,于是可以得到平面力偶系的平衡方程

$$\sum M_i = 0 \tag{3.6}$$

因此,平面力偶系平衡的必要与充分条件是:力偶系中所有力偶矩的代数和等于零。

3.3 任意力系的平衡方程

3.3.1 空间任意力系

由第 2 章可知,将任何一个力系向空间任一点 O 简化,其一般结果是得到一个作用于 O 点的力和一个力偶,它们分别等于力系的主矢 $\boldsymbol{F}_R$ 和力系对 O 点的主矩 $\boldsymbol{M}_0$。若 $\boldsymbol{F}_R$ 和 $\boldsymbol{M}_0$ 均为零,则该力系为平衡力系。反之,若力系为平衡力系,则该力系的主矢 $\boldsymbol{F}_R$ 以及对任一点 O 的主矩 $\boldsymbol{M}_0$ 必为零。否则,力系简化的最后结果必然是合力、或合力偶、或力螺旋,而不可能是平衡力系。

由此可知,空间任意力系平衡的必要与充分条件是,力系的主矢和对任一点的主矩均为零。即

$$\boldsymbol{F}_R = 0, \boldsymbol{M}_0 = 0 \tag{3.7}$$

将上式投影到各坐标轴 x, y, z 轴上,即得

$$\left. \begin{array}{l} \sum F_x = 0 \\ \sum F_y = 0 \\ \sum F_z = 0 \end{array} \right\} \qquad \left. \begin{array}{l} \sum M_x(\boldsymbol{F}) = 0 \\ \sum M_y(\boldsymbol{F}) = 0 \\ \sum M_z(\boldsymbol{F}) = 0 \end{array} \right\} \tag{3.8}$$

这就是空间任意力系平衡方程的基本形式。它表明:在空间任意力系作用下,刚体平衡的必要与充分条件是:力系中各力在 3 个坐标轴上的投影的代数和分别等于零,以及各力对 3 个坐标轴的力矩的代数和也分别等于零。

方程组(3.8)的 6 个方程是互相独立的,它可以求解 6 个未知量。

3.3.2 空间平行力系

当空间平行力系的主矢和主矩同时等于零时,则该力系处于平衡,由于空间平行力系是空间任意力系的特殊情况,其平衡方程是能够由式(3.8)化简而得的。

选择 z 轴与力系的作用线平行,则式(3.8)中的 $\sum F_x = 0$,$\sum F_y = 0$,$\sum M_z(\boldsymbol{F}) = 0$ 变为恒等式,这样便得到空间平行力系的平衡方程

$$\left. \begin{array}{l} \sum F_z = 0 \\ \sum M_x(\boldsymbol{F}) = 0 \\ \sum M_y(\boldsymbol{F}) = 0 \end{array} \right\} \tag{3.9}$$

此式表明,空间平行力系平衡的必要与充分条件是:力系中所有各力的代数和等于零,以及各力对于空间互相正交两轴之矩的代数和分别等于零。

式(3.9)有 3 个互相独立的平衡方程,它可以求解 3 个未知量。

3.3.3 平面任意力系

工程应用中,最常见的力系是平面任意力系,研究平面任意力系的平衡问题具有重要的

意义。

如果取平面任意力系的作用平面为 Oxy 平面,由于力系中各个力的作用线都在 Oxy 平面内,这样式(3.8)中的 $\sum F_z = 0$,$\sum M_x(\boldsymbol{F}) = 0$,$\sum M_y(\boldsymbol{F}) = 0$ 就成为恒等式,同时平面力系中,方程 $\sum M_z(\boldsymbol{F}) = 0$ 可以写为 $\sum M_0(\boldsymbol{F}) = 0$,于是,得到平面任意力系的平衡方程

$$\left.\begin{array}{l} \sum F_x = 0 \\ \sum F_y = 0 \\ \sum M_0(\boldsymbol{F}) = 0 \end{array}\right\} \tag{3.10}$$

式(3.10)是平面任意力系平衡方程的基本形式。它表示力系平衡的必要与充分条件是:平面任意力系中各个力在作用平面内任意两正交坐标轴上投影的代数和分别等于零,对平面内任一点的力矩的代数和等于零。

式(3.10)的 3 个方程是互相独立的,它可以求解 3 个未知量。

在应用式(3.10)计算平衡问题时,为了使计算过程简单,通常将矩心选在两个未知力的交点,尽可能选择投影轴与力系中未知力的作用线垂直。

但是,式(3.10)这 3 个方程并不是唯一的形式,除了这种基本形式之外,还可以写成以下两种形式:

(1)二力矩式

$$\left.\begin{array}{l} \sum F_x = 0 \\ \sum M_A(\boldsymbol{F}) = 0 \\ \sum M_B(\boldsymbol{F}) = 0 \end{array}\right\} \tag{3.11}$$

式(3.11)的限制条件:要求力矩中心 A,B 两点的连线不能与投影轴 x 轴垂直。

此平衡方程的必要性是显然的,因为当力系平衡时,其主矢与主矩都等于零,必定满足平衡方程(3.11)。

现在证明其充分性:因为当力系满足平衡方程 $\sum M_A(\boldsymbol{F}) = 0$,则表明力系不可能简化为一个力偶,只可能简化为作用线通过 A 点的合力或者平衡。同理,如果力系又满足方程 $\sum M_B(\boldsymbol{F}) = 0$,则可以断定,该力系的合成结果为通过 A,B 两点的合力 $\boldsymbol{F}_R$ 或者平衡。但当力系又满足方程 $\sum F_x = 0$,而且连线 AB 又不垂直于 x 轴的条件时(图 3.1),必然有 $F_R = 0$。因此,力系显然不可能有合力,只能是平衡力系。这就表明,只要满足平衡方程(3.11)及连线 AB 不垂直于 x 轴的限制条件,则力系一定平衡。

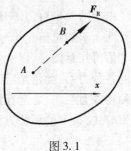

图 3.1

因此,平衡方程(3.11)连同它的限制条件也是平面任意力系平衡的必要与充分条件。

（2）三力矩式

$$\left. \begin{array}{l} \sum M_A(\boldsymbol{F}) = 0 \\ \sum M_B(\boldsymbol{F}) = 0 \\ \sum M_C(\boldsymbol{F}) = 0 \end{array} \right\} \tag{3.12}$$

式(3.12)的限制条件:要求力矩中心 A,B,C 三点不在同一条直线上。

三力矩式平衡方程的必要性与充分性的证明方法与二力矩式是完全一样的,无需重复。

以上研究了平面任意力系 3 种不同形式的平衡方程式(3.10)、式(3.11)及式(3.12),它们都是等效的,在解决实际问题时可以根据具体条件,尽量使计算过程简单,选择其中某一种形式。

（3）平面平行力系

当平面平行力系的主矢和主矩同时等于零时,则该力系处于平衡,由于平面平行力系是平面任意力系的特殊情况,其平衡方程自然可以由式(3.10)化简而得。

选 y 轴与力系的作用线平行,则式(3.10)的方程 $\sum F_x = 0$ 成为恒等式,于是得到平面平行力系的平衡方程

$$\left. \begin{array}{l} \sum F_y = 0 \\ \sum M_O(\boldsymbol{F}) = 0 \end{array} \right\} \tag{3.13}$$

由此可知,平面平行力系平衡的必要与充分条件是:力系中所有各力的代数和等于零,以及各力对于平面内任一点之矩的代数和等于零。

和平面任意力系一样,平面平行力系的平衡方程亦可表示为二力矩形式

$$\left. \begin{array}{l} \sum M_A(\boldsymbol{F}) = 0 \\ \sum M_B(\boldsymbol{F}) = 0 \end{array} \right\} \tag{3.14}$$

式(3.14)的限制条件: A,B 两点连线不得与各力的作用线平行。

由于平面平行力系有两个互相独立的平衡方程,可见,应用平面平行力系的平衡方程可以求解两个未知量。

值得注意的是,以上各种力系中,空间任意力系平衡方程(3.8)是最基本的一组方程。其他的各种力系,无论是空间力系,还是平面力系,它们都是空间任意力系的特殊情况。对于任一种特殊力系,只要选择恰当的坐标系,空间任意力系平衡方程式(3.8)中的某些方程就会成为恒等式,余下的那些方程便组成了该特殊力系的平衡方程。

3.4　平衡方程的应用

上面讨论了各种力系不同形式的平衡方程,在静力学中,主要是解决物体处于平衡时,其上各作用力间的关系,即按已知的作用力去求解其他的未知约束力,这就必须应用力系的平衡方程。

首先,应根据所给定的问题正确选定研究对象,即先要确定究竟应当研究哪一个或哪几个

物体的平衡,才能解决所给定的问题。其次,当选定了研究对象之后,就应正确进行受力分析也就是分析研究对象的全部受力情况,并画出受力图。在画受力图时,对于未知的约束力或约束力偶,若不能判定其真正指向或转向时,可以预先假定,通常将它们设为正向。若按假定的指向或转向解出的数值为正时,表明原设指向或转向是正确的;若为负值,则表明原来所设的指向或转向与实际的方向相反。

画出受力图后,则可选定坐标轴或投影轴和力矩中心,并按受力图上的力系类型分别列出其相应的独立平衡方程,然后求解这些方程,即可求得欲求的未知力。在这一过程中,重要的问题是如何使所列的方程最便于求解。这就要求各方程所含未知量应尽可能地少,最好是使每一个方程中只包含一个未知量,尽量避免解联立方程。因此,一方面是选定该问题所需要采用的平衡方程的形式即基本形式或其他等效形式,另一方面,则在于按一定的原则来选择投影轴和力矩中心。通常,所选择的投影轴尽可能与未知力垂直,而力矩中心则应尽可能选在未知力的交点上,这样就可能使列出的平衡方程达到上述要求而便于求解。

最后还应当指出,对于由两个以上的物体通过一定的约束联系而组成的物体系的平衡问题,通常情况下,单独研究其中某一个物体的平衡,不能够解决欲求解的问题,而常常还需要从该平衡的物体系统中取出某些单个物体或某几个物体组成的系统或整个物体系作为研究对象。这时,这些研究对象就不一定再是一个刚体,但由于整体系统处于平衡时,其中各部分也均处于平衡。根据刚化公理,可以将所取的可变形的研究对象视为一个刚体而应用前述的刚体平衡方程来进行求解计算。

下面分单个物体和物体系来讨论平衡方程的应用问题。

3.4.1　单个物体平衡方程的应用

单个物体平衡问题的研究,可按以下步骤进行:

1)根据物体平衡问题,正确选定研究对象。

2)分析研究对象的受力情况,正确画出其受力图。

3)选择恰当的平衡方程、投影轴和力矩中心,求解未知力。

例 3.1　一均质球重 $W = 100$ kN,放在两个相交的光滑斜面之间。若斜面 AB 的倾角为 $\alpha = 45°$,而斜面 BC 的倾角为 $\beta = 60°$。求两斜面的反力 F_{N_D} 和 F_{N_E} 的大小。

解　选取球 O 为研究对象。作用力有:球的重量 W,墙壁的约束力 F_{N_D},F_{N_E},三力汇交于球心 O,受力图为 3.2(a)。

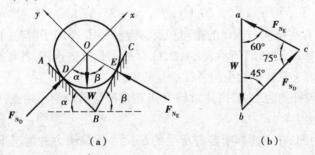

图 3.2

这是一个平面汇交力系,用几何法求解,任选一点 a,将各力按任意次序作一个首尾相接

的封闭力三角形 abc[图 3.2(b)]。由正弦定理得

$$\frac{F_{N_E}}{\sin 45°} = \frac{F_{N_D}}{\sin 60°} = \frac{W}{\sin 75°}$$

解得

$$F_{N_E} = \frac{\sin 45°}{\sin 75°} W = 73.2 \text{ kN}$$

$$F_{N_D} = \frac{\sin 60°}{\sin 75°} W = 89.6 \text{ kN}$$

例 3.2 如图 3.3(a)所示结构,滑轮 A 用两根连杆 AB 及 AC 支撑,已知 $W = 20$ kN,若不计滑轮的大小和自重,试求连杆 AB 及 AC 作用于滑轮的力。

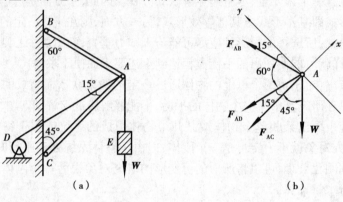

图 3.3

解 (1)构件受力分析

选取定滑轮 A 为研究对象,以定滑轮 A 为隔离体,画出滑轮 A 的受力图,并假定 F_{AB} 和 F_{AC} 都为拉力,如图 3.3(b)所示,由于 A 为定滑轮,故钢绳的拉力 $F_{AD} = W = 20$ kN。这是一个平面汇交力系,可以用解析法计算。

(2)列平衡方程,求解未知量 F_{AB} 和 F_{AC}

选取 x 轴与 F_{AC} 重合,y 轴与 F_{AC} 相互垂直的坐标系,如图 3.3(b)所示。列平衡方程

$$\sum F_x = 0, \ -F_{AC} - F_{AB} \sin 15° - F_{AD} \cos 15° - W \cos 45° = 0$$

$$\sum F_y = 0, \ F_{AB} \cos 15° + F_{AD} \sin 15° - W \sin 45° = 0$$

将 $F_{AD} = 20$ kN 代入上式,可以解得

$$F_{AB} = 9.27 \text{ kN}, \ F_{AC} = -35.87 \text{ kN}$$

负号表示 F_{AC} 的真实指向与假定的指向相反,即连杆 AC 作用于滑轮的力为压力。

例 3.3 一支架如图 3.4(a)所示,设 A,B,C,D 处都是铰链连接,各杆自重不计,已知重物重量为 $W = 1$ kN,求由于悬挂重物引起各杆所受的力。

解 忽略自重,各杆均为二力杆,注意到 D 点是各杆与重物的连接点,所以取 D 点为研究对象。

画出 D 点的受力图,在不能判断各杆所受的是拉力还是压力的情况下,可以假设都受拉力[(图 3.4(b)],F_{DA},F_{DB},F_{DC} 和重物的重力 W,在 D 点形成一个空间汇交力系,三根杆所受的力是未知力,可以由空间汇交力系的平衡方程求解。

设坐标系如图所示,列平衡方程,即

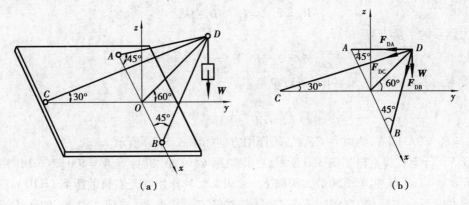

图 3.4

$$\sum F_x = 0, F_{DB} \cos 45° - F_{DA} \cos 45° = 0$$

$$\sum F_y = 0, -F_{DC} \cos 30° - F_{DA} \sin 45° \cos 60° - F_{DB} \sin 45° \cos 60° = 0$$

$$\sum F_z = 0, -F_{DC} \sin 30° - F_{DA} \sin 45° \sin 60° - F_{DB} \sin 45° \sin 60° - W = 0$$

由以上方程组解得

$$F_{DA} = F_{DB} = -1.22 \text{ kN}, \quad F_{DC} = 1 \text{ kN}$$

负号说明 F_{DA}, F_{DB} 的实际方向与假设的相反, DA, DB 杆受的是压力。

例 3.4　如图 3.5(a)所示结构,已知 $M = 6$ kN·m,若不计各杆件自重,求 A, C 点的约束力。

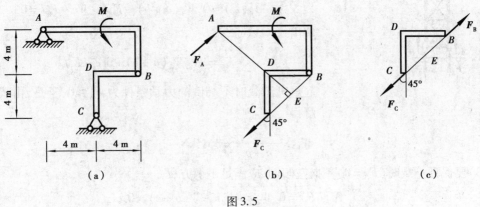

图 3.5

解　(1)结构受力分析

取整体结构为研究对象,如图 3.5(b)所示,整体结构受有主动力偶 M 和 A, C 点的约束反力 F_A, F_C 作用,当力偶 M 作用在 AB 部分时,BC 部分为二力杆,故 F_C 的作用线应为 B, C 两点的连线,如图 3.5(c)所示。

由平衡条件可知,图 3.5(b)中的约束力 F_A, F_C 必组成一个力偶与外力偶 M 相平衡,则 F_A 的作用线与 F_C 平行。又因主动力偶为逆时针转向,则约束力偶 (F_A, F_C) 必定为顺时针转向,由此可确定约束力 F_A, F_C 的作用方向。

(2)求 A, C 点的约束力

由约束力 F_A, F_C 形成的约束力偶矩为

$$M_1 = F_C d = F_C(AD + DE)$$

由平面力偶系的平衡方程

$$\sum M_i = 0, \quad M - M_1 = M - F_C d = 0$$

及几何关系, $d = AD + DE = 8.49 \text{ m}$, 可以求得

$$F_C = \frac{M}{d} = 0.71 \text{ kN}$$

于是, $F_A = F_C = 0.71$ kN, 约束力 F_A, F_C 的作用方向如图 3.5(b) 所示。

例 3.5 行走式起重机如图 3.6 所示，已知轨距 $b = 3$ m，机身重 $W = 500$ kN，其作用线至右轨的距离 $e = 1.5$ m，起重机的最大荷载 $F_P = 250$ kN，其作用线至右轨的距离 $l = 10$ m。欲使起重机满载时不向右倾倒，空载时不向左倾倒，试确定平衡重 W_1 之值。设 W_1 的作用线至左轨的距离 $a = 6$ m。

解 行走式起重机的平衡属平衡稳定问题。该问题应保证满载时 ($F_P = 250$ kN) 不向右倾倒和空载 ($F_P = 0$) 时不向左倾倒。因此，平衡时其配重 W_1 的值应在上述两种情况的 W_1 值之间。

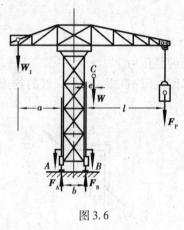

图 3.6

(1) 选起重机为研究对象，其受力图如图 3.6 所示。作用在其上的主动力有 W，F_P，W_1（大小未知），约束力有 F_A，F_B。

(2) 起重机受平面平行力系作用，要保证满载时 ($F_P = 250$ kN) 不向右倾倒，必须满足平衡方程

$$\sum M_B(F) = 0, \quad W_1(a + b) - F_A b - We - F_P l = 0$$

解出

$$F_A = \frac{1}{b}\left[W_1(a + b) - We - F_P l\right] \tag{a}$$

起重机满载时不翻倒的力学条件为 $F_A \geq 0$，于是，由式 (a) 解得

$$W_1 \geq \frac{We + F_P l}{a + b} = 361 \text{ kN}$$

(3) 要保证空载时 ($F_P = 0$) 不向左倾倒，应满足平衡方程

$$\sum M_A(F) = 0, \quad W_1 a + F_B b - W(b + e) = 0$$

解出

$$F_B = \frac{1}{b}\left[W(b + e) - W_1 a\right] \tag{b}$$

起重机空载时不翻倒的力学条件为 $F_B \geq 0$，于是，由式 (b) 解得

$$W_1 \leq \frac{W(b + e)}{a} = 375 \text{ kN}$$

因此，要保证起重机满载和空载时，都能正常工作，平衡配重应满足

$$361 \text{ kN} \leq W_1 \leq 375 \text{ kN}$$

例 3.6 如图 3.7(a) 所示，杆件 AB 的 A 点为固定端约束，杆件受荷载集度为 q 的均布荷载和一个在 B 端的集中力 F 作用。求 A 端的约束力。

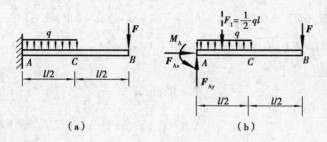

图 3.7

解　(1)取水平杆件 AB 为研究对象,如图 3.7(b)所示。固定端 A 点受有约束力 F_{Ax},F_{Ay},M_A 作用,所有力的指向都是假定的。由于线性分布力的合力大小等于荷载图的面积,其合力通过荷载图的形心。可以将杆件上的均布荷载合成一个合力 F_1,大小为 $F_1 = \dfrac{1}{2}ql$,作用点在 AC 的中点,方向与均布荷载方向相同。

(2)计算支座 A 处的约束力

杆件 AB 的受力为平面任意力系,列出如下平衡方程

$$\sum F_x = 0,\ F_{Ax} = 0$$

$$\sum F_y = 0,\ F_{Ay} - F_1 - F = 0$$

$$\sum M_A(\boldsymbol{F}) = 0,\ M_A - F_1 \cdot \frac{l}{4} - Fl = 0$$

将 $F_1 = \dfrac{1}{2}ql$ 代入以上方程,可以得到

$$F_{Ax} = 0,\ F_{Ay} = F + \frac{1}{2}ql,\ M_A = Fl + \frac{1}{8}ql^2$$

例 3.7　冶炼炉的加料小车如图 3.8(a)所示,小车沿与水平成 α 角的倾斜轨道匀速上升。小车和炉料的总重为 W,重心在 C 点,几何尺寸如图($h > e$)。求钢索的拉力及 A,B 轮对轨道的压力。

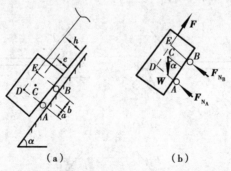

图 3.8

解　以小车为研究对象,取隔离体,小车所受的力:钢索的拉力 F、重力 W、轨道对车轮的约束力 F_{NA},F_{NB}。这是一个平面任意力系,作受力图并选取坐标系[图 3.8(b)],为使力矩方程中只有一个未知力,故以 D,E 点为力矩中心,建立二力矩式平衡方程

$$\sum F_x = 0,\ F - W\sin\alpha = 0$$

$$\sum M_{\mathrm{D}}(\boldsymbol{F}) = 0, F_{\mathrm{N_B}}(a + b) - (W\cos\alpha)a - (W\sin\alpha)(h - e) = 0$$

$$\sum M_{\mathrm{E}}(\boldsymbol{F}) = 0, -F_{\mathrm{N_A}}(a + b) + (W\cos\alpha)b - (W\sin\alpha)(h - e) = 0$$

求解以上方程,可得

$$F = W\sin\alpha$$

$$F_{\mathrm{N_A}} = \frac{W}{a + b}[b\cos\alpha - (h - e)\sin\alpha]$$

$$F_{\mathrm{N_B}} = \frac{W}{a + b}[a\cos\alpha + (h - e)\sin\alpha]$$

由作用力与反作用力关系可知,轨道对车轮的约束力就是车轮对轨道的压力。

3.4.2 物体系平衡方程的应用

(1)静定问题与静不定问题

在物体系统问题中,每个隔离体上的力系,它的独立的平衡方程的数目是一定的,可求解的未知力数目也是一定的。如果单个物体或物体系未知力的数目正好等于它的独立的平衡方程的数目,通过静力学平衡方程,可以完全确定这些未知力,这种平衡问题称为静定问题;如果未知力的数目多于独立的平衡方程的数目,仅通过静力学平衡方程不能完全确定这些未知力,这种问题称为静不定问题或超静定问题。这里说的静定与静不定问题,是对整个系统而言的。若从某一系统中取出一隔离体,它的未知力的数目多于它的独立平衡方程的数目,并不能说明该系统就是静不定问题,而要分析整个系统的未知力数目和独立平衡方程的数目。

图3.9是单个物体 *AB* 梁的平衡问题,对 *AB* 梁来说,可列3个独立的平衡方程。图3.9(a)中的梁有3个约束力,等于独立的平衡方程的数目,属于静定问题;图3.9(b)中的梁有4个约束力,多于独立的平衡方程的数目,属于静不定问题。图3.10是两个物体 *AB*,*BC* 组成的连续梁系统。*AB*,*BC* 可以分别各列3个独立的平衡方程,*AB*,*BC* 作为一个整体虽然也可列3个平衡方程,但是,并非是独立的,因此,该系统一共可列6个独立的平衡方程。图3.10(a)中的梁有6个约束力,是静定问题;图3.10(b)中的梁有7个约束力、约束力偶,于是,它是静不定问题。

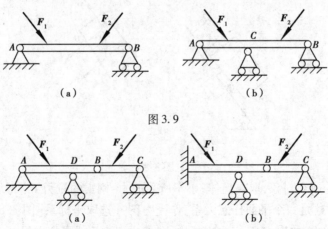

图 3.9

图 3.10

静不定问题之所以不能完全确定它的未知力,是因为在静力学中,把研究对象抽象化为刚体的原因。如果在静不定问题中考虑到物体的变形,还是能够完全确定它的全部未知力。在材料力学中,由于要研究物体的变形,故静不定问题只有在材料力学课程里,才可以完全解决。

工程中很多结构都是静不定结构,与静定结构相比较,静不定结构能够比较经济地利用材料,并且强度与刚度较好。静力学中只讨论静定问题。

(2)物体系的平衡问题

物体系问题的求解原则是要选取恰当的研究对象,先求出一些容易计算的未知力。显然,以建立的平衡方程只包含一个未知力为最佳选择,即尽量做到列一个平衡方程就能解出一个未知力。然后再选取另外的研究对象求出其他未知力,连续求解下去,直至求得全部的未知力。求解步骤以及应注意的地方如下:

1)首先判断物体系统是否属于静定问题。这一步骤只作分析,不必写入解题过程。

2)恰当地选择研究对象。在一般情况下,首先以系统的整体为研究对象,这样则不出现未知的内力,易于解出未知的外部约束力。当不能全部求出未知约束力时,则应选取单个物体或部分物体的组合为研究对象,一般应先选受力简单而作用有已知力的物体为研究对象,求出部分未知力以后,再研究其他物体。

3)进行受力分析,画隔离体的受力图。解除约束时,要严格地按照约束的性质,画出相应的约束力。特别要注意物体系的外力与内力的区分,研究对象的内力不要画出,只画外力。同时,两物体间的相互作用力应该符合作用与反作用定律,即作用力与反作用力必定等值,反向和共线,并分别作用在这两个物体上。

4)列平衡方程,求出全部未知力。判断清楚每个研究对象所受的力系及其独立平衡方程的个数,物体系独立平衡方程的总数,避免列出不独立的平衡方程。求解时应从未知力最少的方程入手,尽量避免解联立方程。求出全部未知力后,可以再列一个不重复的平衡方程,将计算结果代入,若满足方程,则表明计算结果正确无误。

例3.8 图3.11所示结构中,$AD=DB=2$ m,$CD=DE=1.5$ m,$W=120$ kN,不计杆和滑轮的重量。试求支座A和B的约束力和BC杆的内力。

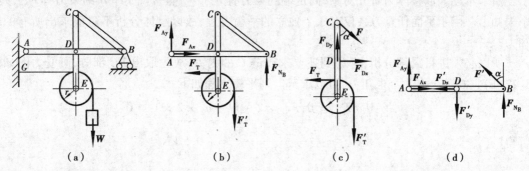

图3.11

解 分析结构是否属于静定结构,未知约束力数目——支座A:2个,支座B:1个,二力杆BC:2个,铰链D:2个,铰链E:2个,绳索:1个,共计10个;独立的平衡方程数目——AB杆:3个,CE杆:3个,二力杆BC:1个,(滑轮、绳索及重物)作为一整体:3个,方程总数目也是10个。两者数目相同,此结构为静定结构。

先求支座A和B的约束力,去掉约束,画整体受力图如图3.11(b),显然,图中绳的张力

$F'_T = F_T = W = 120$ kN,只有三个未知约束力 F_{Ax}，F_{Ay} 和 F_{N_B}，可以利用式(3.10)来计算。列平衡方程：

$$\sum M_A(F) = 0, F_{N_B} \times AB - F'_T \times (AD + r) - F_T \times (DE - r) = 0$$

所以

$$F_{N_B} = \frac{F_T(AD + DE)}{AB} = 105 \text{ kN}$$

$$\sum F_y = 0, F_{Ay} + F_{N_B} - F'_T = 0$$

$$F_{Ay} = F_T - F_{N_B} = 15 \text{ kN}$$

$$\sum F_x = 0, F_{Ax} - F_T = 0$$

$$F_{Ax} = F_T = 120 \text{ kN}$$

可以用方程 $\sum M_B(F) = 0$ 来检验以上计算结果的正确性。

为求 BC 杆内力 F，取 CDE 杆连同滑轮为研究对象，画受力图如3.11(c)。列力矩平衡方程

$$\sum M_D(F) = 0, -F \sin \alpha \times CD - F_T(DE - r) - F'_T r = 0$$

$$\sin \alpha = \frac{DB}{CB} = \frac{2}{\sqrt{1.5^2 + 2^2}} = 0.8$$

所以

$$F = -\frac{F_T \times DE}{\sin \alpha \times CD} = -150 \text{ kN}$$

$F = -150$ kN，说明 BC 杆受压力。

求 BC 杆的内力，也可以取 ADB 杆为研究对象，画受力图如图3.11(d)。由力矩平衡方程

$$\sum M_D(F) = 0, F' \cos\alpha \times DB + F_{N_B} \times DB - F_{Ay} \times AD = 0$$

同样可以求出 $F' = F = -150$ kN。

例3.9 已知结构 A 为固定端，C 为中间铰链，其上作用分布荷载如图3.12(a)所示，$q_1 = 3$ kN/m，$q_2 = 0.5$ kN/m，力偶矩 $M = 2$ kN·m，试求固定端 A 与支座 B 的约束力和铰链 C 的内力。

解 本题如以整体为研究对象，固定端约束力有 F_{Ax}，F_{Ay} 与 M_A，支座 B 约束力有 F_{N_B}，共4个未知力。由于平面任意力系仅有3个独立的平衡方程，故以整体分析不可能求出所有的未知力。

所以必须进行局部分析，考虑到还要求铰链 C 的内力，故先取出 BC 部分，画受力图如图3.12(b)，BC 部分有3个未知力，可以求解。列平衡方程如下

$$\sum M_C(F) = 0, F_{N_B} \times 2 + M - q_2 \times 2 \times 1 = 0$$

解得

$$F_{N_B} = \frac{q_2 \times 2 \times 1 - M}{2} = -0.5 \text{ kN}$$

$$\sum F_y = 0, F_{Cy} + F_{N_B} - q_2 \times 2 = 0$$

解得

$$F_{Cy} = q_2 \times 2 - F_{N_B} = 1.5 \text{ kN}$$

$$\sum F_x = 0, F_{Cx} = 0$$

再取 AC 部分画受力图3.12(c)，并注意到 $F'_{Cx} = F_{Cx} = 0$，列方程如下

$$\sum M_A(F) = 0, -q_2 \times 1 \times \frac{1}{2} - q_1 \times 3 \times \frac{1}{2} \times 1 + M_A - F'_{Cy} \times 1 = 0$$

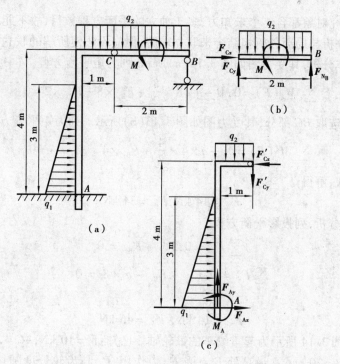

图 3.12

解得

$$M_A = q_2 \times 1 \times \frac{1}{2} + q_1 \times 3 \times \frac{1}{2} \times 1 + F'_{Cy} \times 1 = 6.25 \text{ kN} \cdot \text{m}$$

$$\sum F_y = 0, F_{Ay} - F'_{Cy} - q_2 \times 1 = 0$$

解得

$$F_{Ay} = F'_{Cy} + q_2 \times 1 = 2 \text{ kN}$$

$$\sum F_x = 0, F_{Ax} + q_1 \times 3 \times \frac{1}{2} = 0$$

所以

$$F_{Ax} = -q_1 \times 3 \times \frac{1}{2} = -4.5 \text{ kN}$$

例 3.10　如图 3.13(a)所示三铰刚架,受均布荷载 q 及力偶矩为 M 的力偶作用,已知 $q = 10 \text{ kN/m}, M = 20 \text{ kN} \cdot \text{m}$,试求 A, B 支座的约束力。

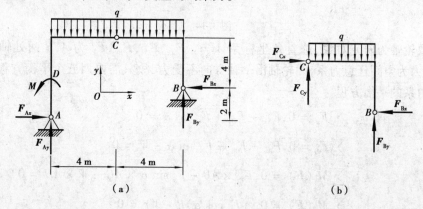

图 3.13

解　这是一个物体系统,但其支座不在同一水平线上,因此无论是作整体分析,还是作局部分析,所取的研究对象都含4个未知力,多于独立的平衡方程数目,故不能求得全部未知力。所以必须将整体分析与局部分析相结合来联立求解,但应设法使所解的联立方程尽可能简单。

首先选择整体分析,其受力图如图 3.13(a)所示,列力矩平衡方程

$$\sum M_A(\boldsymbol{F}) = 0, M - q \times 8 \times \frac{8}{2} + F_{By} \times 8 + F_{Bx} \times 2 = 0$$

然后作局部分析,选取 BC 部分,其受力图如图 3.13(b)所示。列力矩平衡方程

$$\sum M_C(\boldsymbol{F}) = 0, -q \times 4 \times \frac{4}{2} + F_{By} \times 4 - F_{Bx} \times 4 = 0$$

联立求解以上两式,解得

$$F_{Bx} = 14 \text{ kN}, F_{By} = 34 \text{ kN}$$

然后,再回到整体分析,列投影平衡方程

$$\sum F_x = 0, F_{Ax} - F_{Bx} = 0$$

$$\sum F_y = 0, F_{Ay} + F_{By} - q \times 8 = 0$$

解出

$$F_{Ax} = 14 \text{ kN}, \ F_{Ay} = 46 \text{ kN}$$

例 3.11 如图 3.14 所示为起重绞车的鼓轮轴。已知:$W = 10 \text{ kN}, AC = 20 \text{ cm}, CD = DB = 30 \text{ cm}$,齿轮半径 $R = 20 \text{ cm}$,在最高处 E 点受 $\boldsymbol{F}_n$ 力作用,$\boldsymbol{F}_n$ 与齿轮分度圆切线之夹角为 $\alpha = 20°$,鼓轮半径 $r = 10 \text{ cm}$,A, B 两端为向心轴承。试求 F_n 及 A, B 两轴承的径向压力。

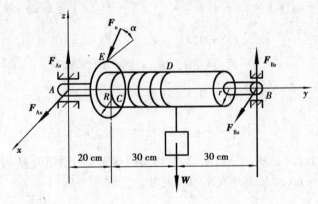

图 3.14

解 取轮轴为研究对象,选直角坐标系 $Axyz$。$F_{Ax}, F_{Az}, F_{Bx}, F_{Bz}$ 为 A, B 两处轴承的约束力,轴的受力为空间任意力系,因轮轴沿 y 轴方向不受力,故只需要列五个平衡方程求解。列空间任意力系的平衡方程

$$\sum F_x = 0, F_{Ax} + F_{Bx} + F_n \cos \alpha = 0$$

$$\sum F_z = 0, F_{Az} + F_{Bz} - F_n \sin \alpha - W = 0$$

$$\sum M_x(\boldsymbol{F}) = 0, F_{Bz} \times AB - F_n \sin \alpha \times AC - W \times AD = 0$$

$$\sum M_y(\boldsymbol{F}) = 0, (F_n \cos \alpha) R - Wr = 0$$

$$\sum M_z(\boldsymbol{F}) = 0, -F_{Bx} \times AB - (F_n \cos \alpha) \times AC = 0$$

求解以上方程组,可以得到

$$F_n = 5.32 \text{ kN}, F_{Ax} = -3.75 \text{ kN}, F_{Az} = 5.11 \text{ kN}, F_{Bx} = -1.25 \text{ kN}, F_{Bz} = 6.7 \text{ kN}$$

F_{Ax}, F_{Bx} 的"–"号表示该力的实际指向与所设指向相反。计算过程中应该注意,先从含一个未知力的方程开始求解,这样可以简化计算过程。例如本题可以先由第四个方程计算出 F_n,再求解其他未知力。

3.5　平面静定桁架

在工程实际中,有很多结构是由许多杆件在其端点处相互连接起来,而成为一几何形状不变的结构,这种结构称为桁架。房屋建筑、起重机、电视塔、油田井架和桥梁常采用桁架结构。桁架中杆件与杆件相连接的铰链,称为节点。根据杆件材料的不同,常见的节点构造有榫接、焊接或整铸等。用这些方法连接起来的杆件,其端部实际上是固定端,但是由于桁架的杆件都比较细长,端部对整个杆件转动的限制作用较小,因此,把节点抽象简化为光滑铰链不会引起太大的误差。所有杆件的轴线都在同一平面内的桁架,称为平面桁架;杆件轴线不在同一平面内的桁架,则称为空间桁架。

桁架各杆件所受的力,称为桁架杆件的内力。设计桁架时,必须首先根据作用于桁架的荷载,确定桁架杆件内力。在计算这些力时,通常做如下假设:

1)各直杆两端均以光滑铰链连接;

2)所有荷载在桁架平面内,作用于节点上;

3)杆的自重不计,如果杆自重需考虑时,也将其等效加于两端节点上;

4) 桁架中所有杆件都是直杆。

满足以上假设条件的桁架称为理想桁架。理想桁架中的各杆件都是二力杆,仅在其两端铰链处受力,因此桁架各杆内力都是轴向力,为拉力或压力。由于材料抗拉、压的性能往往比抗弯、扭的性能强得多,故桁架结构中各杆件的受力状态最合理,能承受较大的外荷载,充分发挥材料的效能;且桁架结构轻,能大量节省材料,这些都是桁架结构的突出优点。在大跨度的结构中,它的优越性更明显。所以,桁架在工程建设中有着广泛的应用。

在桁架设计中,主要需求出桁架在承受外荷载时各杆件的内力,以便作为确定杆件断面尺寸和选用材料的参考。对于计算平面桁架各杆件的内力,则是建立在平面力系平衡的基础上的。为了使桁架在荷载作用下几何形状维持不变,杆件应按一定方式连接起来。一般地说,为保证几何形状不变,桁架是由三根杆与三个节点组成一个基本三角形,然后用两根不平行的杆件连接出一个新的节点,以此类推组装而构成,这种桁架称为简单桁架,如图 3.15(a)所示。

由几个简单桁架,按照几何形状不变的条件组成的桁架称为组合桁架,如图 3.15(b)。

在桁架的外部约束为静定的情况下,桁架内力若能由静力学平衡方程全部确定,称为静定桁架,它的杆件数 m 及节点数 n 满足关系式

$$2n = m + 3 \tag{3.15}$$

式(3.15)是桁架静定性的必要条件,充分条件是没有冗余约束。简单桁架与组合桁架都是静定桁架。

下面介绍两种常用的桁架杆件内力计算方法:

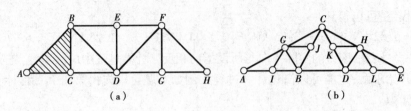

图 3.15

（1）节点法

节点法是以各个节点为研究对象的求解方法。这种求各杆内力的要点是：逐个考虑各节点的平衡，画出它们的受力图，应用平面汇交力系的平衡方程，或者采用汇交力系的几何法，根据已知力求出各杆的未知内力。由于平面汇交力系只有两个平衡方程，因此，应该正确选择所考虑节点的顺序，以使每个节点的平衡方程中只有两个未知力，这样可以避免求解联立方程，从而简化计算。在受力图中，一般均假设杆的内力为拉力，如果计算结果为正值，即表示该杆受拉，反之，则表示杆件受压。节点法适用于求解全部杆件内力的情况。

（2）截面法

截面法是假想用一截面截取出桁架的某一部分作为研究对象。被截开杆件的内力成为该研究对象的外力，可应用平面任意力系的平衡条件求出这些被截开杆件的内力。它适用于求桁架中某些指定杆件的内力，也可用于校核桁架杆件内力的计算结果。由于平面任意力系只有三个独立平衡方程，所以一般说来，被截杆件数目不应超出 3 根。

在桁架的某些部位，受特定外力作用时，桁架中常常有某些杆件的内力为零，称它们为零杆。通常，以下情况，可以判断杆件为零杆：

（a）节点仅连接两根不共线的杆且该节点无外力作用，则此两杆均为零杆，如图 3.16（a）所示。

（b）节点仅连接两根不共线的杆，且该节点只受一与其中一杆共线的外力作用，则另一杆为零杆，如图 3.16（b）所示。

（c）节点连接三根杆，且有两根杆共线，则当该节点无外力作用时，第三根杆为零杆，如图 3.16（c）所示。

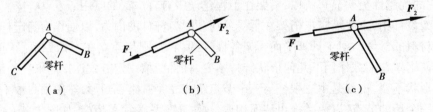

图 3.16

虽然，零杆是桁架在某种特殊情况下内力为零的杆件，但它对保证桁架几何形状的不变性来说是不可缺少的。在计算内力中，先判断零杆，在计算其他杆件内力时，可以不考虑零杆而将其去掉，这样能使计算工作得到简化。

例 3.12 屋架的尺寸及荷载如图 3.17 所示，求每根杆件的内力。

解 首先求支座 A，H 的约束力，由整体受力图 3.17（a），列平衡方程

$$\sum F_x = 0, F_{Ax} = 0$$

$$\sum F_y = 0, F_{Ay} + F_{N_H} - 40 = 0$$

$$\sum M_A(\boldsymbol{F}) = 0, F_{N_H} \times 8 - 10 \times 2 - 10 \times 4 - 10 \times 6 - 5 \times 8 = 0$$

解得
$$F_{Ay} = F_{N_H} = 20 \text{ kN}$$

其次,从节点 A 开始,逐个截取桁架的节点画受力图,利用解析法进行计算,几何关系: $\sin \alpha = 0.447\ 2, \cos \alpha = 0.894\ 5$。

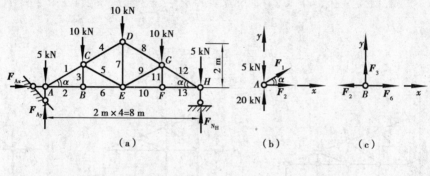

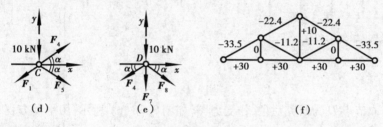

图 3.17

选取节点 A 画受力图,如图 3.17(b),列平衡方程

$$\sum F_x = 0, \ F_1 \cos \alpha + F_2 = 0$$

$$\sum F_y = 0, \ F_1 \sin \alpha + 20 - 5 = 0$$

解得
$$F_1 = -33.5 \text{ kN (压)}, F_2 = 30 \text{ kN (拉)}$$

选取节点 B 画受力图如图 3.17(c),列平衡方程

$$\sum F_x = 0, F_6 - F_2 = 0$$

$$\sum F_y = 0, F_3 = 0$$

解得
$$F_6 = 30 \text{ kN (拉)}, F_3 = 0 \text{ (零杆)}$$

选取节点 C 画受力图如图 3.17(d)所示,列平衡方程

$$\sum F_x = 0, \ -F_1 \cos \alpha + F_4 \cos \alpha + F_5 \cos \alpha = 0$$

$$\sum F_y = 0, \ -F_1 \sin \alpha + F_4 \sin \alpha - F_5 \sin \alpha - 10 = 0$$

解得
$$F_4 = -22.4 \text{ kN (压)}, F_5 = -11.2 \text{ kN (压)}$$

继续选取节点 D, E 等,可以求出所有杆的内力。由于结构和荷载都对称,因此左右两边对称位置的杆件内力相同,故计算半个屋架即可。

现将各杆的内力标在杆件的旁边,如图 3.17(f)所示。图中正号表示拉力,负号表示压力,力的单位为 kN。

例 3.13 平面悬臂桁架所受的荷载如图 3.18(a)所示。求杆 1,2 和 3 的内力。

解 应用截面法,将杆 1,2,4 截断,取桁架的右半部分为研究对象,作受力图,如图 3.18(b)所示。列力矩平衡方程

$$\sum M_C(\boldsymbol{F}) = 0, -F \times 2 - F \times 4 - F \times 6 - F_1 \times \frac{3}{4} \times 3 = 0$$

$$\sum M_E(\boldsymbol{F}) = 0, -F \times 2 - F \times 4 - F_1 \times \frac{1}{2} \times 3 - F_2 \times 2 + F \times 2 = 0$$

由以上方程解得

$$F_1 = -5.333\ F(压)$$
$$F_2 = 2\ F(拉)$$

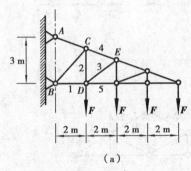
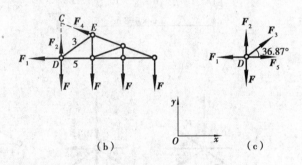

图 3.18

再应用节点法,取节点 D 为研究对象,作受力图,如图 3.18(c) 所示。由平衡方程

$$\sum F_y = 0, F_2 - F + F_3 \sin \alpha = 0$$

解得

$$F_3 = \frac{F - F_2}{\sin \alpha} = \frac{F - 2F}{\sin 36.87°} = -1.667F(压)$$

例 3.14 平面桁架受力如图 3.19(a)所示。ABC 为等边三角形,且 $AD = DB = \dfrac{a}{2}$。求 DC 杆的内力。

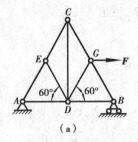
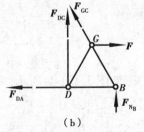

图 3.19

解 由于只求 DC 杆的内力,用节点法显然比较复杂,即使采用截面法,也需要几个步骤来计算。此题中可以观察到,DE 杆是一根零杆。

因此,可以去掉 DE 杆,再利用截面法,将桁架的 GC、DC 及 DA 杆截断,取桁架右半部分为研究对象,作如图 3.19(b)所示的受力图。由力矩平衡方程

$$\sum M_{\text{B}}(\boldsymbol{F}) = 0, \ -F_{\text{DC}} \cdot \frac{a}{2} - F \cdot \frac{\sqrt{3}}{4}a = 0$$

解得

$$F_{\text{DC}} = -\frac{\sqrt{3}}{2}F(\text{压})$$

DC 杆受 $\dfrac{\sqrt{3}}{2}F$ 的压力,零杆的正确判别简化了计算过程。

3.6　考虑摩擦时的平衡问题

两个相互接触的物体产生相对运动或具有相对运动的趋势时,彼此在接触部位会产生一种阻碍对方相对运动的作用。这种现象称为摩擦,这种阻碍作用,称为摩擦力。在前面的讨论中,把物体间的接触都假设是理想光滑的。实际上,这种完全光滑的接触是不存在的,两物体的接触面之间一般都存在着摩擦。只是在有些问题中,摩擦力很小,对所研究的问题影响较小,可以忽略不计,因而把接触面看作是光滑的。但是,对于另外一些实际问题,例如汽车在公路上行驶,皮带轮和摩擦轮的传动,桥梁与码头基础中的摩擦桩依靠摩擦承受荷载等,摩擦都是重要的甚至是决定性的因素,必须加以考虑。另外一方面,摩擦阻力会消耗能量,产生热、噪声、振动、磨损,特别是在高速运转的机械中,摩擦的危害往往表现得更为突出。

按照接触物体之间相对运动的情况分类,摩擦可分为滑动摩擦和滚动摩擦两类。两物体之间具有沿接触面公切线方向的相对滑动或相对滑动趋势,产生的阻碍相对滑动的作用,称为滑动摩擦,相应的摩擦阻力称为滑动摩擦力,简称摩擦力。另一种是两物体之间具有相对滚动或相对滚动趋势,产生的阻碍相对滚动的作用,称为滚动摩擦,相应的摩擦阻力实际上是一种阻力偶,称之为滚动摩擦阻力偶,简称滚阻力偶。

3.6.1　滑动摩擦

任何物体的表面都不可能是绝对光滑的,所以任何相互接触的物体表面,如果存在相对滑动或滑动趋势,在接触面的切平面上必然产生滑动摩擦力。若两个相接触物体的表面有相对滑动的趋势而尚未产生滑动,此时的摩擦力称为静滑动摩擦力;若已产生滑动,则此时的摩擦力便称为动滑动摩擦力。

(1)静滑动摩擦力

将重量为 $\boldsymbol{W}$ 的物体放在粗糙的水平面上,并施加一水平力 $\boldsymbol{F}_1$,如图 3.20(a)所示。根据观察可知,当 $\boldsymbol{F}_1$ 的大小不超过某一数值时,物体虽有向右滑动的趋势,但仍然保持相对静止。这个现象表明,物体除受法向压力 $\boldsymbol{F}_{\text{N}}$ 之外,还受到有一水平向左的约束力 $\boldsymbol{F}$,如图 3.20(b)所示。$\boldsymbol{F}$ 即为静滑动摩擦力,简称静摩擦力。当力 $\boldsymbol{F}_1$ 从零开始逐渐增加,使物体处于将运动而未动的临界状态时,所对应的静滑动摩擦力称为最大静滑动摩擦力,简称为最大静摩擦力,记作 $\boldsymbol{F}_{\text{max}}$。

当物体与约束面之间有正压力并有相对滑动趋势时,沿接触面切平面内产生静摩擦力,它是未知的约束力,其方向沿两接触面的公切线方向,指向与滑动趋势的方向相反,其大小在零与最大值之间变化,即

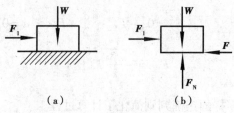

图 3. 20

$$0 \leqslant F \leqslant F_{\max} \tag{3.16}$$

具体数值应依据物体的平衡方程来确定,这时物体的平衡称为非临界状态下的静平衡。

(2)静滑动摩擦定律

当上面的实验中,拉力 F_1 增加到一定数值时,物体将处于由静止到运动的临界状态,静摩擦力达到最大值 $F_{\max}$。大量实验证明,最大静摩擦力的方向与相对滑动趋势的方向相反,大小与两物体之间的法向压力成正比,即

$$F_{\max} = f_s F_N \tag{3.17}$$

式(3.17)称为静滑动摩擦定律,其中比例常数 f_s 是无量纲量,称为静摩擦因数,它取决于两个接触物体的材料性质以及接触表面的粗糙程度、干湿度、温度等因素,与接触面积的大小无关。摩擦因数 f_s 的值由实验测定,工程中常用材料的 f_s 值可在工程手册中查到。

式(3.17)仅是一个近似关系式,不能完全说明摩擦的复杂机理,但是,因为此式形式简单,计算方便,在工程实际中一般可以得到足够精确的解答,因此,式(3.17)仍然被广泛应用。

(3)动滑动摩擦定律

当相互接触的两物体之间有相对滑动时,它们所受的摩擦力称为动滑动摩擦力,简称动摩擦力,用 F_d 表示,实验证明动摩擦力的方向与相对滑动运动的方向相反,大小与两物体之间的法向压力成正比,即

$$F_d = f_d F_N \tag{3.18}$$

式(3.18)称为动滑动摩擦定律,式中比例常数 f_d 是无量纲量,称为动摩擦因数。

动摩擦因数 f_d 主要取决于物体接触表面的材料性质与物理状态:接触表面的光滑程度、温度、湿度等,与接触面积的大小无关。实验指出,动摩擦因数还与物体相对滑动的速度有关,在一定范围内,它随两物体之间相对速度的增大而略有减小,在计算中通常不考虑速度变化对 f_d 的微小影响,而将 f_d 看作常量。一般情况下,动摩擦因数 f_d 略小于静摩擦因数 f_s,工程计算中有时近似认为 $f_d \approx f_s$。

(4)摩擦角与自锁现象

考虑摩擦时,支承面对平衡物体的约束力包括法向压力 F_N 和静摩擦力 F,这两个力的合力 F_R 称为全约束力,$F_R = F_N + F$,全约束力与法向压力间的夹角为 φ。当静摩擦力达到最大值 $F_{\max}$ 时,物体处于将运动而未动的临界状态,此时全约束力 F_R 也随之达到其最大值 $F_{R\max}$。全约束力的最大值 $F_{R\max}$ 与法向压力 F_N 之间的夹角 φ_m 称为摩擦角,如图 3.21 所示。因此,摩擦角就是静摩擦力达到最大值时,全约束力与支承面法线之间的夹角。

由于主动力变化时,摩擦力 F 的变化范围是:$0 \leqslant F \leqslant F_{\max}$。因此,全约束力 F_R 与法向压力 F_N 之间的夹角 φ 也应有如下的变化范围

$$0 \leqslant \varphi \leqslant \varphi_m \tag{3.19}$$

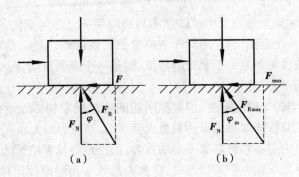

图 3.21

由图 3.21 中的几何关系,可以得到

$$\tan \varphi_m = \frac{F_{max}}{F_N} = \frac{f_s F_N}{F_N} = f_s \qquad (3.20)$$

这表明,摩擦角的正切等于静摩擦因数。摩擦角是静摩擦因数的几何表示,它们都反映了材料之间的摩擦性质。

全约束力 F_R 与法线之间的夹角 φ 不会大于 φ_m,也就是说 F_R 的作用线不可能超出摩擦角。如果物体所受的主动力的合力 F_Q 的作用线在摩擦角之外[图 3.22(a)],即 $\varphi > \varphi_m$,则全约束力 F_R 不可能与 F_Q 共线,于是此二力不满足二力平衡公理,不论主动力的合力 F_Q 如何小,物体都要产生滑动;相反,若主动力的合力 F_Q 的作用线在摩擦角之内[图 3.22(b),(c)],即 $\varphi \leqslant \varphi_m$,则不论主动力的合力 F_Q 多大,全约束力 F_R 总是能与其平衡,所以物体将保持静止不动,这种现象称为自锁,$\varphi \leqslant \varphi_m$ 称为自锁条件。

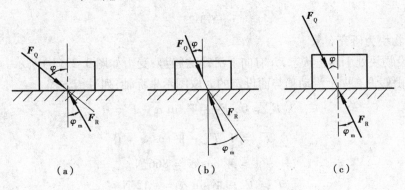

图 3.22

工程中常利用"自锁"设计一些机构与夹具,例如螺旋千斤顶举起重物时不会自动滑下,螺栓拧紧后不会松动,就是利用自锁现象。而在另一些问题中,则要避免产生自锁现象,例如水闸门启闭或电梯升降时,就应避免自锁,以防闸门或电梯卡死。

3.6.2 考虑滑动摩擦的平衡问题

求解有摩擦力的平衡问题与求解不计摩擦力的平衡问题一样,它们都应满足力系的平衡条件,这是它们的共同之处。不同的是,在分析物体受力情况时,必须考虑摩擦力。对于需要考虑摩擦力的平衡问题,除了需要列平衡方程外,还应补充关于摩擦力的物理方程:$0 \leqslant F \leqslant F_{max} = f_s F_N$。

物体平衡时所受的摩擦力的大小可以在零与极限值 F_{max} 之间变化,因而相应地物体平衡位置或所受的力也有一个范围,这是不同于忽略摩擦力的问题之处。这就决定了有摩擦力的平衡问题的解答,一般说来不是一个确定的数值,而是一个取值范围,在这个范围内,物体总是处于平衡状态,称其为平衡范围。

在求解考虑摩擦力的平衡问题时,应根据问题的要求确定物体处于何种平衡状态。当物体处于非临界平衡状态时,静摩擦力未达到最大值 F_{max},摩擦力的大小和指向均由平衡条件确定,所以可像一般约束力那样假设静摩擦力的方向,而由最终计算结果的正负号来判定假设的方向是否正确;当物体处于临界平衡状态时,摩擦力的大小由静摩擦定律: $F_{max} = f_s F_N$ 来确定,最大静摩擦力 F_{max} 的方向总是与相对滑动趋势的方向相反,不可任意假定。

工程中有不少问题只需要分析临界平衡状态。有时为了计算方便,也先分析临界平衡状态,利用临界平衡状态求出的物理或几何量是极限值,求得结果后再分析其是极大值还是极小值,经过综合考虑后,以确定物体的平衡范围。

例 3.15 物块重力 $W = 1\,000$ N,置于倾角 $\alpha = 30°$ 的斜面上,如图 3.23(a)所示,受沿斜面的一推力 $F' = 488$ N 的作用。已知物块与斜面间的摩擦系数 $f_s = 0.1$。试问物块是否处于静止状态?

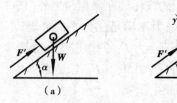

图 3.23

解 取物块为研究对象。

(1)假设物块处于静止状态,并有向上滑动的趋势,受力如图 3.23(b)所示。注意摩擦力 F 的指向是由假设有向上滑动趋势而设定的。取图示坐标轴,列平衡方程

$$\sum F_x = 0, \quad F' - W \sin \alpha - F = 0$$

$$\sum F_y = 0, \quad F_N - W \cos \alpha = 0$$

解得
$$F_N = W \cos \alpha = 866 \text{ N}$$

$$F = F' - W \sin \alpha = -12 \text{ N}$$

负号表示 F 的实际指向与假设相反,由此断定物体实际上有下滑趋势。

(2)求最大静摩擦力: $F_{max} = f_s F_N = 0.1 \times 866 \text{ N} = 86.6 \text{ N}$

(3)比较 F 与 F_{max} 的大小: $F = 12 \text{ N} < F_{max} = 86.6 \text{ N}$,由此断定,物体处于静止状态。

结论:物块在斜面上处于静止状态,但有向下滑动的趋势。进一步的计算表明,物块的平衡范围为: $413.4 \text{ N} \leq F' \leq 586.6 \text{ N}$,当 $F' < 413.4 \text{ N}$ 时,物块要向下滑动;当 $F' > 586.6 \text{ N}$ 时,物块要向上滑动。

例 3.16 制动器的构造简图见图 3.24(a)所示。已知制动轮与制动块之间的静摩擦系数为 f_s,鼓轮上挂一重物,重力为 W,几何尺寸如图所示。求制动所需最小的力 F_{min}。

解 制动块与制动轮之间的摩擦力与法向压力大小有关,即与制动力 F_1 的大小有关。如果制动力太小,则两者之间的摩擦力不能形成足够大的力偶矩以平衡重物产生的力偶矩,因而

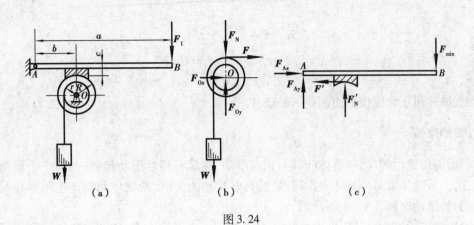

图 3.24

达不到制动的目的。

先取制动轮和鼓动轮为研究对象。受力如图 3.24(b)所示,列力矩平衡方程

$$\sum M_O(F) = 0, Wr - FR = 0$$

解得

$$F = \frac{r}{R} W$$

再取制动杆(含制动块)为研究对象,设制动力的最小值为 F_{min},如图 3.24(c)所示,临界状态的力矩平衡方程为

$$\sum M_A(F) = 0, F'_N b - F'c - F_{min} a = 0$$

这时摩擦力达到最大值,即 $F' = F = \frac{r}{R} W = f_s F_N$,代入上式,解得

$$F_{min} = \frac{Wr}{aR}\left(\frac{b}{f_s} - c\right)$$

例 3.17　图 3.25 表示颚式破碎机,已知颚板与被破碎石料的静摩擦因数 $f_s = 0.3$,试确定正常工作的钳制角 α 的大小。

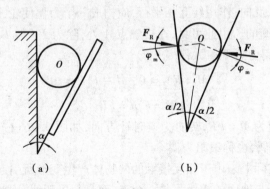

图 3.25

解　为简化计算,将石块看成球形,并略去其自重。当颚式破碎机正常工作时,根据岩石不至被挤压滑出颚板的条件,用几何法求解。

岩石只在两处受力,此两力使岩石维持平衡必须满足二力平衡公理。按自锁条件,它们与接触面法线间的最大角度应为 φ_m。由图 3.25(b)可知,平衡的几何条件为

$$\frac{\alpha}{2} \leqslant \varphi_m, 即 \ \alpha \leqslant 2\varphi_m$$

又因为 $\qquad f_s = 0.3, \varphi_m = \arctan f_s = 16.7°$

于是 $\qquad \alpha \leqslant 32.4°$

所以,颚式破碎机正常工作的钳制角 $\alpha \leqslant 32.4°$

3.6.3 滚动摩擦

由前面的讨论可知,当两物体间具有相对滑动,或具有相对滑动趋势时,将产生滑动摩擦力。那么,当一物体沿另一物体表面滚动,或具有滚动趋势时,两物体间将产生阻碍相对滚动的作用,称为滚动摩擦。

设均质轮子重 W,半径为 R,在轮中心 O 上作用一水平拉力 F_1,如图 3.26(a)所示。当力 F_1 不大时,轮子仍保持静止。

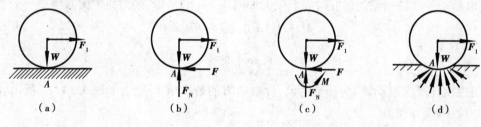

图 3.26

分析轮子的受力情况,在轮子与平面接触的 A 点上有法向压力 F_N,水平的静滑动摩擦力 F,如图 3.26(b)所示。从轮子的受力图 3.26(b),由平衡方程

$$\sum F_x = 0, \quad F_1 - F = 0$$

$$\sum F_y = 0, \quad F_N - W = 0$$

可以求得 $\qquad F = F_1, \quad F_N = W$

于是,F 与 F_1 等值、反向、作用线互相平行,应构成一个力偶使轮子滚动。但是,实际上当力 F_1 不大时,轮子是平衡的。由此可见,在接触点 A 处,除力 F_N 与 F 之外,必有一个力偶 M 与力偶(F, F_1)平衡,利用力矩平衡方程

$$\sum M_A(F) = 0, \ M - F_1 R = 0$$

得到 $\qquad M = F_1 R = FR$

所以,该力偶的矩应为 $M = FR$,转向为逆时针方向,如图 3.26(c)所示,这个阻止滚动的力偶 M 称为滚动摩擦力偶,也称滚阻力偶。

滚阻力偶的产生,实际上是由于相互接触的两物体产生变形所引起的。假设轮子不变形,而地面发生变形,则轮子与地面的接触不是一个点,而是一段弧线,因此,支承面的约束力应是分布于该弧线上的分布力,如图 3.26(d)所示。应用力系的简化理论将该分布力向轮子上的 A 点简化,可得一主矢量 F'_R 和主矩 M_A。实际上法向压力 F_N 与摩擦力 F 的合力就是主矢量 F'_R,主矩 M_A 就是滚动摩擦力偶 M。

随着力 F_1 的增大,使轮子处在要滚动而未滚动的临界状态时,滚动摩擦力偶 M 达到最大值,记为 M_{max},称为最大滚动摩擦力偶。显然,轮子处于平衡时的滚阻力偶介于零到最大值之

间,即

$$0 \leqslant M \leqslant M_{\max} \tag{3.21}$$

实验表明,最大滚动摩擦力偶矩与接触物体之间的法向压力成正比,方向与相对滚动趋势方向相反,即

$$M_{\max} = \delta F_N \tag{3.22}$$

此式称为滚动摩擦定律。式中 δ 为比例系数,称为滚动摩阻因数,具有长度的量纲,单位为 cm 或者 mm,其值与接触面的材料性质、硬度、温度及湿度等有关,可以通过实验方法来测定。物体滚动起来后,一般认为此定律仍然成立。

图 3.26 中的轮子滚动的临界平衡条件

$$\sum M_A(\mathbf{F}) = 0, \quad M_{\max} - F_1 R = 0$$

所以,临界水平拉力

$$F_{cr_1} = \frac{M_{\max}}{R} = \frac{\delta}{R} F_N = \frac{\delta}{R} W$$

轮子滑动的临界平衡条件

$$\sum F_x = 0, \quad F_1 - F_{\max} = 0$$

所以,临界水平拉力

$$F_{cr_2} = F_{\max} = f_s F_N = f_s W$$

一般情况下,$\dfrac{\delta}{R} \ll f_s$,故 $F_{cr_1} \ll F_{cr_2}$,因此,克服滚动摩擦要比克服滑动摩擦省力得多。工程实际中,常用滚动摩擦代替滑动摩擦,这样可以减少运动部件之间的摩擦,提高工作效率,减少能量的消耗,延长机器的使用时间。

习　题

3.1　题图 3.1 所示简易起重机用钢丝绳吊起重为 2 kN 的重物。不计杆件自重、摩擦及滑轮尺寸,A, B, C 三处简化为铰链连接,试求杆 AB 和 AC 所受的力。

3.2　均质杆 AB 重力为 W,长为 l,两端置于相互垂直的两光滑斜面上(题图 3.2)。已知一斜面与水平成角 α,求平衡时杆与水平所成的角 φ 及距离 OA。

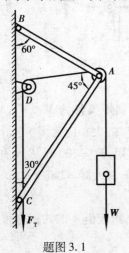

题图 3.1

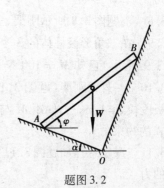

题图 3.2

3.3　题图 3.3 所示压榨机 ABC,在 A 铰链处作用水平力 **F**,B 点为固定铰链。由于水平力 **F** 的作用使 C 块压紧物体 D,如 C 块与墙壁为光滑接触,压榨机尺寸如图所示。试求物体 D 所受的压力 **F**$_D$。

3.4　在杆 AB 的两端用光滑铰链与两轮中心 A,B 连接(题图 3.4),并将它们置于互相垂直的两光滑斜面上。设两轮重均为 **W**,杆 AB 重不计,试求平衡时角 α 的值。

3.5　题图 3.5 所示物块 M 重为 W = 420 N,由撑杆 AB 和链条 AC,AD 所支持,如 AB = 116 cm,AC = 64 cm,AD = 48 cm,矩形 CADE 平面是水平的,而平面 Ⅰ、Ⅱ 则是铅垂的。试求 AB 杆所受的力和链条 AC,AD 的拉力。

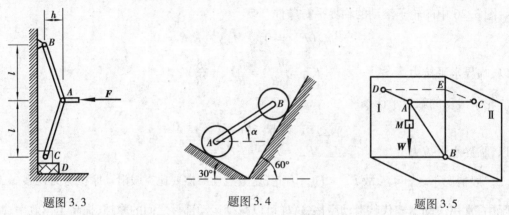

题图 3.3　　　　　　题图 3.4　　　　　　题图 3.5

3.6　构件的支承及荷载情况如题图 3.6 所示,求支座 A,B 的约束力。

3.7　题图 3.7 为炼钢电炉的电极提升装置。设电极 HI 与支架总重 W,重心在 C 点,支架上 3 个导轮 A,B,E 可沿固定立柱滚动,提升钢丝绳系在 D 点。求电极被支架缓慢提升时钢丝绳的拉力及 A,B,E 三处的约束力。

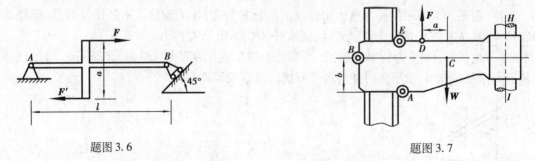

题图 3.6　　　　　　　　　　　题图 3.7

3.8　求题图 3.8 所示刚架、三绞拱结构的 A,B 两处的约束力。

3.9　在三角形棱柱体的 3 个侧面上各受一力偶的作用,其力偶矩矢各为 **M**$_1$,**M**$_2$,**M**$_3$,如题图 3.9 所示。已知 M$_1$ = 100 N·m,问欲使物体平衡,则 M$_2$ 和 M$_3$ 的大小应为多少?

3.10　一悬臂刚架(题图 3.10),在自由端受三力偶矩矢量作用,F$_1$ = 200 N,F$_2$ = 300 N,矩形板段长 l = 1 m。力偶矩 **M** 与 x,y,z 分别夹 α = 60°,β = 45°,γ = 30°,M = 250 N·m。求固定端 A 的约束力。

3.11　重物悬挂如题图 3.11,已知 W = 1.8 kN,其他重量不计,求铰链 A 的约束力和杆 BC 所受的力。

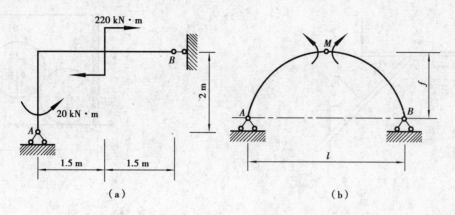

（a） （b）

题图 3.8

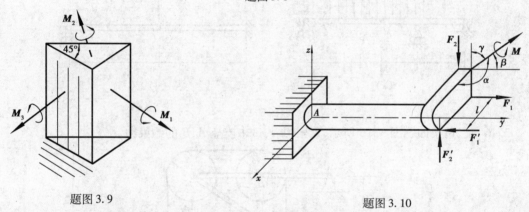

题图 3.9 题图 3.10

3.12 一组合结构,尺寸及荷载如题图 3.12 所示,求杆 1,2,3 所受的力。

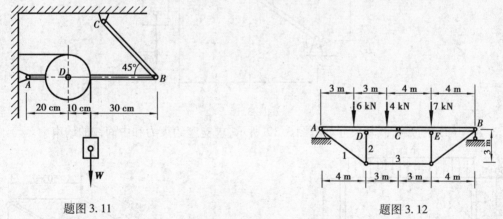

题图 3.11 题图 3.12

3.13 题图 3.13 所示结构中,A 为固定端约束,C 处为光滑接触,D 处为固定铰支座。已知 $F_1 = F_2 = 400$ N,$M = 300$ N·m,$AB = BC = 400$ mm,$CD = CE = 300$ mm,$\alpha = 45°$。不计各杆自重,求 A 和 D 处的约束力。

3.14 半径为 a 的无底薄圆筒置于光滑水平面上,筒内装有两球,球的重力均为 W,半径为 r,如题图 3.14 所示。问圆筒的重量 W_1 多大时圆筒不致翻倒?

3.15 静定多跨梁的载荷尺寸如题图 3.15 所示,长度单位为 m,求支座约束力和中间铰的约束力。

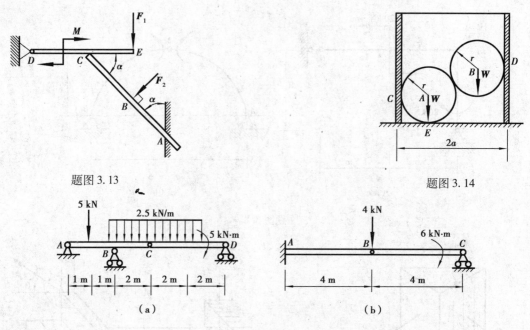

题图 3.13

题图 3.14

题图 3.15

3.16 三角架如题图 3.16 所示，$W = 1$ kN，试求支座 A,B 的约束力。

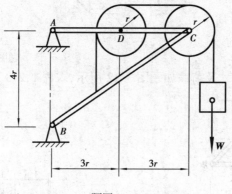

题图 3.16

3.17 静定刚架荷载及尺寸如题图 3.17 所示，求支座约束力和中间铰的约束力。

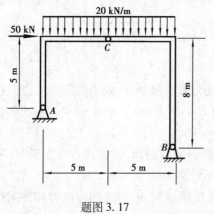

题图 3.17

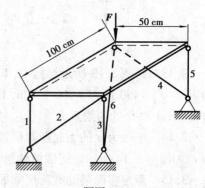

题图 3.18

3.18　边长分别为 100 cm 和 50 cm 的矩形板(题图 3.18),用 6 根直杆支撑于水平面内,在板角处作用一铅垂力 **F**。不计板及杆的重量,求各杆的内力。

3.19　题图 3.19 所示均质杆 AB,重为 **W**,长为 l,A 端靠在光滑墙面上并用一绳 AC 系住,AC 平行于 x 轴,B 端用球铰链于水平面上。求 A,B 两端所受的力。

3.20　题图 3.20 中,圆轴上装有两个带轮 C 和 D,轮的半径 $r_1 = 20$ cm,$r_2 = 25$ cm,轮 C 的胶带是水平的,其拉力 $F_{T1} = 2F'_{T1} = 5\,000$ N,轮 D 的胶带与铅垂线成角 $\alpha = 30°$,其拉力 $F_{T2} = 2F'_{T2}$。不计轮、轴的重量,求在平衡情况下拉力 F_{T2} 的大小及轴承 A,B 的约束力。

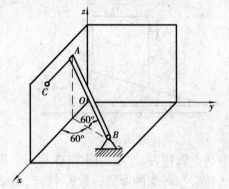

题图 3.19

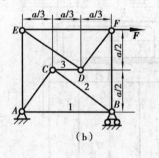

题图 3.20

3.21　试求题图 3.21 所示桁架 1,2,3 杆的内力。

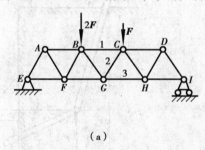

（a）

（b）

题图 3.21

3.22　试求题图 3.22 所示桁架 1,2,3 杆的内力。

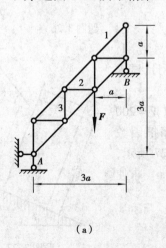

（a）

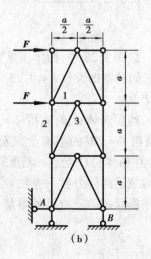

（b）

题图 3.22

3.23 棒料重 $W = 500$ N,直径 $D = 24$ cm,棒料与 V 形槽面间的摩擦因数 $f_s = 0.2$,如题图3.23所示。试求转动棒料所需的最小力偶矩 M。

3.24 劈顶重物装置如题图3.24所示。尖劈 A 的顶角为 α,在 B 块上受力 F_1 的作用,A,B 块间的摩擦因数为 f_s(其他有滚珠处表示光滑)。求(1)顶起重物所需力 F_2 之值;(2)撤去力 F_2 后能保证自锁的顶角 α 之值。

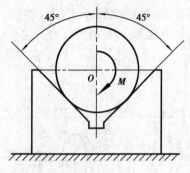

题图 3.23

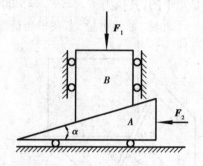

题图 3.24

3.25 砖夹的宽度为 25 cm,曲杆 AGB 与 $GCED$ 在 G 点铰接,尺寸如题图3.25所示。设砖重 $W = 120$ N,提起砖的力 F 作用在砖夹的中心线上,砖夹与砖间的摩擦因数 $f_s = 0.5$,试求距离 b 为多大才能把砖夹起。

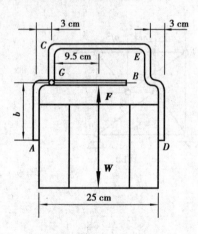

题图 3.25

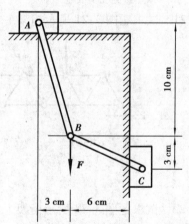

题图 3.26

3.26 题图3.26中,物体 A 重为 20 N,物体 C 重为 9 N。A,C 与接触面间的摩擦因数 $f_s = 0.25$。若 AB 与 BC 杆重不计,试求平衡时的 F 力。

3.27 均质箱体 A 的宽度 $b = 1$ m,高 $h = 2$ m,重 $W = 200$ kN,放在倾角 $\theta = 20°$ 的斜面上。箱体与斜面之间的摩擦因数 $f_s = 0.2$。今在箱体的 C 点系一无重软绳,方向如题图3.27所示,绳的另一端绕过滑轮 D 挂一重物 E。已知 $BC = a = 1.8$ m。求使箱体处于平衡状态的重物 E 的重量 W_1 为多少?

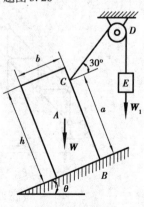

题图 3.27

第 2 篇　材料力学

第 **4** 章
材料力学的一般概念

4.1　材料力学的任务

在工程实际中,广泛应用着各种机械设备和工程结构。组成机械设备和工程结构的零件或部件统称为构件。例如,房屋的梁或柱、机器的轴或齿轮都是构件。构件在工作中受到荷载的作用,为保证机械设备和工程结构的正常工作,每一构件都应有足够的承载能力,以承受作用于其上的荷载。构件的承载能力包括以下 3 个方面:

(1)**构件应有足够的强度**

例如,冲床的曲轴,在工作冲压力作用下不应折断。又如,锅炉的筒体在规定的蒸气压力下不应爆破。所以,强度是指构件在荷载作用下抵抗破坏的能力。

(2)**构件应有足够的刚度**

在载荷作用下,构件的形状和尺寸将发生变化,称为变形。对某些构件,若变形过大,也会影响其正常工作。例如,若齿轮轴变形过大,将造成齿轮和轴承的不均匀磨损,引起噪声。机床主轴变形过大,将影响加工精度。因而,刚度是指构件在荷载作用下抵抗变形的能力。

(3)**构件应有足够的稳定性**

有些受压力作用的细长直杆,如千斤顶中的螺杆、内燃机的气门挺杆等,应始终维持原有的直线平衡形态,保持不被压弯。故稳定性是指构件保持其原有平衡形态的能力。

设计一个构件,首先是要求构件安全可靠,即要求构件具有足够的强度、刚度和稳定性;同时还应考虑合理使用和节约材料,即既要考虑经济性,又要尽可能减轻构件的重量。一般来说,前者要求构件的截面尺寸大一些,材质好一些;后者要求构件的截面尺寸尽可能小,并且尽可能用廉价的材料。这二者往往是矛盾的,材料力学则为合理地解决这一矛盾提供了理论基础及计算方法。

材料力学的任务就是在满足强度、刚度和稳定性的要求下,为构件确定合理的截面形状和尺寸,选择适当的材料;为设计既经济又安全的构件提供必要的理论基础和计算方法。

4.2　可变形固体及其基本假设

制造各种构件所采用的材料,虽然品种繁多,性质各异,但它们都有一个共同的特点,就是在外力作用下会产生变形。在研究构件的强度、刚度等问题时,物体的变形是一个不可忽略的因素。因此,在材料力学中,将组成构件的材料皆视为可变形固体。

材料的物质结构和性质是比较复杂的,在研究构件的强度、刚度和稳定性时,为方便起见,必须略去材料的一些次要性质,而保留其主要属性,以抽象出理想化的力学模型。为此,在材料力学中,对可变形固体作以下的基本假设:

(1)**连续性假设**

认为在物体的整个体积内都毫无空隙地充满了固体物质。实际上,组成固体的粒子之间存在着空隙,并不连续,但这种空隙与构件的尺寸相比极其微小,可以忽略不计。于是就认为固体在其整个体积内是连续的。这样,当把某些力学量看作是固体中点的坐标之函数时,对这些量就可以作为连续函数来进行数学处理。

(2)**均匀性假设**

认为在固体内任何部分的力学性能都完全相同。就使用最多的金属来说,组成金属的各晶粒的力学性能并不完全相同。但由于构件内含有为数极多的,而且是无规则地排列的晶粒,固体的力学性能是各晶粒的力学性能的统计平均量,各晶粒的非均匀性,从统计平均的观点看,可以不加考虑,认为各部分的力学性能是均匀的。这样,如从固体中取出一部分,不论其大小以及从何处取出,力学性能总是相同的。可以将小尺寸试样测得的材料性质,用于构件的任何部位。

(3)**各向同性假设**

认为无论沿任何方向,固体的力学性能都是相同的。各方向力学性能相同的材料,称为各向同性材料。这一假设对许多材料都是符合的。均匀的非晶体材料一般都是各向同性的。对金属等由晶体组成的材料,虽然每个晶粒的力学性能具有方向性,但由于它们的大小远小于构件的尺寸,且排列也不规则,因此它们的统计平均值在各个方向是相同的。铸钢、铸铁、玻璃等都可看做是各向同性材料。

在不同方向上力学性能不同的材料,称为各向异性材料,如岩石、土壤、木材、胶合板和某些人工合成材料等。

(4)**小变形假设**

在工程实际中,构件的变形相对于构件的原有尺寸是很小的,因此,在分析构件上力的平衡关系时,变形的影响可以忽略不计,仍按构件的原有几何尺寸来进行计算。材料力学一般只研究小变形问题。

在以后的讨论中,一般都把可变形固体假设为连续、均匀及各向同性的,并且在外力的作用下变形很微小。

4.3　杆件变形的基本形式

　　实际构件有各种不同的形状。如果构件的长度远大于它的横截面尺寸，则称为杆件。材料力学主要研究杆件。杆件各横截面形心的连线称为杆件的轴线。轴线为直线的杆件称为直杆。横截面的形状和大小不变的直杆件称为等直杆。轴线为曲线的杆件称为曲杆。工程上常见的很多构件都可以简化为杆件，如连杆、传动轴、立柱、丝杆、吊钩等。

　　等直杆在工程中的应用最广泛，它是材料力学研究的主要对象。等直杆的问题解决了，不仅解决了工程中大部分构件的问题，也为解决其他形状构件的问题提供了基础。等直杆的计算原理可以近似地用于曲率较小的曲杆或横截面无急剧变化的变截面杆。

　　除杆件外，工程中常用的构件还有平板和壳体等。

　　随着外力作用方式的不同，杆件受力后所产生的变形也有差异。杆件变形的基本形式有以下 4 种：

（1）拉伸和压缩

　　一对大小相等、方向相反、作用线与杆件轴线重合的外力作用在杆的两端，使杆件产生伸长或缩短，这种变形称为拉伸或压缩。例如，图 4.1(a)所示的简易吊车，在外力 F_P 作用下，AC 杆受到拉伸[图 4.1(b)]，而 BC 杆受到压缩[图 4.1(c)]。起吊重物的钢索、桁架的杆件、液压油缸的活塞杆等的变形，都属于拉伸或压缩变形。

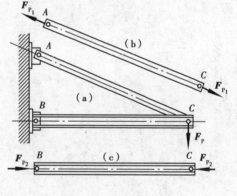

图 4.1

（2）剪切

　　一对大小相等、方向相反、作用线相距很近且与杆轴线垂直的外力作用在杆的两侧，两外力间的横截面发生相对错动，这种变形称为剪切。图 4.2(a)表示一铆钉联结，在 F_P 力作用下，铆钉即受到剪切[图 4.2(b)]。机械中常用的联结件，如键、销钉、螺栓等都产生剪切变形。

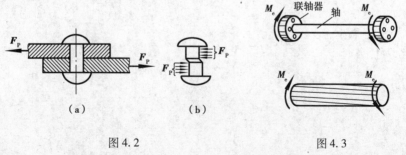

图 4.2

图 4.3

（3）扭转

　　大小相等、方向相反，作用面与杆件轴线垂直的两个力偶作用在杆的两端，使杆的任意两个横截面绕轴线发生相对转动，这种变形称为扭转。图 4.3 所示的传动轴在外力偶作用下，发

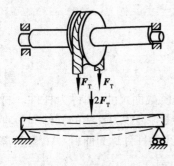

图4.4

生扭转变形。汽车的凸轮轴、电机和水轮机的主轴,都是主要发生扭转变形的构件。

(4)弯曲

作用在包含杆件轴线的纵向面内的力偶或垂直于杆件轴线的横向力,使杆件的轴线由直线变为曲线,这种变形称为弯曲。图4.4所示的轮轴,在外力作用下发生弯曲变形。在工程中,受弯杆件是最常遇到的情况。桥式起重机的大梁,机车的车轴以及车刀等,都是主要发生弯曲变形的构件。

有一些杆件在工作时,同时发生几种基本变形,例如,车床主轴工作时发生弯曲、扭转和压缩三种基本变形;钻床立柱同时发生拉伸和弯曲两种基本变形。这种情况称为组合变形。本书以下各章,首先将依次讨论四种基本变形的强度及刚度计算,然后再讨论组合变形。

第**5**章
轴向拉伸和压缩

5.1 轴向拉伸和压缩的概念

在工程实际中,有许多承受轴向拉伸和压缩的构件。例如,在理论力学中介绍过的连杆机构中的连杆,桁架结构中的二力构件,以及起吊重物的钢丝绳等。这些构件的受力有共同的特点,即这些构件均为直杆,所承受的集中载荷或分布力的合力的作用线与杆件轴线重合,如图5.1所示。这种载荷的作用形式称为轴向加载。图5.1(a)杆件承受的是轴向拉力,使杆件伸长,称为拉杆;图5.1(b)杆件承受的是轴向压力,使杆件变短,称为压杆。

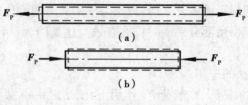

图5.1

因此,轴向拉伸和压缩时杆件的受力和变形特点是:作用于杆件上的外力合力是一对大小相等,方向相反,作用线与轴线重合的集中力,杆件变形是沿轴线方向伸长或缩短。所以工程实际中的构件,只要能简化成图5.1的受力和变形形式,就是轴向拉伸或轴向压缩。

轴向拉伸和压缩是杆件四种基本变形形式中最简单的一种。本章将通过对轴向拉伸和压缩的讨论,建立其基本理论和计算方法;介绍材料力学研究问题的两大方法;材料拉压时的力学性能及实验方法;通过本章的研究初步掌握材料力学的处理方法。

5.2 内力和截面法 轴力和轴力图

构件未受外力作用时,其内部的各质点之间存在着相互作用的力,一般称为内聚力。这种内聚力使构件能够保持固有的形状。当构件受外力作用时,构件产生了变形,使其内部各质点之间的相对位置发生变化,因而引起各相邻质点之间内聚力发生改变,这个改变量称为内抗力。显然内抗力是一个分布力系,其主矢和主矩就是材料力学中构件的内力。

因此,材料力学中的内力,是指外力作用下物体内部各部分之间相互作用力的改变量,是物体内部各部分之间因外力而引起的附加相互作用力,即"附加内力",简称内力。这样的内力随外力的增加而加大,当到达某一限度时就会引起构件破坏,因而内力与构件的强度是密切相关的。

材料力学中的内力与静力学中的内力有本质的区别。材料力学中的内力是物体内部各部分之间的相互作用力的改变量。而理论力学中的内力则是在研究物体系统平衡时,各个物体之间的相互作用力,它相对于物体系这个整体来说是内力,但对于一个物体来说,就属于外力了。

为了揭示在外力作用下构件所产生的内力,确定内力的大小和方向,通常采用截面法。

截面法是材料力学中两大方法之一,即辅助法。截面法是用假想平面将构件截开,从而确定内力的方法。可以归纳为以下 4 个步骤:

(1)截

用假想平面在欲求构件内力处截开。

(2)弃

保留简单部分为研究对象,弃去复杂部分。

(3)代

以截面上的内力代替被弃部分对保留部分的作用。

(4)平

建立保留部分的平衡方程,确定截面上的未知内力大小和方向。

这里必须强调,在用假想平面截开之前,理论力学中的力的可传递性原理和合力矩定理暂时失效,但在截开之后研究保留部分平衡时仍然有效。这是因为材料力学中研究对象是变形体,其变形与受力位置相关。

下面用例题说明截面法的应用。

例 5.1 图 5.2(a)所示钻床,在载荷 F_P 作用下,试确定 $m\text{-}m$ 截面上的内力。

解 (1)用一假想平面沿 $m\text{-}m$ 截面将钻床截开分为上下两部分,如图 5.2(a)。

(2)保留 $m\text{-}m$ 截面以上部分为研究对象,弃去复杂的 $m\text{-}m$ 截面以下部分(有反力需要求)。

(3)在 $m\text{-}m$ 截面上以内力 N 和 M 代替被弃部分对保留部分的作用,如图 5.2(b)所示。

(4)研究保留部分的平衡

$$\sum F_y = 0, F_P - F_N = 0 \qquad F_N = F_P$$

$$\sum M_0(\boldsymbol{F}) = 0, F_P a - M = 0 \qquad M = F_P a$$

N 和 M 是 $m\text{-}m$ 截面上分布力系——内抗力的主矢和主矩。

例 5.2 设一直杆沿轴线同时受 $F_{P_1} = 2 \text{ kN}$,$F_{P_2} = 3 \text{ kN}$ 和 $F_{P_3} = 1 \text{ kN}$ 的作用,其作用点分别为 A, C, B,如图 5.3(a)所示。求杆的内力。

解 由于杆上有 3 个外力,因此,在 AC 和 BC 段横截面上有不同内力。

(1)在 AC 段内任选一横截面 1-1,用假想平面截开并取左侧部分为研究对象,横截面上将

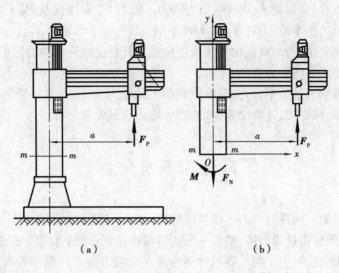

图 5.2

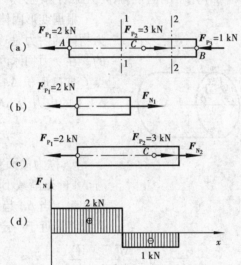

图 5.3

右侧部分对左侧部分的作用用内力 F_{N_1} 代替,如图 5.3(b)所示。由平衡方程

$$\sum F_x = 0, F_{N_1} - F_{P_1} = 0$$

$$F_{N_1} = F_{P_1} = 2 \text{ kN}$$

(2)再在 BC 段内任选一横截面 2-2,用假想平面截开,取左侧部分为研究对象,2-2 截面上用内力 F_{N_2} 代替右侧部分的作用,如图 5.3(c)所示。由平衡方程

$$\sum F_x = 0, -F_{P_1} + F_{P_2} + F_{N_2} = 0$$

$$F_{N_2} = F_{P_1} - F_{P_2} = -1 \text{ kN}$$

(3)内力 F_{N_1} 和 F_{N_2} 沿杆横截面位置的变化情况,可以用 F_N-x 坐标系内的线图表示,如图 5.3(d)所示。

在上例中,由于杆件的外力 F_{P_1},F_{P_2},F_{P_3} 均与杆件轴线重合,所求得的内力 F_{N_1} 和 F_{N_2} 也必然与杆件的轴线重合,所以把 F_{N_1} 和 F_{N_2} 称为轴力。轴力 F_N 在坐标系 F_N-x 内沿轴线的变化线图称为轴力图。轴力的单位为 N(牛)或 kN(千牛)。

轴力的符号规定是:指向横截面外法线正向或使杆件受拉伸的轴力为正;指向横截面外法线负向或使杆件受压缩的轴力为负。

注意 在计算轴力过程中,可先假设横截面上的轴力为正,计算结果为正,表示轴力与假设方向相同且为正,杆受拉;计算结果为负,表示轴力与假设方向相反且为负,杆受压。

5.3 拉压杆应力

用截面法容易确定构件的内力。但仅仅知道内力还不能解决构件的强度问题。例如,粗、细两根绳子,起吊同样重量的物体,细的一根更容易被拉断,可见强度问题除与内力有关以外,还与构件的横截面面积有关。为了表示物体内某点处内力分布的强弱程度,消除截面面积大小的影响,必须研究构件在外力作用下的内抗力,并且命名为应力。

根据变形固体的均匀连续假设,可以认为物体的内力是连续地作用在整个截面上的。在受力物体内某截面 m-m 上围绕任一点 C 取微面积 ΔA,见图 5.4(a),若作用于 ΔA 上的内力为 ΔF_P,则

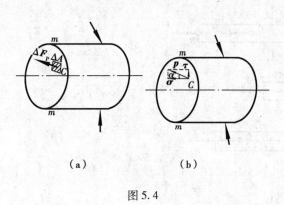

图 5.4

$$p_m = \frac{\Delta F_P}{\Delta A}$$

p_m 称为微面积 ΔA 上的平均应力。随着 ΔA 的逐渐减小,p_m 的大小和方向都将逐渐变化。当 ΔA 趋近于零时,p_m 的大小和方向都将趋近于一定极限。得到

$$p = \lim_{\Delta A \to 0} \frac{\Delta F_P}{\Delta A} = \frac{\mathrm{d}F_P}{\mathrm{d}A} \tag{5.1}$$

p 称为 C 点的总应力。ΔA 趋近于质点的大小即是材料力学所研究的点的大小,实际上 p 就是质点之间内聚力的改变量——内抗力,它反映了材料抵抗破坏的能力。p 是一个矢量,一般不与截面垂直或相切。通常把总应力 p 沿截面的法线方向和切线方向分解为两个分量 σ 和 τ,图 5.4(b),σ 称为截面上的正应力,τ 称为截面上的剪应力,则

$$\sigma = p \cos \alpha$$
$$\tau = p \sin \alpha \tag{5.2}$$

应力为矢量,单位为帕(Pa)。因为这个单位太小,使用不便,工程上常用兆帕(MPa)或吉帕(GPa),1 Pa = 1 N/m^2,1 MPa = 10^6 Pa,1 GPa = 10^9 Pa。

对于轴向位伸或压缩,其横截面上的轴力 F_N 已由截面法求出,根据静力学关系,F_N 和正应力 σ 之间的关系为

$$F_N = \int_A \sigma \mathrm{d}A$$

式中　A 为杆件横截面面积。现在的问题是如何确定 σ 沿横截面的分布规律。图 5.5(a)为轴向受拉直杆,根据结构的对称性,在杆的两端施加一对大小相等、方向相反的轴向拉力 F_P,其对称截面 $m\text{-}m$ 保持为平面。再取左半段为研究对象[图 5.5(b)],$m\text{-}m$ 截面上 $F_N = F_P$,F_N 和 F_P 也是作用在此杆上的一对对称力,其对称面 $n\text{-}n$ 仍保持为平面。如此分下去,可以证明杆件的任一横截面均保持为平面(除外力作用点附近区域外)。因此杆件受拉(或压)时,横截面只相对平移,保持为平面。即各质点相对位移相等,其内聚力改变量也应相等。因此,可得横截面上各点正应力 σ 为常数,于是

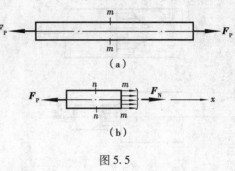

图 5.5

$$F_N = \sigma \int_A \mathrm{d}A = \sigma A$$

即
$$\sigma = \frac{F_N}{A} \tag{5.3}$$

这就是拉压杆横截面上的正应力公式。此公式可用于拉压杆件横截面上的正应力计算。不过细长杆受压时容易被压弯,属于稳定性问题,将在第 14 章中讨论。这里所指是压杆未被压弯的情况。关于正应力的符号,一般规定拉应力为正,压应力为负。

在应用上述正应力公式时,应注意以下两个重要的问题:

5.3.1　圣维南原理

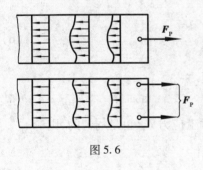

图 5.6

实验指出,在外力作用点附近,应力不均布,杆横截面不能保持为平面,如图 5.6 所示,则不能用上述正应力公式。那么距离力作用点多远才适用呢? 为此提出圣维南原理:"距外力作用部位相当远处,应力分布与外力作用方式无关,只同等效力有关。"这里的相当远,根据经验和某些精确计算,可以大致认为是指横截面距力作用点长度相当于横截面尺寸,即在距力作用点的距离大于横截面尺寸的区域内正应力公式 5.3 才适用。

5.3.2　应力集中

构件因结构的需要有孔、轴肩、沟、槽等,使构件外形发生突变,在这些部位截面上的应力不均匀,且在局部区域应力急剧增大,这种现象称为外形变化引起的应力集中,如图 5.7 所示。其应力集中的严重程度用理论应力集中系数表示,即

$$K_t = \frac{\sigma_{max}}{\sigma} \tag{5.4}$$

式中　σ_{max} 为应力集中截面上的最大应力,σ 为同一截面上的平均应力,K_t 为大于 1 的系数。截面尺寸改变得越急剧,角越尖,孔越小,应力集中程度越严重,K_t 值越大。许多构件的破坏通常是从应力集中部位开始。

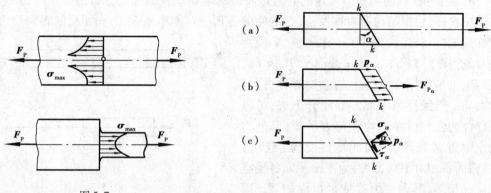

图 5.7   图 5.8

另外,材料不同,对应力集中的敏感程度也不同。对塑性材料,如中、低碳钢等,由于屈服现象有缓和应力集中的作用,可以不考虑应力集中的影响。脆性材料对应力集中的反应比较敏感,所以对脆性材料和塑性较差的高强度钢等,须考虑应力集中的影响。但对铸铁构件不考虑外形变化引起的应力集中影响,因其内部存在许多引起严重应力集中的因素(气孔、砂眼等),由实验测试强度极限时,已经反应了这些因素的影响。

因此,在应力集中处,拉压正应力公式应根据不同材料选用。

为了更全面地了解杆内的应力情况,有必要研究杆件斜截面上的应力情况。

设直杆的轴向拉力为 F_P[图 5.8(a)],横截面面积为 A,则横截面上的正应力为

$$\sigma = \frac{F_N}{A} = \frac{F_P}{A} \tag{a}$$

设与横截面成 α 角的斜截面 k-k 的面积为 A_α,则

$$A_\alpha = \frac{A}{\cos \alpha} \tag{b}$$

取左段为研究对象[图 5.8(b)],由平衡条件知

$$F_P = F_{P_\alpha} = \int_{A_\alpha} p_\alpha dA_\alpha$$

仿照证明横截面上正应力均匀分布的方法,可知斜截面上应力 F_{P_α} 也是均匀的,则

$$F_P = F_{P_\alpha} = p_\alpha \int_{A_\alpha} dA_\alpha = p_\alpha A_\alpha$$

即

$$p_\alpha = \frac{F_P}{A_\alpha} \tag{c}$$

把式(b)代入式(c),并注意式(a)所表示关系,得

$$p_\alpha = \frac{F_P}{A} \cos \alpha = \sigma \cos \alpha$$

把应力 F_{P_α} 分解成斜截面上的正应力 σ_α 和斜截面上的剪应力 τ_α[图 5.8(c)],得

$$\sigma_\alpha = p_\alpha \cos \alpha = \sigma \cos^2 \alpha = \frac{\sigma}{2}(1 + \cos 2\alpha) \tag{5.5}$$

$$\tau_\alpha = p_\alpha \sin \alpha = \sigma \cos \alpha \sin \alpha = \frac{\sigma}{2} \sin 2\alpha \tag{5.6}$$

由此可得,σ_α 和 τ_α 的极值如下:

$$\sigma_{max} = \sigma_\alpha \bigg|_{\alpha=0} = \sigma$$

$$\tau_{max} = \tau_\alpha \bigg|_{\alpha=\frac{\pi}{4}} = \frac{\sigma}{2}$$

即,发生最大正应力的截面为横截面;发生最大剪应力的截面为与杆轴线成 45°的斜截面。利用这一结果可对某些破坏现象给予解释。如拉伸时,脆性材料抗拉能力差,故常沿横截面断裂;塑性材料抗剪能力差,故常从 45°斜截面开始滑移。

5.4　轴向拉伸或压缩时的变形

直杆在轴向力作用下所产生的变形主要是轴向伸长或缩短,同时还有横向的收缩和胀大。

5.4.1　纵向变形　线应变

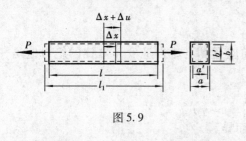

图 5.9

如图 5.9 所示杆件,原长为 l,横截面面积为 $a \times b$。在轴向力 $\boldsymbol{F}_P$ 作用下,杆件变形后长度为 l_1,横截面面积为 $a' \times b'$。杆件的纵向绝对伸长为 $\Delta l = l_1 - l$。当杆件变形均匀时,其 Δl 和 l 的比值称为平均线应变,用 ε 表示,则

$$\varepsilon = \frac{\Delta l}{l} \tag{5.7}$$

当杆件的变形不均匀时,取微段 Δx,Δx 的绝对伸长量为 Δu。其线应变 ε 为

$$\varepsilon = \lim_{\Delta x \to 0} \frac{\Delta u}{\Delta x}$$

称为一点的线应变,简称应变。

线应变表示了杆件纵向变形程度。

5.4.2　胡克定律

实验证明,杆件受到轴向力作用时,在弹性范围内应力 σ 和应变 ε 存在如下的关系,即

$$\sigma = E\varepsilon \tag{5.8}$$

式中 E 为材料的弹性模量,单位为 GPa,由实验测定。式(5.8)称为胡克定律,即在线弹性范围内,应力与应变成正比。

拉伸或压缩时,$\sigma = \dfrac{F_N}{A}$,$\varepsilon = \dfrac{\Delta l}{l}$,代入式(2.8)得

$$\Delta l = \frac{F_N l}{EA} \tag{5.9}$$

称为拉伸或压缩时的胡克定律。式中 EA 为抗拉(压)刚度,反映了材料抵抗变形的能力。式(5.9)为拉伸或压缩时等直杆的变形计算公式。

当杆件为阶梯轴,即在 n 段内变形均匀时

$$\Delta l = \sum_{i=1}^{n} \frac{F_{Ni} l_i}{E_i A_i} \tag{5.10}$$

式中 i 表示杆件的分段数,F_{Ni} 为第 i 段横截面上的轴力,l_i,E_i,A_i 分别表示第 i 段的长度、弹性模量和横截面面积。

当杆件为变截面杆或轴力随横截面位置变化时,A 或 F_N 成为横截面位置 x 的函数,这时杆件的变形为

$$\Delta l = \int_l \frac{F_N(x) \, dx}{EA(x)} \tag{5.11}$$

5.4.3 横向变形 泊松比

杆件受轴向拉伸时,横向尺寸要变小,发生收缩,横向尺寸的绝对收缩量为

$$\Delta b = b' - b, \Delta a = a' - a$$

且二横向相对变形相等,同为

$$\varepsilon' = \frac{\Delta b}{b} = \frac{\Delta a}{a}$$

式中 ε'——横向线应变。

试验结果表明:当应力不超过比例极限时,横向应变 ε' 与轴向应变 ε 之比的绝对值是一个常数,即

$$\left| \frac{\varepsilon'}{\varepsilon} \right| = \mu$$

式中 μ——泊松比,也称为横向变形系数,随材料而异。

试验同时证明:ε 与 ε' 总是符号相反,则

$$\varepsilon' = -\mu\varepsilon \tag{5.12}$$

E 和 μ 的约值见表5.1。

表5.1 几种常用材料的 E 和 μ 约值

材料名称	E/GPa	μ
碳　钢	196 ~ 216	0.24 ~ 0.28
合金钢	186 ~ 206	0.25 ~ 0.30
灰铸铁	78.5 ~ 157	0.23 ~ 0.27
铜及其合金	72.6 ~ 128	0.31 ~ 0.42
铝合金	70	0.33

例5.3 阶梯轴受力如图5.10(a)所示,$F_{P_1} = 120 \text{ kN}$,$F_{P_2} = 220 \text{ kN}$,$F_{P_3} = 260 \text{ kN}$,$F_{P_4} = 160 \text{ kN}$。各段横截面面积分别为 $A_1 = 1\ 600 \text{ mm}^2$,$A_2 = 620 \text{ mm}^2$,$A_3 = 900 \text{ mm}^2$。各段弹性模量相等,同为 $E = 200 \text{ GPa}$。求

(1)各段轴力并画轴力图;

(2)轴的最大正应力 $\sigma_{\max}$;

(3)轴的总伸长 Δl。

解 (1)求各段轴力,画轴力图 $\textcircled{F_N}$

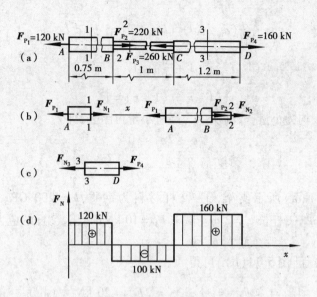

图 5.10

用截面法,如图 5.10(b)、(c),并考虑平衡条件,可求得

①段　$F_{N_1} = F_{P_1} = 120$ kN　　　　　　　　　　　　　　　　（拉）

②段　$F_{N_2} = F_{P_1} - F_{P2} = 120$ kN $- 220$ kN $= - 100$ kN　　　（压）

③段　$F_{N_3} = F_{P_4} = 160$ kN　　　　　　　　　　　　　　　　（拉）

轴力图$\widehat{F_N}$如图 5.10(d)所示。

(2)求轴的最大正应力

$$\sigma_{AB} = \frac{F_{N_1}}{A_1} = \frac{120 \times 10^3 \text{ N}}{1\,600 \times 10^{-6} \text{ m}^2} = 75 \text{ MPa}$$

$$\sigma_{BC} = \frac{F_{N_2}}{A_2} = \frac{-100 \times 10^3 \text{ N}}{620 \times 10^{-6} \text{ m}^2} = -160 \text{ MPa}$$

$$\sigma_{CD} = \frac{F_{N_3}}{A_3} = \frac{160 \times 10^3 \text{ N}}{900 \times 10^{-6} \text{ m}^2} = 178 \text{ MPa}$$

$$\sigma_{max} = 178 \text{ MPa}$$

在轴的 CD 段。

(3)求轴的总伸长 Δl

$$\Delta l = \sum_{i=1}^{n} \frac{F_{N_i} l_i}{EA_i} = \frac{F_{N_1} l_1}{EA_1} + \frac{F_{N_2} l_2}{EA_2} + \frac{F_{N_3} l_3}{EA_3}$$

$$= \frac{1}{E} \left(\frac{F_{N_1} l_1}{A_1} + \frac{F_{N_2} l_2}{A_2} + \frac{F_{N_3} l_3}{A_3} \right)$$

$$= \frac{1}{200 \times 10^9 \text{ Pa}} \left(\frac{120 \times 10^3 \text{ N} \times 0.75 \text{ m}}{1\,600 \times 10^{-6} \text{ m}^2} - \frac{100 \times 10^3 \text{ N} \times 1 \text{ m}}{620 \times 10^{-6} \text{ m}^2} + \frac{160 \times 10^3 \text{ N} \times 1.2 \text{ m}}{900 \times 10^{-6} \text{ m}^2} \right)$$

$$= 0.547 \times 10^{-3} \text{ m} = 0.547 \text{ mm}（伸长）$$

例 5.4　长为 l,直径为 d 的等直杆受拉伸时,若体积不变,问该材料的泊松比是多少?

解　因体积不变,故

$$\frac{1}{4}\pi(d-\Delta d)^2(l+\Delta l) = \frac{1}{4}\pi d^2 l$$

整理得 $$\left(1-\frac{\Delta d}{d}\right)^2\left(1+\frac{\Delta l}{l}\right) = 1$$

所以 $$(1-\varepsilon')^2(1+\varepsilon) = 1$$

由于 ε 和 ε' 一般均为小量,故高次项为高阶小量可略去,即

$$\varepsilon - 2\varepsilon' = 0$$

因此 $$\mu = \frac{\varepsilon'}{\varepsilon} = \frac{1}{2}$$

例5.5 图 5.11(a)所示支架,①,②杆材料为钢质,$E = 200$ GPa,横截面面积 $A_1 =$ 200 mm^2,$A_2 = 250$ mm^2,①杆长 $l_1 = 2$ m。试求 $F_P = 10$ kN 时,①,②杆的应力和节点 A 的位移。

解 (1)求轴力

由 A 点的平衡方程[图 5.11(b)]可得

$$F_{N_1} = \frac{F_p}{\sin 30°} = 2F_p = 20 \text{ kN} \quad (拉)$$

$$F_{N_2} = N_1 \cdot \cos 30° = 1.73F_p$$
$$= 17.3 \text{ kN} \quad (压)$$

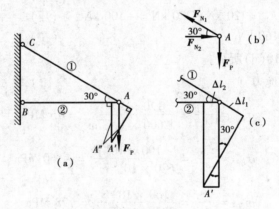

图 5.11

(2)求应力

$$\sigma_{AC} = \frac{F_{N_1}}{A_1} = \frac{20\times10^3 \text{ N}}{200\times10^{-6} \text{ m}^2} = 100\times10^6 \text{ Pa} = 100 \text{ MPa}$$

$$\sigma_{BC} = \frac{F_{N_2}}{A_2} = \frac{17.3\times10^3 \text{ N}}{200\times10^{-6} \text{ m}^2} = 86.5\times10^6 \text{ Pa} = 86.5 \text{ MPa}$$

(3)计算各杆变形

$$\Delta l_1 = \frac{F_{N_1}l_1}{EA_1} = \frac{20\times10^3 \text{ N}\times2 \text{ m}}{200\times10^9 \text{ Pa}\times200\times10^{-6} \text{ m}^2} = 1\times10^{-3} \text{ m} = 1 \text{ mm}(伸长)$$

$$\Delta l_2 = \frac{F_{N_2}l_2}{EA_2} = \frac{17.3\times10^3 \text{ N}\times2\times\cos30° \text{ m}}{200\times10^9 \text{ Pa}\times250\times10^{-6} \text{ m}^2} = 6\times10^{-4} \text{ m} = 0.6 \text{ mm}(缩短)$$

(4)求 A 点位移

变形后的 A 点是以 C 点为圆心,以 $(l_1 + \Delta l_1)$ 为半径所作圆弧,与以 B 点为圆心,以 $(l_2 + \Delta l_2)$ 为半径所作圆弧的交点 A''。因为 Δl_1 和 Δl_2 与原杆长相比非常小($\Delta l < \dfrac{l}{1\,000}$),即小变形,所以可采用近似的方法——切线代圆弧,交于 A' 点。因此 A 点的水平位移和垂直位移为[图 5.11(c)]

$$x_A = \Delta l_2 = 0.6 \text{ mm}$$

$$y_A = \frac{\Delta l_1}{\sin 30°} + \frac{\Delta l_2}{\tan 30°} = \frac{1 \text{ mm}}{0.5} + \frac{0.6 \text{ mm}}{0.577} = 3.04 \text{ mm}$$

因而 A 点的总位移

$$\Delta_A = \sqrt{x_A^2 + y_A^2} = \sqrt{0.6^2 + 3.04^2} \text{ mm} = 3.1 \text{ mm}$$

以上采用求变形的方法为几何法。

5.5 材料在拉伸和压缩时的力学性能

材料的力学性能主要是指材料受力后所表现出来的变形、破坏或失效方面的特性。认识材料的力学性能主要是依靠试验方法。

当对拉压杆受外力作用时的应力情况有了初步了解后,再讨论承受的应力同材料的破坏或失效有什么关系。作为工程学科,实际上,首先是从材料的拉压试验寻求解答的。此外,同所有工程学科的唯象研究方法一样,我们的最终目的是希望建立一种能解答各种复杂问题的理论,但这种理论的一些参数(或特征值)需要由尽可能简单的试验来标定,静载拉压试验实际上是各种变形形式中最简单的试验,也是最主要的基本试验,它的意义不仅限于拉压本身,还在于对各种复杂变形形式都可以应用。

5.5.1 低碳钢拉伸时的力学性能

试验按(中华人民共和国国家标准《金属拉伸试验方法》GB 228—87)规定进行。拉伸试验所采用的试样在国家标准 GB 6387—86 中有明确的规定,分为比例试样和非比例试样两种。低碳钢拉伸试验采用比例试样。对圆形试样如图 5.12(a)所示,其标距 l 和直径 d 的比例关系为

$$l = 10d \quad 和 \quad l = 5d$$

前者称为长试样或 10 倍试样,后者称为短试样或 5 倍试样。

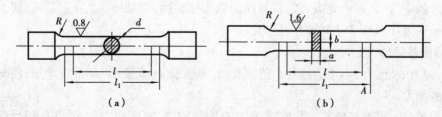

图 5.12

对矩形截面如图 5.12(b)所示,试样标距 l 与横截面面积 A 的关系是

$$l = 11.3\sqrt{A} \text{ 和 } l = 5.65\sqrt{A}$$

前者为长试件,后者为短试件。

试验条件是常温,静载。试验在万能材料试验机上进行。试验时,拉力 F_P 由零逐渐增加,同时试件逐渐伸长,标距 l 相应的伸长 Δl,可得到 F_P-Δl 曲线(称为拉伸图)。将 F_P 除以初始横截面面积 A,有 $\sigma = \dfrac{F_P}{A}$;将 Δl 除以初始标距长度 l,有 $\varepsilon = \dfrac{\Delta l}{l}$,则可得 σ-ε 曲线,称为低碳钢的应力-应变图。现将低碳钢作为典型的塑性材料加以研究,其 σ-ε 图见图5.13。

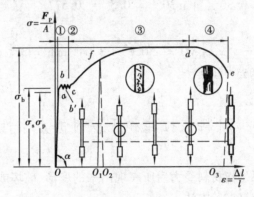

图 5.13

由低碳钢的应力-应变图可知,整个拉伸过程大致分为以下四阶段:

(1)弹性阶段(Oa 段)

特点:应力与应变成正比即 $\sigma = E\varepsilon$。

由图可知,起始段 Oa 为直线,直线段最高点 a 相应的应力称为比例极限 σ_p。很显然胡克定律 $\sigma = E\sigma$ 的适用范围就是 σ_p 以下。设直线 Oa 的倾角为 α,则可得弹性模量 E 与 α 的关系:

$$\tan \alpha = \frac{\sigma}{\varepsilon} = E$$

弹性模量 E 为与材料有关的比例常数,随材料不同而异。对低碳钢,由试验测定,E 约为210 GPa,比例极限 $\sigma_p \approx 200$ MPa。在比例极限内发生的变形一般为弹性变形,即卸载后变形可完全消失。

比例极限只是一个理论上的定义,为了便于实际测定,应以发生非比例伸长值作定义,故 σ_p 的最新定义在国标中称为"规定非比例伸长应力",即"试验时非比例伸长达到原始标距规定百分比时的应力"。表示此应力的符号应附以脚注说明,例如 $\sigma_{p0.01}$,$\sigma_{p0.05}$ 等分别表示规定非比例伸长率为 0.01%,0.05% 时的应力。

(2)屈服阶段(bc 段)

特点:应力 σ(或力)不增加或在小范围波动,而应变 ε(或变形)却继续增加,使材料失去抵抗变形的能力。

当应力超过 a 点增加到某一数值时,应变有明显的增加,而应力先是下降,然后作微小波动,在 σ-ε 图上出现接近水平线的小锯齿形线形。这种应力变化不大,而应变继续增加的现象称为材料发生屈服或流动。屈服阶段波动的最高点 b 的应力称为上屈服极限,它的数值同试件形状及加载速率等有关,一般是不稳定的;波动最低点 b'(除去第一个最低点,因此点与上屈服点 b 存在同样的问题)的应力称为下屈服极限,它有比较稳定的数值。工程上以下屈服极限作为材料的屈服极限,用 σ_s 表示。σ_s 是衡量材料强度的一项重要指标。对低碳钢,$\sigma_s \approx$ 240 MPa。

材料屈服时,在经磨光的试样表面可观察到与轴线呈约 45°倾角的条纹(图 5.14),称为"滑移线",它是屈服时晶格发生相对错动的结果。考虑到与轴线呈 45°方向的斜截面上剪应力达到最大值,可见屈服现象的出现与剪应力有关。

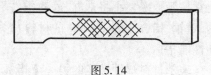

图 5.14

(3)强化阶段(cd 段)

特点:材料恢复抵抗变形的能力,必须有较高的应力才能使应变继续增加。

屈服阶段过后,曲线又有上升,表明材料抵抗变形的能力又增加了,要使应变增加,必须增加应力的数值,这种现象称为强化。强化阶段中的最高点 d 所对应的应力 σ_b 是材料所能承受的最大应力,称为强度极限。它是衡量材料强度的另一个重要指标。对低碳钢,$\sigma_b \approx 380 \sim$ 470 MPa。在强化阶段试样发生相当大的塑性伸长,而横向尺寸有明显的缩小。

在此阶段有一个非常有趣和有实用价值的现象:在如图 5.13 所示任一点 f 停止加载并将载荷逐渐卸去,则试样的应力-应变曲线将沿着与直线 Oa 几乎平行的直线 fO_1 回到 O_1 点。这说明在卸载过程中,应力和应变按直线规律变化,这就是卸载定律。拉力完全卸除后,应力-应变图中 $\overline{O_1O_2}$ 表示消失了的弹性变形,而 $\overline{OO_1}$ 表示不能再消失的塑性变形。若卸载后短时间内再次加载,则应力和应变基本上遵循着 fO_1 的直线关系,上升到 f 点后仍然遵循原来的应力-应变曲线变化。从这个现象可以看出,二次加载后,试样在弹性阶段内的应力值将增大,即材料的比例极限 σ_p 提高了,但塑性有所降低。这种现象称为材料的冷作硬化。工程中经常利用冷作硬化来提高材料的弹性范围。如起重用的钢索和建筑用的钢筋,常用冷拔工艺提高强度。又如对轧辊等零件进行喷丸处理,使其表面发生塑性变形,形成冷硬层,以提高其表面层强度。有时则要消除其不利的一面,如冷轧钢板或冷拔钢丝时,由于加工硬化,降低了材料的塑性,使继续轧制和拉拔困难,为了恢复其塑性,则要进行退火处理。

(4)局部变形阶段(de 段)

特点:应力(或拉力)下降,应变(或变形)急剧增加,材料局部变形,颈缩,最后断裂。

在 d 点以前,试件变形在标距内基本上均匀分布,到达 d 点以后,变形开始集中在某一局部区域内,这时该区域内的横截面逐渐收缩(实际上此时试样心部已被拉断),形成如图 5.15 所示的"颈缩"现象。由于试样横截面急剧减小,所需拉力反而下降,最后在颈缩处被拉断。断口显杯口状,如图 5.15 中虚线所示。

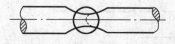

图 5.15

从以上拉伸过程 4 个阶段的描述中可以看到,代表材料失效或破坏性能的主要指标是屈服极限 σ_s 和强度极限 σ_b。

(5)延伸率和断面收缩率

图 5.13 中,横坐标 OO_3 代表了试样被拉断后的塑性变形程度,称为材料的延伸率或伸长率,用 δ 表示,即

$$\delta_n = \frac{l_1 - l_0}{l_0} \times 100\% \tag{5.13}$$

式中 l_1 为试样被拉断后的标距长度；l_0 为试样原标距长度；n 为长试样和短试样的标志，对长试样(即 $l = 10d$)，$n = 10$；对短试样(即 $l = 5d$)，$n = 5$。低碳钢延伸率很高，$\delta_{10} = 25\% \sim 30\%$。工程上常按延伸率大小将常温、静载条件下的材料分为两大类。$\delta > 5\%$ 的材料称为塑性材料，如碳钢、黄铜、铝合金等；$\delta < 5\%$ 的材料称为脆性材料，如灰铸铁、玻璃、陶瓷等。因此，δ 是材料塑性性能指标。

表示材料塑性性能的另一个指标是断面收缩率，其定义为

$$\psi = \frac{A - A_1}{A} \times 100\% \tag{5.14}$$

式中 A_1——颈缩处最小横截面面积；

A——试样初始横截面面积。

低碳钢的 $\psi = 60\% \sim 80\%$。采用 ψ 较 δ 的优点是不受标距长短的影响，但测量准确度较差。

5.5.2 其他塑性材料拉伸时的力学性能

工程上常用的塑性材料，除低碳钢外，还有中碳钢、某些高碳钢和合金钢、铝合金、青铜、黄铜等。为了便于比较，图 5.16 中将几种塑性材料的应力-应变曲线画在同一坐标系内。由图可见，有些材料与低碳钢一样有明显的四个阶段，如 16Mn；有些材料没有明显的屈服阶段，但其他三个阶段却很明显，如黄铜(H62)；有些材料没有屈服阶段和局部变形阶段，只有弹性阶段和强化阶段，如高碳钢(T10A)。

对于没有明显屈服阶段的材料，通常以产生 0.2% 的塑性应变所对应的应力值作为屈服极限，称为条件屈服极限，用 $\sigma_{0.2}$ 表示(在拉伸试验最新标准中，此值用 $\sigma_{0.2}$ 表示，称为规定残余伸长应力)(图 5.17)。

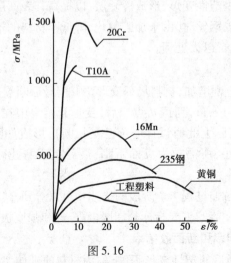

图 5.16

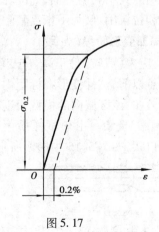

图 5.17

5.5.3 铸铁拉伸时的力学性能

灰口铸铁拉伸时的应力-应变关系是一微弯曲线，如图 5.18 所示，没有明显的直线部分。

拉断前无屈服现象,拉断时变形很小,只有 0.4% ~ 1.0% 的伸长率。所以灰口铸铁是典型的脆性材料。灰口铸铁被拉断时的最大应力即为其强度极限。因为没有屈服现象,强度极限 σ_b 是衡量强度的唯一标准。

由于铸铁拉伸时没有明显的直线部分,工程上将原点 O 同 $\frac{1}{4}\sigma_b$ 处的点 A 连接成割线(见图 5.18 中的虚线),以此割线的斜率求取铸铁的弹性模量,称为割线弹性模量,用 E 表示。

铸铁被拉断后,其断口为平面,且粗糙。说明是横截面上的正应力达到强度极限而拉断。

铸铁经球化处理成为球墨铸铁后,其力学性能有显著变化,不但有较高的强度指标,σ_b 可达 460 MPa 以上,还有较好的塑性性能,其 δ 可达 15%。国内不少工厂成功地用球墨铸铁代替钢材制造曲轴、齿轮等零件。

5.5.4 材料压缩时的力学性能

材料压缩时的力学性能一般由压缩试验确定。压缩试验在常温静载条件下,在压力试验机或万能材料试验机上进行。所用的金属试样一般制成很短的圆柱形,圆柱高度约为直径的 1.5 ~ 3 倍,以避免在试验中被压弯。混凝土、石料等非金属材料,常用立方形的试样。

低碳钢是典型的塑性材料,压缩时的 $\sigma\text{-}\varepsilon$ 曲线如图 5.19 所示。可以看出,在屈服以前与低碳钢拉伸时基本相同,而且 σ_p,σ_s,E 与拉伸时大致相等,屈服阶段以后,试样越压越扁,横截面面积不断增大,试样的抗压能力也继续增高,因而得不到压缩时的强度极限。

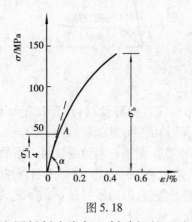

图 5.18

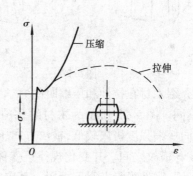

图 5.19

多数金属材料有类似于低碳钢的上述性能,所以塑性材料压缩时,在屈服阶段以前的特征值,如比例极限 σ_p,屈服极限 σ_s 及弹性模量 E 等,都可用拉伸时的特征值。但也有一些金属,例如铬钼硅合金钢,在拉伸和压缩时的屈服极限并不相同,所以对这种材料就要做压缩试验,以确定其压缩屈服极限。又如某种铝合金和铝青铜,在压缩时也能压断。

铸铁是典型的脆性材料,压缩时的 $\sigma\text{-}\varepsilon$ 曲线如图 5.20 所示。图中无直线部分。铸铁压缩试样在纵向应变大约为 5% 时发生突然破裂,破坏面与试样轴线大约为 45° ~ 55° 的倾角。由于破坏面上的剪应力比较大,所以试样的破坏形式属于剪断。铸铁的抗压强度极限 σ_{bc} 为它的抗拉强度极限的 4 ~ 5 倍。又因铸铁易于浇铸成形状复杂的零件,且坚硬耐磨和价格低廉,故广泛地应用于铸造机床床身、机座、缸体及轴承支座等主要受压的零部件。因此,铸铁的压缩试验与拉伸试验一样重要。

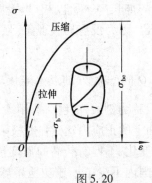

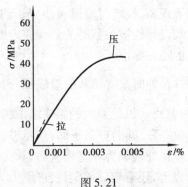

图 5.20 　　　　　　　　　　　　　　　图 5.21

工程上常用的脆性材料还有混凝土和天然石料等。图 5.21 表示混凝土的 σ-ε 曲线,可见混凝土的抗压强度极限要比其抗拉强度极限大 10 倍左右。混凝土在压缩试验时的破坏形式与两端面所受摩擦力的大小有关。一种是试样两端面加润滑剂从而减少摩擦力,压坏时是沿纵向开裂[图 5.22(a)];另一种是试件两端面不加润滑剂,由于摩擦阻力大,压坏时是靠近中间剥落而形成两个锥截体[图 5.22(b)]。

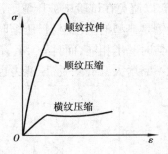

图 5.22 　　　　　　　　　　　　　　　图 5.23

最后,介绍木材在拉伸和压缩时的力学性能。木材属各向异性材料,受力方向不同,其力学性能也不同。图 5.23 所示为木材的几项试验结果。由图可见,顺纹方向拉伸强度极限很高,顺纹方向压缩强度极限较低,横纹方向压缩强度很低。至于与木纹成斜向压缩的强度性能则介于顺纹与横纹之间。其变化规律可参阅木结构规范 BGJ5—74。表示木材强度性能的指标是比例极限、弹性模量及强度极限。其中前两项是近似值,因为木材的 σ-ε 曲线没有明显的直线阶段。此外,拉伸时的弹性模量与压缩时的弹性模量不同。

表 5.2 列出了部分材料的一些力学性能。

表 5.2　部分材料的主要力学性能

材料名称	牌 号	屈服极限 σ_s/MPa	强度极限 σ_b/MPa	延伸率 δ_5/%
普通碳素钢	Q235	200 ~ 240	330 ~ 470	25 ~ 27
	Q275	260 ~ 280	450 ~ 620	19 ~ 21
优质碳素钢	45	350	600	16
	50	370	630	14

续表

材料名称	牌　号	屈服极限 σ_s/MPa	强度极限 σ_b/MPa	延伸率 δ_5/%
低合金钢	12Mn	270～290	430～440	19～21
	16Mn	270～340	470～510	19～21
合金钢	20Cr	540	830	10
	40Cr	790	980	9
	50MnZ	790	930	9
球墨铸铁	QT400-10	250	400	10
	QT450-5	310	450	5
	QT600-2	370	600	2
灰铸铁	HT150		拉 100～270 压 640	
	HT300		拉 260～290 压 1 090	
聚碳酸酯 （玻璃纤维 30%）			拉 120～160	
环氧玻璃钢			拉 490	
混凝土			压 7～50	
砖			压 8～300	
木材			拉 100 压 32	
石灰石			压 40～200	

5.5.5　温度对材料力学性能的影响　蠕变和应力松弛的概念

前面讨论了材料在常温、静载下的力学性能。工程实际中有一些零件、构件长期在高温下工作,如汽轮机、喷气发动机、蒸汽锅炉、化学工业中的合成炉等。而有一些零件、构件则在低温下工作,如液态氢或液态氮的容器等。材料在高温或低温下的力学性能与常温下并不相同,且往往与作用时间长短有关。这里简略介绍一些实验结果。

图 5.24 所示为低碳钢在短期(指只在几分钟内拉断)高温静载作用下,σ_s,σ_b,E,δ,ψ 等与温度间的关系。从图可以看出,σ_s 和 E 随温度的增高而降低。在 250～300 ℃之前,随温度的升高,δ 和 ψ 降低而 σ_b 增加;在 250～300 ℃之后,随温度的升高,δ 和 ψ 增加而 σ_b 降低。

在低温情况下,碳钢的比例极限和强度极限都有所提高,而延伸率则相应降低。这表明在低温下,碳钢倾向于变脆。

当材料长期处于高温和恒定不变的应力作用时,材料的

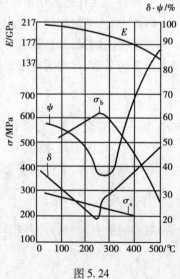

图 5.24

变形将随着时间的延长而不断地缓慢增长,这种现象称为"蠕变"。蠕变变形是不可能恢复的塑性变形。温度越高,蠕变的速度越快;在温度不变的情况下,应力越大,蠕变的速度也越快。低熔点金属(如铅和锌等),在室温下就有蠕变;而高熔点金属在较高的温度下才会发生蠕变,如碳钢要在 300 ~ 350 ℃以上;对合金钢,要在 350 ~ 600 ℃以上。非金属材料如沥青、木材、混凝土及各种塑料,都能产生蠕变。

高温工作下的构件,在发生弹性变形后,如果保持变形总量不变,由于蠕变,构件的塑性变形不断增加,使弹性变形逐渐减少,致使应力缓慢降低,这种现象称为"应力松弛"。靠预紧力密封或连接的机器(如使气缸盖与缸体压紧的紧固螺栓),往往因应力松弛而引起漏气或松脱。因此,对于长期在高温下工作的紧固件,必须定期进行再紧固或更换。

5.6　轴向拉伸和压缩时的强度计算

在介绍材料力学性能的基础上,现在讨论轴向拉伸或压缩时杆件的强度计算问题。材料发生破坏时的应力称为极限应力或危险应力,用 σ_u 表示。对于塑性材料,当应力达到屈服极限 σ_s(或 $\sigma_{0.2}$)时,构件会产生显著的塑性变形,影响其正常工作能力,这种状况通常称为塑性失效。一般认为这时材料已经破坏,因而把屈服极限 σ_s(或 $\sigma_{0.2}$)作为塑性材料的极限应力。对于脆性材料,直到断裂也无明显的塑性变形,断裂是脆性材料破坏的唯一标志,因而断裂时的强度极限 σ_b 就是脆性材料的极限应力。

显然,构件正常工作时其应力必须低于极限应力,其原因是:

1)构件所承受的载荷不可能计算得很精确,或有偶然的超载。

2)对构件进行力学分析和计算时,往往要经过一定的简化,不能完全反应实际情况,所得应力只是近似的。

3)实际构件的材料不可能完全均匀连续,而是存在着由各种因素引起的缺陷,使得构件材料的极限应力与用试样测得的统计平均值 σ_s 或 σ_b 存在一定的差异。

4)构件在工作过程中可能受到磨损和腐蚀,使构件中的应力增加。

因此,构件的最初设计应力一定要低于极限应力。

考虑上述情况,构件需要有一定的安全储备和补偿。强度计算中,把极限应力 σ_u 除以一个大于 1 的系数,并将所得结果称为许用应力,用 $[\sigma]$ 表示,即

$$[\sigma] = \frac{\sigma_u}{n} \tag{5.15}$$

式中　n——安全系数,大于 1。它是为了最大限度地保证构件安全,防止不利因素造成意外危害而设立的。

对于塑性材料,其许用应力为

$$[\sigma] = \frac{\sigma_s}{n_s} \qquad 或 [\sigma] = \frac{\sigma_{0.2}}{n_s}$$

对于脆性材料,其许用应力为

$$[\sigma] = \frac{\sigma_b}{n_b}$$

式中　n_s 和 n_b 分别为塑性材料和脆性材料的安全系数。

安全系数的选定是比较复杂的问题,要同时考虑构件安全和经济合理两个方面,一般按以下几点确定安全系数:

1)材料的品质:包括材质和均匀度,是塑性材料还是脆性材料等;

2)载荷情况:包括对载荷估计的正确程度,是静载荷还是动载荷等;

3)构件的计算简图和计算方法的精确程度;

4)构件在设备中的工作条件和重要性,损坏后造成后果的严重程度,制造和修配难易程度;

5)对减轻设备自重和提高设备机动性的要求。

安全系数和许用应力的具体数值,国家标准或有关手册中均有推荐。目前在机械制造中,在静载荷情况下,塑性材料的安全系数可取 $n_s = 1.5 \sim 2.5$,脆性材料的安全系数可取 $n_b = 2 \sim 3.5$,对于特别重要的构件的安全系数可取 $n = 3 \sim 9$。

为了确保轴向拉压时,构件有足够的强度,把许用应力作为构件实际工作应力的最高限度,即要求构件的工作应力不得超过材料的许用应力。于是,轴向拉压时,构件的强度条件为

$$\sigma = \frac{F_N}{A} \leqslant [\sigma] \tag{5.16}$$

根据上述强度条件,可以解决 3 种类型的强度计算问题:

(1)**强度校核**

若已知构件尺寸、载荷大小和材料的许用应力,即可用强度条件验算构件是否满足强度要求。

(2)**设计截面**

若已知构件承受的载荷及许用应力,可把强度条件改写成

$$A \geqslant \frac{F_N}{[\sigma]}$$

由此,可确定构件所需要的横截面面积。

(3)**确定许用载荷**

若已知杆件尺寸和材料的许用应力,可将强度条件改写成

$$F_{Nmax} \leqslant [\sigma]A$$

由此可以确定构件所能承担的最大轴力,进而可能确定构件的许用载荷。

下面举例说明强度计算的方法。

例5.6　悬臂吊车简图如图 5.25 所示,斜杆 AB 为直径 $d = 20$ mm 的钢杆,其许用应力 $[\sigma] = 150$ MPa,载荷 $F_P = 15$ kN。当 F_P 移到 A 点时,校核 AB 杆的强度。

解　当载荷移到 A 点时,斜杆 AB 受到的拉力最大,设其值为 F_{smax}。根据横梁[图 5.25(c)]的平衡方程

$$\sum M_c = 0 \quad F_{smax} \sin \alpha \cdot \overline{AC} - F_P \cdot \overline{AC} = 0$$

有

$$F_{smax} = \frac{F_P}{\sin \alpha}$$

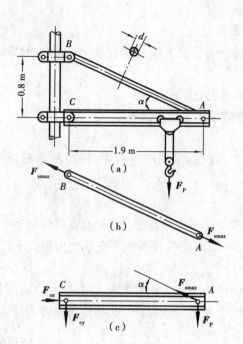

图 5.25

由三角形 ABC 求出

$$\sin \alpha = \frac{\overline{BC}}{\overline{AB}} = \frac{0.8 \text{ m}}{\sqrt{(0.8 \text{ m}^2) + (1.9 \text{ m})^2}}$$

$$= 0.388$$

故有 $\quad F_{smax} = \frac{F_P}{\sin \alpha} = \frac{15 \text{ kN}}{0.388} = 38.7 \text{ kN}$

斜杆的轴力为

$$F_N = F_{smax} = 38.7 \text{ kN}$$

则斜杆 AB 横截面上的应力为

$$\sigma = \frac{F_N}{A} = \frac{38.7 \times 10^3 \text{ N}}{\frac{\pi}{4}(20 \times 10^{-3} \text{ m})^2} = 123 \times 10^6 \text{ Pa}$$

$$= 123 \text{ MPa} < [\sigma]$$

说明强度足够。

例 5.7 图 5.26(a)所示铸铁等直杆,已知许用拉应力 $[\sigma]^+ = 30$ MPa,许用压应力 $[\sigma]^- = 100$ MPa。试画轴力图,并选择正方形截面边长 a。

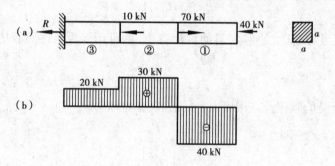

图 5.26

解 对于悬臂梁,可取含自由端部分为研究对象,在①,②,③段内分别用截面法,并根据平衡条件,求得轴力为

$$F_{N_1} = -40 \text{ kN} \qquad F_{N_2} = 30 \text{ kN} \qquad F_{N_3} = 20 \text{ kN}$$

轴力图(F_N)如图 5.26(b)所示,可知最大拉应力发生在②段,而最大压应力发生在①段,应用强度条件

$$\sigma_{tmax} = \frac{30 \times 10^3 \text{ N}}{a^2} \leqslant 30 \times 10^6 \text{ Pa} \qquad a \geqslant 31.6 \times 10^{-3} \text{ m} = 31.6 \text{ mm}$$

$$\sigma_{cmax} = \frac{40 \times 10^3 \text{ N}}{a^2} \leqslant 100 \times 10^6 \text{ Pa} \qquad a \geqslant 20 \times 10^{-3} \text{ m} = 20 \text{ mm}$$

故应取正方形边长 $a = 32$ mm。

例 5.8 图 5.27(a)所示简单桁架。已知①杆为钢质,$A_1 = 707 \text{ mm}^2$,$[\sigma] = 160$ MPa;②杆为木质,$A_2 = 5\,000 \text{ mm}^2$,$[\sigma] = 8$ MPa。试求许用载荷 $[F_P]$。

解 （1）求轴力。取 A 点为研究对象，轴力 F_{N_1}, F_{N_2} 和 P 在 A 点汇交，由几何法[图 5.27(b)]得

$$F_{N_1} = F_P \cos 30° = \frac{\sqrt{3}}{2} F_P (拉)$$

$$F_{N_2} = F_P \cos 60° = \frac{1}{2} F_P (压)$$

（2）求应力。用强度条件

①杆

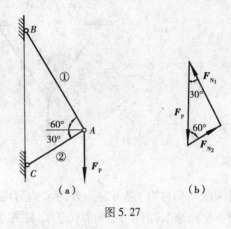

图 5.27

$$\sigma_{AB} = \frac{F_{N_1}}{A_1} = \frac{\sqrt{3}P}{2A_1} \leq [\sigma] = 160 \text{ MPa}$$

$$
\begin{aligned}
F_P &\leq \frac{2A_1[\sigma]}{\sqrt{3}} \\
&= \frac{2 \times 707 \times 10^{-6} \text{ m}^2 \times 160 \times 10^6 \text{ Pa}}{\sqrt{3}} \\
&= 131 \times 10^3 \text{ N} = 131 \text{ kN}
\end{aligned}
$$

②杆

$$\sigma_{BC} = \frac{F_{N_2}}{A_2} = \frac{F_P}{2A_2} \leq [\sigma] = 8 \text{ MPa}$$

$$F_P \leq 2A_2[\sigma] = 2 \times 5\,000 \times 10^{-6} \text{ m}^2 \times 8 \times 10^6 \text{ Pa} = 80 \times 10^3 \text{ N} = 80 \text{ kN}$$

取许用载荷 $[F_P] = 80$ kN。

5.7　拉伸和压缩静不定问题

5.7.1　静不定概念及静不定问题的一般解法

前面讨论的问题中，构件的约束反力和内力可以用静力学平衡方程确定，这类问题称为静定问题。如图 5.28(a)所示二杆桁架结构，当 F_P 力已知时，①，②杆的轴力和 B，C 两铰链的反力均可以用静力学平衡方程求出（平面汇交力系有两个独立平衡方程，可以确定两个未知力）。若再加上③杆[如图 5.28(b)]，成为三杆桁架结构，结构的未知力成为 3 个，显然仅仅依靠静力学平衡方程不能确定全部未知力，这类问题称为静不定问题。

静不定问题中，未知力数目与静力学平衡方程之差称为静不定次数。如图 5.28(b)所示，有 3 个未知力（轴力和反力均为 3 个），而静力学平衡方程（平面汇交力系）只有两个独立的平衡方程，其差值为 1，称为一次静不定。若差值为 2，则称为二次静不定。若差值为 n，则称为 n 次静不定。

静不定问题分为 3 种类型：外力（包括约束反力）的未知个数超过静力学平衡方程个数称为"外力静不定问题，"简称"外静不定"；内力不能完全由静力学平衡方程确定称为"内力静不

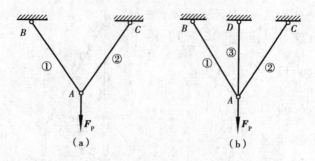

图 5.28

定问题",简称"内静不定";外力和内力均不能完全由静力学平衡方程确定称为"外力和内力静不定问题",简称"内外静不定"。图 5.28(b)所示桁架属于内力静不定,静不定次数为有限(因为杆数有限)。

为了确定静不定问题的未知力,要使用材料力学的基本方法:变形几何关系、物理关系和静力学关系,并利用结构的几何不变性建立足够数量的补充方程,最后联立求解。现以图5.29(a)桁架结构为例说明静不定杆系的解法。

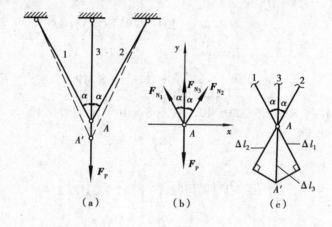

图 5.29

设杆 1 和杆 2 的横截面积、杆长、材料均相同,即 $A_1 = A_2$,$l_1 = l_2$,$E_1 = E_2$,杆 3 的横截面积和弹性模量分别为 A_3 和 E_3,试分析在垂直载荷 F_P 作用时各杆的轴力。

（1）**静力学关系**

节点 A 受力情况如图 5.29(b)所示,其平衡方程为

$$\sum F_x = 0, \quad F_{N_2} \sin \alpha - F_{N_1} \sin \alpha = 0 \tag{5.17}$$

$$\sum F_y = 0, \quad F_{N_1} \cos \alpha + F_{N_2} \cos \alpha + F_{N_3} - F_P = 0 \tag{5.18}$$

有效静力学平衡方程为 2 个,而未知力为 F_{N_1},F_{N_2} 和 F_{N_3} 共 3 个。故可判断为一次静不定问题,需要建立补充方程。

（2）**变形几何关系**

杆件被拉伸后在 A' 点平衡,其各杆的变形情况见图 5.29(c),各杆变形量之间的几何关系为

$$\Delta l_1 = \Delta l_3 \cos \alpha \quad \text{或} \quad \Delta l_2 = \Delta l_3 \cos \alpha \qquad (5.19)$$

这种保证结构连续性所应满足的变形几何关系,称为变形谐调条件或变形谐调方程。变形谐调条件即为求解静不定问题的补充条件。

各杆变形间的几何关系确定后,利用变形和内力之间关系,即可建立用内力表示的变形谐调方程。

（3）**物理关系**

若 3 杆均处于弹性阶段内,则由胡克定律可知,各杆的变形与轴力间存在如下关系:

$$\Delta l_1 = \frac{F_{N_1} l_1}{E_1 A_1}$$

$$\Delta l_3 = \frac{F_{N_3} l_3}{E_3 A_3} = \frac{F_{N_3} l_1 \cos \alpha}{E_3 A_3}$$

把上两式代入式(5.19),得到以轴力表示的变形谐调方程,即补充方程为

$$\frac{F_{N_1} l_1}{E_1 A_1} = \frac{F_{N_3} l_1 \cos \alpha}{E_3 A_3} \qquad (5.20)$$

最后,联立求解静力学平衡方程式(5.17)、式(5.18)和补充方程式(5.20),得

$$F_{N_1} = F_{N_2} = \frac{F_P \cos^2 \alpha}{2 \cos^3 \alpha + \dfrac{E_3 A_3}{E_1 A_1}}$$

$$F_{N_3} = \frac{F_P}{1 + 2 \dfrac{E_1 A_1}{E_3 A_3} \cos^3 \alpha}$$

所得结果若均为正值,说明轴力与假设方向相同且为拉力。

从以上结果可以看出,杆的轴力 F_{N_i} 不仅与载荷 F_P 和结构的几何角度 α 有关,而且与杆的抗拉(压)刚度 $E_i A_i$ 有关。一般说来,刚度大的杆件其受力也大。这是静不定问题的特点之一。

例 5.9 　图 5.30(a)所示结构内,AB 为刚体、①、②杆刚度 EA 相同。已知 $F_P = 50$ kN,试求各杆的轴力。

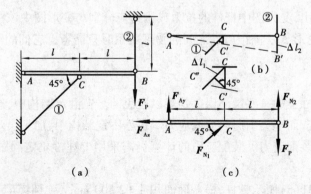

图 5.30

（1）静力学关系

取 AB 为研究对象，受力图如图 5.30（b），共有 4 个未知力：F_{N_1}，F_{N_2}，F_{Ay} 和 F_{Ax}，属平面一般力系，有 3 个有效平衡方程，为一次静不定问题。由于题目只要求杆的轴力，只列出需要的静力学平衡方程：

$$\sum M_A = 0, F_{N_1} \sin 45° \times l + F_{N_2} \times 2l - F_P \times 2l = 0$$

即
$$F_{N_1} \sin 45° + 2F_{N_2} - 2F_P = 0 \tag{5.21}$$

（2）变形几何关系

在 F_P 力作用下，刚体 AB 只能绕 A 点作顺时针微小转动，变形图如图 5.30（c）所示。①杆缩短，受压力；②杆伸长，受拉力。其变形几何关系为

$$\Delta l_2 = 2\frac{\Delta l_1}{\sin 45°} = 2\sqrt{2}\Delta l_1 \tag{5.22}$$

（3）物理关系

利用胡克定律

$$\Delta l_1 = \frac{F_{N_1}l_1}{EA} = \frac{\sqrt{2}F_{N_1}l}{EA}$$

$$\Delta l_2 = \frac{F_{N_2}l_2}{EA} = \frac{F_{N_2}l}{EA}$$

将上两式代入式（5.22），得

$$\frac{F_{N_2}l}{EA} = 2\sqrt{2} \cdot \frac{\sqrt{2}F_{N_1}l}{EA}$$

即
$$F_{N_2} = 4F_{N_1} \tag{5.23}$$

联立求解式（5.21）和式（5.23），得

$$F_{N_1} = \frac{2\sqrt{2}P}{1 + 8\sqrt{2}}$$

$$F_{N_2} = \frac{8\sqrt{2}P}{1 + 8\sqrt{2}}$$

最后，需强调指出，受力图中杆件的拉力或压力应分别与变形图中该杆的伸长或缩短一一对应。这样在建立变形 Δl 与轴力 F_N 之间的物理关系时只需考虑它们的绝对值即可。

5.7.2 装配应力

加工构件时，尺寸上的一些微小误差是难以避免的。在静定结构中，这种误差只引起结构几何形状的微小改变，而不会引起内力或应力。在静不定结构中，加工误差往往要引起内力或应力，这种应力称为装配应力。装配应力的计算仍需采用上述静不定问题的求解方法。下面通过实例加以说明。

例 5.10 图 5.31（a）所示钢杆，横截面面积 $A = 2\,500 \text{ mm}^2$，弹性模量 $E = 200 \text{ GPa}$，加载前间隙 $\Delta = 0.3 \text{ mm}$。试求：（1）当 $F_P = 200 \text{ kN}$ 时，各段的轴力；（2）此时 F_P 作用处 C 截面的位移 Δ_c。

解　如果在 F_P 力作用下,杆的右端不会碰着或刚好碰着 B 支承面,则是一个静定问题。现设右端已抵住 B 支承面,则设①段杆是伸长,拉力 F_{N_1};②段杆是缩短,压力 F_{N_2}。

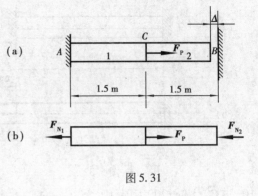

图 5.31

(1)静力学关系

$$\sum F_x = 0, \quad F_P - F_{N_1} - F_{N_2} = 0 \quad (5.24)$$

(2)变形的几何关系

$$\Delta l_1 - \Delta l_2 = \Delta \quad (5.25)$$

(3)物理关系

$$\Delta l_1 = \frac{F_{N_1} l}{EA} \qquad \Delta l_2 = \frac{F_{N_2} l}{EA}$$

将上两式代入式(5.25),得

$$\frac{F_{N_1} l}{EA} - \frac{F_{N_2} l}{EA} = \Delta \quad (5.26)$$

联立求解式(5.24)和式(5.26),得

$$
\begin{aligned}
F_{N_1} &= \frac{1}{2}\left(F_P + \frac{\Delta EA}{l}\right) \\
&= \frac{1}{2}\left(200 \times 10^3 \text{ N} + \frac{0.3 \times 10^{-3} \text{ m} \times 200 \times 10^9 \text{ Pa} \times 2\,500 \times 10^{-6} \text{ m}^2}{1.5 \text{ m}}\right) \\
&= 150 \times 10^3 \text{ N} = 150 \text{ kN}
\end{aligned}
$$

$$
\begin{aligned}
F_{N_2} &= \frac{1}{2}\left(F_P - \frac{\Delta EA}{l}\right) \\
&= \frac{1}{2}\left(200 \times 10^3 \text{ N} - \frac{0.3 \times 10^{-3} \text{ m} \times 200 \times 10^9 \text{ Pa} \times 2\,500 \times 10^{-6} \text{ m}^2}{1.5 \text{ m}}\right) \\
&= 50 \times 10^3 \text{ N} = 50 \text{ kN}
\end{aligned}
$$

F_P 力作用处 C 截面的位移

$$\Delta_C = \Delta l_1 = \frac{F_{N_1} l}{EA} = \frac{150 \times 10^3 \text{ N} \times 1.5 \text{ m}}{200 \times 10^9 \text{ Pa} \times 2\,500 \times 10^{-6} \text{ m}^2} = 0.45 \times 10^{-3} \text{ m} = 0.45 \text{ mm}(\rightarrow)$$

5.7.3　温度应力

物体因温度的变化会发生膨胀或收缩。在静定结构中,构件可以自由变形,当温度变化均匀时,并不会引起构件的内力。在静不定结构中,由于约束增加,这种温度变形将受到一定的限制,相应地在构件内将产生内力和应力,这种应力称为温度应力。温度应力的计算也需采用静不定问题的求解方法。

如图 5.32(a)所示为两端固定的等直钢杆,弹性模量 $E = 200$ GPa,线膨胀系数 $\alpha = 12.5 \times 10^{-6}$ ℃$^{-1}$。温度升高 ΔT 时,杆内温度应力可以由以下分析方法求解。

由于两端固定,为一次静不定问题,可以设想先除去 B 端约束,杆件在温度作用下自由伸长 Δl_T,然后施加压力 F_N,使 $\Delta l_N = \Delta l_T$[图 5.32(b)],保持原长不变,而

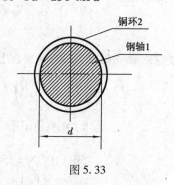

$$\Delta l_T = \alpha \Delta T l$$

$$\Delta l_N = \frac{F_N l}{EA}$$

即 $$\frac{F_N l}{EA} = \alpha \Delta T l$$

轴力 $$F_N = \alpha \Delta T E A$$

温度应力 $$\sigma_T = \frac{F_N}{A} = \alpha \Delta T E$$

图 5.32

对钢杆,当 $\Delta T = 40\ ℃$ 时,由于 $\alpha = 12.5 \times 10^{-6}\ ℃^{-1}$, $E = 200\ \text{GPa}$,则

$$\sigma_T = 12.5 \times 10^{-6}\ ℃^{-1} \times 40\ ℃ \times 200 \times 10^9\ \text{Pa} = 100 \times 10^6\ \text{Pa} = 100\ \text{MPa}$$

若 $$\Delta T = 100\ ℃$$

则 $$\sigma_T = 12.5 \times 10^6\ ℃^{-1} \times 100\ ℃ \times 200 \times 10^9\ \text{Pa} = 250 \times 10^6\ \text{Pa} = 250\ \text{MPa}$$

可见温度应力相当可观。所以,热气管道每隔一定距离要弯成一个伸缩节,让管道有可能自由伸缩,从而减小温度应力。

例 5.11 图 5.33 所示铜环,加热到 $60\ ℃$ 时恰好套在 $T = 20\ ℃$ 的钢轴上。钢轴在受铜环的压力作用下所引起的变形可略去不计。已知:钢的 $E_1 = 200\ \text{GPa}$,$\alpha_1 = 12.5 \times 10^{-6}\ ℃^{-1}$;铜的 $E_2 = 100\ \text{GPa}$,$\alpha_2 = 16 \times 10^{-6}\ ℃^{-1}$。试问:(1)铜环冷却到 $20\ ℃$ 时,环内应力有多大?(2)铜环与钢轴一起冷却到 $0\ ℃$ 时,环内应力有多大?(3)铜环与钢轴一起加热到什么温度时,环内应力为零?

图 5.33

解 (1)由于钢轴可以认为是刚性的,所以铜环的内直径不变,即铜环的环向应变为零

$$\varepsilon_{N_2} - \varepsilon_{T_2} = 0$$

则 $$\varepsilon_{N_2} = \varepsilon_{T_2} = \frac{\pi d \alpha_2 \Delta T}{\pi d} = \alpha_2 \Delta T$$

铜环的环向应力为

$$\sigma_2 = E_2 \varepsilon_{N_2} = \alpha_2 \Delta T E_2$$
$$= 16 \times 10^{-6}\ ℃^{-1} \times 40\ ℃ \times 100 \times 10^3\ \text{MPa}$$
$$= 64\ \text{MPa}$$

(2)铜环与钢轴的径向应变均为 $\varepsilon = \alpha \Delta T$

铜环由 $60\ ℃$ 冷却到 $0\ ℃$ 时,内径的改变量为

$$\Delta d_2 = \alpha_2 \Delta T_2 d = 16 \times 10^{-6}\ ℃^{-1} \times 60\ ℃ d = 960 \times 10^{-6} d$$

钢轴由 $20\ ℃$ 冷却到 $0\ ℃$ 时,直径改变量为

$$\Delta d_1 = \alpha_1 \Delta T_1 d = 12.5 \times 10^{-6}\ ℃^{-1} \times 20\ ℃ d = 250 \times 10^{-6} d$$

铜环的环向应变为

$$\varepsilon_2 = \frac{\Delta d_2 - \Delta d_1}{d} = 710 \times 10^{-6}$$

铜环内的应力为

$$\sigma_2 = E_2\varepsilon_2 = 100 \times 10^9 \text{ Pa} \times 710 \times 10^{-6} = 71 \times 10^6 \text{ Pa} = 71 \text{ MPa}$$

（3）环与轴一起加热到 $\Delta d_1 = \Delta d_2$ 时环向应力为零，即

$$\alpha_1 \Delta T_1 d = \alpha_2 \Delta T_2 d$$

$$\alpha_1(T - 20 \text{ ℃}) = \alpha_2(T - 60 \text{ ℃})$$

$$T = \frac{60 \text{ ℃} \alpha_2 - 20 \text{ ℃} \alpha_1}{\alpha_2 - \alpha_1} = \frac{60 \text{ ℃} \times 16 \times 10^{-6} \text{ ℃}^{-1} - 20 \text{ ℃} \times 12.5 \times 10^{-6} \text{ ℃}^{-1}}{16 \times 10^{-6} \text{ ℃}^{-1} - 12.5 \times 10^{-6} \text{ ℃}^{-1}}$$

$$= 203 \text{ ℃}$$

习 题

5.1 指出下列概念的区别：（1）内力与应力；（2）变形与应变；（3）弹性与塑性；（4）弹性变形与塑性变形；（5）极限应力与许用应力。

5.2 用截面法求轴力时，可否将截面恰恰截在力的作用点上？为什么？

5.3 横截面为任意形状的等直杆，如果受拉时整个横截面上的正应力是均匀分布的，问此面上的合力作用线是否通过它的形心？怎样用静力学来证明这一点？

5.4 在拉伸和压缩试验中，各种材料的破坏形式有哪些？试从宏观上大致分析其破坏的原因。

5.5 题图 5.5 所示 3 种材料的拉伸应力-应变曲线，试比较它们的强度、刚度和塑性。

5.6 试画出题图 5.6 所示各直杆的轴力图。

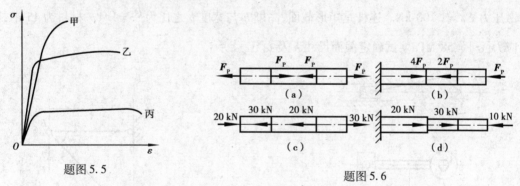

题图 5.5

题图 5.6

5.7 已知直杆的横截面面积 A、尺寸 a 和材料的容重 γ，所受外力如题图 5.7 所示，其中 $F_P = 10\gamma Aa$。试作各直杆的轴力图。（1）略去杆的自重；（2）考虑杆的自重。

5.8 题图 5.8 所示结构中，1,2 两杆的横截面直径分别为 10 mm 和 20 mm，试求两杆内的应力。设两根横梁皆为刚体。

5.9 题图 5.9 所示中段开槽的杆件，两端受轴向载荷 F_P 作用，试计算截面 1-1 和 2-2 上的正应力。已知：$F_P = 140$ kN，$b = 200$ mm，$b_0 = 100$ mm，$t = 4$ mm。

5.10 横截面面积 $A = 2 \text{ cm}^2$ 的杆受轴向拉伸，力 $F_P = 10$ kN，求其法线与轴向成 30°及 45°斜截面上的应力 σ_α 及 τ_α，以及 τ_{max} 发生在哪一个截面？

5.11 一受轴向拉伸的等直杆，横截面上 $\sigma = 50$ MPa，某一斜截面上 $\tau_\alpha = 16$ MPa，求该截面的倾角 α 及正应力 σ_α。

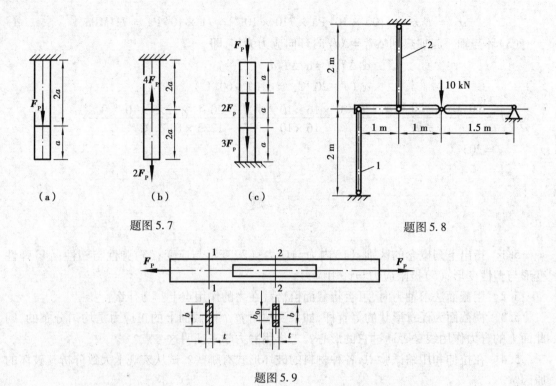

（a）　　　　　（b）　　　　　（c）

题图 5.7　　　　　　　　　　　　　　　　题图 5.8

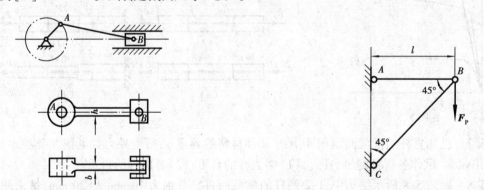

题图 5.9

5.12　一根受轴向拉伸的等直杆，$\sigma_\alpha = 50$ MPa，$\tau_\alpha = -20$ MPa，求其 σ_{max} 及 τ_{max}。

5.13　冷镦机的曲柄滑块机构如题图 5.13 所示。镦压工件时，连杆接近水平位置，承受的镦压力 $F_P = 1\ 100$ kN。连杆是矩形截面，高度 h 与宽度 b 之比为 $\dfrac{h}{b} = 1.4$。材料为 45 钢，许用应力 $[\sigma] = 58$ MPa。试确定截面尺寸 h 及 b。

题图 5.13　　　　　　　　　　　　　　　　题图 5.14

5.14　如题图 5.14 所示桁架，AB 杆为圆截面钢杆，AC 杆为方截面木杆，在 A 点受载荷 F_P 作用，试确定钢杆直径 d 和木杆截面的边长 a。已知：$F_P = 50$ kN，钢的许用应力 $[\sigma] = 160$ MPa，木材的许用应力 $[\sigma] = 10$ MPa。

5.15　如题图 5.15 所示桁架，$\alpha = 30°$，在 A 点受载荷 $F_P = 350$ kN，杆 AB 由两根槽钢构成，杆 AC 由一根工字钢构成，设钢的许用拉应力 $[\sigma]^+ = 160$ MPa，许用压应力 $[\sigma]^- = 100$ MPa。试为两杆选择型钢号码。

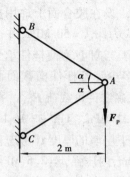

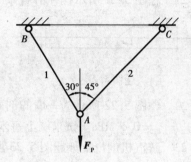

题图 5.15　　　　　　　　　　　　　　　　　　题图 5.16

5.16　如题图 5.16 所示桁架,杆 1,2 的横截面均为圆形,直径分别为 $d_1 = 30$ mm,$d_2 = 20$ mm,两杆材料相同,许用应力$[\sigma] = 160$ MPa。试确定 A 点载荷的最大许可值。

5.17　题图 5.17 所示阶梯直杆 AC,$F_P = 10$ kN,$l_1 = l_2 = 400$ mm,$A_1 = 2A_2 = 100$ mm^2,$E = 200$ GPa。试计算杆 AC 的轴向变形 Δl。

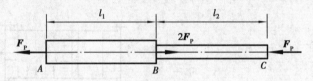

题图 5.17

5.18　横截面面积为 100 mm^2 的钢杆如题图 5.18 所示。已知 $F_P = 20$ kN,材料的弹性模量 $E = 210$ GPa。试求各段横截面上应力及杆件的总变形。

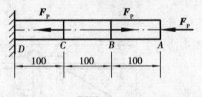

题图 5.18　　　　　　　　　　　　　　　　　题图 5.19

5.19　题图 5.19 所示等截面圆杆,由两种材料组成。直径 $d = 400$ mm。$E_{钢} = 210$ GPa,$E_{铜} = 100$ GPa。试求当杆的总伸长 $\Delta l = 0.126$ mm 时,杆件所受载荷 F_P 及在 F_P 力作用下杆内的 $\sigma_{\max}$。

5.20　题图 5.20 所示结构,各杆抗拉(压)刚度 EA 相同,试求节点 A 和水平位移和垂直位移。

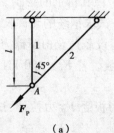

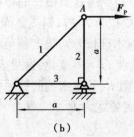

（a）　　　　　　　　　　　　　（b）

题图 5.20

5.21 题图 5.21 所示拉杆沿斜截面 *m-n* 由两部分胶合而成。设在胶合面上许用拉应力 $[\sigma] = 100$ MPa，许用剪应力 $[\tau] = 50$ MPa，并设胶合面的强度控制杆件的拉力。试问：为使杆件承受最大拉力 $\boldsymbol{F}_P$，α 角的值应为多少？若杆件横截面面积为 4 cm^2，并规定 $\alpha \leqslant 60°$，试确定许可载荷 $\boldsymbol{F}_P$。

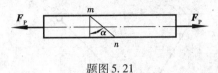

题图 5.21

5.22 题图 5.22 所示为一墙的剖面。已知材料的 $[\sigma]_{墙} = 1.2$ MPa，容重 $\gamma = 16$ kN/m^3，地基的 $[\sigma]_{基} = 0.5$ MPa。试求墙上每米长度上的许可载荷 $[q]$ 及下层墙的厚度 t（考虑自重）。

5.23 蒸汽机的汽缸如题图 5.23 所示。汽缸内径 $D = 560$ mm，内压强 $p = 2.5$ MPa，活塞杆直径 $d = 100$ mm，所用材料的屈服极限 $\sigma_s = 300$ MPa。(1)试求活塞杆的正应力及工作安全系数。(2)若连接汽缸和汽缸盖的螺栓直径为 30 mm，其许用应力 $[\sigma] = 60$ MPa，求连接每个汽缸盖所需的螺栓数。

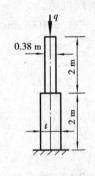

题图 5.22

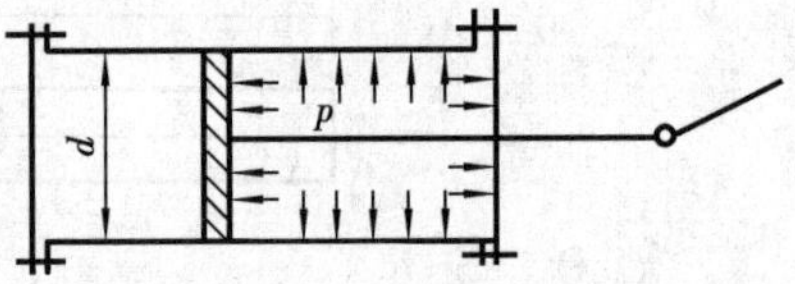

题图 5.23

5.24 一桁架受力如题图 5.24 所示，各杆都由两根等边角钢组成。已知杆件的许用应力 $[\sigma] = 170$ MPa，试选择 *AC* 杆和 *CD* 杆的截面型号。

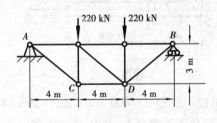

题图 5.24

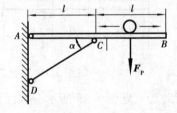

题图 5.25

5.25 题图 5.25 所示结构，*AB* 为刚体，载荷 $\boldsymbol{F}_P$ 可在其上任意移动。试求使 *CD* 杆重量最轻时，夹角 α 应取何值？

5.26 像矿山升降机钢缆这类很长的拉杆，应考虑其自重的影响。设材料容重为 γ，许用应力为 $[\sigma]$，钢缆下端受拉力为 $\boldsymbol{F}_P$，钢缆截面不变。试求钢缆的允许长度及其总伸长。

5.27 打入黏土的木桩长为 l，顶上载荷为 $\boldsymbol{F}_P$。设载荷全由摩擦力承担，且沿木桩单位长度内的摩擦力 f 按抛物线 $f = Ky^2$ 变化，这里 K 为常数。若 $\boldsymbol{F}_P = 420$ kN，$l = 12$ m，$A = 640$ cm^2，$E = 10$ GPa。试确定常数 K，并求木桩的缩短量。

5.28 长为 l，两底各宽为 b_1, b_2，厚为 t 的梯形板受 $\boldsymbol{F}_P$ 力拉伸，试求其总伸长 Δl（不计自重）。

5.29 题图 5.29 所示结构，1，2 杆抗拉刚度 EA 相同。若使 *AB* 刚性梁受力后仍然保持水

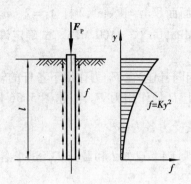

题图 5.27

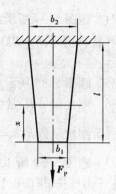

题图 5.28

平位置,试求载荷 F_P 的作用位置 x。

5.30　题图 5.30 所示木制短柱的四角用四根 $40 \times 40 \times 4$ 的等边角钢加固。已知钢的许用应力 $[\sigma]_1 = 160$ MPa, $E_1 = 200$ GPa;木材的许用应力 $[\sigma]_2 = 12$ MPa, $E_2 = 10$ GPa。试求许可载荷 $[F_P]$。

5.31　等截面直杆,两端固定如题图 5.31 所示。横截面面积 $A = 20$ cm^2,杆上段为铜质材料, $E_1 = 100$ GPa,下段为钢质材料, $E_2 = 200$ GPa。若 $F_P = 100$ kN,试求各段杆内的应力。

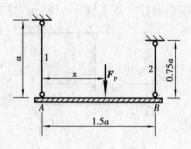

题图 5.29

5.32　刚性厚板质量为 3 200 kg,由杆端在同一平面的三根立柱承受(如题图 5.32 所示)。其中左、右两根为混凝土柱,长度为 $l_1 = 4$ m, $E_1 = 20$ GPa, $A_1 = 0.08$ m^2;中间一根为木柱, $l_2 = 4$ m, $E_2 = 12$ GPa, $A_2 = 0.04$ m^2。求每根立柱受的压力。

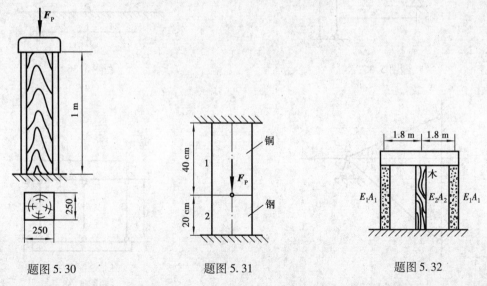

题图 5.30　　　　　题图 5.31　　　　　题图 5.32

5.33　题图 5.33 所示结构,AB 为刚性,1,2 杆材料相同,横截面面积均为 $A = 300$ mm^2,许用应力 $[\sigma] = 160$ MPa,载荷 $F_P = 50$ kN。试校核 1,2 杆的强度。

5.34 题图 5.34 所示结构，AB 为刚性梁，1 杆横截面面积 $A_1 = 1$ cm²，2 杆 $A_2 = 2$ cm²，$a = 1$ m，两杆材料相同，$E = 200$ GPa，许用应力 $[\sigma]^+ = 160$ MPa，$[\sigma]^- = 100$ MPa。试确定许可载荷 $[F_P]$。

5.35 题图 5.35 所示 ABC 为刚体，1，2 杆 E，A 均相同，试求在 F_P 力作用下各杆的轴力。

5.36 刚性梁 ABC 放在三个相同的弹簧上，在梁上 D 处作用力 F_P，如题图 5.36 所示。设已知弹簧刚性系数 $k(k = \dfrac{N}{\Delta l})$，试求 A，B，C 处三个弹簧受力各为多少？

5.37 题图 5.37 所示结构，AB 杆和 AC 杆刚度均为 EA。已知 l 和载荷 F_P，试求各杆轴力。（注：l 为杆长，可假设）

5.38 题图 5.38 所示钢杆 1，2，3 的面积 $A = 2$ cm²，长度 $L = 1$ m，弹性模量 $E = 200$ GPa。在制造时杆 3 短了 $\Delta = 0.08$ cm，试计算安装后各杆的内力。

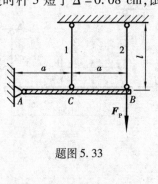

题图 5.33

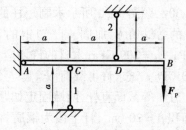

题图 5.34

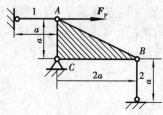

题图 5.35

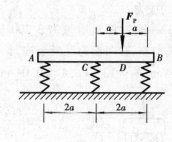

题图 5.36

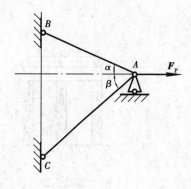

题图 5.37

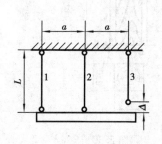

题图 5.38

5.39 壁厚为 t 的铜环和钢环套在一起组成一组合环，承受内压 p，如题图 5.39 所示。铜的弹性模量为 E_1，钢的弹性模量为 E_2，试求铜环和钢环内的应力值。

5.40　两钢杆如题图 5.40 所示。已知横截面面积 $A_1 =$ 1 cm^2, $A_2 = 2$ cm^2；材料的弹性模量 $E = 210$ GPa，线膨胀系数 $\alpha = 12.5 \times 10^{-6}$ ℃$^{-1}$。当温度升高 30 ℃时，试求两杆内的最大应力。

5.41　题图 5.41 所示杆系的两杆同为钢杆，$E = 200$ GPa，$\alpha = 12.5 \times 10^{-6}$ ℃$^{-1}$。两杆的横截面面积同为 $A = 10$ cm^2。若 BC 杆的温度降低 20 ℃，而 BD 杆的温度不变，试求两杆的应力。

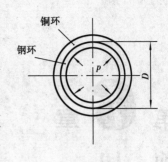

题图 5.39

5.42　题图 5.42 所示正方形结构，四周边是铝杆（$E_a = 70$ GPa，$\alpha_a = 21.6 \times 10^{-6}$ ℃$^{-1}$）；对角线是钢丝（$E_s = 200$ GPa，$\alpha_s = 11.7 \times 10^{-6}$ ℃$^{-1}$），铝杆和钢丝的横截面面积之比为 2∶1。若温度升高 $\Delta T = 45$ ℃时，试求钢丝内的应力。

5.43　题图 5.43 所示结构中的三角形板可视为刚体。1 杆材料为钢，2 杆材料为铜，两杆的横截面面积分别为 $A_{钢} = 10$ cm^2，$A_{铜} = 20$ cm^2。当 $F_P = 200$ kN 且温度升高 20 ℃时，试求 1,2 杆内的应力。1 杆钢 $E_1 = 200$ GPa，$a_1 = 12.0 \times 10^{-6}$ ℃$^{-1}$；2 杆铜 $E_2 = 100$ GPa，$\alpha_2 = 16.0 \times 10^{-6}$ ℃$^{-1}$。

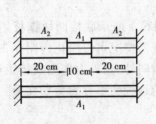

题图 5.40

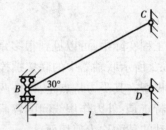

题图 5.41

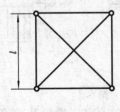

题图 5.42

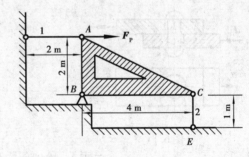

题图 5.43

第 **6** 章
剪 切

6.1 概 述

在工程实际中,可以见到很多承受剪切的构件。例如,图6.1所示联接两块钢板用的铆钉;图6.2所示联轴器中的联接螺栓等。这些构件的受力和变形情况可以简化为图6.3所示的计算模型。其受力特点是:构件两侧作用有垂直于轴线的横向外力,外力作用线相距很近。其变形特点是:外力作用线间的各截面产生相对错动。构件的这种变形称为剪切变形。产生相对错动的截面称为剪切面。

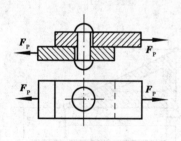

图 6.1

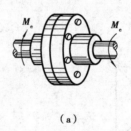

（a）

（b）

图 6.2

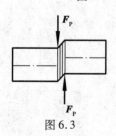

图 6.3

工程上,构件之间的联接件常采用销钉、铆钉、螺栓及键等,这些联接件都是承受剪切的构件。本章主要讨论联接件的强度计算问题。

联接件在外力作用下,除了可能发生剪切破坏以外,在联接件与被联接件之间还会发生明显的塑性变形和被压碎,这种破坏形式称为挤压破坏。因此,对联接件应进行剪切或挤压强度计算。

6.2 剪切强度计算

设两块钢板用螺栓联接,如图6.4(a)所示。当两钢板受拉时,螺栓的受力简图如图6.4(b)所示。如果螺栓上作用的力 F_P 过大,螺栓可能沿两力间的截面 m-m 被剪断,这个截面就是剪切面。假想地将螺栓沿剪切面 m-m 截开,分为上下两部分[图6.4(c)]。任取一部分作为研究对象,m-m 截面上的内力 F_Q 与剪切面相切,称为剪力。由平衡条件易得

$$F_Q = F_P$$

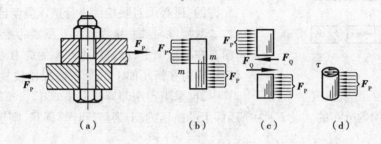

图 6.4

由于剪切面的变形很复杂,剪应力 τ 在剪切面上的分布规律很难确定。为了计算上的方便,工程上往往采用实用计算的方法,即假设剪应力 τ 在剪切面内均匀分布。按此假设算出的平均剪应力称为名义剪应力,一般简称为剪应力。用 A 表示剪切面的面积,则剪应力的计算公式可写为

$$\tau = \frac{F_Q}{A} \tag{6.1}$$

为了保证螺栓安全工作,要求螺栓工作时的剪应力不得超过材料的许用剪应力 $[\tau]$,因此,螺栓的剪切强度条件为

$$\tau = \frac{F_Q}{A} \leqslant [\tau] \tag{6.2}$$

剪切强度条件式(6.2)虽然是由螺栓的情况得到的,但也可适用于其他联接件。

式(6.2)中的许用剪应力 $[\tau]$,是在与构件的实际受力情况相似的条件下进行试验,测定破坏时的荷载 F_{P_u},得到极限剪力 F_{Q_u},再由式(6.1)算出剪切极限应力 τ_u,然后除以大于1的安全系数 n,即可得到材料的许用剪应力 $[\tau]$。

实验表明,一般情况下,材料的许用剪应力 $[\tau]$ 与许用拉应力 $[\sigma]$ 之间有如下关系:

塑性材料　　$[\tau] = (0.6 \sim 0.8)[\sigma]$

脆性材料　　$[\tau] = (0.8 \sim 1.0)[\sigma]$

在实际计算中,材料的许用剪应力 $[\tau]$ 可查阅有关的设计规范和设计手册。

综上所述,实用计算是一种带有经验性的强度计算。这种计算方法虽然比较粗略,但由于许用剪应力的测定条件与构件的实际工作状况相似,其计算也与名义剪应力的计算方法相同,所以它基本上是符合实际情况的,在工程实际中得到广泛的应用。

6.3 挤压强度计算

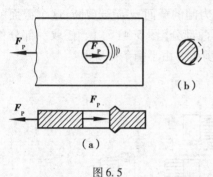

图 6.5

上面讨论了联接螺栓的剪切强度计算。另一方面,在螺栓联接中,因螺栓与钢板孔间相互紧压着,若压力过大,则它们的接触面可能产生挤压破坏。钢板孔的受压面将被压溃,不再保持为圆形,或者螺栓被压扁,如图 6.5 所示。这将会导致联接松动,影响构件的正常工作。所以,挤压破坏在工程中也是不允许的,还必须对联接件进行挤压强度计算。

联接件与被联接件间相互压紧的接触面称为挤压面。在挤压面上,由挤压力产生的应力称为挤压应力。挤压应力在挤压面上的分布情况比较复杂,在工程计算中,也采用实用计算的方法,即假设挤压应力在挤压计算面积上是均匀分布的。设 F_{P_c} 为挤压面上的挤压力,A_c 为挤压计算面积,则挤压应力 σ_c 可按下式计算

$$\sigma_c = \frac{F_{P_c}}{A_c} \tag{6.3}$$

挤压计算面积 A_c 视具体情况而定。如果挤压面为平面,则以实际接触面的面积作为挤压计算面积;如果挤压面为半圆柱面,则挤压应力的分布规律如图 6.6(a)所示,在这种情况下,以该半圆柱面在其直径平面上的投影面积作为挤压计算面积[图 6.6(b)],即 $A_c = td$,这样计算出的挤压应力与理论分析所得的最大挤压应力大致相等。

为了保证联接件的正常工作,应要求联接件工作时所产生的挤压应力不得超过材料的许用挤压应力 $[\sigma_c]$,故挤压强度条件为

$$\sigma_c = \frac{F_{P_c}}{A_c} \leq [\sigma_c] \tag{6.4}$$

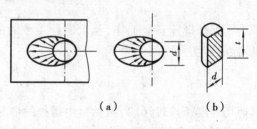

(a)   (b)

图 6.6

许用挤压应力 $[\sigma_c]$ 之值可由有关设计规范或设计手册查得。根据实验,对于钢材,大致可取

$$[\sigma_c] = (1.7 \sim 2.0)[\sigma]$$

式中 $[\sigma]$ 为材料的许用拉应力。

如果两个接触构件的材料不同,应以挤压能力较弱的构件来进行挤压强度计算。

6.4 计算实例

工程中,构件间的联接方式虽然很多,但其强度计算方法都可采用前二节中的有关公式。现通过实例介绍联接件的剪切强度计算和挤压强度计算,并介绍剪切破坏的计算方法。

例 6.1 电瓶车挂钩用插销联接,如图 6.7(a)所示。已知 $t = 8$ mm,插销的直径 $d = 20$ mm,挂钩及插销的材料均为 20 钢,$[\tau] = 30$ MPa,$[\sigma_c] = 100$ MPa,牵引力 $F_P = 15$ kN,校核挂钩联接的强度。

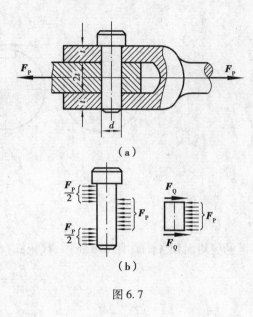

（a）

（b）

图 6.7

解 （1）剪切强度计算

插销的受力图如图 6.7(b)所示,由受力情况易见插销有两个剪切面,这种情况称为双剪。沿两个剪切面截取研究对象[图 6.7(b)],由平衡条件可知,剪切面上的剪力为

$$F_Q = \frac{F_P}{2} = \frac{15 \text{ kN}}{2} = 7.5 \text{ kN}$$

剪切面的面积为

$$A = \frac{\pi d^2}{4} = \frac{\pi \times (20 \text{ mm})^2}{4} = 314.16 \text{ mm}^2$$

插销的工作剪应力为

$$\tau = \frac{F_Q}{A} = \frac{7.5 \times 10^3 \text{ N}}{314.16 \text{ mm}^2}$$
$$= 24 \text{ MPa} < [\tau] = 30 \text{ MPa}$$

满足剪切强度条件。

（2）挤压强度计算

挂钩与插销的材料相同,它们的抗挤压能力相同,仍用插销来计算挤压强度。插销上长为 $2t$ 的一段所受的挤压力与两段长为 t 的插销所承受的挤压力相同,且它们的挤压计算面积也相同,因此它们的挤压强度也相同。由图 6.7(b)知,插销上的挤压力为

$$F_{P_c} = F_P = 15 \text{ kN}$$

插销的挤压面是半圆柱面,挤压计算面积即为直径投影面积

$$A_c = 2t \cdot d = 2 \times 8 \text{ mm} \times 20 \text{ mm} = 320 \text{ mm}^2$$

插销的挤压应力为

$$\sigma_c = \frac{F_{P_c}}{A_c} = \frac{15 \times 10^3 \text{ N}}{320 \text{ mm}^2} = 47 \text{ MPa} < [\sigma_c] = 100 \text{ MPa}$$

满足挤压强度条件。此挂钩联接强度足够。

例 6.2 图 6.8(a)表示齿轮用平键与轴联接(图中齿轮未画出)。已知轴的直径 $d = 70$ mm,键的宽度 $b = 20$ mm,高度 $h = 12$ mm,传递的扭转力偶 $M_e = 2$ kN·m,键的许用应力 $[\tau] = 60$ MPa,$[\sigma_c] = 100$ MPa。试求平键的长度 l。

解 （1）按剪切强度计算

将平键沿 $n\text{-}n$ 截面假想地分为两部分,并把 $n\text{-}n$ 以下部分和轴作为一个整体来考虑[图 6.8(b)],$n\text{-}n$ 截面上的剪力为 $\boldsymbol{F}_Q$,对轴心 O 取矩,由平衡条件 $\sum M_O = 0$,得

$$F_Q \cdot \frac{d}{2} - M_e = 0$$

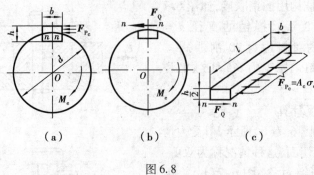

图 6.8

$$F_Q = \frac{2M_e}{d}$$

平键的剪切面积 $A = bl$[图 6.8(c)],代入式(6.2)

$$\tau = \frac{F_Q}{A} = \frac{2M_e}{dlb} \leqslant [\tau]$$

$$l \geqslant \frac{2M_e}{db[\tau]} = \frac{2 \times 2 \times 10^6 \text{ N} \cdot \text{mm}}{70 \text{ mm} \times 20 \text{ mm} \times 60 \text{ N/mm}^2} = 47.6 \text{ mm}$$

(2)按挤压强度计算

平键的挤压面为平面[图 6.8(c)],故挤压计算面积 $A_c = \frac{h}{2}l$,挤压力可由键的平衡条件求得

$$F_{P_c} = F_Q = \frac{2M_e}{d}$$

代入式(6.4),得

$$\sigma_c = \frac{F_{P_c}}{A_c} = \frac{4M_e}{dhl} \leqslant [\sigma_c]$$

$$l \geqslant \frac{4M_e}{dh[\sigma_c]} = \frac{4 \times 2 \times 10^6 \text{ N} \cdot \text{mm}}{70 \text{ mm} \times 12 \text{ mm} \times 100 \text{ N/mm}^2} = 95.2 \text{ mm}$$

根据以上计算,应选择较大的 l 值作为键长,于是可取键长 $l = 100$ mm。

例 6.3 图 6.9 所示为一焊接接头,板条承受的拉力 $F_P = 150$ kN,侧焊缝的焊角宽度 $h = 8$ mm,焊缝的许用剪应力 $[\tau] = 110$ MPa。试求侧焊缝的长度 l。

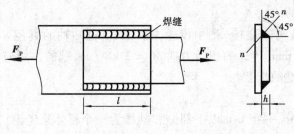

图 6.9

解 对于侧焊缝,焊缝最窄处的截面 n-n 为危险截面,此截面与焊缝底面成 45°角,其面积为

$$A = h \cos 45°(l - 2h)$$

式中($l - 2h$)为焊缝的计算长度,因考虑到焊缝两端的焊接质量较差,故在焊缝长度 l 中减去 $2h$。

因两条焊缝位置对称于拉力的作用线,故作用在两侧截面 n-n 上的剪力均为

$$F_Q = \frac{F_P}{2}$$

设沿剪切面 n-n 的剪应力均匀分布,由式(6.3),焊缝的剪切强度条件为

$$\tau = \frac{F_Q}{A} = \frac{F_P}{2h\cos 45°(l-2h)} \leqslant [\tau]$$

由此式可以求得

$$l \geqslant \frac{F_P}{2h[\tau]\cos 45°} + 2h$$

$$= \frac{150 \times 10^3 \text{ N}}{2 \times 8 \text{ mm} \times 110 \text{ N/mm}^2 \cos 45°} + 2 \times 8 \text{ mm} = 136.5 \text{ mm}$$

最后取焊缝长度

$$l = 140 \text{ mm}$$

以上各例,都是保证连接件强度的问题。但在工程实际中,也常会遇到与此相反的问题,就是利用剪切破坏。例如车床传动轴上的保险销[图 6.10(a)],当载荷增大到某一数值时,保险销即被剪断,从而保护重要部件的安全。又如冲床冲压时,要求工件发生剪切破坏而得到所需要的形状[图 6.10(b)]。这都是利用剪切破坏的实例。对这类问题所要求的破坏条件为剪应力应超过材料的剪切强度极限 τ_b,即

$$\tau = \frac{F_Q}{A} \geqslant \tau_b \qquad (6.5)$$

其中剪切强度极限 τ_b 可查有关设计手册。

对于塑性材料,剪切强度极限 τ_b 与拉伸强度极限 σ_b 之间有如下关系

$$\tau_b = (0.6 \sim 0.8)\sigma_b$$

所以,也可以由此式来估算 τ_b。

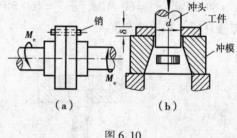

图 6.10

例 6.4 图 6.11 为车床光杆的安全销。已知 $D = 20$ mm,安全销材料为 30 钢,剪切强度极限 $\tau_b = 360$ MPa。为保证光杆安全,传递的力偶 M_e 不能超过 120 N·m。试设计安全销的直径。

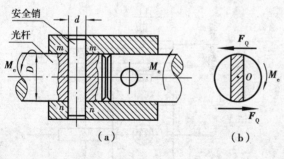

图 6.11

解 安全销有两个剪切面 m-m 和 n-n,将安全销沿 m-m 和 n-n 截面假想地截开,并把它在光杆内的部分安全销和光杆作为一个整体来进行分析[图 6.11(b)],设 m-m 和 n-n 剪切面上的剪力为 F_Q,对中心 O 取矩,由平衡条件 $\sum M_O = 0$,得

$$F_Q \cdot D - M_e = 0$$

$$F_Q = \frac{M_e}{D}$$

安全销的剪切面积 $A = \dfrac{\pi d^2}{4}$，为保证车床光杆的安全，安全销的剪应力应满足剪切破坏条件式

（3.5）

$$\tau = \frac{F_Q}{A} = \frac{4M_e}{\pi d^2 D} \geqslant \tau_b$$

$$d \leqslant \sqrt{\frac{4M_e}{\pi D \tau_b}} = \sqrt{\frac{4 \times 120 \times 10^3 \text{ N} \cdot \text{mm}}{\pi \times 20 \text{ mm} \times 360 \text{ N/mm}^2}} = 4.6 \text{ mm}$$

取安全销直径 $d = 4.5$ mm。

习　题

6.1　指出题图6.1所示构件的剪切面和挤压面。

6.2　一螺栓联接如题图6.2所示。已知 $F_P = 200$ kN，$\delta = 20$ mm，螺栓材料的许用剪应力 $[\tau] = 80$ MPa。试求螺栓的直径。

6.3　一螺栓将拉杆与厚度为 8 mm 的两块盖板相联接。各零件材料相同，许用应力均为 $[\sigma] = 80$ MPa，$[\tau] = 60$ MPa，$[\sigma_c] = 160$ MPa。拉杆的厚度 $t = 15$ mm，拉力 $F_P = 120$ kN，试设计螺栓直径 d 和拉杆宽度 b。

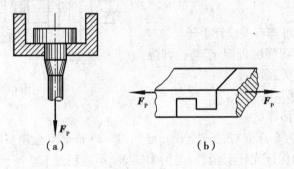

（a）　　　　　　　　　　　（b）

题图6.1

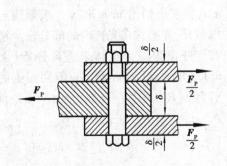

题图6.2

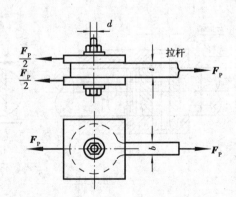

题图6.3

6.4　摇柄与直径 $d = 30$ mm 的轴用键联接。键的尺寸为 $b \times h \times l = 10$ mm $\times 8$ mm $\times 35$

mm,键的许用应力$[\tau] = 60$ MPa,$[\sigma_c] = 240$ MPa;摇柄长 $l = 750$ mm,许用应力$[\sigma_c] = 200$ MPa。试求加在摇杆端部 $\boldsymbol{F}_P$ 力的大小。

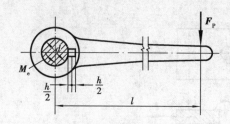 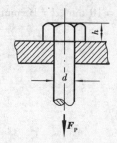

题图 6.4
题图 6.5

6.5 题图 6.5 所示螺钉受拉力 $\boldsymbol{F}_P$ 作用。已知材料的剪切许用应力$[\tau]$和拉伸许用应力$[\sigma]$之间的关系约为:$[\tau] = 0.6[\sigma]$。试求螺钉直径 d 与钉头高度 h 的合理比值。

6.6 题图 6.6 所示凸缘联轴节传递的力偶矩 $M_e = 200$ N·m,凸缘之间用四只螺栓联接,螺栓内径 $d = 10$ mm,对称地分布在 $D_0 = 80$ mm 的圆周上。螺栓的剪切许用应力$[\tau] = 60$ MPa,校核螺栓的剪切强度。

6.7 题图 6.7 所示两块厚度为 10 mm 的钢板,用两个直径为 17 mm 的铆钉搭接在一起。钢板与铆钉材料相同,许用应力$[\tau] = 130$ MPa,$[\sigma_c] = 240$ MPa,$[\sigma] = 150$ MPa。拉力 $F_P = 60$ kN,试校核铆接件的强度。

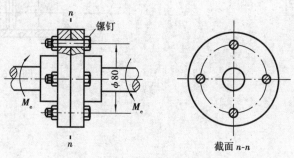

题图 6.6

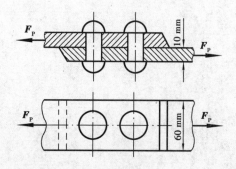 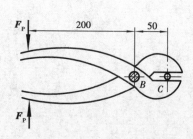

题图 6.7
题图 6.8

6.8 题图 6.8 所示夹剪,销钉 B 的直径 $d = 5$ mm,销钉与被剪钢丝材料相同,剪切极限应

力 $\tau_u = 200$ MPa,销钉的安全系数 $n = 4$,试求在 C 处能剪断多大直径的钢丝。

6.9 题图 6.9 所示的铆接接头受轴向载荷 F_P 作用,试校核其强度。铆钉与钢板材料相同,许用应力 $[\sigma] = 160$ MPa,$[\tau] = 120$ MPa,$[\sigma_c] = 340$ MPa,已知拉力 $F_P = 80$ kN;$b = 80$ mm,$t = 10$ mm,$d = 16$ mm。

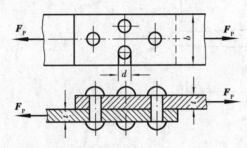

题图 6.9

6.10 在厚度 $t = 5$ mm 的钢板上冲出一个如图示形状的孔,钢板的剪切强度极限 $\tau_b = 320$ MPa,试求冲床必须具有的冲力 F_P。

6.11 车床的传动光杆装有安全联轴器,当超过一定载荷时,安全销即被剪断。已知安全销的平均直径为 5 mm,其剪切强度极限 $\tau_b = 370$ MPa,求安全联轴器所能传递的力偶矩 M_e。

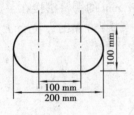

题图 6.10

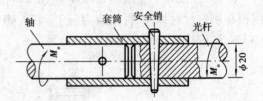

题图 6.11

第 **7** 章
平面图形的几何性质

7.1 概　述

工程中的各种构件，其横截面都是具有一定几何形状的平面图形，例如圆形、矩形、工字形等。构件的强度、刚度与这些平面图形的一些几何性质有关。例如杆件在轴向拉伸或压缩时，其承载能力与横截面的面积 A 有关，在材料的许用应力 $[\sigma]$ 相同的条件下，截面积 A 越大，则杆件承受拉伸或压缩的能力也越强，在材料、杆长及受力情况不变的条件下，截面积 A 越大，杆件的变形就越小；在第 8 章中将介绍的圆轴扭转，轴的承载能力与横截面的极惯性矩 I_p 有关，在其他条件相同的情况下，I_p 值越大，则圆轴承受扭转的能力也越强。

横截面积 A 和极惯性矩 I_p 等几何量，都是截面图形的几何性质，而构件的承载能力与这些几何性质有着密切的联系。本章将介绍截面图形一些常用几何性质的定义和计算方法。

7.2 静矩和形心

任意平面图形，如图 7.1 所示，其面积为 A。y 轴和 z 轴为图形所在平面内的任意直角坐标轴。取微面积 dA，dA 的坐标分别为 y 和 z，则 ydA 和 zdA 分别称为微面积 dA 对 z 轴和 y 轴的静矩；而遍及整个图形面积 A 的下列积分

$$
\left.
\begin{aligned}
S_z &= \int_A y\,dA \\
S_y &= \int_A z\,dA
\end{aligned}
\right\}
\tag{7.1}
$$

便分别定义为平面图形对 z 轴和 y 轴的静矩。

由式（7.1）可看出，平面图形的静矩是对某一坐标轴而言的，同一图形对不同的坐标轴，其静矩也就不同。静矩的数值可能为正，可能为负，也可能等于零。静矩的量纲为 $[\,长度\,]^3$。

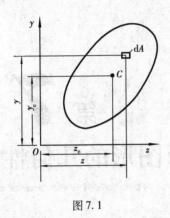

图 7.1

设有一厚度很小的均质薄板,其中间面的形状与图 7.1 的平面图形相同。显然,在 yz 坐标系中,上述均质薄板的重心与平面图形的形心重合。由静力学可知,均质薄板的重心坐标公式为

$$y_c = \frac{\int_A y\mathrm{d}A}{A}, \qquad z_c = \frac{\int_A z\mathrm{d}A}{A} \qquad (7.2)$$

式(7.2)也就是确定平面图形的形心坐标的公式。

利用式(7.1)可以把式(7.2)改写成

$$y_c = \frac{S_z}{A}, \qquad z_c = \frac{S_y}{A} \qquad (7.3a)$$

所以,把平面图形对 z 轴和 y 轴的静矩,除以图形的面积 A,就得到图形的形心坐标 y_c 和 z_c。若将上式改写为

$$S_z = y_c A, \qquad S_y = z_c A \qquad (7.3b)$$

这就表明,平面图形对 z 轴和 y 轴的静矩,分别等于平面图形的形心坐标 y_c 和 z_c 乘图形面积 A。

由以上两式可以看出,如果 $S_z = 0$ 和 $S_y = 0$,则有 $y_c = 0$ 和 $z_c = 0$。可见,若平面图形对某一轴的静矩等于零,则该轴必然通过图形的形心;反之,若某一轴通过形心,则图形对该轴的静矩等于零。

例 7.1 图 7.2 所示三角形,其直角边分别与 y 轴、z 轴重合,计算此三角形对 y、z 轴的静矩及它的形心坐标。

解 计算静矩 S_z 时,可取平行于 z 轴的狭长条作为微面积,其上各点的 y 坐标相等,$\mathrm{d}A = b(y)\mathrm{d}y$,如图 7.2 所示。由几何关系可知,$b(y) = \dfrac{b}{h}(h-y)$,因此 $\mathrm{d}A = \dfrac{b}{h}(h-y)\mathrm{d}y$,由静矩定义式(7.1),得

$$S_z = \int_A y\mathrm{d}A = \int_0^h \frac{b}{h}(h-y)y\mathrm{d}y = \frac{bh^2}{6}$$

同理,计算 S_y 时,可取平行于 y 轴的狭长条作为微面积,即 $\mathrm{d}A = h(z)\mathrm{d}z$,其中,$h(z) = \dfrac{h}{b}(b-z)$,由式(7.1)得

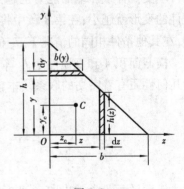

图 7.2

$$S_y = \int_A z\mathrm{d}A = \int_0^b \frac{h}{b}(b-z)z\mathrm{d}z = \frac{hb^2}{6}$$

由式(7.3a),得形心坐标

$$y_c = \frac{S_z}{A} = \frac{bh^2/6}{bh/2} = \frac{h}{3}$$

$$z_c = \frac{S_y}{A} = \frac{hb^2/6}{bh/2} = \frac{b}{3}$$

当一个平面图形是由若干个简单图形(例如矩形、圆形、三角形等)组成时,由静矩的定义

可知,图形各组成部分对某一轴的静矩的代数和,等于整个图形对同一轴的静矩,即

$$S_y = \sum_{i=1}^{n} A_i z_{c_i}, \qquad S_z = \sum_{i=1}^{n} A_i y_{c_i} \tag{7.4}$$

式中　A_i 和 y_{c_i}, z_{c_i}——分别表示任一组成部分的面积及其形心的坐标;

　　　n——组成平面图形的简单图形的个数。

若将式(7.4)代入式(7.3a),则得到组合图形形心坐标的计算公式为

$$y_c = \frac{\sum_{i=1}^{n} A_i y_{c_i}}{\sum_{i=1}^{n} A_i}, \qquad z_c = \frac{\sum_{i=1}^{n} A_i z_{c_i}}{\sum_{i=1}^{n} A_i} \tag{7.5}$$

例 7.2　确定图 7.3 所示组合图形的形心坐标。

解　把组合图形看作是由两个矩形 I 和 II 组成的,选取坐标系如图所示。每一矩形的面积及形心坐标分别为

矩形 I　$A_1 = 120\ \text{mm} \times 10\ \text{mm} = 1\ 200\ \text{mm}^2$

　　　$z_{c_1} = \dfrac{10\ \text{mm}}{2} = 5\ \text{mm}, y_{c_1} = \dfrac{120\ \text{mm}}{2} = 60\ \text{mm}$

矩形 II　$A_2 = 70\ \text{mm} \times 10\ \text{mm} = 700\ \text{mm}^2$

　　　$z_{c_2} = 10\ \text{mm} + \dfrac{70\ \text{mm}}{2} = 45\ \text{mm}, y_{c_2} = \dfrac{10\ \text{mm}}{2} = 5\ \text{mm}$

应用式(7.5)求得组合图形形心 c 的坐标为

$$y_c = \frac{A_1 y_{c_1} + A_2 y_{c_2}}{A_1 + A_2}$$

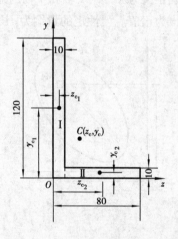

图 7.3

$$= \frac{1\ 200\ \text{mm}^2 \times 60\ \text{mm} + 700\ \text{mm}^2 \times 5\ \text{mm}}{1\ 200\ \text{mm}^2 + 700\ \text{mm}^2} = 39.7\ \text{mm}$$

$$z_c = \frac{A_1 z_{c_1} + A_2 z_{c_2}}{A_1 + A_2} = \frac{1\ 200\ \text{mm}^2 \times 5\ \text{mm} + 700\ \text{mm}^2 \times 45\ \text{mm}}{1\ 200\ \text{mm}^2 + 700\ \text{mm}^2} = 19.7\ \text{mm}$$

例 7.3　计算图 7.4 所示图形的形心坐标。

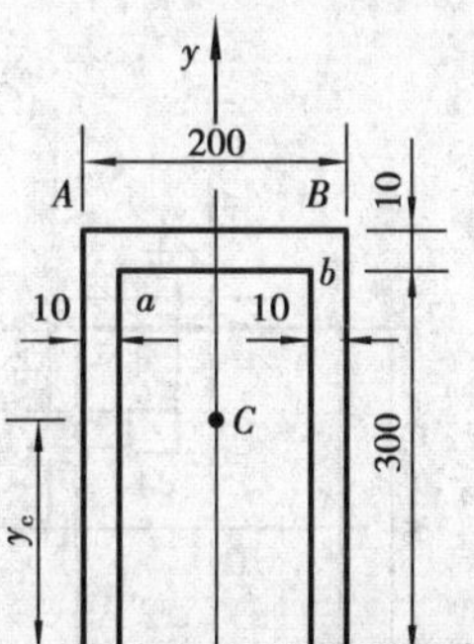

解　平面图形有一对称轴,其形心必然在对称轴 y 上,将 z 轴取在图形底边上,由于 $z_c = 0$,所以只需确定形心坐标 y_c 的值。把平面图形看作是由矩形 ABED 减去矩形 abed,并以 ABED 为矩形 I,abed 为矩形 II,它们的面积及相应形心坐标分别为

$$A_1 = 200\ \text{mm} \times 310\ \text{mm} = 62\ 000\ \text{mm}^2$$

$$y_{c_1} = \frac{310\ \text{mm}}{2} = 155\ \text{mm}$$

$$A_2 = (200\ \text{mm} - 2 \times 10\ \text{mm}) \times 300\ \text{mm} = 54\ 000\ \text{mm}^2$$

图 7.4

$$y_{c_2} = \frac{300\ \text{mm}}{2} = 150\ \text{mm}$$

由式(7.15),组合图形形心 C 的坐标 y_c 为

$$y_c = \frac{A_1 y_{c_1} - A_2 y_{c_2}}{A_1 - A_2} = \frac{62\ 000\ \text{mm}^2 \times 155\ \text{mm} - 54\ 000\ \text{mm}^2 \times 150\ \text{mm}}{62\ 000\ \text{mm}^2 - 54\ 000\ \text{mm}^2} = 188.75\ \text{mm}$$

7.3 惯性矩和惯性积

任意平面图形,如图 7.5 所示,其面积为 A,z 轴和 y 轴为图形所在平面内的任意直角坐标轴。在坐标 (z,y) 处取微面积 $\mathrm{d}A$,遍及整个图形面积 A 的积分

$$I_z = \int_A y^2 \mathrm{d}A \qquad I_y = \int_A z^2 \mathrm{d}A \qquad (7.6)$$

分别定义为图形对 z 轴和 y 轴的惯性矩。在式 (7.6) 中,由于 y^2 和 z^2 总为正值,因此,I_z 和 I_y 也恒为正值。惯性矩的量纲为 [长度]^4。

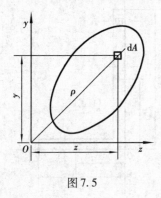

图 7.5

力学计算中,有时把惯性矩写成图形面积 A 与某一长度的平方的乘积,即

$$I_z = A \cdot i_z^2 \qquad I_y = A \cdot i_y^2 \qquad (7.7)$$

或者改写为

$$i_z = \sqrt{\frac{I_z}{A}} \qquad i_y = \sqrt{\frac{I_y}{A}} \qquad (7.8)$$

式中 i_z 和 i_y ——平面图形对 z 轴和 y 轴的惯性半径。惯性半径的量纲为 [长度]。在第 14 章压杆稳定性的计算中,要用到惯性半径。

以 ρ 表示图 7.5 中的微面积 $\mathrm{d}A$ 到坐标原点 O 的距离,下列积分

$$I_p = \int_A \rho^2 \mathrm{d}A \qquad (7.9)$$

定义为平面图形对坐标原点 O 的极惯性矩。由图 7.5 可以看出,$\rho^2 = y^2 + z^2$,于是有

$$I_p = \int_A \rho^2 \mathrm{d}A = \int_A (y^2 + z^2)\mathrm{d}A = \int_A y^2 \mathrm{d}A + \int_A z^2 \mathrm{d}A$$
$$= I_z + I_y \qquad (7.10)$$

因此,平面图形对任意一对互相垂直的轴的惯性矩之和,等于它对该两轴交点的极惯性矩。

例 7.4 试计算矩形对其对称轴 z 和 y 的惯性矩 I_z 和 I_y。

解 在坐标 (z,y) 处取微面积 $\mathrm{d}A$(图 7.6),$\mathrm{d}A = \mathrm{d}y\mathrm{d}z$,由惯性矩定义式 (7.6) 可得

$$I_z = \int_A y^2 \mathrm{d}A = \iint_A y^2 \mathrm{d}y\mathrm{d}z$$
$$= \int_{-\frac{h}{2}}^{\frac{h}{2}} y^2 \mathrm{d}y \int_{-\frac{b}{2}}^{\frac{b}{2}} \mathrm{d}z = \frac{bh^3}{12}$$

$$I_y = \int_A z^2 \mathrm{d}A = \iint_A z^2 \mathrm{d}y\mathrm{d}z$$

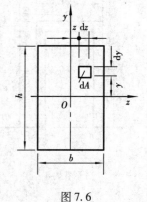

图 7.6

$$= \int_{-\frac{h}{2}}^{\frac{h}{2}} \mathrm{d}y \int_{-\frac{b}{2}}^{\frac{b}{2}} z^2 \mathrm{d}z = \frac{hb^3}{12}$$

例 7.5　计算圆形对其形心轴的惯性矩和对圆心的极惯性矩。

解　计算圆形的几何性质，采用极坐标比较方便。在极坐标(ρ, θ)处取微面积 $\mathrm{d}A$（图 7.7），$\mathrm{d}A = \rho \mathrm{d}\rho \mathrm{d}\theta$，此微面积的纵坐标为$y = \rho \sin \theta$，由惯性矩的定义式（7.6）得

$$I_z = \int_A y^2 \mathrm{d}A = \iint_A (\rho \sin \theta)^2 \rho \mathrm{d}\rho \mathrm{d}\theta$$

$$= \int_0^{\frac{D}{2}} \rho^3 \mathrm{d}\rho \int_0^{2\pi} \sin^2 \theta \mathrm{d}\theta = \frac{\pi D^4}{64}$$

z 轴和 y 轴都与圆的直径重合，由于对称的原因，必然有

$$I_z = I_y = \frac{\pi D^4}{64}$$

由极惯性矩的定义式（7.9）可得

$$I_p = \int_A \rho^2 \mathrm{d}A = \iint_A \rho^2 \cdot \rho \mathrm{d}\rho \mathrm{d}\theta$$

$$= \int_0^{\frac{D}{2}} \rho^3 \mathrm{d}\rho \int_0^{2\pi} \mathrm{d}\theta = \frac{\pi D^4}{32}$$

也可以由式（7.10）直接计算极惯性矩 I_p

$$I_p = I_z + I_y = 2 \cdot \frac{\pi D^4}{64} = \frac{\pi D^4}{32}$$

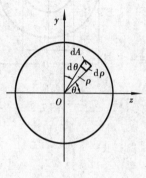

图 7.7

在工程实际中常会遇到组合图形，它由若干个简单图形组成，或由几个型钢截面组成。根据惯性矩的定义可知，组合图形对于某轴的惯性矩，等于它的各组成部分对于同一轴的惯性矩之和。可用下式表示为

$$I_z = \sum_{i=1}^n I_{zi} \qquad I_y = \sum_{i=1}^n I_{yi} \tag{7.11}$$

式（7.11）为组合图形惯性矩的计算公式。

例如图 7.8 所示的环形截面，可以看作是由直径为 D 的实心圆减去直径为 d 的圆，由式（7.11）并利用例 7.5 的计算结果，可以求得此环形截面的极惯性矩和惯性矩分别为

$$I_p = \frac{\pi D^4}{32} - \frac{\pi d^4}{32} = \frac{\pi D^4}{32}(1 - \alpha^4)$$

$$I_z = I_y = \frac{\pi D^4}{64} - \frac{\pi d^4}{64} = \frac{\pi D^4}{64}(1 - \alpha^4)$$

以上两式中，$\alpha = \dfrac{d}{D}$。

在图 7.5 所示平面图形的(z, y)坐标处，取微面积 $\mathrm{d}A$，遍及整个图形面积 A 的积分

$$I_{yz} = \int_A yz \mathrm{d}A \tag{7.12}$$

定义为平面图形对 z, y 轴的惯性积。

惯性积的量纲为［长度］^{4}，由于坐标乘积 yz 可能为正或负，因此，I_{yz}的数值可能为正，可能为负，也可能等于零。

如果坐标轴 y 或 z 中有一个是平面图形的对称轴，例如图 7.9 中的 y 轴。这时，若在 y 轴

两侧的对称位置处,各取一微面积 dA,显然,两者的 y 坐标相同,z 坐标则数值相等但符号相反。因而两个微面积与坐标 y,z 的乘积,数值相等而符号相反,它们在积分中相互抵消。所有对称微面积与坐标 y,z 的乘积都两两相消,最后使得整个积分值为零,即

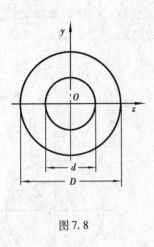

图 7.8

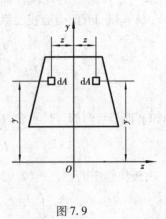

图 7.9

$$I_{yz} = \int_A yz\,\mathrm{d}A = 0$$

这表明,坐标系的两个坐标轴中只要有一个为平面图形的对称轴,则图形对这一坐标系的惯性积等于零。

7.4　平行移轴公式

同一平面图形对于平行的两对直角坐标轴的惯性矩或惯性积,虽然不相同,但当其中一对坐标轴是图形的形心轴时,它们之间却存在着比较简单的关系。这种关系的表达式就是本节将要介绍的平行移轴公式。

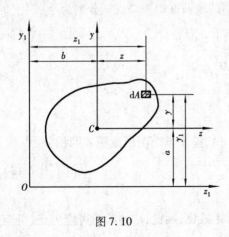

图 7.10

图 7.10 所示的任意平面图形,C 点为图形的形心,z 轴和 y 轴为通过形心 C 的形心轴。图形对于形心轴 z 和 y 的惯性矩和惯性积分别记为

$$I_z = \int_A y^2\,\mathrm{d}A\,,\ I_y = \int_A z^2\,\mathrm{d}A\,,\ I_{yz} = \int_A yz\,\mathrm{d}A \qquad (\text{a})$$

若 z_1 轴平行于形心轴 z,且两者间的距离为 a;y_1 轴平行于形心轴 y,且两者间的距离为 b。图形对 z_1 轴和 y_1 轴的惯性矩和惯性积为

$$I_{z_1} = \int_A y_1{}^2\,\mathrm{d}A\,,\ I_{y_1} = \int_A z_1^2\,\mathrm{d}A\,,\ I_{y_1z_1} = \int_A y_1z_1\,\mathrm{d}A \ (\text{b})$$

由图 7.10 显然可以看出以下坐标关系

$$y_1 = y + a \qquad\qquad z_1 = z + b \qquad\qquad (\text{c})$$

将式(c)代入式(b)中第一式,得

$$I_{z_1} = \int_A y_1^2 \, \mathrm{d}A = \int_A (y+a)^2 \, \mathrm{d}A = \int_A (y^2 + 2ay + a^2) \, \mathrm{d}A$$

$$= \int_A y^2 \, \mathrm{d}A + 2a \int_A y \, \mathrm{d}A + a^2 \int_A \mathrm{d}A$$

上式中,第二项的积分 $\int_A y \, \mathrm{d}A$ 为图形对形心轴 z 的静矩,其值恒等于零(见7.2节),即 $\int_A y \, \mathrm{d}A = 0$,

第三项的积分 $\int_A \mathrm{d}A = A$,再利用式(a)可知第一项 $\int_A y^2 \, \mathrm{d}A = I_z$,于是上式可化为

同理可得
$$\left. \begin{array}{l} I_{z_1} = I_z + a^2 A \\ I_{y_1} = I_y + b^2 A \\ I_{y_1 z_1} = I_{yz} + abA \end{array} \right\} \tag{7.13}$$

式(7.13)即为惯性矩和惯性积的平行移轴公式。显然可见,在一组互相平行的轴中,平面图形对各轴的惯性矩以对形心轴的惯性矩为最小。应用平行移轴公式,可以使较复杂的组合图形惯性矩和惯性积的计算得到简化。在使用平行移轴公式计算惯性积时,要注意 a 和 b 是图形的形心 C 在 Oz_1y_1 坐标系中的坐标,所以它们是有正负符号的。

例7.6　计算图7.11所示图形对其形心轴的惯性矩 I_z 与 I_y。

解　此平面图形为组合图形,可看做是由两个矩形 I 和 II 所组成。图形的形心 C 点必然在对称轴上,形心坐标 $z_c = 0$,只需确定另一形心坐标 y_c 之值。取与底面重合的 z_1 轴为参考轴,由式(7.5),得

$$y_c = \frac{A_1 y_{c_1} + A_2 y_{c_2}}{A_1 + A_2}$$

$$= \frac{140 \text{ mm} \times 20 \text{ mm} \times \left(\dfrac{140}{2} \text{ mm} + 20 \text{ mm}\right) + 100 \text{ mm} \times 20 \text{ mm} \times \dfrac{20}{2} \text{ mm}}{140 \text{ mm} \times 20 \text{ mm} + 100 \text{ mm} \times 20 \text{ mm}}$$

$$= 56.7 \text{ mm}$$

形心位置及形心轴确定后(图7.11),利用平行移轴公式(7.13)
分别算出矩形 I 和 II 对 z 轴的惯性矩,它们是

$$(I_z)_1 = \frac{1}{12} \times 2 \text{ cm} \times (14 \text{ cm})^3 + \left(\frac{14}{2} \text{ cm} + 2 \text{ cm} - 5.67 \text{ cm}\right)^2 \times$$

$$2 \text{ cm} \times 14 \text{ cm}$$

$$= 767.8 \text{ cm}^4$$

$$(I_z)_2 = \frac{1}{12} \times 10 \text{ cm} \times (2 \text{ cm})^3 + \left(5.67 \text{ cm} - \frac{2}{2} \text{ cm}\right)^2 \times 10 \text{ cm} \times$$

$$2 \text{ cm}$$

$$= 442.8 \text{ cm}^4$$

整个图形对 z 轴的惯性矩应为

$$I_z = (I_z)_1 + (I_z)_2 = 767.8 \text{ cm}^4 + 442.8 \text{ cm}^4 = 1\,210.6 \text{ cm}^4$$

由于平面图形的形心轴 y 亦通过矩形 I 和 II 的形心,故图形对 y 轴的惯性矩为

$$I_y = (I_y)_1 + (I_y)_2 = \frac{1}{12} \times 14 \text{ cm} \times (2 \text{ cm})^3 + \frac{1}{12} \times 2 \text{ cm} \times (10 \text{ cm})^3 = 176 \text{ cm}^4$$

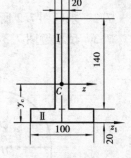

图7.11

例7.7　计算例7.3中的平面图形对其形心轴的惯性矩(图7.4)。

解　在例7.3中已求得平面图形的形心位置及形心轴 z 和 y,利用平行移轴公式(7.13)分别计算矩形 I 和 II 对 z 轴的惯性矩,它们为

$$(I_z)_1 = \frac{1}{12} \times 20 \text{ cm} \times (31 \text{ cm})^3 + (18.875 \text{ cm} - \frac{31}{2} \text{ cm})^2 \times 20 \text{ cm} \times 31 \text{ cm}$$
$$= 56\ 713.85 \text{ cm}^4$$

$$(I_z)_2 = \frac{1}{12} \times 18 \text{ cm} \times (30 \text{ cm})^3 + (18.875 \text{ cm} - \frac{30}{2} \text{ cm})^2 \times 18 \text{ cm} \times 30 \text{ cm}$$
$$= 48\ 608.44 \text{ cm}^4$$

由于平面图形是由矩形Ⅰ减去矩形Ⅱ而得到的,故整个图形对 z 轴的惯性矩应为

$$I_z = (I_z)_1 - (I_z)_2 = 56\ 713.85 \text{ cm}^4 - 48\ 608.44 \text{cm}^4 = 8\ 105 \text{ cm}^4$$

形心轴 y 为平面图形和矩形Ⅰ及Ⅱ的对称轴,图形对 y 轴的惯性矩

$$I_y = (I_y)_1 - (I_y)_2 = \frac{1}{12} \times 31 \text{ cm} \times (20 \text{ cm})^3 - \frac{1}{12} \times 30 \text{ cm} \times (18 \text{ cm})^3 = 6\ 087 \text{ cm}^4$$

习　题

7.1　试求题图 7.1 各截面的形心坐标 z_c 和 y_c。

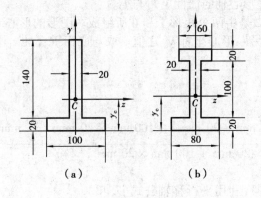 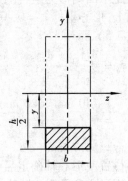

題图 7.1　　　　　　　題图 7.2

7.2　求题图 7.2 所示阴影部分面积对 z 轴的静矩 S_z。

7.3　试求题图 7.3 所示半圆截面对 z 轴的静矩 S_z,并确定其形心坐标 y_c。

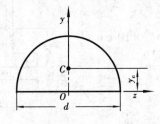 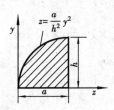

題图 7.3　　　　　　　題图 7.4

7.4　试用积分法求题图 7.4 图形对 z 轴的惯性矩 I_z。

7.5　试求题图 7.5 所示截面对其形心轴 y,z 轴的惯性矩 I_y,I_z。

7.6　求题图 7.6 所示工字钢与槽钢组合截面的形心坐标 y_c 及截面对形心轴 y,z 轴的惯性矩 I_y,I_z。

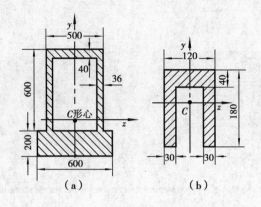

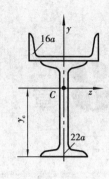

题图 7.5 　　　　　　　　　　　 题图 7.6

7.7　求题图 7.7 中各图形对形心轴 z 的惯性矩 I_z。

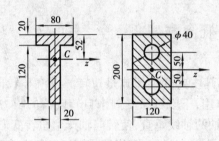

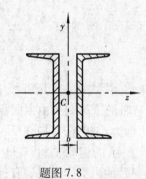

题图 7.7 　　　　　　　　　　 题图 7.8

7.8　由两个 No. 20a 槽钢截面所组成的图形如题图 7.8 所示，C 为组合图形的形心，欲使组合图形的 $I_y = I_z$，问距离 b 应为多少？

7.9　题图 7.9 所示薄圆环的平均半径为 r，厚度为 $t (r \gg t)$。试证薄圆环对任意直径的惯性矩为 $I = \pi r^3 t$，对圆心的极惯性矩 $I_p = 2\pi r^3 t$。

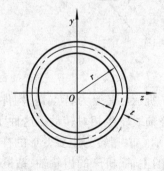

题图 7.9

第 **8** 章
扭 转

8.1 扭转的概念和实例

在工程实际中,尤其是机械中的许多构件,其主要变形形式是扭转。以汽车转向轴为例(图8.1),轴的上端受到由方向盘传来的力偶作用,下端则又受到来自转向器的阻力偶作用,这一对力偶大小相等、转向相反,作用面与转向轴的轴线垂直,使转向轴产生扭转变形。此外,如图8.2所示的齿轮轴,齿轮上的切向啮合力向齿轮中心简化的结果,也使轴受到力矩为 M_{e_A},M_{e_B},M_{e_C} 的力偶作用,从而产生扭转变形。

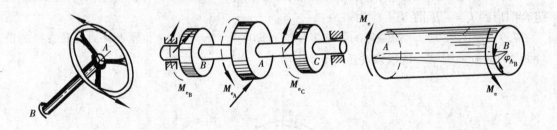

图 8.1　　　　　　　　图 8.2　　　　　　　　图 8.3

扭转构件的计算简图如图8.3所示。其受力特点是,构件受到在垂直于轴线平面内的力偶作用;其变形特点是,各横截面绕轴线发生相对转动。这种变形形式称为扭转。任意两截面间的相对转角称为扭转角,用 φ 表示。以扭转为主要变形的杆件称为轴。

工程中有很多构件,如电动机的主轴、机床的齿轮轴、钻机的钻杆等,它们的主要变形是扭转,但同时还可能伴有弯曲、拉压变形,不过这些变形不大时,可以忽略,或在初步设计中暂不考虑,将其视为扭转构件。

本章主要研究圆截面轴的扭转,这是工程中最常见的情况。对非圆截面杆的扭转,则只做简单介绍。

8.2　外力偶矩的计算　扭矩和扭矩图

在研究扭转的应力和变形之前,先讨论作用于轴上的外力偶矩及横截面上的内力。

作用于轴上的外力偶矩往往不直接给出,经常是给出轴所传递的功率和轴的转速。例如图 8.2 所示的传动轴,主动轮 A 输入的功率,通过轴传递给从动轮 B,C,再由从动轮输出给其他构件。若轴的转速为 n r/min,某一齿轮所传递的功率为 P kW,作用于该齿轮上的外力偶矩为 M_e。力偶在单位时间内所做的功,等于外力偶矩 M_e 与轴的角速度 ω 的乘积,即功率

$$P = M_e \cdot \omega$$

又因为

$$\omega = \frac{2\pi n}{60}, 1 \text{ kW} = 1\,000 \text{ N} \cdot \text{m/s}$$

所以

$$P \times 1\,000 = M_e \times \frac{2\pi n}{60}$$

由此得出计算外力偶矩 M_e 的公式为

$$M_e = 9\,549 \frac{P}{n} \tag{8.1}$$

式(8.1)中,功率 P 的单位为 kW,转速 n 的单位为 r/min,外力偶矩 M_e 的单位为 N·m。

用相同的方法,可以求得当功率为 P PS(1 PS =735.5 N·m/s)时,外力偶矩 M_e 的计算公式为

$$M_e = 7\,024 \frac{P}{n} \tag{8.2}$$

作用于轴上的所有外力偶矩都求出后,即可用截面法研究横截面上的内力。以图 8.4(a)所示圆轴为例,假设将圆轴沿 n-n 截面分成两部分,取左段为研究对象[图 8.4(b)]。由于 A 端作用一个矩为 M_e 的力偶,为了保持平衡,分布在截面上的内力必然构成一个内力偶与 M_e 平衡,由平衡方程 $\sum M_x = 0$,求得此内力偶的大小为

$$M_x = M_e$$

由此可见,轴在扭转时,其横截面上的内力是一个位于截面平面内的内力偶,其力偶矩称为扭矩,用 M_x 表示。

若取轴的右段为研究对象[图 8.4(b)],也可得到同样的结果。取截面的左边部分或右边部分为研究对象所求得的扭矩,其数值相等而转向相反,因为它们是作用与反作用关系。为了使从左右两段轴上求得的同一截面上的扭矩不仅数值相等,而且符号相同,对扭矩 M_x 的正负号规定如下:按右手螺旋规则把扭矩 M_x 表示为矢量,当矢量方向与截面的外法线方向一致时,扭矩 M_x 为正;反之,为负,如图 8.5 所示。

当轴上有几个外力偶作用时,各段截面上的扭矩不相同,可用图形表示各横截面上的扭矩沿轴线变化的情况,图形中横轴表示横截面位置,纵轴表示相应截面上的扭矩。这种图形称为扭矩图。下面用例题说明扭矩的计算与扭矩图的绘制。

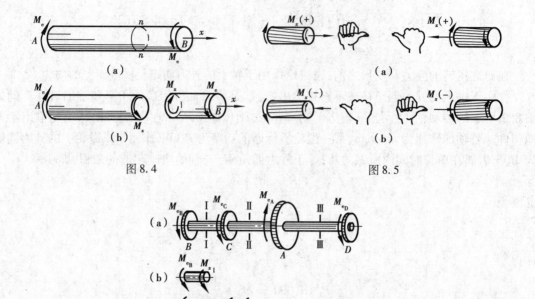

图8.4

图8.5

图8.6

例8.1 传动轴如图8.6(a)所示,主动轮A输入功率$P_A = 50$ kW,从动轮B,C,D输出功率分别为$P_B = P_C = 15$ kW,$P_D = 20$ kW,轴的转速为$n = 300$ r/min。作轴的扭矩图。

解 (1)计算外力偶矩

由式(5.1),各轮所受的外力偶矩分别为:

$$M_{e_A} = 9\ 549\ \frac{P_A}{n} = 9\ 549 \times \frac{50\ \text{kW}}{300\ \text{r/min}} = 1\ 592\ \text{N} \cdot \text{m}$$

$$M_{e_B} = M_{e_C} = 9\ 549\ \frac{P_B}{n} = 9\ 549 \times \frac{15\ \text{kW}}{300\ \text{r/min}} = 477\ \text{N} \cdot \text{m}$$

$$M_{e_D} = 9\ 549\ \frac{P_D}{n} = 9\ 549 \times \frac{20\ \text{kW}}{300\ \text{r/min}} = 638\ \text{N} \cdot \text{m}$$

(2)计算扭矩

求BC段的扭矩时,在BC段内沿截面Ⅰ-Ⅰ将轴截开,设截面上的扭矩为$M_{x_Ⅰ}$,符号为正,取左段为研究对象[图8.6(b)],由平衡方程

$$\sum M_x = 0, M_{x_Ⅰ} + M_{e_B} = 0$$

得

$$M_{x_Ⅰ} = -M_{e_B} = -477\ \text{N} \cdot \text{m}$$

此处的负号有两种意义,一方面表示$M_{x_Ⅰ}$所设的方向与Ⅰ-Ⅰ截面上扭矩的实际方向相反,另一方面按照扭矩的符号规定,$M_{x_Ⅰ}$应为负号。所以截面上的扭矩设为正号时,由平衡方程求得

的扭矩,其符号就与扭矩的符号规定一致。

同理,在 CA 段内,由图 8.6(c)

$$\sum M_x = 0, \qquad M_{x\text{II}} + M_{e_C} + M_{e_B} = 0$$

$$M_{x\text{II}} = - M_{e_C} - M_{e_B} = -954 \text{ N} \cdot \text{m}$$

在 AD 段内,由图 8.6(d)

$$\sum M_x = 0, \qquad M_{x\text{III}} - M_{e_D} = 0$$

$$M_{x\text{III}} = M_{e_D} = 638 \text{ N} \cdot \text{m}$$

(3)画扭矩图

根据计算所得数据,把各截面上的扭矩沿轴线变化的情况,用图 8.6(e)表示出来,就是扭矩图。从图中看出,最大扭矩在 CA 段内,$M_{x\max} = 954 \text{ N} \cdot \text{m}$。

8.3 纯剪切

在研究圆轴扭转的应力和变形之前,先介绍有关剪切的两个基本定律。

8.3.1 圆轴扭转的平面假设

图 8.7(a)所示圆轴,扭转变形前,在圆轴表面上做一些圆周线和纵向线。在扭转力偶矩 M_e 作用下,观察圆轴的扭转变形。实验结果表明,各圆周线绕轴线相对地旋转了一个角度,但其形状、大小和相邻圆周线间的距离保持不变。在小变形情况下,纵向线仍近似地是一条直线,只是倾斜了一个微小角度 γ,圆轴表面上的矩形变形成为平行四边形。

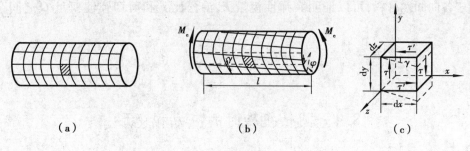

（a） （b） （c）

图 8.7

根据观察到的现象,可以做以下基本假设:圆轴的各个横截面,变形后仍保持为平面,形状和大小不变,半径仍保持为直线,并且相邻两截面间的距离不变。这就是圆轴扭转的平面假设。根据平面假设,扭转变形中,圆轴的横截面就像刚性平面一样,绕轴线旋转了一个角度。

8.3.2 剪应力互等定理

用相邻的两个横截面、两个相交于轴线的纵向面和两个圆柱面,从圆轴中取出边长分别为 dx,dy 和 dz 的单元体[图 8.7(c)]。单元体的左、右两侧面是圆轴横截面的一部分,由圆轴扭转的平面假设可知,单元体的各个面上无正应力,左、右两侧面上只有与圆截面半径垂直的剪应力,它们的数值相等,但方向相反,组成一个矩为 $(\tau dy dz) dx$ 的力偶。为保持平衡,单元体的上、下两个侧面上必须有剪应力存在,并组成力偶以与力偶$(\tau dy dz) dx$平衡。由$\sum F_x = 0$知,上、下两个面上的剪应力τ'大小相等,方向相反,于是组成矩为$(\tau' dx dz) dy$的力偶。由平衡方程$\sum M_z = 0$,得

$$(\tau dy dz) dx = (\tau' dx dz) dy$$
$$\tau = \tau' \tag{8.3}$$

上式表明,在互相垂直的两个平面上,剪应力必然成对存在,且数值相等;它们都垂直于两个平面的交线,方向则共同指向或共同背离这一交线。式(8.3)称为剪应力互等定理。

图8.7(c)所示单元体,在其四个截面上只有剪应力而无正应力作用,这种情况称为纯剪切。可以证明,剪应力互等定理不仅适用于纯剪切,在非纯剪切的情况下仍然成立。

8.3.3 剪切胡克定律

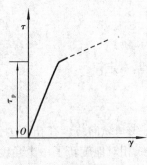

图8.8

纯剪切单元体的相对两侧面,由于剪应力的作用,将发生微小的相对错动,使原来互相垂直的两个棱边的夹角改变了一个微小角度γ,如图8.7(c)所示,γ即为剪应变。在圆轴的扭转实验中,可以得到如图8.8所示的应力、应变曲线,即τ-γ曲线。实验表明,当剪应力不超过材料的剪切比例极限τ_p时,剪应力τ与剪应变γ成正比,如图8.8中的直线部分。这个关系称为剪切胡克定律,可用下式表示:

$$\tau = G\gamma \tag{8.4}$$

式中,比例常数G称为材料的剪切弹性模量。因为γ没有量纲,故G的量纲与τ相同。钢材的G值约为80 GPa。

对于各向同性材料,可以证明其弹性模量E、泊松比ν和剪切弹性模量G之间存在下列关系:

$$G = \frac{E}{2(1 + \nu)} \tag{8.5}$$

8.4 圆轴扭转时的应力和变形

8.4.1 横截面上的应力

现在分析等截面圆轴受扭转时的应力。这要综合分析几何、物理和静力三方面的关系。

(1) 变形几何关系

如图8.9(a)所示,根据圆轴扭转的平面假设(见8.3节),若沿截面m-m和n-n截出一段长为dx的轴来观察,变形后截面n-n将相对于截面m-m作刚性转动,半径O_2C和O_2D都转动了同一角度$d\varphi$而到达新位置O_2C'和O_2D'。由于这种截面转动,圆轴表面上由两纵向线和两圆周线所围成的矩形$ABCD$的直角BAC产生的角度改变量γ,即为横截面周边上A点处在垂直于半径的平面内的剪应变[图8.9(b)]。由此可推知,在距轴线ρ处,矩形$EFGH$的直角

FEG 的角度改变量 γ_ρ，即为横截面的半径上 E 点处在垂直于半径的平面内的剪应变。由图 8.9(b)所示几何关系可得

$$\gamma_\rho \approx \tan \gamma_\rho = \frac{GG'}{EG} = \frac{\rho \mathrm{d}\varphi}{\mathrm{d}x} \tag{a}$$

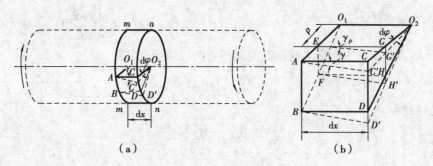

图 8.9

这就是圆轴扭转时剪应变沿半径方向的变化规律。式(a)中 $\dfrac{\mathrm{d}\varphi}{\mathrm{d}x}$ 是扭转角 φ 沿轴线的变化率，对一个给定的截面来说，它是常数。故式(a)表明，横截面上任一点的剪应变 γ_ρ 与该点到圆心的距离 ρ 成正比。

（2）**物理关系**

用 τ_ρ 表示横截面上距圆心为 ρ 处的剪应力，由剪切胡克定律知，当剪应力不超过材料的剪切比例极限时

$$\tau = G\gamma \tag{b}$$

将式(a)代入式(b)可以求得剪应力

$$\tau_\rho = G\rho \frac{\mathrm{d}\varphi}{\mathrm{d}x} \tag{c}$$

此式表明，横截面上任一点的剪应力 τ_ρ 与该点到圆心的距离 ρ 成正比。因为 γ_ρ 发生在垂直于半径的平面内，所以，τ_ρ 也与半径垂直。横截面上的剪应力分布规律如图 8.10 所示。若再注意到剪应力互等定理，则在纵向截面和横截面上，沿半径方向剪应力的分布如图 8.11 所示。

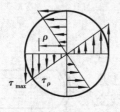

图 8.10

图 8.11

因为式(c)中的 $\dfrac{\mathrm{d}\varphi}{\mathrm{d}x}$ 尚未确定，所以还不能用它计算剪应力，这就要用静力学关系来解决。

（3）**静力学关系**

在横截面上距圆心 ρ 处取一微面积 $\mathrm{d}A$，此微面积上的微内力为 $\tau_\rho \mathrm{d}A$（图 8.12）。各个微内力对圆心之矩的总和，即为该截面上的扭矩 M_x。因此

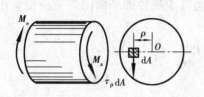

$$\int_A \rho \tau_\rho \mathrm{d}A = M_x \tag{d}$$

图 8.12

把式(c)代入式(d),并注意到在给定的截面上,$\dfrac{\mathrm{d}\varphi}{\mathrm{d}x}$ 为常数,剪切弹性模量 G 亦为常数,将常数提到积分号外,于是有

$$\int_A \rho \tau_\rho \mathrm{d}A = G\frac{\mathrm{d}\varphi}{\mathrm{d}x}\int_A \rho^2 \mathrm{d}A = M_x \tag{e}$$

式中的积分即为 7.3 节中所定义的横截面对圆心的极惯性矩,即

$$I_\mathrm{p} = \int_A \rho^2 \mathrm{d}A \tag{f}$$

则由式(e)可得

$$\frac{\mathrm{d}\varphi}{\mathrm{d}x} = \frac{M_x}{GI_\mathrm{p}} \tag{8.6}$$

式中的 $\dfrac{\mathrm{d}\varphi}{\mathrm{d}x}$ 为扭转角 φ 沿轴线的变化率。由式(8.6)可知,在扭矩 M_x 一定时,GI_p 值越大,则扭转角的变化率 $\dfrac{\mathrm{d}\varphi}{\mathrm{d}x}$ 越小。因此,GI_p 反映了圆轴抵抗扭转变形的能力,称为圆轴的扭转刚度。将式(8.6)代入式(c)可得

$$\tau_\rho = \frac{M_x \rho}{I_\mathrm{p}} \tag{8.7}$$

这就是圆轴扭转时,横截面上任一点的剪应力计算公式。

实心圆轴横截面的极惯性矩 I_p 按下式计算(见 7.3 节)

$$I_\mathrm{p} = \frac{\pi d^4}{32} \tag{g}$$

式中 d 为实心圆截面的直径。

式(8.7)对于空心圆轴的扭转也是适用的,只是空心部分没有内力。空心圆轴横截面的极惯性矩 I_p 按下式计算(见 7.3 节)

$$I_\mathrm{p} = \frac{\pi}{32}(D^4 - d^4) = \frac{\pi D^4}{32}(1 - \alpha^4) \tag{h}$$

式中 D 和 d 分别为空心圆截面的外径和内径,$\alpha = \dfrac{d}{D}$。

剪应力计算公式(8.7)是以平面假设为基础导出的。试验结果表明,只有对横截面大小不变的圆轴,平面假设才是正确的。故式(8.7)只适用于等直圆轴。对圆截面沿轴线变化不大的小锥度锥形轴,阶梯形圆轴,也可近似地使用式(8.7)。此外,剪应力计算公式的推导中使用了胡克定律,因而只适用于最大剪应力低于剪切比例极限的情况。

例 8.2 传动轴 AB 传递的功率 $P = 7.5$ kW,转速 $n = 360$ r/min。轴的 AC 段为实心圆截面,CB 段为空心圆截面(图

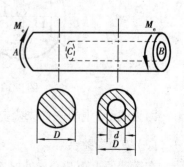

图 8.13

8.13）。已知 $D = 30$ mm，$d = 20$ mm。计算 AC 段横截面边缘处的剪应力，以及 CB 段横截面外边缘和内边缘处的剪应力。

解 （1）计算扭矩

由式（8.1）可知，轴所受的外力偶矩为

$$M_e = 9\,549\,\frac{P}{n} = 9\,549 \times \frac{7.5\ \text{kW}}{360\ \text{r/min}} = 198.9\ \text{N} \cdot \text{m}$$

由截面法，各横截面上的扭矩均为

$$M_x = M_e = 198.9\ \text{N} \cdot \text{m}$$

（2）计算极惯性矩

由式（g）及式（h），AC 段和 CB 段横截面的极惯性矩分别为

$$I_{p_1} = \frac{\pi D^4}{32} = \frac{\pi \times (30\ \text{mm})^4}{32} = 7.95 \times 10^4\ \text{mm}^4$$

$$I_{p_2} = \frac{\pi}{32}(D^4 - d^4) = \frac{\pi}{32}((30\ \text{mm})^4 - (20\ \text{mm})^4) = 6.38 \times 10^4\ \text{mm}^4$$

（3）计算剪应力

由式（8.7），AC 段横截面边缘处的剪应力为

$$\tau_{AC} = \frac{M_x}{I_{p_1}} \cdot \frac{D}{2} = \frac{198.9 \times 10^3\ \text{N} \cdot \text{mm}}{7.95 \times 10^4\ \text{mm}^4} \times \frac{30\ \text{mm}}{2} = 37.5\ \text{MPa}$$

CB 段横截面内、外边缘处的剪应力分别为

$$\tau_{CB内} = \frac{M_x}{I_{p_2}} \cdot \frac{d}{2} = \frac{198.9 \times 10^3\ \text{N} \cdot \text{mm}}{6.38 \times 10^4\ \text{mm}^4} \times \frac{20\ \text{mm}}{2} = 31.2\ \text{MPa}$$

$$\tau_{CB外} = \frac{M_x}{I_{p_2}} \cdot \frac{D}{2} = \frac{198.9 \times 10^3\ \text{N} \cdot \text{mm}}{6.38 \times 10^4\ \text{mm}^4} \times \frac{30\ \text{mm}}{2} = 46.8\ \text{MPa}$$

8.4.2 扭转变形

圆轴扭转时，任意两横截面将产生相对转动，其相对转角称为扭转角。由式（8.6）可知，相距 $\mathrm{d}x$ 的两横截面间的扭转角[图 8.9（b）]为

$$\mathrm{d}\varphi = \frac{M_x}{GI_p}\mathrm{d}x \qquad\qquad (\text{a})$$

沿轴线 x 积分，即可求得距离为 l 的两个横截面之间的相对扭转角为

$$\varphi = \int_l \mathrm{d}\varphi = \int_0^l \frac{M_x}{GI_p}\mathrm{d}x \qquad\qquad (\text{b})$$

若在两截面之间扭矩 M_x 的值不变，且轴为等截面的，则 $\dfrac{M_x}{GI_p}$ 为常量，于是式（b）化为

$$\varphi = \frac{M_x l}{GI_p} \qquad\qquad (8.8)$$

如果轴在各段内的扭矩 M_x 不相同（如例 8.1），或者各段内的 I_p 不同（如阶梯轴）。这就要分段计算各段轴的扭转角，然后求其代数和，得两端截面间的相对扭转角为

$$\varphi = \sum_{i=1}^{n} \frac{M_{x_i} l_i}{GI_{p_i}} \qquad\qquad (\text{c})$$

133

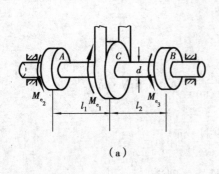

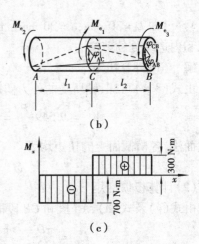

图 8.14

扭转角 φ 的单位为 rad,轴的抗扭刚度 GI_p 越大,则轴的扭转角越小。

例 8.3 传动轴如图 8.14 所示,作用在轴上的外力偶矩 $M_{e_1} = 1\ 000\ \mathrm{N \cdot m}$, $M_{e_2} = 700\ \mathrm{N \cdot m}$, $M_{e_3} = 300\ \mathrm{N \cdot m}$,轴的直径 $d = 50\ \mathrm{mm}$, $l_1 = l_2 = 1.5\ \mathrm{m}$,材料的剪切弹性模量 $G = 80\ \mathrm{GPa}$,求截面 B 相对于截面 A 的扭转角。

解 (1)计算扭矩

传动轴的计算简图如图 8.14(b)所示,由截面法求得 AC, CB 段的扭矩分别为

$$M_{x_1} = -700\ \mathrm{N \cdot m}$$

$$M_{x_2} = 300\ \mathrm{N \cdot m}$$

图 8.14(c)为轴的扭矩图。

(2)计算相对扭转角

由于 AC, CB 段的扭矩不同,故按式(c)计算扭转角 φ。

$$\varphi_{AB} = \frac{M_{x_1} l_1}{GI_p} + \frac{M_{x_2} l_2}{GI_p} = \varphi_{AC} + \varphi_{CB}$$

$$I_p = \frac{\pi d^4}{32} = \frac{\pi}{32} \times (50\ \mathrm{mm})^4 = 6.136 \times 10^5\ \mathrm{mm}^4$$

$$\varphi_{AC} = \frac{M_{x_1} l_1}{GI_p} = \frac{-700 \times 10^3\ \mathrm{N \cdot mm} \times 1\ 500\ \mathrm{mm}}{80 \times 10^3\ \mathrm{N/mm}^2 \times 6.136 \times 10^5\ \mathrm{mm}^4} = -0.021\ 4\ \mathrm{rad}$$

$$\varphi_{CB} = \frac{M_{x_2} l_2}{GI_p} = \frac{300 \times 10^3\ \mathrm{N \cdot mm} \times 1\ 500\ \mathrm{mm}}{80 \times 10^3\ \mathrm{N/mm}^2 \times 6.136 \times 10^5\ \mathrm{mm}^4} = 0.009\ 17\ \mathrm{rad}$$

截面 B 相对于截面 A 的扭转角为

$$\varphi_{AB} = \varphi_{AC} + \varphi_{CB} = -0.021\ 4\ \mathrm{rad} + 0.009\ 17\ \mathrm{rad} = -0.012\ 2\ \mathrm{rad}$$

φ_{AC}, φ_{CB} 为 AC 段、CB 段的扭转角,各扭转角的转向如图 8.14(b)所示。

8.5　圆轴扭转时的强度和刚度计算

8.5.1　强度条件

根据圆轴扭转的剪应力计算公式(8.7)可知,在圆截面边缘上,ρ 为最大值即圆截面的半径 R,此处的剪应力为最大值

$$\tau_{\max} = \frac{M_x R}{I_p} \tag{a}$$

引用记号

$$W_p = \frac{I_p}{R} \tag{b}$$

W_p 称为抗扭截面模量,其单位为 m^3 或 mm^3,W_p 是一个与截面尺寸有关的几何量。于是式(a)可写为

$$\tau_{\max} = \frac{M_x}{W_p} \tag{8.9}$$

根据圆轴上作用的外力偶矩,求得最大扭矩 $M_{x\max}$,即可算出轴内的最大剪应力。为保证轴安全地工作,要求轴内的最大剪应力必须小于材料的许用剪应力$[\tau]$,因此,圆轴扭转时的强度条件为

$$\tau_{\max} = \frac{M_{x\max}}{W_p} \leqslant [\tau] \tag{8.10}$$

此式与式(8.7)一样,只适用于 $\tau_{\max}$ 小于材料的剪切比例极限 τ_p 的情况。

进一步的研究指出,材料的许用剪应力$[\tau]$和许用拉应力$[\sigma]$之间有如下近似关系:

对于塑性材料,$[\tau] = (0.5 \sim 0.6)[\sigma]$;

对于脆性材料,$[\tau] = (0.8 \sim 1.0)[\sigma]$。

运用强度条件式(8.10)时,还要计算圆截面的抗扭截面模量 W_p。对于实心圆截面,直径为 d,其

$$W_p = \frac{I_p}{\dfrac{d}{2}} = \frac{\dfrac{\pi d^4}{32}}{\dfrac{d}{2}} = \frac{\pi d^3}{16} \tag{8.11}$$

对于空心圆截面,外径为 D,内径为 d,且 $\alpha = \dfrac{d}{D}$

$$W_p = \frac{I_p}{\dfrac{D}{2}} = \frac{\dfrac{\pi(D^4 - d^4)}{32}}{\dfrac{D}{2}} = \frac{\pi D^3}{16}(1 - \alpha^4) \tag{8.12}$$

8.5.2　刚度条件

扭转构件除应满足强度条件外,还需满足刚度方面的要求,以保证构件的正常工作。例

如,若车床丝杆扭转角过大,会影响车刀进给,降低加工精度;镗床的主轴或磨床的传动轴扭转角过大,将引起扭转振动,影响工件的精度和粗糙度。因此,对圆轴的扭转变形需要有一定的限制,通常要求轴单位长度扭转角的最大值不超过某一许用值。轴的单位长度扭转角

$$\theta = \frac{\varphi}{l} = \frac{M_x}{GI_p} \tag{c}$$

所以,扭转圆轴的刚度条件为

$$\theta_{max} = \frac{M_{xmax}}{GI_p} \leqslant [\theta] \tag{8.13}$$

式中$[\theta]$为轴单位长度的许用扭转角,θ_{max}与$[\theta]$的单位均为 rad/m。但在工程实际中,$[\theta]$的常用单位为(°)/m,这样,把上式中的弧度换算成度,得

$$\theta_{max} = \frac{M_{xmax}}{GI_p} \times \frac{180}{\pi} \leqslant [\theta] \tag{8.14}$$

各种轴类零件的$[\theta]$值可从有关规范和手册中查到。在精密稳定的传动中,$[\theta] = 0.25$ (°)/m ~ 0.5 (°)/m;在一般传动中,$[\theta] = 1$ (°)/m;在精度要求不高的传动中,$[\theta] = 2$ (°)/m ~ 4 (°)/m。

例8.4 汽车传动轴(图8.15)传递的最大扭矩 $M_x = 1.5$ kN·m,传动轴的外径 $D = 90$ mm,壁厚 $t = 2.5$ mm,材料为 45 钢,许用剪应力$[\tau] = 60$ MPa,校核轴的强度。

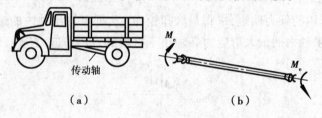

(a)　　　　　　　　　　　　　(b)

图 8.15

解 (1)计算抗扭截面模量

$$\alpha = \frac{d}{D} = \frac{90 \text{ mm} - 2 \times 2.5 \text{ mm}}{90 \text{ mm}} = 0.944$$

$$W_p = \frac{\pi D^3}{16}(1 - \alpha^4) = \frac{\pi \times (90 \text{ mm})^3}{16} \times (1 - 0.944^4) = 2.95 \times 10^4 \text{ mm}^3$$

(2)强度校核

由强度条件式(8.10),得

$$\tau_{max} = \frac{M_x}{W_p} = \frac{1.5 \times 10^6 \text{ N} \cdot \text{mm}}{2.95 \times 10^4 \text{ mm}^3} = 51 \text{ MPa} < [\tau]$$

汽车传动轴满足强度条件。

上例中,若传动轴不用钢管而采用实心圆轴,并使其与钢管的强度相同,即两者的最大剪应力相同。则由式(8.10)可知,实心轴和钢管的抗扭截面模量应相等,设实心轴的直径为d_1,可得

$$\frac{\pi}{16}d_1^3 = \frac{\pi D^3}{16}(1 - \alpha^4)$$

实心轴的直径

$$d_1 = D \sqrt[3]{1 - \alpha^4} = 90 \text{ mm} \sqrt[3]{1 - 0.944^4} = 53.1 \text{ mm}$$

在两轴长度相等,材料相同的情况下,两轴重量之比等
于横截面面积之比:

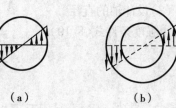

$$\frac{A_{空}}{A_{实}} = \frac{\dfrac{\pi D^2}{4}(1-\alpha^2)}{\dfrac{\pi}{4}d_1^2} = \frac{D^2(1-\alpha^2)}{d_1^2}$$

图 8.16

$$= \frac{(90 \text{ mm})^2(1-0.944^2)}{(53.1 \text{ mm})^2} = 0.312$$

可见采用钢管时,其重量只有实心轴的 31.2% ,不仅减轻了重量,而且节约了材料。这是因为
横截面上的剪应力沿半径按线性规律分布[图8.16(a)],圆心附近的应力很小,材料没有得到
充分利用,若把这部分材料移到离圆心较远的位置,使其成为空心轴,材料充分发挥作用[图
8.16(b)],提高了轴的承载能力。

例 8.5 传动轴如图 8.17(a)所示,已知轴的转速 $n = 300$ r/min,主动轮 A 输入功率 $P_A =$
48 kW;从动轮 B,C,D 输出功率 $P_B = 18$ kW,$P_C = P_D = 15$ kW。轴的材料为 45 钢,$G =$
80 GPa,$[\tau] = 40$ MPa,$[\theta] = 0.85$ (°)/m。设计轴的直径 d。

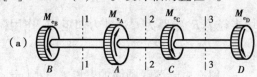

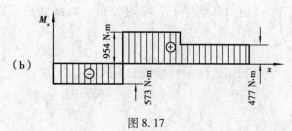

图 8.17

解 (1)计算外力偶矩

由式(8.1),得

$$M_{e_A} = 9\,549\,\frac{P_A}{n} = 9\,549 \times \frac{48 \text{ kW}}{300 \text{ r/min}} = 1\,527 \text{ N} \cdot \text{m}$$

$$M_{e_B} = 9\,549\,\frac{P_B}{n} = 9\,549 \times \frac{18 \text{ kW}}{300 \text{ r/min}} = 573 \text{ N} \cdot \text{m}$$

$$M_{e_C} = M_{e_D} = 9\,549\,\frac{P_C}{n} = \frac{9\,549 \times 15 \text{ kW}}{300 \text{ r/min}} = 477 \text{ N} \cdot \text{m}$$

(2)作扭矩图

用截面法求得 BA,AC 和 CD 各段的扭矩分别为

$$M_{x_1} = -M_{e_B} = -573 \text{ N} \cdot \text{m}$$

$$M_{x_2} = -M_{e_B} + M_{e_A} = -573 \text{ N} \cdot \text{m} + 1\,527 \text{ N} \cdot \text{m} = 954 \text{ N} \cdot \text{m}$$

$$M_{x_3} = M_{e_D} = 477 \text{ N} \cdot \text{m}$$

作传动轴的扭矩图,如图 8.17(b)所示。由图可见,AC 段内的扭矩最大,$M_{x\max} = 954$ N·m。

137

（3）设计轴的直径

由强度条件式（8.10）

$$\tau_{\max} = \frac{M_{x\max}}{W_p} = \frac{M_{x\max}}{\dfrac{\pi}{16}d^3} \leqslant [\tau]$$

得

$$d \geqslant \sqrt[3]{\frac{16M_{x\max}}{\pi[\tau]}} = \sqrt[3]{\frac{16 \times 954 \times 10^3 \text{ N} \cdot \text{mm}}{\pi \times 40 \text{ N/mm}^2}} = 49.5 \text{ mm}$$

此外，由刚度条件式（8.14）

$$\theta_{\max} = \frac{M_{x\max}}{GI_p} \times \frac{180°}{\pi} = \frac{M_{x\max}}{G \cdot \dfrac{\pi}{32}d^4} \times \frac{180°}{\pi} \leqslant [\theta]$$

得

$$d \geqslant \sqrt[4]{\frac{32M_{x\max} \times 180°}{G[\theta]\pi^2}} = \sqrt[4]{\frac{32 \times 954 \times 10^3 \text{ N} \cdot \text{mm} \times 180°}{80 \text{ kN/mm}^2 \times 0.85 \text{ °/m} \times \pi^2}} = 53.5 \text{ mm}$$

根据以上计算结果，为了同时满足强度和刚度要求，选定轴的直径 $d = 55$ mm。可见，刚度条件是此传动轴的控制因素。

例 8.6 薄壁圆筒的平均半径为 R，壁厚为 t，受外力偶矩 M_e 作用（图 8.18），求其横截面上的剪应力。

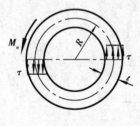

图 8.18

解 由于薄壁圆筒的壁厚 t 很小 $\left(\dfrac{t}{R} < \dfrac{1}{10}\right)$，于是可以认为剪应力在壁厚 t 上均匀分布。由截面法可以求得横截面上的扭矩，即

$$M_x = M_e$$

利用式（8.9），横截面上的剪应力，即

$$\tau = \frac{M_x}{W_p} = \frac{M_e}{W_p}$$

式中，$W_p = \dfrac{I_p}{R}$，$I_p = \displaystyle\int_A \rho^2 \mathrm{d}A = \int_A R^2 \mathrm{d}A = R^2 \cdot A = R^2 \cdot 2\pi Rt = 2\pi R^3 t$，于是 $W_p = 2\pi R^2 t$，得到剪应力 $\tau = \dfrac{M_e}{2\pi R^2 t}$。

8.6 扭转静不定问题

在前面所讨论的扭转问题中，轴的支座约束力偶矩或横截面上的扭矩都可由静力平衡方程确定，这类问题称为扭转的静定问题，如图 8.19（a）所示。但如果轴的 B 端也为固定支承[图 8.19（b）]，则轴的支座约束力偶矩或横截面上的扭矩仅由静力平衡方程无法确定，这类问题称为扭转的静不定问题。求解扭转静不定问题的方法，与解拉压静不定问题相同，除静力学关系外，还需要考虑变形几何关系和物理关系，下面举例说明。

例 8.7 图 8.19（b）所示圆轴 AB，两端均被固定，在截面 C 处作用一外力偶矩 M_e，AC 段

及 CB 段的抗扭刚度分别为 $G_1I_{p_1}$ 和 $G_2I_{p_2}$,求轴的扭矩。

解 (1)静力平衡方程

去掉约束,加上未知约束力偶矩 M_A 和 M_B[图 8.19 (c)],列平衡方程

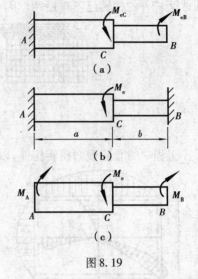

图 8.19

$$\sum M_x = 0, \quad M_e - M_A - M_B = 0 \qquad (a)$$

式中有两个未知量 M_A 和 M_B,为一次静不定问题,还要建立一个补充方程。

(2)变形几何方程

由于轴的两端均为固定端,故截面 A,B 间的相对扭转角为零,变形几何方程为

$$\varphi_{AB} = \varphi_{AC} + \varphi_{CB} = 0 \qquad (b)$$

(3)物理方程

由图 8.19(c),AC 段、CB 段扭矩分别为

$$M_{x_1} = M_A$$
$$M_{x_2} = -M_B$$

由式(8.8)得

$$\left. \begin{aligned} \varphi_{AC} &= \frac{M_{x_1}a}{G_1I_{p_1}} = \frac{M_A a}{G_1I_{p_1}} \\ \varphi_{CB} &= \frac{M_{x_2}b}{G_2I_{p_2}} = -\frac{M_B b}{G_2I_{p_2}} \end{aligned} \right\} \qquad (c)$$

将式(c)代入式(b),得到补充方程为

$$\frac{M_A a}{G_1I_{p_1}} - \frac{M_B b}{G_2I_{p_2}} = 0 \qquad (d)$$

(4)计算扭矩

联立式(a)及式(d),解出 M_A 和 M_B 后,即得到 AC 段与 BC 段的扭矩分别为

$$M_{x_1} = \frac{G_1I_{p_1}b}{G_1I_{p_1}b + G_2I_{p_2}a}M_e, \quad M_{x_2} = -\frac{G_2I_{p_2}a}{G_1I_{p_1}b + G_2I_{p_2}a}M_e$$

8.7 非圆截面杆扭转简介

前面所述为圆截面杆的扭转问题。但是,在工程上还会遇到非圆截面杆的扭转问题。例如,车床的顶杆采用方形截面;内燃机曲轴的曲柄臂是矩形截面等。

圆轴扭转时的应力和变形公式,是在刚性平面假设的条件下推导出来的。实验表明,非圆截面杆扭转时,横截面不再保持为平面。取一横截面为矩形的杆,在其侧面上画上纵向线和横向周界线[图 8.20(a)],扭转变形后发现横向周界线已变为空间曲线[图 8.20(b)]。这表明变形后杆的横截面已不再保持为平面。由此可知,各横截面发生了翘曲。所以,平面假设对非

圆截面杆件的扭转已不再适用。因此,圆轴扭转时的应力和变形公式不能用于非圆截面杆。

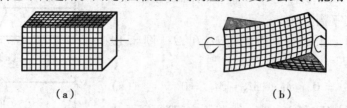

（a）　　　　　　　　　　　（b）

图 8.20

工程中的非圆截面扭转构件,以矩形截面杆最为常见,下面介绍其应力及变形的计算。

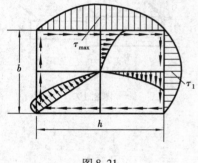

图 8.21

根据弹性力学的推导结果,矩形截面杆扭转时,横截面上的剪应力分布规律如图 8.21 所示。图中画出了沿截面周边、对称轴和对角线上的剪应力分布。截面周边上各点的剪应力方向与周边相切。这是因为在杆件的侧表面上没有剪应力,由剪应力互等定理可知,截面周边上各点不可能有垂直于周边的剪应力。因此,周边上各点的剪应力形成与周边相切的连续环流,四个角点处的剪应力为零,长边中点处的剪应力最大,其计算公式为

$$\tau_{\max} = \frac{M_x}{\alpha h b^2} \tag{8.15}$$

扭转角 φ 的计算公式为

$$\varphi = \frac{M_x l}{G\beta h b^3} \tag{8.16}$$

在短边上,中点处的剪应力 τ_1 最大,按下式计算:

$$\tau_1 = \upsilon\tau_{\max} \tag{8.17}$$

上列各式中,h 和 b 为矩形截面长边和短边的边长;l 为杆件的长度;M_x 为截面上的扭矩;G 为剪切弹性模量;α,β 和 υ 是与比值 $\frac{h}{b}$ 有关的系数,其值见表 8.1。

表 8.1　矩形截面杆扭转时的系数 α,β 和 υ

h/b	1.0	1.2	1.5	2.0	2.5	3.0	4.0	6.0	8.0	10.0	∞
α	0.208	0.219	0.231	0.246	0.258	0.267	0.282	0.299	0.307	0.313	0.333
β	0.141	0.166	0.196	0.229	0.249	0.263	0.281	0.299	0.307	0.313	0.333
υ	1.000	0.930	0.858	0.796	0.767	0.753	0.745	0.743	0.743	0.743	0.743

例 8.8　一矩形截面杆,截面高度 $h = 90$ mm,宽度 $b = 60$ mm,杆长 $l = 1.5$ m,$G = 80$ GPa,截面上的扭矩 $M_x = 2.5$ kN·m。计算杆的最大剪应力及转角。

解　(1)计算剪应力 $\tau_{\max}$

比值 $\frac{h}{b} = \frac{90}{60} = 1.5$,由表 8.1 查得 $\alpha = 0.231$,利用式(8.15),得

$$\tau_{\max} = \frac{M_x}{\alpha h b^2} = \frac{2.5 \times 10^6 \text{ N} \cdot \text{mm}}{0.231 \times 90 \text{ mm} \times (60 \text{ mm})^2} = 33.4 \text{ MPa}$$

（2）计算转角 φ

比值 $\dfrac{h}{b} = 1.5$，由表 8.1 查得 $\beta = 0.196$，利用式（8.16），得

$$\varphi = \frac{M_x l}{G \beta h b^3} = \frac{2.5 \times 10^3 \text{ kN} \cdot \text{mm} \times 1\,500 \text{ mm}}{80 \text{ kN/mm}^2 \times 0.196 \times 90 \text{ mm} \times (60 \text{ mm})^3} = 0.012\,3 \text{ rad}$$

矩形截面杆的 $\tau_{\max} = 33.4 \text{ MPa}, \varphi = 0.012\,3 \text{ rad}$。

习　题

8.1　纯扭转时，低碳钢材料的轴只需校核剪切强度，而对铸铁材料的轴只需校核拉伸强度，为什么？

8.2　如果轴所传递的功率和轴的材料不变，而其转速增加，则轴的直径应如何改变？

8.3　直径相同，材料不同的两根等长的实心圆轴，在相同的扭矩作用下，其 $\tau_{\max}, \varphi$ 及 I_p 是否相同？

8.4　在校核钢质圆轴的扭转刚度时，发现扭转角超过了许用值，试问下述两种修正方案哪一种更有效？为什么？

（1）改用优质钢材；

（2）加大轴的直径。

8.5　题图 8.5 中，M_x 为横截面上的扭矩，试画出截面上与 M_x 对应的剪应力分布图。

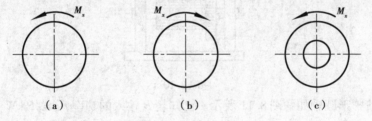

题图 8.5

8.6　对于题图 8.6 所示的两根传动轴，试问哪一种轮的布置对提高轴的承载能力有利？

题图 8.6

8.7　（1）用截面法分别求题图 8.7 所示各杆在截面 1-1，2-2 和 3-3 上的扭矩，并画出扭矩的转向；

（2）作图示各杆的扭矩图。

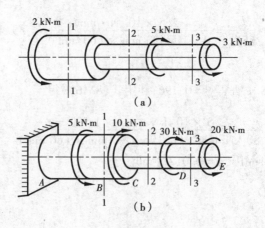

（a）

（b）

题图 8.7

8.8 一钢制传动轴,受扭矩 $M_x = 4$ kN·m 作用。轴的剪切弹性模量 $G = 80$ GPa,许用剪应力 $[\tau] = 40$ MPa,单位长度的许可扭转角 $[\theta] = 1$ (°)/m。试按强度和刚度条件计算轴的直径。

8.9 一钢轴的转速 $n = 240$ r/min,传递功率 $P = 60$ kW。已知 $[\tau] = 40$ MPa,$[\theta] = 1$ (°)/m,$G = 80$ GPa。试按强度和刚度条件计算轴的直径。

8.10 如题图 8.10 所示,手摇绞车驱动轴 AB 的直径 $d = 30$ mm,由两人摇动,每人加在手柄上的力 $F = 250$ N。若轴的许用剪应力 $[\tau] = 40$ MPa,试校核 AB 轴的强度。

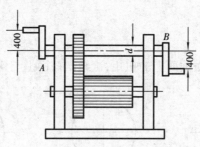

题图 8.10

8.11 一阶梯形圆轴如题图 8.11 所示。已知轮 B 输入的功率 $P_B = 45$ kW,轮 A 和 C 输出的功率分别为 $P_A = 30$ kW,$P_C = 15$ kW;轴的转速 $n = 240$ r/min,$d_1 = 60$ mm,$d_2 = 40$ mm;许用扭转角 $[\theta] = 2$ (°)/m,材料的 $[\tau] = 50$ MPa,$G = 80$ GPa。试校核轴的强度和刚度。

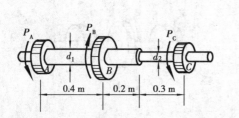

题图 8.11

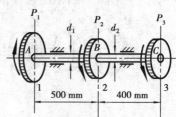

题图 8.12

8.12 如题图 8.12 所示,传动轴的转速 $n = 500$ r/min,主动轮 1 输入功率 $P_1 = 368$ kW,从动轮 2,3 分别输出功率 $P_2 = 147$ kW,$P_3 = 221$ kW。已知 $[\tau] = 70$ MPa,$[\theta] = 1$ (°)/m,$G = $

80 GPa。

（1）试按强度条件和刚度条件求 AB 段的直径 d_1 及 BC 段的直径 d_2；

（2）如果 AB 段与 BC 段选用同一直径 d，试确定 d 的大小；

（3）按经济观点，各轮应如何安排更为合理？

8.13 题图 8.13 所示，汽车驾驶盘的直径为 520 mm，驾驶员作用于盘上的力 $F = 300$ N，转向轴材料的许用剪应力 $[\tau] = 60$ MPa。试设计实心转向轴的直径。若改用 $\alpha = \dfrac{d}{D} = 0.8$ 的空心轴，则空心轴的内径和外径各为多大？并比较两者的重量。

8.14 二级齿轮减速箱如题图 8.14 所示。已知输入功率为 10 kW，减速箱的第 Ⅱ 轴的转速为 1 530 r/min，轴的直径 $d = 25$ mm，许用剪应力 $[\tau] = 30$ MPa。试校核第 Ⅱ 轴的强度。

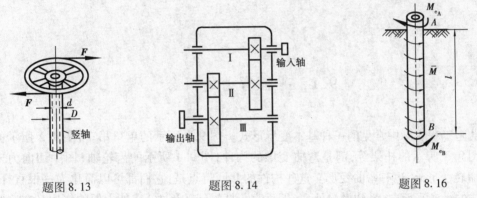

题图 8.13　　　　　题图 8.14　　　　　题图 8.16

8.15 某机床主轴箱的一传动轴为 $\alpha = \dfrac{d}{D} = 0.8$ 的空心轴，传递外力偶矩 $M_e = 1.5$ kN·m。若材料的许用剪应力 $[\tau] = 50$ MPa，$G = 80$ GPa，$[\theta] = 0.5$ (°)/m，试计算轴的内径 d 和外径 D。

8.16 题图 8.16 所示钻探机钻杆的外径 $D = 60$ mm，内径 $d = 50$ mm，钻入深度 $l = 40$ m；A 端输入的功率 $P_A = 15$ kW，转速 $n = 180$ r/min，B 端钻头所受的扭转力矩 $M_{eB} = 300$ kN·m；材料的 $[\tau] = 40$ MPa，$G = 80$ GPa。假设土壤对钻杆的阻力沿钻杆长度均匀分布，试求：

（1）单位长度上土壤对钻杆的阻力矩 $\overline{M}$；

（2）作钻杆的扭矩图，并校核其扭转强度；

（3）A，B 两端截面的相对扭转角。

8.17 题图 8.17 中，用两种不同材料黏合而成的圆轴受外力偶 M_e 作用。设内层和外层截面的极惯性矩分别为 I_{p_1} 和 I_{p_2}，剪切弹性模量分别为 G_1 和 G_2，且 $G_2 = 2G_1$。试导出计算内、外层横截面上剪应力的公式。

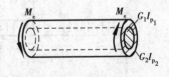

题图 8.17

8.18 拖拉机通过方轴带动悬挂在后面的旋耕机。方轴的转速 $n = 720$ r/min，传递的最大功率 $P = 35$ kW，截面为 30×30 mm，材料的 $[\tau] = 100$ MPa。试校核方轴的强度。

第**9**章
弯曲内力

9.1 平面弯曲的概念

弯曲是工程实际中常见的一种基本变形形式。图9.1所示的单梁吊车,图9.2所示的车轴以及图9.3所示的托架等,都是弯曲变形的构件;图9.4所示的齿轮轴(图中切向力未绘出),除扭转变形外,也有弯曲变形。这些构件的共同特点是:它们都可以简化为一根直杆;在通过轴线的纵向平面内,受到横向外力(即垂直于杆轴线的外力)或外力偶的作用。在这些外力作用下,杆件的轴线将弯曲成一条曲线(上述各图中的虚线所示),这种变形称为弯曲变形。以弯曲变形为主要变形的构件,通常称为梁。

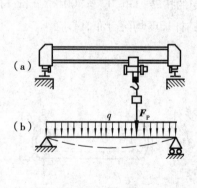

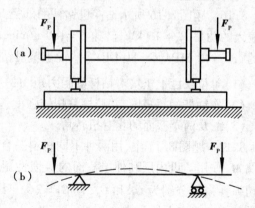

图9.1

图9.2

工程中常见梁的横截面都有一根对称轴,因而整个梁有一个包含梁轴线的纵向对称面。例如图9.2的车轴,图9.3的托架等都有一个纵向对称面。当作用于梁上的所有外力和外力偶都在纵向对称面内时(图9.5),梁的轴线将弯曲成一条位于纵向对称面内的平面曲线。这种弯曲变形称为平面弯曲,它是弯曲问题中最常见而且最基本的情况。

本章主要讨论平面弯曲时梁横截面上的内力。

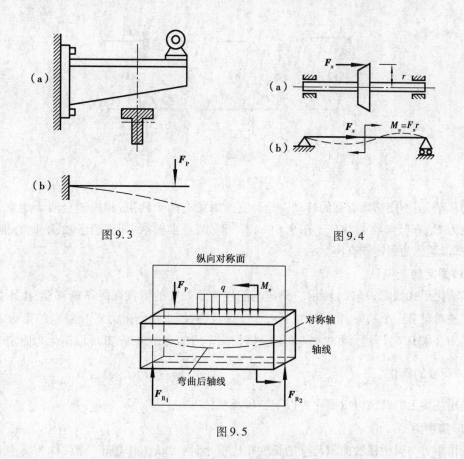

图 9.3　　　　　　　　　　　　　　　　图 9.4

图 9.5

9.2　梁的计算简图

梁的支座和载荷有各种不同的情况,对梁进行分析计算,首先对梁应进行必要的简化。

对于梁本身的简化,通常是以梁的轴线来代替实际的梁,因为梁截面的形状和尺寸对内力计算无影响。在计算简图中把梁用一根粗实线来表示,如图 9.1 所示的吊车梁、图 9.2 中的车轴等都用其轴线来代替,并画为粗实线。

此外还要对梁的支座及荷载进行简化。

9.2.1　支座的基本形式

根据支座对梁约束作用的不同,可以简化为下面三种基本形式:

(1)可动铰支座

其简化形式如图 9.6(a)所示。可动铰支座不允许支座处梁的横截面沿竖直方向移动,而支座处梁横截面的转动以及沿梁轴线方向的移动是可能发生的。这种支座对梁只有一个约束,相应地只有一个约束力 F_R[图 9.6(d)]。例如,滑动轴承、径向滚动轴承、滚轴支座等,都可简化为可动铰支座。

(2)固定铰支座

其简化形式如图 9.6(b)所示。固定铰支座不允许支座处梁的横截面沿水平方向和竖直

145

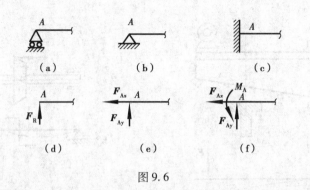

图9.6

方向的移动,但不能约束截面的转动。这种支座对梁有两个约束,相应地有两个约束力,即水平约束力 F_{Ax} 和竖向约束力 F_{Ay}[图9.6(e)]。例如,止推轴承、圆锥滚子轴承、向心推力球轴承等,都可简化为固定铰支座。

(3)固定端

其简化形式如图9.6(c)所示。固定端能使支承处梁的横截面既不能移动,也不能转动。这种支座对梁有三个约束,相应地也有三个支座反力,即水平约束力 F_{Ax}、竖向约束力 F_{Ay} 和约束力偶 M_A[图9.6(f)]。例如,长轴承、金属切削车刀的夹持端等,都可以简化为固定端。

9.2.2 荷载的简化

作用在梁上的荷载可以简化为以下三种类型:

(1)集中力

若作用力与梁的接触面积与梁的长度相比很小,则可认为作用于一点,称为集中力,其单位为 N 或 kN。图9.1中小车及重物的重量,图9.3中托架上的重物都可简化为集中力。

(2)分布荷载

分布在梁某一段长度上的荷载称为分布荷载,如果荷载是均匀分布的,则称为均布荷载。梁单位长度上的分布荷载的大小称为荷载集度,其单位为 N/m 或 kN/m。图9.1中的单梁吊车,梁的自重即可简化为沿其长度上作用的均布荷载。

(3)集中力偶

图9.4所示的锥齿轮,当分析轴向荷载 F_x 的作用时,则可将它平移到齿轮轴上,简化为一个轴向推力 F_x 和一个作用在轴的纵向对称面内的集中力偶 $M_e = F_x \cdot r$[图9.4(b)]。集中力偶的单位为 N·m 或 kN·m。

9.2.3 静定梁及其分类

如果梁具有一个固定端,或在梁的某两个截面上分别有一个固定铰支座和一个可动铰支座,那么这种梁就具有维持平衡所必要的约束。它的三个约束力(支座反力)可由平面力系的三个平衡方程求得,这种梁称为静定梁。

静定梁有以下三种:

(1)简支梁

梁的一端为固定铰支座,另一端为可动铰支座,如图9.1和图9.4所示。

（2）**外伸梁**

梁由一个固定铰支座和一个可动铰支座支承,梁的一端或两端伸出支座之外,如图9.2所示。

（3）**悬臂梁**

梁的一端被固定,另一端自由,如图9.3所示。

如果梁的所有约束力不能完全由静力平衡方程求出,则这种梁称为静不定梁。第11章中再分析静不定梁的计算。

9.3 剪力和弯矩

为了计算梁的应力及变形,必须先确定梁横截面上的内力。根据平衡方程,可以求得静定梁在荷载作用下的约束力,进一步就可以计算横截面上的内力。

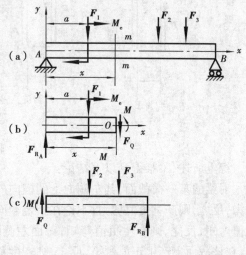

图9.7

设有一简支梁 AB,受集中力 F_1,F_2,F_3 和集中力偶 M_e 的作用[图9.7(a)],现在求距 A 端 x 处横截面 $m\text{-}m$ 上的内力。为此,先求出梁的约束力 F_{R_A},F_{R_B},然后用截面法沿截面 $m\text{-}m$ 假想地将梁分为两部分,取左边部分为研究对象[图9.7(b)]。由于原来的梁处于平衡状态,因此,截取的左段梁仍应处于平衡状态。作用在左段梁上的力,除外力 F_{R_A} 和 F_1 外,在截面 $m\text{-}m$ 上还有右段梁对它作用的内力。把这些内力和外力投影于 y 轴,其代数和应等于零。一般来说,这就要求 $m\text{-}m$ 截面上有一个与横截面相切的内力 F_Q,且由 $\sum F_y = 0$,得

$$F_{R_A} - F_1 - F_Q = 0$$
$$F_Q = F_{R_A} - F_1 \tag{a}$$

F_Q 称为横截面 $m\text{-}m$ 上的剪力。它是与横截面相切的分布内力系的合力。如果把左段梁上的所有外力和内力对截面 $m\text{-}m$ 的形心 O 取矩,其力矩的代数和应等于零。一般来说,这就要求在截面 $m\text{-}m$ 上有一个作用于纵向对称面内的内力偶矩 M,由 $\sum M_O = 0$,得

$$M + F_1(x - a) - F_{R_A} - M_e = 0$$
$$M = F_{R_A}x - F_1(x - a) + M_e \tag{b}$$

M 称为横截面 $m\text{-}m$ 上的弯矩。它是与横截面垂直的分布内力系的合力偶矩。剪力和弯矩都是横截面上的内力,可以由梁段的平衡方程来确定。

由式(a)、式(b)可以看出,剪力 F_Q 是截面 $m\text{-}m$ 左侧的外力产生的,在数值上等于这些外力在 y 轴上投影的代数和;弯矩 M 是截面 $m\text{-}m$ 左侧的外力和外力偶产生的,在数值上等于这些外力对截面形心的力矩和外力偶的代数和。所以 F_Q 和 M 可以用截面 $m\text{-}m$ 左侧的外力和外力偶来计算。

如果取右段梁为研究对象,用同样的方法也可得到 m-m 截面上的剪力 F_Q 和弯矩 M[图 9.7 (c)]。并且上述关于左段梁的结论,同样适用于右段梁。因为剪力 F_Q 和弯矩 M 是左段梁与右段梁在截面 m-m 上相互作用的内力,所以右段作用于左段的剪力 F_Q 和弯矩 M,在数值上必然等于左段作用于右段的剪力 F_Q 和弯矩 M,但方向相反。故无论用 m-m 截面左侧的外力,还是用 m-m 截面右侧的外力来计算剪力 F_Q 和弯矩 M,其数值总是相等的,但方向相反。

不论用左侧还是右侧的外力和外力偶来计算同一截面上的剪力和弯矩,为使它们不仅数值相同,而且符号也一致,这就要求按梁的变形情况来规定剪力与弯矩的符号。

设在 m-m 截面处取一微段梁,我们规定:微段梁的两相邻截面发生左上右下的相对错动时,横截面上的剪力为正,反之为负,如图 9.8(a)所示;微段梁弯曲变形凸向下时,横截面上的弯矩为正,反之为负,如图 9.8(b)所示。

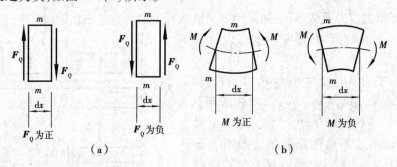

图 9.8

综上所述,不难得到以下结论:

对梁的某一横截面,其左侧向上的横向外力或右侧向下的横向外力,在该截面上产生正值剪力,反之,则产生负值剪力;不论在指定截面的左侧或右侧,向上的横向外力在该截面上产生正值弯矩,反之,则产生负值弯矩;截面左侧顺时针转向的外力偶,或右侧逆时针转向的外力偶,在该截面上产生正值弯矩,反之,则产生负值弯矩。以上这种剪力、弯矩的计算规则可概括为"**左上右下,剪力为正;左顺右逆,弯矩为正;外力向上,弯矩为正**"的计算口诀。

实际计算中,可不必将梁假想地截开,再利用平衡方程求解,而是直接根据截面左侧或右侧的外力,按上述计算规则确定横截面上的剪力和弯矩。

例 9.1 求图 9.9 所示外伸梁 1-1 截面、2-2 截面上的剪力 F_Q 和弯矩 M。

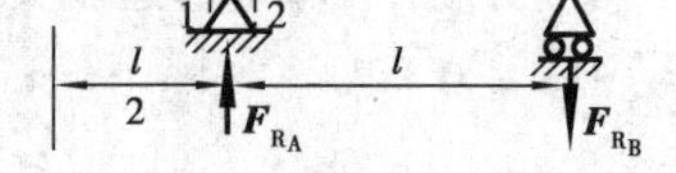

解 由静力平衡方程

$$\sum M_A = 0, \quad q \cdot \frac{l}{2} \cdot \frac{l}{4} - F_{RB} \cdot l = 0$$

$$\sum F_y = 0, \quad F_{RA} - F_{RB} - q \cdot \frac{l}{2} = 0$$

求得梁的约束力为

$$F_{RA} = \frac{5}{8} ql(\uparrow), \quad F_{RB} = \frac{ql}{8}(\downarrow)$$

图 9.9

截面 1-1 与 2-2 无限接近于 A 支座,由剪力与弯矩的计算规则,不必将梁截开,由 1-1 截面左侧的外力、2-2 截面右侧的外力,直接计算两截面处的剪力及弯矩:

$$F_{Q1\text{-}1} = -q \cdot \frac{l}{2} = -\frac{ql}{2}, \quad M_{1\text{-}1} = -q \cdot \frac{l}{2} \cdot \frac{l}{4} = -\frac{ql^2}{8}$$

$$F_{Q2\text{-}2} = F_{R_B} = \frac{ql}{8}, \quad M_{2\text{-}2} = -F_{R_B} \cdot l = -\frac{ql^2}{8}$$

计算 F_Q, M 时,选择截面左侧还是右侧的外力,视计算方便来确定。

9.4　剪力图和弯矩图

梁横截面上的剪力和弯矩一般是随截面的位置而变化的。如果用横坐标 x 表示横截面在梁轴线上的位置,则各截面上的剪力和弯矩都可表示为坐标 x 的函数,即

$$F_Q = F_Q(x)$$
$$M = M(x)$$

这两个函数表达式,称为梁的剪力方程和弯矩方程。

通常采用图形表示梁的各横截面上弯矩和剪力沿轴线变化的情况。取平行于梁轴线的横坐标 x,表示横截面的位置,以纵坐标表示相应截面上的剪力或弯矩,按适当比例画出剪力和弯矩的函数图形。这种图形称为梁的剪力图与弯矩图。

利用剪力图和弯矩图易于确定梁的最大剪力和最大弯矩,以及梁危险截面的可能位置。

列出梁的剪力方程和弯矩方程,然后根据方程来作图,这是画剪力图和弯矩图的基本方法。下面通过例题说明。

例 9.2　如图 9.10 所示简支梁,在 C 点受集中力 F_P 作用。作此梁的剪力图和弯矩图。

解　(1)求约束力

由静力平衡方程

$$\sum M_B = 0, \quad F_P b - F_{R_A} l = 0$$

$$\sum M_A = 0, \quad F_{R_B} l - F_P a = 0$$

求得约束力

$$F_{R_A} = \frac{F_P b}{l}, \quad F_{R_B} = \frac{F_P a}{l}$$

(2)列剪力方程和弯矩方程

梁在 C 处有集中力 F_P 作用,故 AC 段与 BC 段的剪力方程和弯矩方程不同,要分别列出。

AC 段,在距 A 端 x_1 处取一横截面,截面左侧的外力只有 F_{R_A},根据剪力和弯矩的计算规则,可求得这一截面上的剪力与弯矩分别为

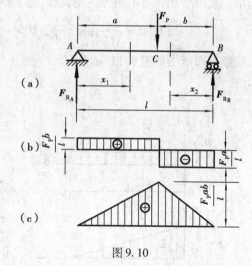

图 9.10

$$F_Q(x_1) = F_{R_A} = \frac{F_P b}{l} \qquad (0 < x_1 < a) \qquad \text{(a)}$$

$$M(x_1) = F_{R_A} x_1 = \frac{F_P b}{l} x_1 \qquad (0 \leqslant x_1 \leqslant a) \qquad \text{(b)}$$

CB 段,求这一段内任一截面上的剪力和弯矩时,根据截面右侧的外力计算比较简单。在距 B 端 x_2 处取一横截面,其右侧的外力只有 F_{R_B},由剪力和弯矩的计算规则,求得剪力和弯矩为

$$F_Q(x_2) = -F_{R_B} = -\frac{F_p a}{l} \qquad (0 < x_2 < b) \tag{c}$$

$$M(x_2) = F_{R_B} x_2 = \frac{F_p a}{l} x_2 \qquad (0 \leqslant x_2 \leqslant b) \tag{d}$$

(3)画剪力图和弯矩图

由式(a),式(c)可知,AC 段和 CB 段梁的剪力图均为水平直线;由式(b),式(d)可知,这两段梁的弯矩图均为倾斜直线。确定直线两端点的坐标后,可作出全梁的剪力图和弯矩图,如图 9.10(b)、(c)所示。从弯矩图可看出,最大弯矩在截面 C 处,$M_{max} = \frac{F_p ab}{l}$。

例 9.3 如图 9.11 所示的悬臂梁受均布载荷 q 作用。作梁的剪力图和弯矩图。

解 在距 A 端为 x 处取一横截面,其右侧的外力只有均布载荷 q,宜用截面右侧的外力来计算剪力和弯矩。这样,便可不求梁 A 端的约束力。

(1)列剪力方程和弯矩方程

根据剪力和弯矩的计算规则,由截面右侧的外力求得该截面 F_Q, M 为

$$F_Q(x) = q(l - x) \tag{e}$$

$$M(x) = -q(l - x) \cdot \frac{(l - x)}{2} = -\frac{q(l - x)^2}{2} \tag{f}$$

(2)画剪力图和弯矩图

式(e)表明,剪力图为一倾斜直线,确定直线两端点的坐标后,绘得剪力图如图 9.11(b)所示。式(f)表明,弯矩图为一抛物线,适当确定曲线上的几个点:

$$x = 0, M = -\frac{ql^2}{2}; \quad x = \frac{l}{4}, \quad M = -\frac{9}{32}ql^2; \quad x = \frac{l}{2}, M = -\frac{ql^2}{8}; \quad x = l, M = 0$$

由此绘出弯矩图如图 9.11(c)所示。

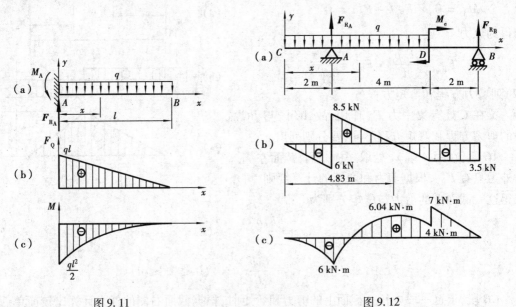

图 9.11　　　　　　　　　　　图 9.12

例 9.4 在图 9.12(a)中,外伸梁上作用有均匀荷载 $q = 3$ kN/m,集中力偶矩 $M_e = 3$ kN·m。

列出剪力方程和弯矩方程,并作剪力图和弯矩图。

解　(1)求约束力

由梁的平衡方程

$$\sum M_A = 0, \quad F_{R_B} \cdot 6\text{ m} - 3\text{ kN/m} \times 6\text{ m} \times \left(\frac{6\text{ m}}{2} - 2\text{ m}\right) - 3\text{ kN} \cdot \text{m} = 0$$

$$\sum F_y = 0, \quad F_{R_A} + F_{R_B} - 3\text{ kN/m} \times 6\text{ m} = 0$$

求得梁的约束力

$$F_{R_A} = 14.5\text{ kN}, \quad F_{R_B} = 3.5\text{ kN}$$

(2)列剪力方程和弯矩方程

在梁的 CA, AD, DB 三段内,剪力和弯矩都不能用同一个方程式来表示,所以应分三段考虑。对每一段都可利用剪力及弯矩的计算规则,列出剪力方程和弯矩方程。

在 CA 段内

$$F_Q(x) = -qx = -3x \qquad (0 \leqslant x < 2) \tag{g}$$

$$M(x) = -\frac{1}{2}qx^2 = -\frac{3}{2}x^2 \qquad (0 \leqslant x \leqslant 2) \tag{h}$$

在 AD 段内

$$F_Q(x) = F_{R_A} - qx = 14.5 - 3x \quad (2 < x \leqslant 6) \tag{i}$$

$$M(x) = F_{R_A}(x-2) - \frac{1}{2}qx^2 = 14.5(x-2) - \frac{3}{2}x^2 \qquad (2 \leqslant x < 6) \tag{j}$$

$M(x)$ 是 x 的二次函数,由极值条件 $\dfrac{\mathrm{d}M(x)}{\mathrm{d}x} = 0$,得

$$14.5 - 3x = 0$$

由此解出 $x = 4.83$ m,在这一截面上,弯矩为极值。代入式(j)即得 AD 段内最大弯矩为

$$M = 14.5\text{ kN} \times (4.83\text{ m} - 2\text{ m}) - \frac{3}{2}\text{ kN/m} \times (4.83\text{ m})^2 = 6.04\text{ kN} \cdot \text{m}$$

在 DB 段内,用截面右侧的外力来计算剪力和弯矩比较方便,它们分别为

$$F_Q(x) = -F_{R_B} = -3.5\text{ kN} \qquad (6 \leqslant x < 8) \tag{k}$$

$$M(x) = F_{R_B}(8-x) = 3.5(8-x) \qquad (6 < x \leqslant 8) \tag{l}$$

以上各式中,截面位置 x 的单位均为 m。

(3)画剪力图和弯矩图

根据剪力方程和弯矩方程,分段作剪力图和弯矩图[图9.12(b)和(c)]。从图中看出,在全梁上面,最大剪力 $F_{Q\max} = 8.5$ kN,最大弯矩 $M_{\max} = 7$ kN·m。

由以上几个例题可见,在集中力作用处,剪力图有突变,突变之值即为该处集中力的大小;在集中力偶作用处,弯矩图有突变,突变之值即为该处集中力偶的力偶矩。于是,集中力作用的截面上,剪力似乎没有确定的数值。事实上,所谓集中力不可能"集中"作用于一点,它是分布于一个微段 Δx 内的分布力经简化后得出的结果[图9.13(a)]。若在 Δx 范围内把载荷看作是均布的,则剪力将连续地从 F_{Q1} 变到 F_{Q2}[图9.13(b)]。当 $\Delta x \to 0$ 时,斜线 ab 变为铅垂线,故剪力图表现为突变。集中力偶作用的截面上,弯矩图的突变也可做同样的解释。

上述作剪力图和弯矩图的方法,也可用于刚架。所谓刚架,是由一些杆件相互刚性连接而

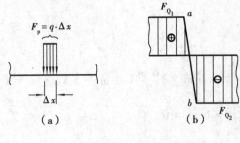

图 9.13

组成的结构,在连接处,杆与杆之间没有相对移动和转动,这种连接称为刚结点[如图 9.14(a)中的结点 C]。刚架杆件横截面上的内力,除剪力 F_Q 和弯矩 M 外,还有轴力 F_N。内力计算中,轴力 F_N 以拉力为正,为确定剪力 F_Q 和弯矩 M 的符号,可设想置身于刚架内侧来观察,将每一根杆件看为一梁。然后由杆件计算截面某一侧的外力来计算轴力、剪力和弯矩。下面举例说明。

例 9.5 作图 9.14(a)所示刚架的轴力图、剪力图和弯矩图。

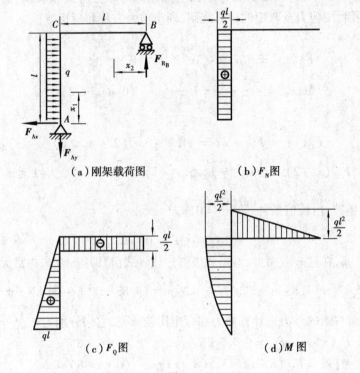

(a)刚架载荷图 　　　　　(b)F_N图

(c)F_Q图 　　　　　(d)M图

图 9.14

解 (1)求约束力

设支座反力方向如图 9.14(a)所示。由静力平衡方程

$$\sum F_x = 0, \quad ql - F_{Ax} = 0$$

$$\sum M_A = 0, \quad F_{RB}l - ql \cdot \frac{l}{2} = 0$$

$$\sum F_y = 0, \quad F_{RB} - F_{Ay} = 0$$

可以解得

$$F_{Ax} = ql, \quad F_{Ay} = F_{RB} = \frac{ql}{2}$$

各约束力均为正值,与所设方向相同。

（2）列刚架内力方程

在 AC 段和 CB 段各取一截面，它们距 A 端与 B 端分别为 x_1 和 x_2。

AC 段，由计算截面下侧杆件上的外力，可得

$$F_N(x_1) = F_{Ay} = \frac{ql}{2} \quad (0 < x_1 \leqslant l)$$

$$F_Q(x_1) = F_{Ax} - qx_1 = ql - qx_1 \quad (0 < x_1 \leqslant l)$$

$$M(x_1) = F_{Ax}x_1 - \frac{qx_1^2}{2} = qlx_1 - \frac{qx_1^2}{2} \quad (0 \leqslant x_1 \leqslant l)$$

CB 段，由计算截面右侧杆件上的外力，可得

$$F_N(x_2) = 0 \quad (0 \leqslant x_2 \leqslant l)$$

$$F_Q(x_2) = -F_{R_B} = -\frac{ql}{2} \quad (0 < x_2 < l)$$

$$M(x_2) = F_{R_B}x_2 = \frac{ql}{2}x_2 \quad (0 \leqslant x_2 \leqslant l)$$

（3）画刚架内力图

由以上各式知，CB 段轴力为零，AC 段的弯矩为二次抛物线，其余各段内力图均为直线。画出刚架内力图如图 9.14（b），（c），（d）所示。其中 $\boldsymbol{F}_Q$，$\boldsymbol{F}_N$ 可画在杆件的任一侧，但要标明正、负号；弯矩 M 画在杆件弯曲变形凹入的一侧，即画在受压的一侧，不再标注正、负号。由图可见，AC 段轴力最大，A 端稍上截面处剪力最大，C 截面上弯矩最大。它们分别为

$$F_{N\max} = \frac{ql}{2}, \quad F_{Q\max} = ql, \quad M_{\max} = \frac{ql^2}{2}$$

9.5 用叠加法作弯矩图

图 9.15 所示的悬臂梁，受集中力 P 和均布荷载 q 作用，距左端为 x 的任意截面上的弯矩为

$$M(x) = F_P x - \frac{q}{2}x^2 \tag{a}$$

式中的第一项和第二项分别表示集中力和均布荷载所产生的弯矩。

例 9.5 中 AC 段的弯矩方程为

$$M(x_1) = F_{Ax}x_1 - \frac{q}{2}x_1^2 = qlx_1 - \frac{q}{2}x_1^2 \tag{b}$$

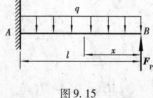

图 9.15

是由约束力 $\boldsymbol{F}_{Ax}$ 和均布荷载 q 产生的。比较式（a）和式（b），它们有一个共同的特点，即弯矩是荷载的线性齐次式（弯矩方程中每一项都含荷载的一次幂）。由此可以得出结论：梁在几个荷载共同作用下在某一截面上所产生的弯矩值，等于各个荷载单独作用时，在该截面上产生的弯矩的代数和，这就是弯矩的叠加原理，用叠加原理作弯矩图的方法称为叠加法。

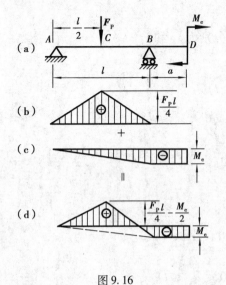

图 9.16

叠加原理在材料力学中应用很广,应用叠加原理的一般条件为:需要计算的物理量(内力、应力、变形等)必须是作用在构件上的荷载的线性齐次式。在材料为线弹性,变形为小变形的条件下,当梁上同时作用几个荷载时,各个荷载所引起的内力是各自独立的,相互间互不影响,这时,内力是荷载的线性齐次式,可以应用叠加原理。

显然,上述叠加原理对于剪力也是适用的。用叠加法作弯矩图、剪力图可以简化作图步骤,实用中比较方便。下面举例说明。

例 9.6 外伸梁受集中力 F_P 和集中力偶 M_e 作用,如图9.16(a)所示。用叠加法作梁的弯矩图。

解 将梁上的荷载分成集中力 F_P 和集中力偶 M_e,然后分别作出集中力 F_P 单独作用和集中力偶 M_e

单独作用时梁的弯矩图,如图9.16(b)和(c)所示。将这两个弯矩图叠加(各截面上对应的弯矩竖标值相加),正负抵消后,剩下的有竖直线的部分即为所求的弯矩图,如图9.16(d)所示。

9.6 剪力、弯矩和荷载集度间的关系

轴线为直线的梁如图 9.17(a)所示。以梁的左端为原点取坐标系,轴线为 x 轴,y 轴向上为正。梁上分布荷载的集度 $q(x)$ 是 x 的连续函数,且规定 $q(x)$ 向上(与 y 轴方向一致)为正。从梁中取出长为 dx 的微段,并放大为图 9.17(b)。微段左边截面上的剪力和弯矩分别是 $F_Q(x)$ 和 $M(x)$。当坐标 x 有一增量 dx 时,$F_Q(x)$ 和 $M(x)$ 的相应增量为 $dF_Q(x)$ 和 $dM(x)$。所以,微段右边截面上的剪力和弯矩应分别为 $F_Q(x) + dF_Q(x)$ 和 $M(x) + dM(x)$。微段上的这些内力都取正值,且设微段内无集中力和集中力偶。由平衡方程

$$\sum F_y = 0, \quad F_Q(x) + q(x)dx - [F_Q(x) + dF_Q(x)] = 0$$

得

$$\frac{dF_Q(x)}{dx} = q(x) \tag{9.1}$$

又由平衡方程

$$\sum M_C = 0, \ -M(x) - F_Q(x)dx - q(x)dx \cdot \frac{dx}{2} +$$

$$[M(x) + dM(x)] = 0$$

略去二阶微量 $q(x)dx \cdot \dfrac{dx}{2}$,可得

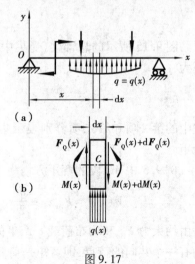

图 9.17

$$\frac{dM(x)}{dx} = F_Q(x) \tag{9.2}$$

将式(9.2)两边对 x 取导数,并利用式(9.1),可得

$$\frac{\mathrm{d}^2 M(x)}{\mathrm{d}x^2} = q(x) \tag{9.3}$$

以上三式就是剪力、弯矩和荷载集度之间的微分关系,式中剪力、弯矩及分布载荷的符号应按照前述规定采用,x 轴的方向应取向右为正。

根据 $F_Q(x)$、$M(x)$ 和 $q(x)$ 之间的微分关系,并结合前述的一些例题,可以得到剪力图、弯矩图和荷载集度三者之间的一些规律:

1)若在梁的某一段内无分布荷载作用,即 $q(x) = 0$,由 $\dfrac{\mathrm{d}F_Q(x)}{\mathrm{d}x} = q(x) = 0$ 可知,在这一段内 $F_Q(x)$ 为常数,剪力图为平行于 x 轴的直线,如图 9.10(b)所示。又由 $\dfrac{\mathrm{d}M(x)}{\mathrm{d}x} = F_Q(x) = $ 常数,可知 $M(x)$ 为 x 的一次函数,故弯矩图一般为倾斜直线。若 $F_Q(x) > 0$,则弯矩图的斜率是正值,为一向右上方倾斜的直线[图 9.10(c)中的 AC 段];若 $F_Q(x) < 0$,则弯矩图的斜率是负值,为一向右下方倾斜的直线[图 9.10(c)中的 CB 段];若 $F_Q(x) = 0$,则弯矩图为平行于 x 轴的直线。

2)若在梁的某一段内作用有均布荷载,即 $q(x) = $ 常数,则 $\dfrac{\mathrm{d}^2 M(x)}{\mathrm{d}x^2} = \dfrac{\mathrm{d}F_Q(x)}{\mathrm{d}x} = q(x) = $ 常数。故在这一段内 $F_Q(x)$ 是 x 的一次函数,$M(x)$ 是 x 的二次函数,因而剪力图是倾斜直线,弯矩图是抛物线。

若均布荷载 $q(x)$ 向上,即 $q(x) > 0$,则剪力图的斜率是正值,为一向右上方倾斜的直线,弯矩图为向下凸的抛物线;若均布荷载 $q(x)$ 向下,即 $q(x) < 0$,则剪力图的斜率是负值,为一向右下方倾斜的直线,弯矩图为向上凸的抛物线,如图 9.11(b)、(c),图 9.12(b)、(c)中的 CD 段。

无论 $q(x) > 0$ 或 $q(x) < 0$,若剪力 $F_Q(x) > 0$,由 $\dfrac{\mathrm{d}M(x)}{\mathrm{d}x} = F_Q(x)$ 可知,$M(x)$ 为升函数,弯矩图是一段上升的抛物线;若 $F_Q(x) < 0$,则弯矩图为一段下降的抛物线。如图 9.11(c)和图 9.12(c)所示。

3)在集中力作用处,剪力图有一突变,突变之值等于集中力的大小,此时弯矩图对应处的斜率也发生突然变化,在该处形成一个折角,如图 9.10(b)和(c)所示;在集中力偶作用处,剪力图没有变化,弯矩图有一突变,突变之值等于集中力偶的力偶矩,如图 9.12(b)和(c)所示。

4)若在梁的某一截面上,剪力 $F_Q(x) = 0$,由 $\dfrac{\mathrm{d}M(x)}{\mathrm{d}x} = F_Q(x) = 0$ 可知,在这一截面上弯矩为一极值(极大或极小)。即弯矩的极值发生在剪力等于零的截面上,如图 9.12(b)和(c)所示。梁上的最大弯矩 $|M|_{\max}$ 可能位于剪力 $F_Q = 0$ 的截面上,也有可能发生在集中力作用处[图 9.10(c)],或集中力偶作用处[图 9.12(c)]。所以在求最大弯矩 $|M|_{\max}$ 时,应考虑到上述几种可能性。

5)梁的端点无集中力偶(包括约束力偶)作用时,该处的弯矩值恒为零。

以上规律对正确绘制和校核剪力图、弯矩图是很有用的。利用这些规律和前述的截面上剪力、弯矩的计算规则,可以不列出梁的内力方程,而更加简捷地绘出梁的剪力图和弯矩图。

梁的内力图,通常为水平直线(即与 x 轴平行)、倾斜直线、抛物线等几种情况。因此,只

要确定了水平直线上的任一点、倾斜直线的两个端点即可绘出相应的图线;对于抛物线,只要确定其两个端点及极值点,也可绘出抛物线的大致形状。这些绘制内力图的点所对应的截面称为控制截面,因而只要确定了梁的控制截面上的内力值,即可绘出相应的内力图。若某段梁的内力图为水平直线,则该段梁上的任一截面都可作为控制截面;若某段梁的内力图为倾斜直线,则该段梁的两个端点即为控制截面;若某段梁的内力图为抛物线,则该段梁的两个端点和极值点(如果存在的话)即为控制截面。

不列内力方程而直接画内力图的步骤如下:

1)利用平衡方程求出梁的约束力(有时可以不求,例如悬臂梁),根据梁上的荷载及支座,将梁分为若干段;

2)确定各段内力图的大致形状;

3)根据内力图的线形,确定各段的控制截面,列表求出各控制截面上的相应内力值;

4)按照各控制截面的内力值描点,分段连接各个点,绘制剪力图与弯矩图。

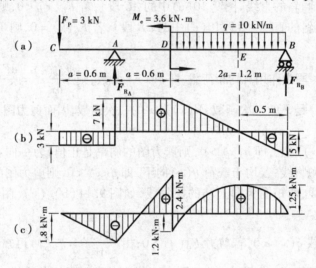

图 9.18

例 9.7 外伸梁受力如图 9.18(a)所示。不列方程绘制此梁的剪力图和弯矩图。

解 (1)求约束力

由梁的平衡方程

$$\sum M_B = 0, \quad F_P \cdot 4a - F_{R_A} \cdot 3a + M_e + \frac{q}{2}(2a)^2 = 0$$

$$\sum F_y = 0, \quad F_{R_A} + F_{R_B} - F_P - q \cdot 2a = 0$$

代入数据后,可得

$$F_{R_A} = 10 \text{ kN}, \quad F_{R_B} = 5 \text{ kN}$$

根据梁上的载荷及支座,将梁分为 CA,AD,DB 三段,分别绘制剪力图与弯矩图。

(2)确定各段内力图形状

CA 段与 AD 段无分布荷载作用,故其剪力图为水平直线,弯矩图为倾斜直线;DB 段作用有均布荷载 $q = 10 \text{ kN/m}$,故此段的剪力图为向右下方倾斜的直线,弯矩图为向上凸的抛物线;截面 A 处,有集中力 F_{R_A},剪力图有突变;截面 D 处,有集中力偶 M_e,弯矩图有突变。

（3）计算各控制截面的内力值

根据各段内力图的线形,选择控制截面,并计算相应的内力值,列表格如下:

截 面	CA	AD	D	B^-	截 面	C	A	D^-	D^+	E	B
F_Q/kN	-3	7	7	-5	$M/(\text{kN}\cdot\text{m})$	0	-1.8	2.4	-1.2	1.25	0

当某一截面上的内力值不确定,即内力有突变的截面,应取其左侧或右侧附近的截面为控制截面。例如截面 D,弯矩有突变,故取其稍偏左的 D^- 截面和稍偏右的 D^+ 截面,分别作为 AD 段和 DB 段的一个控制截面。剪力表格中的 CA,AD 表示分别在该段任取一截面为控制截面。

各截面上内力值的计算,仍按前述计算规则。例如截面 D,由其左侧的外力,可得

$$F_{Q_D} = F_{R_A} - F_P = 10 \text{ kN} - 3 \text{ kN} = 7 \text{ kN}$$

截面 D^+,由其右侧的外力,可得

$$M_{D^+} = F_{R_B} \cdot 2a - \frac{q}{2}(2a)^2 = 5 \text{ kN} \times 1.2 \text{ m} - \frac{10 \text{ kN/m}}{2} \times (1.2 \text{ m})^2 = -1.2 \text{ kN}\cdot\text{m}$$

其余类推。

（4）作剪力图与弯矩图

根据各段内力图的形状及相应控制截面的内力值,作出 CA,AD,DB 段的剪力图[图 9.18(b)]和弯矩图[图 9.18(c)]。由几何关系可以求得 $F_Q = 0$ 的截面 E 至 B 端的距离为 0.5 m,其对应的弯矩为极值,由截面 E 右侧的外力,可得

$$M_E = F_{R_B} \times 0.5 - \frac{q}{2} \times (0.5)^2 = 5 \text{ kN} \times 0.5 \text{ m} - \frac{10 \text{ kN/m}}{2} \times (0.5 \text{ m})^2 = 1.25 \text{ kN}\cdot\text{m}$$

由剪力图与弯矩图可以看出,最大剪力发生在 AD 段,即

$$F_{Q\max} = 7 \text{ kN}$$

截面 D 的左侧 D^- 截面弯矩最大,其值为

$$M_{\max} = 2.4 \text{ kN}\cdot\text{m}$$

习　题

9.1　在 9.6 中推导 q,F_Q,M 间的微分关系时,取 x 轴向右;若取 x 轴向左,则 q,F_Q,M 之间的关系有无变化? 有何变化?

9.2　承受均布荷载的简支梁[图(a)],是否可将荷载视为集中于全梁的中点[图(b)],然后再求某一截面上的剪力或弯矩?

9.3　怎样解释在集中力作用处,剪力图有突变,弯矩图相应地出现折角;在集中力偶作用处,弯矩图有突变,剪力图却无变化?

9.4　一悬臂梁的剪力图和弯矩图如题图 9.4 所示。试问:

（1）A 点处的剪力 $F_{Q_A} = 0$,那么弯矩图在 A 点的斜率应该怎样?

（2）根据数学上的定义,弯矩图在此处是否为极值?

（3）由此看出,弯矩图上的极值是否就是最大弯矩?

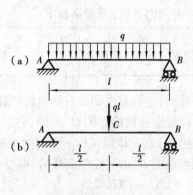

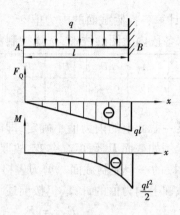

题图 9.2   题图 9.4

9.5　求题图 9.5 中各梁指定截面上的剪力 F_Q 和弯矩 M。各截面无限趋近于梁上 A，B，C 等各点。

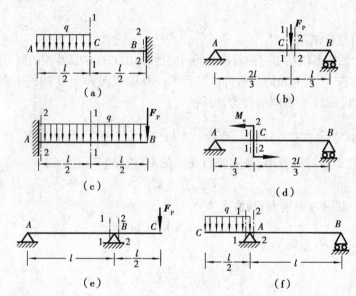

题图 9.5

9.6　试列出题图 9.6 中各梁的剪力方程和弯矩方程,作剪力图和弯矩图,并求 $|F_Q|_{max}$ 和 $|M|_{max}$。

9.7　一齿轮轴如题图 9.7 所示,其上的锥齿轮在图示平面内受到径向力 F_{P_r} 和轴向力 F_{P_a} 的作用。试作此轴的弯矩图。

9.8　在梁上行走的小车,二轮的轮压均为 F_P,如题图 9.8 所示。问小车行至何处时梁内的弯矩最大? 最大弯矩值为多少? 设小车的轮距为 c,大梁的跨度为 l。

9.9　按题图 9.9 所示方式吊运钢筋混凝土管柱,柱长为 l,单位长度重量为 q。问钢绳至柱端的距离 a 为何值时,管柱在自重作用下的弯矩值最小?

9.10　不列剪力方程和弯矩方程,作题图 9.10 中各梁的剪力图和弯矩图,并求出 $|F_Q|_{max}$ 和 $|M|_{max}$。

9.11　用叠加法作题图 9.11 各梁的弯矩图,并求出 $|M|_{max}$。

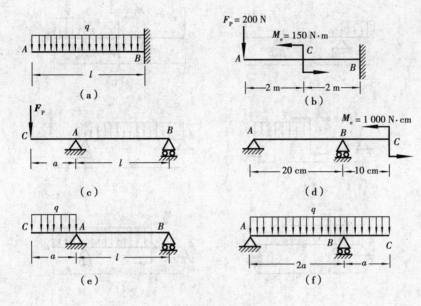

题图 9.6

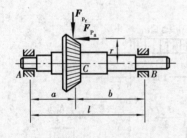

题图 9.7

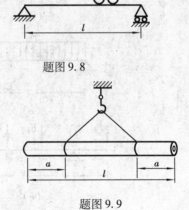

题图 9.8

9.12 作题图 9.12 中各构件的内力图。

9.13 设梁的剪力图如题图 9.13 所示,试作弯矩图和荷载图。已知梁上没有作用集中力偶。

9.14 已知梁的弯矩图如题图 9.14 所示,试作梁的荷载图和剪力图。

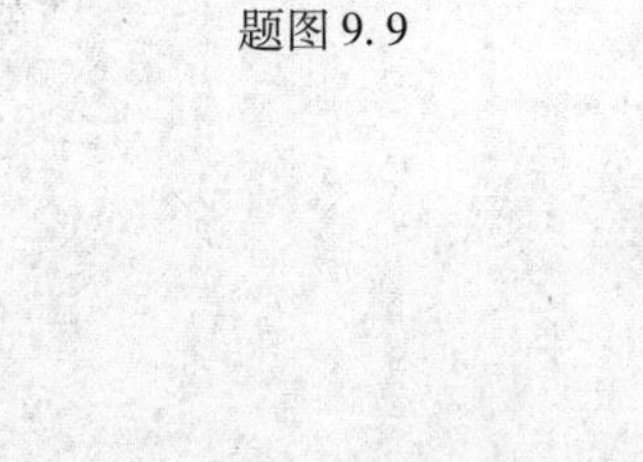

题图 9.9

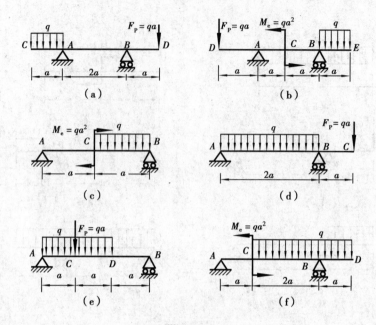

题图 9.10

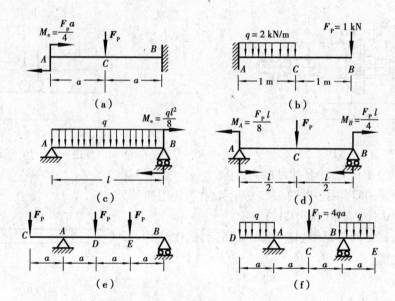

题图 9.11

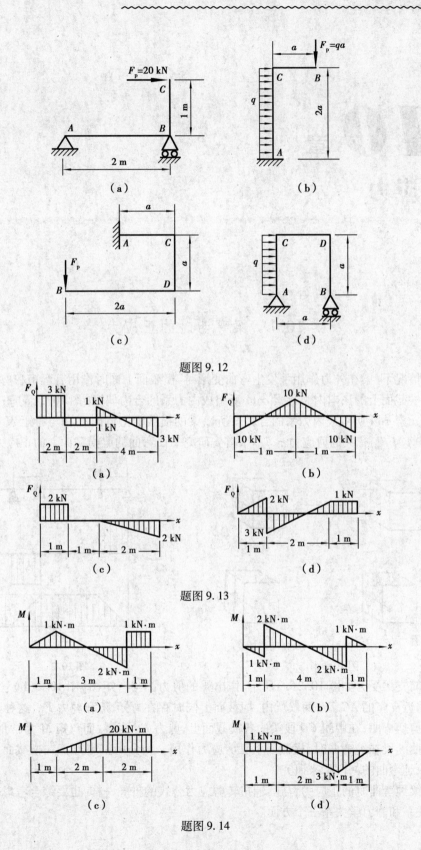

题图 9.12

题图 9.13

题图 9.14

第 **10** 章

弯曲应力

10.1　梁弯曲时的正应力

一般情况下,梁在外力作用下发生弯曲变形时,横截面上同时作用有弯矩和剪力。弯矩是由分布于横截面上的法向内力元素 $\sigma \mathrm{d}A$ 所组成内力系的合力偶矩[图 10.1(a)];而剪力则是切向内力元素 $\tau \mathrm{d}A$ 所组成内力系的合力。所以梁的横截面上同时存在与弯矩 M 有关的正应力 σ 和与剪力 F_Q 有关的剪应力 τ。本节首先研究平面弯曲的梁横截面上的正应力。

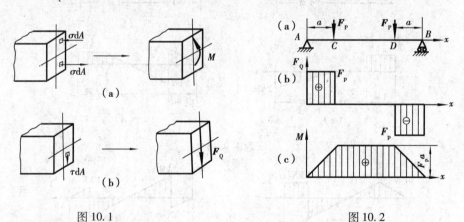

图 10.1　　　　　　　　　　　　　　　图 10.2

设一简支梁受力如图 10.2(a)所示,作出梁的剪力图与弯矩图[图 10.2(b)、(c)]。由图可见,在靠近支座的 AC,DB 两段梁内,横截面上同时存在弯矩 M 和剪力 F_Q,这种弯曲称为横力弯曲或剪切弯曲;在中间 CD 段梁的各横截面上,剪力 F_Q 为零,而弯矩 M 为常量,这种弯曲称为纯弯曲。梁在纯弯曲时,横截面上无剪应力作用。为分析正应力 σ 在横截面上的分布规律,可以取纯弯曲的一段梁来研究。

研究梁纯弯曲时的正应力,与圆轴扭转剪应力公式的推导一样,也要综合考虑变形几何关系、物理关系和静力学关系三个方面。

10.1.1 变形几何关系

为了寻求梁纯弯曲时的变形规律,可通过实验,观察弯曲变形的情况。取一矩形截面梁,在变形前梁的侧面上作纵向线 aa 和 bb,并作与它们垂直的横向线 mm 和 nn[图 10.3(a)],然后加外力偶使梁发生纯弯曲变形。梁弯曲变形后,纵向线 aa 和 bb 弯曲成弧线$\widehat{aa}$和$\widehat{bb}$[图 10.3(b)],但横向线 mm 和 nn 仍保持为直线,且仍然与弧线$\widehat{aa}$和$\widehat{bb}$垂直,只是相对地转动了一个角度[图 10.3(b)]。根据材料的均匀及连续性假设,可以推知梁内部的变形也与表面相同,因而可做这样的假设:梁弯曲变形后,其横截面仍然保持为平面,且仍然垂直于变形后梁的轴线,只是转动了一个角度。这就是梁纯弯曲的平面假设。此假设之所以成立,是因为以此为基础所得到的应力和变形公式,为实验及进一步的理论分析所证实。

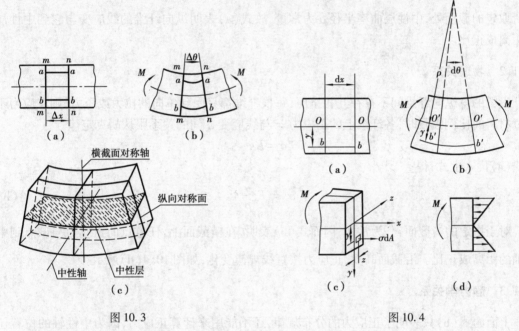

图 10.3 图 10.4

假设梁是由无数纵向纤维所组成的,梁弯曲时,两横截面间的纵向纤维将产生伸长或缩短,靠近凸边的纤维 bb 伸长,靠近凹边的纤维 aa 缩短[图 10.3(b)]。由于变形的连续性,各层纤维的变形,由底面纤维的伸长逐渐过渡到顶面纤维的缩短,中间必定存在一层既不伸长也不缩短的纤维,这层纤维称为中性层。中性层与横截面的交线称为中性轴,如图 10.3(c)所示。在中性层上、下两侧的纤维,若一侧伸长则另一侧必然缩短。这就形成横截面绕中性轴的微小转动。在平面弯曲的情况下,由于荷载及梁的变形都对称于纵向对称面,因而中性轴必定与横截面的对称轴垂直。

下面根据平面假设,通过几何关系,找出纵向线应变沿梁高度方向变化的规律。

弯曲变形前和变形后的梁段分别表示于图 10.4(a)和(b)中。以梁横截面的对称轴为 y 轴,以中性轴为 z 轴[图 10.4(c)],但中性轴的位置尚待确定。由于中性轴尚未确定,x 轴仅为通过坐标原点的横截面的法线。现研究距中性层 y 处纵向纤维 bb 的变形。

由平面假设,bb 纤维两侧的横截面,变形后各自绕中性轴相对地转动了一个角度 $\mathrm{d}\theta$,并仍保持为平面[图 10.4(b)]。因为中性层内纤维 OO 的长度在变形前后不变，设变形后中性层的曲率半径为 ρ，因此

$$dx = \overline{OO} = \widehat{O'O'} = \rho d\theta$$

纵向纤维 bb 变形前的长度为

$$\overline{bb} = dx = \rho d\theta$$

变形后的长度为

$$\widehat{b'b'} = (\rho + y)d\theta$$

故其纵向线应变为

$$\varepsilon = \frac{\widehat{b'b'} - \overline{bb}}{\overline{bb}} = \frac{(\rho + y)d\theta - \rho d\theta}{\rho d\theta} = \frac{y}{\rho} \tag{a}$$

在所取定的截面处，中性层曲率半径 ρ 为常量，故式(a)表明纵向纤维的线应变与它到中性层的距离成正比。

10.1.2 物理关系

设梁的各纵向纤维间不存在互相挤压，每根纤维都只受到单向的拉力或压力，则在应力不超过材料的比例极限时，各纤维上的正应力 σ 与线应变 ε 间的关系服从胡克定律

$$\sigma = E\varepsilon$$

把式(a)代入上式，得

$$\sigma = E\frac{y}{\rho} \tag{b}$$

对于指定的横截面，$\dfrac{E}{\rho}$ 为常数，因而式(b)表明，在横截面上，任意点的正应力与该点到中性轴的距离成正比。沿截面高度，正应力按直线规律变化，如图 10.4(d)所示。

10.1.3 静力学关系

上面的式(b)只表明了正应力的分布规律，还不能用来计算正应力，因为中性轴的位置还没有确定，曲率 $\dfrac{1}{\rho}$ 尚为未知量，还须考虑横截面上正应力应满足的静力学关系。

横截面上的微内力元素 σdA 组成了一个垂直于横截面的空间平行力系[图 10.4(c)，只画出力系中的一个微内力元素 σdA]。这一力系只能简化成三个内力分量，即平行于 x 轴的轴力 $\boldsymbol{F}_{N}$，对 y 轴和 z 轴的力偶矩 $\boldsymbol{M}_y$ 和 $\boldsymbol{M}_z$。它们分别为

$$F_{N} = \int_A \sigma dA, \qquad M_y = \int_A z\sigma dA, \qquad M_z = \int_A y\sigma dA$$

梁在纯弯曲时，横截面上的轴力 $\boldsymbol{F}_{N}$ 与对 y 轴的力偶矩 $\boldsymbol{M}_y$ 都为零，而对 z 轴的力偶矩 $\boldsymbol{M}_z$ 就是横截面上的弯矩 M，故横截面上的正应力 σ 应满足下列三个静力学关系

$$F_{N} = \int_A \sigma dA = 0 \tag{c}$$

$$M_y = \int_A z\sigma dA = 0 \tag{d}$$

$$M_z = \int_A y\sigma\mathrm{d}A = M \tag{e}$$

把式(b)代入式(c),得

$$\int_A \sigma\mathrm{d}A = \frac{E}{\rho}\int_A y\mathrm{d}A = 0 \tag{f}$$

式中 $\dfrac{E}{\rho}$ 为不等于零的常量,故必须有 $\int_A y\mathrm{d}A = S_z = 0$,所以横截面对中性轴 z 的静矩必须等于零,亦即中性轴 z 通过截面的形心(见 7.2 节)。这样就完全确定了 z 轴和 x 轴的位置。中性轴 z 通过截面形心且位于中性层内,梁的轴线即为 x 轴,也在中性层内。

把式(b)代入式(d),得

$$\int_A z\sigma\mathrm{d}A = \frac{E}{\rho}\int_A yz\mathrm{d}A = 0 \tag{g}$$

式中 积分 $\int_A yz\mathrm{d}A = I_{yz}$ 是横截面对 y 轴和 z 轴的惯性积。由于 y 轴是横截面的对称轴,必然有 $I_{yz}=0$(见 7.3 节)。因此式(g)是自然满足的。

把式(b)代入式(e),得

$$M = \int_A y\sigma\mathrm{d}A = \frac{E}{\rho}\int_A y^2\mathrm{d}A \tag{h}$$

式中 积分 $\int_A y^2\mathrm{d}A = I_z$ 是横截面对中性轴 z 的惯性矩。于是式(h)可以写为

$$\frac{1}{\rho} = \frac{M}{EI_z} \tag{10.1}$$

此式为研究梁的弯曲变形的基本公式,式中 $\dfrac{1}{\rho}$ 为梁轴线变形后的曲率。该式表明,在同样的弯矩 M 作用下,EI_z 越大,则曲率 $\dfrac{1}{\rho}$ 越小,即梁越不易发生弯曲变形,故 EI_z 称为梁的抗弯刚度。

再将式(10.1)代入式(b),最后得到

$$\sigma = \frac{My}{I_z} \tag{10.2}$$

这就是纯弯曲时正应力的计算公式。在实际计算中,通常只用 M 和 y 的绝对值来计算正应力 σ 的数值,再根据梁的变形情况来判断 σ 是拉应力还是压应力。以中性层为界,梁在凸出的一侧受拉,应力为拉应力;在凹入的一侧受压,应力为压应力。

在推导式(10.1)和式(10.2)时,虽然采用的矩形截面梁,但在推导过程中,并未用过矩形的几何性质。所以,只要梁有一纵向对称面,且荷载作用于这个平面内,公式就可适用。

式(10.2)是在平面弯曲的情况下推导出来的,它不适用于非平面弯曲的情况。在推导式(10.2)的过程中还使用了胡克定律,因此,当梁的材料不服从胡克定律或正应力超过了材料的比例极限时,公式不再适用。式(10.2)只适用于直梁,而不适用于曲梁,但可近似地用于曲率半径比梁的高度大得多的曲梁,对变截面梁也可近似地应用。

横截面上的最大正应力发生在离中性轴最远的点,由式(10.2),其值为

$$\sigma_{\max} = \frac{My_{\max}}{I_z}$$

引用记号

$$W_z = \frac{I_z}{y_{max}} \tag{10.3}$$

则最大正应力的计算公式可写为

$$\sigma_{max} = \frac{M}{W_z} \tag{10.4}$$

W_z 称为抗弯截面模量。它与截面的形状和尺寸有关,量纲为[长度]³。

若截面是高为 h、宽为 b 的矩形[图 10.5(a)],则

$$W_z = \frac{I_z}{h/2} = \frac{bh^3/12}{h/2} = \frac{bh^2}{6}$$

若截面是直径为 d 的圆形[图 10.5(b)],则

$$W_z = \frac{I_z}{d/2} = \frac{\pi d^4/64}{d/2} = \frac{\pi d^3}{32}$$

若截面是外径为 D、内径为 d 的空心圆[图 10.5(c)],则

$$W_z = \frac{I_z}{D/2} = \frac{\pi D^4(1-\alpha^4)/64}{D/2} = \frac{\pi D^3(1-\alpha^4)}{32}$$

式中 $\alpha = \frac{d}{D}$。

各种型钢截面的惯性矩和抗弯截面模量,可由型钢表查得(见附录Ⅰ)。

如果梁的横截面对中性轴不对称[图 10.5(d)],其最大拉应力与最大压应力数值不相等,这时应分别把 y_1、y_2 代入式(10.2),即得截面上的最大拉应力和压应力

$$\sigma_{max}^+ = \frac{My_1}{I_z}, \quad \sigma_{max}^- = \frac{My_2}{I_z}$$

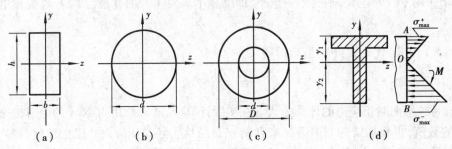

图 10.5

例 10.1 如图 10.6(a)所示悬臂梁受均布荷载作用,已知 $l = 1$ m,$q = 2$ kN/m;梁由 10 号槽钢制成,截面有关尺寸如图,$I_z = 25.6$ cm⁴,求梁的最大拉应力和最大压应力。

解 (1)作弯矩图

梁的弯矩图如图 10.6(b)所示,B 截面弯矩值最大

图 10.6

$$M = \frac{ql^2}{2} = \frac{2 \ kN/m \times (1 \ m)^2}{2} = 1 \ kN \cdot m$$

（2）求最大应力

由于弯矩符号为负，故截面 B 上边缘受拉应力，下边缘受压应力，由式（10.2）得

$$\sigma^+_{max} = \frac{My_1}{I_z} = \frac{1 \times 10^6 \ N \cdot mm \times 15.2 \ mm}{25.6 \times 10^4 \ mm^4} = 59.4 \ MPa$$

$$\sigma^-_{max} = \frac{My_2}{I_z} = \frac{1 \times 10^6 \ N \cdot mm \times 32.8 \ mm}{25.6 \times 10^4 \ mm^4} = 128.1 \ MPa$$

例 10.2　一宽为 $b = 30 \ mm$，厚为 $h = 4 \ mm$ 的钢带，将其弯曲成半径为 $R = 1\ 600 \ mm$ 的圆箍（图 10.7），材料的弹性模量 $E = 200 \ GPa$，比例极限 $\sigma_p = 260 \ MPa$，计算钢带的最大弯曲正应力。

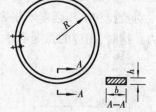

图 10.7

解　将钢带视为一曲梁，其曲率半径 R 比截面高度 h 要大得多，故可用直梁纯弯曲正应力公式计算应力。

由本节 10.1.2 的式（b）可得最大正应力为

$$\sigma_{max} = E \frac{y_{max}}{\rho}$$

将 $\rho = R + \frac{h}{2} \approx R$，$y_{max} = \frac{h}{2}$ 代入上式，得

$$\sigma_{max} = E \frac{h/2}{R} = \frac{Eh}{2R} = \frac{200 \times 10^3 \ N/mm^2 \times 4 \ mm}{2 \times 1\ 600 \ mm} = 250 \ MPa$$

最大正应力未超过材料的比例极限 $\sigma_p = 260 \ MPa$，计算结果有效。

10.2　弯曲正应力强度计算

公式（10.2）是在纯弯曲情况下，以平面假设为基础导出的。工程中常见的弯曲问题多为横力弯曲，这时，梁的横截面上不但有正应力而且还有剪应力。由于剪应力的存在，横截面不能再保持为平面（见 10.4.1 节）。同时，横力弯曲下，往往也不能保证梁的各纵向纤维之间互不挤压。虽然横力弯曲与纯弯曲存在这些差异，但进一步的分析结果表明，当梁的跨度 l 与截面的高度 h 之比大于 5 时（称之为细长梁），用式（10.2）计算横力弯曲时的正应力，引起的误差很小，能够满足工程问题所需要的精度。

横力弯曲时，弯矩随截面位置变化。一般情况下，最大正应力 σ_{max} 发生在弯矩最大的截面上，且离中性轴最远处。于是由式（10.2）及式（10.4）可得

$$\sigma_{max} = \frac{M_{max} y_{max}}{I_z} \tag{10.5}$$

及

$$\sigma_{max} = \frac{M_{max}}{W_z} \tag{10.6}$$

但公式（10.2）表明，正应力不仅与 M 有关，而且与 $\frac{y}{I_z}$ 有关，即与截面形状和尺寸有关。在

截面形状对中性轴不对称或者变截面梁的情况下,最大正应力 σ_{max} 并不一定发生在 M_{max} 所在的截面上。

对于材料的抗拉强度和抗压强度相等,且截面对中性轴对称的等截面梁,其正应力强度条件为

$$\sigma_{max} = \frac{M_{max}}{W_z} \leqslant [\sigma] \tag{10.7}$$

即要求梁的最大弯曲正应力不超过材料的许用应力。

对抗拉和抗压强度不相等的材料(如铸铁),则拉和压的最大应力都应不超过各自的许用应力。这时,相应的强度条件为

$$\sigma_{max}^+ \leqslant [\sigma]^+ \tag{10.8a}$$

$$\sigma_{max}^- \leqslant [\sigma]^- \tag{10.8b}$$

例 10.3　螺栓压板夹紧装置如图 10.8(a)所示。已知压板长 $3a = 150$ mm,压板材料的弯曲许用应力 $[\sigma] = 140$ MPa。计算压板传给工件的最大允许压紧力 F。

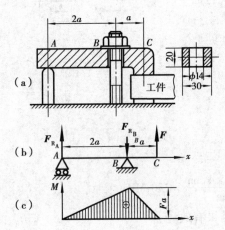

图 10.8

解　(1)作弯矩图

压板可简化为如图 10.8(b)所示的外伸梁。绘出其弯矩图如图 10.8(c),最大弯矩在截面 B 上

$$M_{max} = M_B = Fa$$

(2)求允许压力 F

根据截面 B 的尺寸,求出

$$I_z = \frac{3 \text{ cm} \times (2 \text{ cm})^3}{12} - \frac{1.4 \text{ cm} \times (2 \text{ cm})^3}{12}$$

$$= 1.07 \text{ cm}^4$$

$$W_z = \frac{I_z}{y_{max}} = \frac{1.07 \text{ cm}^4}{1 \text{ cm}} = 1.07 \text{ cm}^3$$

由强度条件式(10.7)

$$\sigma_{max} = \frac{M_{max}}{W_z} = \frac{Fa}{W_z} \leqslant [\sigma]$$

得

$$F \leqslant \frac{W_z [\sigma]}{a}$$

$$= \frac{1.07 \times 10^3 \text{ mm}^3 \times 140 \text{ N/mm}^2}{50 \text{ mm}} = 3\ 000 \text{ N} = 3 \text{ kN}$$

所以根据压板的强度,最大压紧力不应超过 3 kN。

例 10.4　一矩形截面木梁如图 10.9(a)所示,已知 $F_P = 10$ kN, $a = 1.2$ m;木材的许用弯曲应力 $[\sigma] = 10$ MPa。设梁横截面的高宽比为 $h/b = 2$,试设计梁的截面尺寸。

解　(1)作弯矩图

梁的弯矩图如图 10.9(b)所示,由图知梁的最大弯矩为

$$M_{max} = F_P a = 10 \text{ kN} \times 1.2 \text{ m} = 12 \text{ kN} \cdot \text{m}$$

(2)选择截面尺寸

矩形截面抗弯截面模量

$$W_z = \frac{bh^2}{6} = \frac{b(2b)^2}{6} = \frac{2b^3}{3}$$

由强度条件式(10.7)

$$\sigma_{max} = \frac{M_{max}}{W_z} = \frac{M_{max}}{2b^3/3} \leqslant [\sigma]$$

得

$$b \geqslant \sqrt[3]{\frac{3M_{max}}{2[\sigma]}} = \sqrt[3]{\frac{3 \times 12 \times 10^6 \text{ N} \cdot \text{mm}}{2 \times 10 \text{ N/mm}^2}}$$

$$= 122 \text{ mm}$$

$$h = 2b = 244 \text{ mm}$$

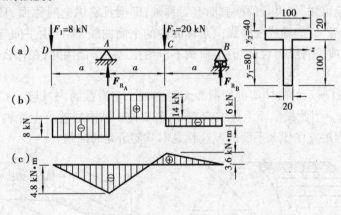

图 10.9

最后选用 $125 \times 250 \text{ mm}^2$ 的矩形截面。

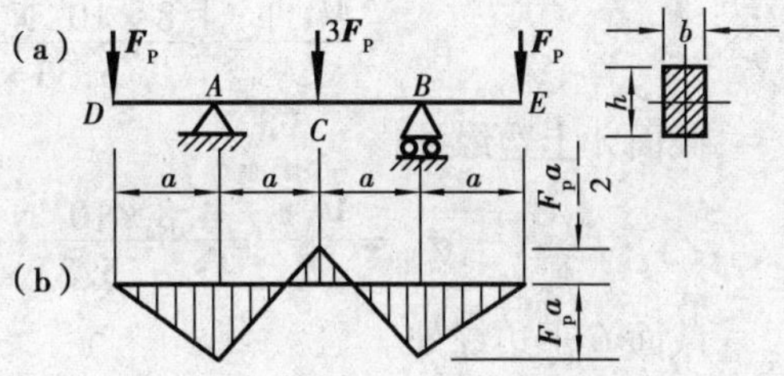

例 10.5　一根 T 形截面梁如图 10.10(a)所示。已知 $F_1 = 8$ kN，$F_2 = 20$ kN，$a = 0.6$ m；横截面的惯性矩 $I_z = 5.33 \times 10^6 \text{ mm}^4$，材料的许用拉应力 $[\sigma]^+ = 60$ MPa，许用压应力 $[\sigma]^- = 150$ MPa，试校核梁的强度。

图 10.10

解　(1)作弯矩图

由静力平衡方程求得梁的约束力为

$$F_{R_A} = 22 \text{ kN}, \quad F_{R_B} = 6 \text{ kN}$$

作出梁的弯矩图如图 10.10(c)所示。由图知截面 A 或 C 可能为危险截面

$$M_A = -4.8 \text{ kN} \cdot \text{m}, \quad M_C = 3.6 \text{ kN} \cdot \text{m}$$

(2)校核强度

截面 A 的弯矩为负，截面 C 的弯矩为正，故截面 A 的下边缘和截面 C 的上边缘处受压，截面 A 的上边缘及截面 C 的下边缘处受拉。

分别比较两截面的最大拉应力与最大压应力：因为 $|M_A| > M_C$，$y_1 > y_2$，故截面 A 下边缘处的压应力最大；在截面 C 上，虽然 $M_C < |M_A|$，但由于 $y_1 > y_2$，其下边缘的拉应力可能比截面 A 上边缘的拉应力还要大，要通过计算来确定。

由以上分析知，要校核以下各处的正应力：

截面 A 下边缘处，由式(10.2)

$$\sigma_A^- = \frac{M_A y_1}{I_z} = \frac{4.8 \times 10^6 \text{ N} \cdot \text{mm} \times 80 \text{ mm}}{5.33 \times 10^6 \text{ mm}^4} = 72 \text{ MPa} < [\sigma]^- = 150 \text{ MPa}$$

截面 A 上边缘处

$$\sigma_A^+ = \frac{M_A y_2}{I_z} = \frac{4.8 \times 10^6 \text{ N} \cdot \text{mm} \times 40 \text{ mm}}{5.33 \times 10^6 \text{ mm}^4} = 36 \text{ MPa} < [\sigma]^+ = 60 \text{ MPa}$$

截面 C 下边缘处

$$\sigma_c^+ = \frac{M_C y_1}{I_z} = \frac{3.6 \times 10^6 \text{ N} \cdot \text{mm} \times 80 \text{ mm}}{5.33 \times 10^6 \text{ mm}^4} = 54 \text{ MPa} < [\sigma]^+ = 60 \text{ MPa}$$

由计算结果知,此 T 形梁满足强度条件。当截面形状对中性轴不对称时,最大拉、压应力不一定发生在同一截面上。此处,最大拉应力在截面 C 下边缘,最大压应力在截面 A 下边缘。

*10.3　非对称梁的弯曲

由前面的讨论可知,如果梁的横截面有对称轴,即梁具有纵向对称面,且荷载作用于此平面内,则弯曲变形后,梁的轴线变为纵向对称面内的平面曲线,梁产生平面弯曲。现在研究梁没有纵向对称面,或虽有纵向对称面,但荷载不作用在这一平面内时,在什么条件下,梁才会发生平面弯曲。

设图 10.11(a)所示的实体梁的横截面无对称轴。在横截面内过形心 C 任意取两根互相垂直的 y 轴与 z 轴。当此横截面上存在弯矩时,若要使 z 轴恰好就是中性轴,这时 y, z 轴需要满足什么条件? 弯矩应在什么平面内? 这就是本节要研究的问题。

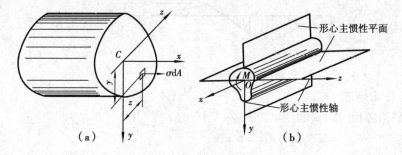

图 10.11

假设非对称梁发生纯弯曲变形,并且前述的平面假设及梁的纵向杆维间互不挤压的假设仍然成立。根据平面假设,当 z 轴为中性轴时,横截面将绕中性轴转动。横截面上距 z 轴为 y 处的一点的正应力仍可由 10.1.2 节的式(b)来表达

$$\sigma = E \frac{y}{\rho} \qquad (a)$$

把横截面划分为无数的微面积 dA,则在任一微面积 dA 上的微内力元素为 σdA。横截面上的这些法向微内力元素组成一个空间平行力系,由静力平衡条件,可得

$$F_N = \int_A \sigma dA$$

$$M_y = \int_A z\sigma dA$$

$$M_z = \int_A y\sigma dA$$

当外力偶作用于 xy 平面内时,横截面上的轴力 F_N 为零,对 y 轴的力偶矩 M_y 为零,对 z 轴的力偶矩 M_z 就是横截面上的弯矩 M。把式(a)代入以上三式,最后得到

$$F_N = \frac{E}{\rho}\int_A y dA = \frac{E}{\rho}S_z = 0 \qquad\qquad\text{(b)}$$

$$M_y = \frac{E}{\rho}\int_A yz dA = \frac{E}{\rho}I_{yz} = 0 \qquad\qquad\text{(c)}$$

$$M_z = \frac{E}{\rho}\int_A y^2 dA = \frac{E}{\rho}I_z = M \qquad\qquad\text{(d)}$$

对于对称截面,条件(c)是自然满足的。对于非对称截面,可以证明,通过截面所在平面内的任一点,总可以找到一对坐标轴 y,z,使截面对它的惯性积 $I_{yz}=0$,这一对坐标轴称为主惯性轴(简称主轴)。通过截面形心的主惯性轴称为形心主惯性轴,它与梁轴线所构成的平面称为形心主惯性平面[图 10.11(b)]。

如果选 y 轴和 z 轴为通过截面形心的形心主惯性轴,则必然有 $S_z=0,I_{yz}=0$,上面的(b),(c)两式都能得到满足。这时把式(d)代入式(a),即得

$$\sigma = \frac{My}{I_z} \qquad\qquad\text{(e)}$$

这就是平面弯曲的正应力公式(10.2)。

因此,可得以下结论:无纵向对称面的实体梁,只要外力偶作用在一个形心主惯性平面内,梁就发生平面弯曲变形,另外一根形心主惯性轴就是中性轴,可用平面弯曲的正应力公式计算应力。当外力偶的作用平面与一个形心主惯性平面平行时,以上结论也是成立的。

非对称梁在纯弯曲时发生平面弯曲的结论还可以推广到横力弯曲的情况。对于实体梁,若略去其扭转变形,则当横向外力位于梁的一个形心主惯性平面内时,梁也发生平面弯曲。这样就把公式(10.2)的适用范围推广到非对称梁发生平面弯曲的情况。

10.4　梁弯曲时的剪应力

横力弯曲时,梁的横截面上既有弯矩又有剪力,因此横截面上既有正应力又有剪应力。本节先以矩形截面为例,说明研究弯曲剪应力的方法,然后介绍几种常见截面梁的剪应力计算。

10.4.1　矩形截面梁

设一矩形截面梁,其横截面上的剪力为 F_Q,如图 10.12 所示。现分析剪应力沿宽度方向的分布情况。

首先分析截面侧边任一点 C 处的剪应力方向。设在该点处的剪应力 τ 为任意方向,将其分解为平行和垂直于截面周边的两个分量 τ_y 及 τ_z。根据剪应力互等定理,梁侧面在该点处也应有一剪应力 τ_z' 存在,且 $\tau_z'=\tau_z$。然而实际上梁侧面上并无剪应力作用,即 $\tau_z'=0$,所以必然有

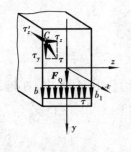

$\tau_z = 0$，C 点处仅有 τ_y 存在。由此可以得到结论：截面周边处的剪应力必定与周边相切。因此，截面左、右边界上的剪应力与剪力 $\boldsymbol{F}_Q$ 平行。又由于对称关系，y 轴上的剪应力也必与 $\boldsymbol{F}_Q$ 的方向相同。故可推知整个截面上各点的剪应力都平行于剪力 $\boldsymbol{F}_Q$。又当截面高度大于宽度时，可近似地认为剪应力沿截面宽度均匀分布。

　　根据以上分析，对横截面上的剪应力的分布规律可作如下假设：

　　1）横截面上各点的剪应力的方向都平行于剪力 $\boldsymbol{F}_Q$；

　　2）剪应力沿截面宽度均匀分布。

图 10.12

　　进一步的理论分析证明，对于截面高度大于宽度的细长梁，根据上述假设建立的剪应力计算公式是足够精确的。

　　在图 10.13（a）所示矩形截面梁的任意截面上，剪力 $\boldsymbol{F}_Q$ 皆与截面的对称轴 y 重合。根据矩形截面剪应力分布规律的假设可知，在距中性轴为 y 的横线 pq 上，各点的剪应力 τ 都相等，且都平行于 $\boldsymbol{F}_Q$。再由剪应力互等定理，在沿 pq 切出的平行于中性层的 pr 平面上，也必然有与 τ 相等的剪应力 τ'［图 10.13（b）］，而且 τ' 沿宽度 b 也是均匀分布的。

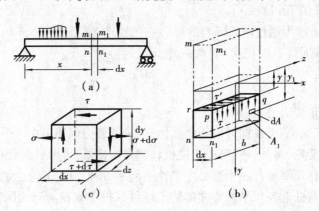

图 10.13

　　由剪应力分布规律可以推得，在同一截面上，剪应力为坐标 y 的函数，且根据剪应力互等定理可证明，矩形截面的上、下边缘处的剪应力为零。在 pq 横线上的某点处截取一单元体，如图 10.13（c）所示。其顶面的剪应力为 τ，当坐标 y 有一增量 $\mathrm{d}y$ 时，τ 的相应增量为 $\mathrm{d}\tau$，故单元体底面的剪应力为 $\tau + \mathrm{d}\tau$。根据同样的道理可知，单元体左面上的正应力为 σ，右面上的正应力为 $\sigma + \mathrm{d}\sigma$。由单元体的平衡方程

$$\sum F_x = 0, (\sigma + \mathrm{d}\sigma)\mathrm{d}y\mathrm{d}z - \sigma\mathrm{d}y\mathrm{d}z + (\tau + \mathrm{d}\tau)\mathrm{d}x\mathrm{d}z - \tau\mathrm{d}x\mathrm{d}z = 0$$

化简后可得

$$\mathrm{d}\sigma\mathrm{d}y + \mathrm{d}\tau\mathrm{d}x = 0$$

此式又可写为

$$\mathrm{d}\tau = -\frac{\mathrm{d}\sigma}{\mathrm{d}x}\mathrm{d}y \tag{a}$$

把式（10.2）的 $\sigma = \dfrac{My}{I_z}$ 代入式（a），并注意到微分关系 $\dfrac{\mathrm{d}M}{\mathrm{d}x} = F_Q$，经过整理后，得

$$\mathrm{d}\tau = -\frac{F_Q}{I_z}y\mathrm{d}y \tag{b}$$

将式(b)左、右两边分别由 τ 到零、y 到 $\frac{h}{2}$ 积分

$$\int_\tau^0 \mathrm{d}\tau = -\frac{F_Q}{I_z b}\int_y^{\frac{h}{2}} by_1 \mathrm{d}y_1$$

积分后得

$$\tau = \frac{F_Q}{I_z b}\int_y^{\frac{h}{2}} by_1 \mathrm{d}y_1 \tag{c}$$

式(c)中的积分

$$S_z^* = \int_y^{\frac{h}{2}} by_1 \mathrm{d}y_1 \tag{d}$$

为横截面的部分面积 A_1 对中性轴的静矩,也就是距中性轴为 y 的横线 pq 以下的面积对中性轴的静矩。式(d)也可改写为更一般的形式

$$S_z^* = \int_{A_1} y_1 \mathrm{d}A \tag{e}$$

于是式(c)可写成

$$\tau = \frac{F_Q S_z^*}{I_z b} \tag{10.9}$$

式中 F_Q 为横截面上的剪力,b 为截面宽度,I_z 为整个截面对中性轴的惯性矩,S_z^* 为截面上距中性轴为 y 的横线以外部分面积[即图 10.14(a)中的阴影部分]对中性轴的静矩。这就是矩形截面梁弯曲剪应力的计算公式。

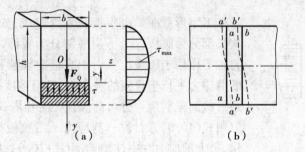

图 10.14

对于矩形截面[图 10.14(a)],利用式(d),得

$$S_z^* = \int_y^{\frac{h}{2}} by_1 \mathrm{d}y_1 = \frac{b}{2}\left(\frac{h^2}{4} - y^2\right)$$

这样,公式(10.9)可以写成

$$\tau = \frac{F_Q}{2I_z}\left(\frac{h^2}{4} - y^2\right) \tag{10.10}$$

由式(10.10)可见,沿截面高度剪应力按抛物线规律变化。当 $y = \pm\frac{h}{2}$ 时,即在横截面的上、下边缘处,$\tau = 0$;随着离中性轴的距离 y 的减小,τ 逐渐增大,当 $y = 0$ 时,即在中性轴上,剪

应力最大,其值为

$$\tau_{max} = \frac{F_Q h^2}{8 I_z}$$

若把 $I_z = \frac{bh^3}{12}$ 代入上式,即可得到

$$\tau_{max} = \frac{3}{2} \frac{F_Q}{bh} = \frac{3}{2} \frac{F_Q}{A} \qquad (10.11)$$

式中 $A = bh$,为矩形截面的面积。可见,矩形截面梁的最大剪应力为平均剪应力 $\frac{F_Q}{A}$ 的1.5倍。

根据剪切胡克定律,在弹性范围以内,剪应力与剪应变成正比,即 $\gamma = \frac{\tau}{G}$。由式(10.10)可得

$$\gamma = \frac{F_Q}{2 G I_z} \left(\frac{h^2}{4} - y^2 \right)$$

可以发现,沿截面高度各点的剪应变 γ 也呈抛物线变化。矩形截面上、下边缘处各点的剪应变为零。随着与中性轴距离的减小,剪应变逐渐增大,中性轴上剪应变达到最大值,这就意味着横截面不再保持为平面,而将产生翘曲,如图10.14(b)所示。若梁在每一横截面上的剪力 F_Q 都相等,则各横截面的翘曲程度相同。相邻截面间纵向纤维的长度不变,对弯曲正应力的分布没有影响。若在分布荷载作用下,梁在不同横截面上的剪力不同,则各横截面的翘曲程度也就不同,相邻截面间,纵向纤维的长度将发生变化,但对细长梁来说,这种变化很微小,对弯曲正应力的影响可略去不计。

10.4.2 工字形截面梁

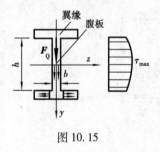

图10.15

工字形截面梁由腹板和翼缘组成,如图10.15所示,中间狭长部分为腹板,上、下扁平部分为翼缘。梁横截面上的剪应力主要作用于腹板上。由于腹板比较狭长,故可以认为,其上的剪应力平行于腹板的竖直边,且沿宽度方向均匀分布。这与矩形截面梁剪应力分布的假设完全相同,故腹板上的剪应力可以用式(10.9)来计算。剪应力 τ 沿腹板高度按抛物线规律变化,最大剪应力在中性轴上,由式(10.9),得

$$\tau_{max} = \frac{F_Q S_{zmax}^*}{I_z b} \qquad (10.12)$$

式中 b 为腹板的宽度,S_{zmax}^* 为中性轴一侧的截面面积对中性轴的静矩。在计算工字钢的 τ_{max} 时,式(10.12)中的比值 I_z / S_{zmax}^* 可直接从型钢表中查得。

计算表明,腹板几乎全部承担了横截面上的剪力 F_Q,且腹板上的最大剪应力与最小剪应力的值差别不大,剪应力接近于均匀分布(图10.15)。因此也可近似地按下式计算腹板上的最大剪应力

$$\tau_{max} = \frac{F_Q}{bh} \qquad (10.13)$$

式中 b,h 分别为腹板的宽度和高度。

翼缘上的剪应力情况比较复杂。由于截面周边的剪应力必与周边相切,故翼缘上还有水平方向的剪应力(图 10.15),因其值较小,一般不予考虑。

10.4.3 圆形截面梁

对于圆形截面梁,已经不能再假设截面上各点的剪应力都平行于剪力 $\boldsymbol{F}_\text{Q}$。在圆形截面上,距中性轴为 y 处弦线 ab 的两端,剪应力的方向必然切于周边,并相交于 y 轴上的 d 点;而在弦线中点 C 处,由于对称,剪应力的方向也必然通过 d 点。由此可以假设 ab 弦上各点剪应力的作用线都通过 d 点(图 10.16)。若再假设 ab 弦上各点剪应力的竖向分量 τ_y 是相等的,于是对 τ_y 来说,就与对矩形截面所作的假设完全相同,所以可用公式(10.9)计算 τ_y。

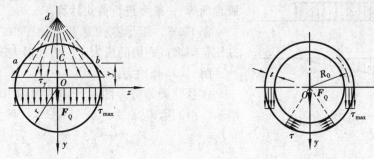

图 10.16   图 10.17

在中性轴上,剪应力为最大值,其方向与 y 轴平行,设圆截面半径为 r,由式(7.9)得

$$\tau_{max} = \frac{F_\text{Q} S_{zmax}^*}{I_z b}$$

式中 $b = 2r, I_z = \dfrac{\pi r^4}{4}, S_{zmax}^* = \dfrac{\pi r^2}{2} \cdot \dfrac{4r}{3\pi}$ 为半圆面积对中性轴的静矩,化简后得

$$\tau_{max} = \frac{4}{3}\frac{F_\text{Q}}{\pi r^2} = \frac{4}{3}\frac{F_\text{Q}}{A} \tag{10.14}$$

式中 $A = \pi r^2$ 为圆截面的面积。可见圆截面梁横截面上的最大剪应力为平均剪应力的 $1\frac{1}{3}$ 倍。

薄壁圆环形截面上的剪应力也必定与截面周边相切,同时,由于截面壁厚较小,还可以认为剪应力沿厚度方向均匀分布,如图 10.17 所示。最大剪应力在中性轴上,由式(10.9)求得

$$\tau_{max} = 2\frac{F_\text{Q}}{2\pi R_0 t} = 2\frac{F_\text{Q}}{A} \tag{10.15}$$

式中 R_0 为圆环截面的平均半径,t 为壁厚,$A = 2\pi R_0 t$ 为圆环截面的面积。可见薄壁圆环形截面的最大剪应力为平均剪应力的 2 倍。

现在讨论弯曲剪应力的强度计算。一般情况下,在剪力最大的截面的中性轴上,出现最大剪应力,由于中性轴上各点的正应力等于零,处于纯剪切状态。因此,梁的弯曲剪应力强度条件为

$$\tau_{max} = \frac{F_{Qmax} S_{zmax}^*}{I_z b} \leqslant [\tau] \tag{10.16}$$

式中　I_z 为横截面对中性轴 z 的惯性矩;b 为横截面在中性轴处的宽度;S_{zmax}^* 是中性轴以上(或以下)部分截面面积对中性轴 z 的静矩;$[\tau]$ 为材料的许用剪应力。

细长梁的强度控制因素通常是弯曲正应力。满足弯曲正应力强度条件的梁,一般来说都能满足剪应力强度条件。只有在下述一些情况下,要进行弯曲剪应力强度校核:

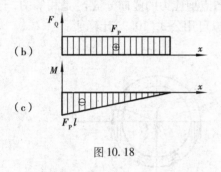

图 10.18

1)梁的跨度较短,或在支座附近作用有较大的荷载,此时梁的弯矩较小,而剪力却较大;

2)对于型钢和由型钢、钢板等构成的薄壁截面梁,若其腹板的宽度相对于截面高度很小时,应对腹板进行剪应力校核;

3)经焊接、铆接或胶合而成的梁,对焊缝、铆钉或胶合面等,一般要进行剪切计算。

例 10.6　矩形截面悬臂梁如图 10.18(a)所示。试比较梁横截面内的最大正应力和最大剪应力。

解　(1)作内力图

作悬臂梁的剪力图和弯矩图如图 10.18(b),(c)所示。由图可得

$$F_{Qmax} = F_P, \quad M_{max} = F_P l$$

(2)计算应力

各横截面剪力均相同,最大剪应力发生在中性轴上,其值为

$$\tau_{max} = \frac{3}{2}\frac{F_Q}{A} = \frac{3F_P}{2bh}$$

固定端右侧截面弯矩值最大,最大正应力发生在该截面的上、下边缘处,其值为

$$\sigma_{max} = \frac{M_{max}}{W_z} = \frac{F_P l}{bh^2/6} = \frac{6F_P l}{bh^2}$$

因此　　$\dfrac{\tau_{max}}{\sigma_{max}} = \dfrac{h}{4l}$

由上式可看出,对于细长梁($l > 5h$),剪应力要比正应力小得多。所以对于细长的非薄壁截面梁来说,强度控制因素通常是弯曲正应力。强度计算可以只按正应力进行,不需要考虑剪应力的影响。

例 10.7　由二板叠合的悬臂梁如图 10.19(a)所示,A 端固定,B 端用一螺栓拧紧。已知 $b = 60$ mm,$h = 100$ mm,$l = 800$ mm,$F_P = 1$ kN;螺栓的许用剪应力$[\tau] = 100$ MPa。试选择螺栓的直径。

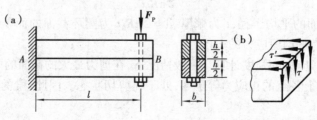

图 10.19

解 二板由固定端及螺栓连接成为一整体,这种梁称为组合梁。其弯曲正应力与剪应力的计算,仍可按相应尺寸的整体梁进行。若梁为一整体梁,则在其中性层处,因无纵向伸长或缩短,不能相互错动,中性层上有剪应力作用[图 10.19(b)]。但对于此组合梁,中性层处是互相分开的,该处原有的剪力由梁右端的螺栓承受。

组合梁各截面剪力均为 $F_Q = F_P$,故中性层上面存在均匀分布的剪应力,其值为

$$\tau' = \tau = \frac{3}{2} \frac{F_Q}{A} = \frac{3F_P}{2bh}$$

中性层上的总剪力 F_Q' 为

$$F_Q' = \tau' \cdot bl = \frac{3F_P}{2bh} \cdot bl = \frac{3F_P l}{2h}$$

由于中性层处互相分开,剪力 F_Q' 由螺栓承受,由螺栓的剪切强度条件

$$\tau'' = \frac{F_Q'}{A} = \frac{3F_P l/2h}{\pi d^2/4} \leqslant [\tau]$$

可得

$$d \geqslant \sqrt{\frac{6F_P l}{\pi h [\tau]}} = \sqrt{\frac{6 \times 1\,000 \text{ N} \times 800 \text{ mm}}{\pi \times 100 \text{ mm} \times 100 \text{ N/mm}^2}} = 12.36 \text{ mm}$$

故螺栓的直径 $d \geqslant 12.36$ mm,可满足强度要求。

例 10.8 简支梁受荷载如图 10.20(a)所示。$l = 2$ m,$a = 0.2$ m,荷载 $q = 10$ kN/m,$F_P = 200$ kN。材料的许用应力 $[\sigma] = 160$ MPa,$[\tau] = 100$ MPa。试选择适用的工字钢型号。

解 (1)作内力图

求出梁的约束力

$$F_{R_A} = F_{R_B} = 210 \text{ kN}$$

作剪力图和弯矩图如图 10.20(b)和(c)所示。由图可知

$$F_{Qmax} = 210 \text{ kN}, \quad M_{max} = 45 \text{ kN} \cdot \text{m}$$

(2)选择截面尺寸

先由梁的正应力强度条件确定截面尺寸,再校核梁的剪应力。由弯曲正应力强度条件式(10.7),得

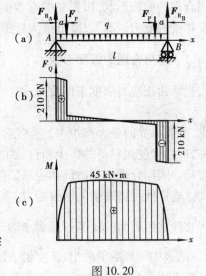

图 10.20

$$W_z \geqslant \frac{M_{max}}{[\sigma]} = \frac{45 \times 10^6 \text{ N} \cdot \text{mm}}{160 \text{ N/mm}^2} \times 10^{-3} = 281 \text{ cm}^3$$

查型钢表(附录 I),选用 22a 工字钢,其 $W_z = 309 \text{ cm}^3$。

(3)校核剪应力

由型钢表查得,22a 工字钢,$\dfrac{I_z}{S_{zmax}^*} = 18.9$ cm,腹板厚度 $d = 0.75$ cm,代入剪应力强度条件

$$\tau_{max} = \frac{F_{Qmax} S_{zmax}^*}{I_z b} = \frac{210 \times 10^3 \text{ N}}{189 \text{ mm} \times 7.5 \text{ mm}}$$

$$= 148 \text{ MPa} > [\tau] = 100 \text{ MPa}$$

不满足剪应力强度条件。

（4）重选截面尺寸

在原计算基础上适当加大截面,重选 25b 工字钢,再校核其剪应力强度。由型钢表查出,$\frac{I_z}{S_{zmax}^*} = 21.3$ cm,$d = 1$ cm,则剪应力

$$\tau_{max} = \frac{F_{Qmax}S_{zmax}^*}{I_z b} = \frac{210 \times 10^3 \text{ N}}{213 \text{ mm} \times 10 \text{ mm}} = 98.6 \text{ MPa} < [\tau] = 100 \text{ MPa}$$

因此,要同时满足正应力和剪应力强度条件,应选用型号为 25b 的工字钢。

10.5　提高梁弯曲强度的措施

对工程中的大多数梁来说,弯曲正应力是控制梁弯曲强度的主要因素。所以弯曲正应力强度条件

$$\sigma_{max} = \frac{M_{max}}{W_z} \leqslant [\sigma] \tag{a}$$

往往是设计梁的主要依据。从这个条件出发,要提高梁的承载能力应从两方面考虑,一方面是采用合理的截面形状,以提高抗弯截面模量 W_z 的值,充分利用材料的性能;另一方面则是合理安排梁的受力情况,以降低最大弯矩 M_{max} 的值。下面从几方面进行讨论。

10.5.1　选用合理的截面形状

把弯曲正应力强度条件改写成

$$M_{max} \leqslant [\sigma] W_z \tag{b}$$

可见,梁能承受的最大弯矩 M_{max} 与抗弯截面模量 W_z 成正比,W_z 越大则梁的承载能力也越大。另一方面,梁使用材料的多少和自重的大小,则与截面面积 A 成正比,面积越小越经济,梁也越轻巧。因而合理的截面形状应该是截面面积 A 较小,而抗弯截面模量 W_z 较大,即比值 W_z/A 较大。这样便可提高梁的承载能力。

几种常用截面的比值 $\frac{W_z}{A}$ 已列于表 10.1 中(d 为圆形截面的直径,h 为其他几种截面的高度)。从表中所列数值看出,工字钢或槽钢比矩形截面经济合理,矩形截面比圆形截面经济合理。所以桥式起重机的大梁以及其他钢结构中的抗弯杆件,常采用工字形截面、槽形截面或箱形截面等。从正应力的分布规律来看,这是易于理解的。因为弯曲时梁横截面上的点离中性轴越远,正应力越大;而在中性轴附近弯曲正应力值较小,材料没有得到充分利用。为了充分利用材料,应尽可能把材料置放到离中性轴较远的地方。因此把实心圆截面改成空心圆截面,把矩形截面改成工字形截面(图 10.21),从而得到合理的截面形状。工程中采用的槽形截面、箱形截面等,也是同样的道理。

表 10.1　几种截面的 W_z 和 A 的比值

截面形状	圆　形	矩　形	槽　钢	工　字　钢
$\frac{W_z}{A}$	$0.125d$	$0.167h$	$(0.27 \sim 0.31)h$	$(0.27 \sim 0.31)h$

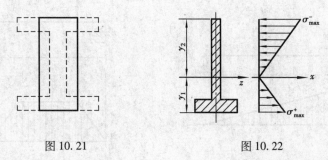

图 10.21　　　　　　　　　　图 10.22

选择梁的合理截面,还应考虑到材料的性能。上述几种截面形状都对称于中性轴,这样可使最大拉应力与最大压应力相等。对钢材等抗拉与抗压性能相同的材料,宜采用这类截面形状,使中性轴上、下侧的材料都发挥相同的作用。但对于抗拉与抗压性能不同的材料,例如铸铁,则应采用不对称于中性轴的截面,并使中性轴偏于受拉的一侧。这样可使横截面上的最大拉应力小于最大压应力。例如图 10.22 所示 T 形截面即为这类截面。若能调整截面有关尺寸,使中性轴的位置满足条件

$$\frac{\sigma^+_{\max}}{\sigma^-_{\max}} = \frac{M_{\max}y_1}{I_z} \bigg/ \frac{M_{\max}y_2}{I_z} = \frac{[\sigma]^+}{[\sigma]^-}$$

即

$$\frac{y_1}{y_2} = \frac{[\sigma]^+}{[\sigma]^-} \tag{c}$$

式中,$[\sigma]^+$,$[\sigma]^-$分别为材料的许用拉应力、许用压应力。

这种情况下,最大拉应力和最大压应力就能同时达到材料的许用应力,这样就使中性轴上、下两侧的材料各尽其用了。

10.5.2　适当布置荷载和支座位置

梁的弯矩图与荷载的作用位置及梁的支承方式有关,在可能的情况下,如果适当地调整荷载或支座的位置,可以减小梁的最大弯矩。

例如将轴上的齿轮安置得紧靠轴承,就会使齿轮传到轴上的力紧靠支座,以降低轴的最大弯矩。图 10.23 所示的情况,轴的最大弯矩仅为:$M_{\max} = \frac{5}{36}F_\mathrm{P}l$;但若把集中力 F_P 作用在轴的中点,则 $M_{\max} = \frac{1}{4}F_\mathrm{P}l$。相比之下,前者的弯矩就减少很多。此外,在情况许可的条件下,应尽可能将较大的集中力分散为较小的力,或改变成分布荷载,也可降低梁的最大弯矩。例如把作用在跨度中点的集中力 F_p 分散成图 10.24 所示的两个集中力,则最大弯矩将由 $M_{\max} = \frac{F_\mathrm{P}l}{4}$ 降低为 $M_{\max} = \frac{F_\mathrm{P}l}{8}$。

合理布置支座,也可减小梁的最大弯矩。例如图 10.25(a) 所示均布荷载作用下的简支梁,最大弯矩

$$M_{\max} = \frac{ql^2}{8} = 0.125\ ql^2$$

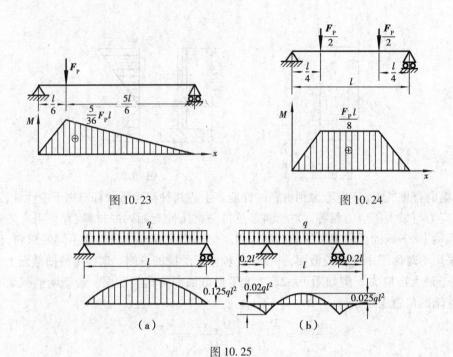

图 10.23 图 10.24

图 10.25

若把支座各向内移动 $0.2l$ [图 10.25(b)]，则最大弯矩减小为

$$M_{max} = 0.025ql^2$$

只为前者的 $\dfrac{1}{5}$。这样，梁的截面尺寸可相应地减少，既节省了材料，又减轻了自重。

图 10.26(a)所示门式起重机的大梁，图 10.26(b)所示锅炉筒体等，将其支承点略向中间移动，都可以取得降低最大弯矩 M_{max} 的效果。

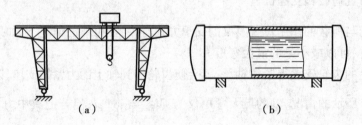

（a） （b）

图 10.26

10.5.3 采用变截面梁

前面讨论的梁都是等截面的，$W_z =$ 常数，但梁在各截面上的弯矩却随截面的位置而变化。由本节的式(a)可知，对于等截面梁来说，只有在弯矩为最大值 M_{max} 的截面上，最大应力才有可能接近许用应力。其余各截面上弯矩较小，应力也就较低，材料没有充分利用。为了节约材料，减轻构件自重，可以改变截面尺寸，使抗弯截面模量随弯矩而变化。在弯矩较大处采用较大截面，而在弯矩较小处采用较小截面。这种截面沿轴线变化的梁，称为变截面梁。变截面梁的正应力计算仍可近似地用等截面梁的公式。

在工程实际中，不少构件都采用了变截面梁的形式。例如上下加焊盖板的梁[图 10.27(a)]，

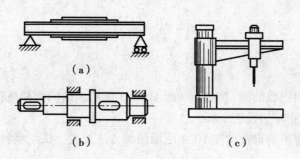

图 10.27

机械中的阶梯轴[图 10.27(b)]，摇臂钻床的摇臂[图 10.27(c)]等，都是根据弯矩的变化所采用的不同形式的变截面梁。

如果变截面梁各横截面上的最大应力都相等，且都等于许用应力，这种梁称为等强度梁。设梁在任一截面上的弯矩为 $M(x)$，抗弯截面模量为 $W_z(x)$。根据上述等强度梁的要求，应有

$$\sigma_{max} = \frac{M(x)}{W_z(x)} = [\sigma]$$

或者写成

$$W_z(x) = \frac{M(x)}{[\sigma]} \tag{10.17}$$

这就是等强度梁的 $W_z(x)$ 沿梁轴线变化的规律。显然，等强度梁的材料消耗最少，重量最轻，但实际上，由于加工制造等因素，一般只能近似地做到等强度的要求，例如常用阶梯轴[图 10.27(b)]来代替理论上的等强度梁。

<h1 style="text-align:center">习　题</h1>

10.1　回答下列各问题：

(1) 若矩形截面的高度或宽度分别增加 1 倍，截面的抗弯能力将各增大几倍？

(2) 设有受力情况、跨度、横截面均相同的钢梁与木梁，试比较它们的弯矩（或弯矩图）是否一样？正应力的大小和分布是否一样？纵向应变是否相同？

10.2　设两梁的横截面如题图 10.2 所示，z 轴为中性轴。试问此二截面的惯性矩和抗弯截面模量是否可以按下式计算，为什么？

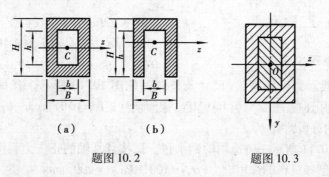

(a)　　　　(b)

题图 10.2　　　　　　　题图 10.3

$$I_z = \frac{BH^3}{12} - \frac{bh^3}{12}$$

$$W_z = \frac{BH^2}{6} - \frac{bh^2}{6}$$

10.3 由两种材料组成的梁,其截面如题图 10.3 所示。试问两种材料紧密粘合在一起和松套在一起,梁的弯曲正应力是否一样?

10.4 截面为正方形的梁按题图 10.4 所示两种方式放置。试问哪种方式比较合理?

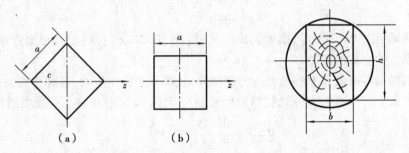

（a）　　（b）

题图 10.4　　　　题图 10.5

10.5 我国营造法式中,对矩形截面梁给出的尺寸比例是 $h : b = 3 : 2$,如题图 10.5 所示。试用弯曲正应力强度证明:从圆木锯出的矩形截面梁,上述尺寸比例接近最佳比值。

10.6 把直径 $d = 1$ mm 的钢丝绕在直径为 2 m 的卷筒上,试计算该钢丝中产生的最大应力。设 $E = 200$ GPa。

10.7 一外伸梁如题图 10.7 所示,梁由 16a 号槽钢制成。试求梁的最大拉应力和最大压应力,并指出其所作用的截面和位置。

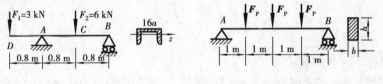

题图 10.7　　　　　　　　　　　　题图 10.8

10.8 一矩形截面梁如题图 10.8 所示。已知 $F_P = 2$ kN,横截面的高宽比 $h/b = 3$,材料为松木,许用应力 $[\sigma] = 8$ MPa。试选择横截面的尺寸。

10.9 20a 工字钢梁的支承和受力情况如题图 10.9 所示。若 $[\sigma] = 160$ MPa,试求许可荷载 F_P 的值。

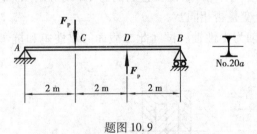

题图 10.9

10.10 ⊥形截面铸铁悬臂梁,尺寸及荷载如题图 10.10 所示。若材料的许用拉应力 $[\sigma]^+ = 40$ MPa,许用压应力 $[\sigma]^- = 160$ MPa,截面惯性矩 $I_z = 10\ 180$ cm^4,$h_1 = 96.4$ mm,z 为形心轴,试计算该梁的许可荷载 F_P。

10.11 题图 10.11 所示一铸造用的钢水包。试按其耳轴的正应力强度确定充满钢水时所允许的总重量。已知材料的许用应力 $[\sigma] = 100$ MPa,$d = 200$ mm。

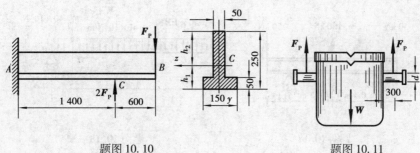

题图 10.10   题图 10.11

10.12 题图 10.12 所示制动装置的杠杆,在 B 处用直径 $d = 30$ mm 的销钉支承。若杠杆的许用应力 $[\sigma] = 140$ MPa,试求许可荷载 F_{P_1} 和 F_{P_2}。

10.13 一受均布荷载的外伸梁如题图 10.13 所示。已知 $q = 12$ kN/m,材料的许用应力 $[\sigma] = 160$ MPa。试选择此梁的工字钢型号。

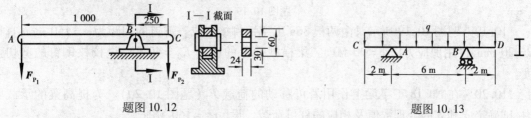

题图 10.12   题图 10.13

10.14 题图 10.14 所示轧辊轴直径 $D = 280$ mm,跨长 $L = 1\ 000$ mm,$l = 450$ mm,$b = 100$ mm。轧辊材料的弯曲许用应力 $[\sigma] = 100$ MPa。求轧辊能承受的最大轧制力。

10.15 铸铁梁的荷载及横截面尺寸如题图 10.15 所示。许用拉应力 $[\sigma]^+ = 40$ MPa,许用压应力 $[\sigma]^- = 160$ MPa。试按正应力强度条件校核梁的强度。

10.16 题图 10.16 所示悬臂木梁由三块 50 mm × 100 mm 的木板胶合而成,自由端受集中力 F_P 作用。设胶合缝的许用剪应力 $[\tau] = 0.4$ MPa,$F_P = 4.2$ kN,校核胶合缝剪应力。

10.17 由工字钢制成的外伸梁如题图 10.17 所示。设材料的弯曲许用应力 $[\sigma] = 160$ MPa,许用剪应力 $[\tau] = 100$ MPa,试选择工字钢的型号。

10.18 梁的荷载如题图 10.18 所示,梁由工字钢制成。材料的 $[\sigma] = 100$ MPa,$[\tau] = 80$ MPa,试作 F_Q,M 图,并选用工字钢的型号。

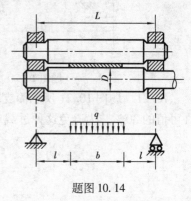

题图 10.14

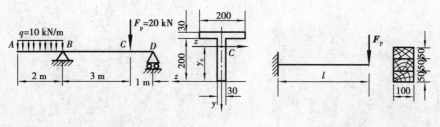

题图 10.15   题图 10.16

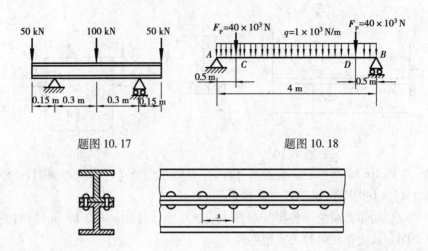

题图 10.17   题图 10.18

题图 10.19

10.19 题图 10.19 所示梁由两根 36a 工字钢铆接而成。铆钉的间距为 $s = 150$ mm，直径 $d = 20$ mm，许用剪应力 $[\tau] = 90$ MPa。梁横截面上的剪力 $F_Q = 40$ kN，试校核铆钉的剪切强度。

10.20 在 No.18 工字梁上作用着可移动的荷载 F_P（题图 10.20）。为提高梁的承载能力，试确定 a 和 b 的合理数值及相应的许可荷载。设 $[\sigma] = 160$ MPa。

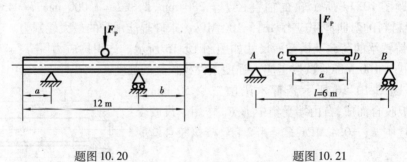

题图 10.20   题图 10.21

10.21 题图 10.21 所示简支梁 AB，若荷载 F_P 直接作用于梁的中点，梁的正应力超过了许可值的 30%。为避免这种过载现象，配置了副梁 CD，试求此副梁所需的长度 a。

第**11**章
弯曲变形

11.1　工程中的弯曲变形问题

第 10 章讨论了梁的强度计算。工程中对某些受弯构件,除强度要求外,往往还有刚度要求,即要求它变形不能过大。例如图 11.1 所示的车床主轴,若其变形过大,将影响齿轮的啮合和轴承的配合,造成磨损不均匀,产生噪声,降低寿命,影响工件的加工精度。又如桥式吊车梁,当变形过大时,在起吊重物时将引起振动。

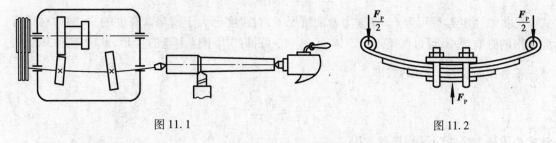

图 11.1　　　　　　　　　　　　　　　图 11.2

弯曲变形常常不利于构件正常工作,工程中应尽量减少和限制弯曲变形。但在另一些情况下,常常又要求构件有适当的弯曲变形,以符合使用的要求。例如,汽车上的叠板弹簧(图 11.2),应有较大的弹性变形,才可以更好地起缓冲减振作用。

弯曲变形计算除用于解决弯曲刚度问题以外,还用于求解静不定系统和振动计算。

11.2　梁的挠曲线近似微分方程

讨论弯曲变形时,以变形前的梁轴线为 x 轴,竖直向上的轴为 y 轴(图 11.3),xy 平面为梁的纵向对称面。在平面弯曲的情况下,梁的轴线将变形成为 xy 平面内的一条平面曲线,称为挠曲线。挠曲线上横坐标为 x 的任意点的纵坐标,代表坐标为 x 的横截面的形心沿 y 方向上的位移,称为挠度,用 y 表示。于是,梁的挠曲线方程式可写成

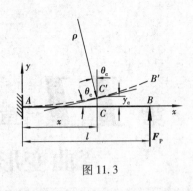

图 11.3

$$y = f(x) \tag{11.1}$$

弯曲变形中,梁的横截面相对于其原来位置转过的角度,称为横截面的转角,用 θ 表示(图 11.3)。挠度与转角是度量弯曲变形的两个基本量。在图 11.3 所示的坐标系中,挠度以向上为正,转角以逆时针转向为正。

根据平面假设,横截面在梁变形后仍垂直于梁的轴线,因此任一横截面的转角,也可用挠曲线在该截面形心处的切线与 x 轴的夹角来表示。由微分学知,过挠曲线上任一点的切线与 x 轴夹角的正切,就是挠曲线在该点处的斜率,即

$$\tan \theta = \frac{dy}{dx} = y' \tag{a}$$

由于工程实际中常见梁的转角 θ 一般都很小,可令 $\tan \theta \approx \theta$,因而可认为

$$\theta = \frac{dy}{dx} = y' \tag{11.2}$$

上式说明,梁的挠度 y 与转角 θ 之间存在一定的关系,梁任一横截面的转角等于挠曲线在该截面形心处的斜率。因此,只要知道梁的挠曲线方程,就可以确定任一横截面的挠度和转角。

在 10.1 节中,曾推导出纯弯曲情况下,弯矩与曲率间的关系式为公式(10.1),即

$$\frac{1}{\rho} = \frac{M}{EI} \tag{b}$$

式中已将惯性矩 I_z 简写为 I。在横力弯曲情况下,对跨度远大于横截面高度的梁,剪力对梁弯曲变形的影响很小,可以忽略不计。因而,式(b)可推广用于横力弯曲变形,此时弯矩 M 和曲率 $\frac{1}{\rho}$ 都是截面位置 x 的函数,即

$$\frac{1}{\rho(x)} = \frac{M(x)}{EI} \tag{c}$$

此式为梁横力弯曲变形的基本方程。

由高等数学知,平面曲线 $y = f(x)$ 上任一点处的曲率为

$$\frac{1}{\rho(x)} = \pm \frac{y''}{[1 + (y')^2]^{3/2}} \tag{d}$$

将式(d)代入式(c),得

$$\pm \frac{y''}{[1 + (y')^2]^{3/2}} = \frac{M(x)}{EI} \tag{11.3}$$

式(11.3)称为梁的挠曲线微分方程,这是一个二阶非线性常微分方程,求解较困难。

在工程实际中,梁的变形一般都很小,挠曲线为一条平坦的曲线,转角 $\theta = y'$ 为一很小的量,故 $(y')^2$ 与 1 相比可以忽略不计,于是,$1 + (y')^2 \approx 1$,因而式(11.3)可以简化为

$$\pm y'' = \frac{M(x)}{EI} \tag{e}$$

式(e)左边的正负号取决于弯矩正负号的规定及坐标系的选取。若弯矩符号仍按以前的

规定(见9.3节),并取 y 轴向上,则式(e)左边应取正号。因为当某一段梁的弯矩 $M(x)$ 为正时,其挠曲线呈凹形,由微分学知,此时 y'' 在所选取的坐标系中也为正值[图11.4(a)];同样,当 $M(x)$ 为负时,挠曲线为凸形,y'' 也为负值[图11.4(b)],故 $M(x)$ 与 y'' 的符号皆相同,式(e)左端取正号,即

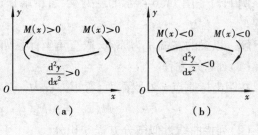

图 11.4

$$y'' = \frac{\mathrm{d}^2 y}{\mathrm{d}x^2} = \frac{M(x)}{EI} \tag{11.4}$$

式(11.4)称为梁的挠曲线近似微分方程。其所以说近似,是因为略去了剪力对弯曲变形的影响,并在式(11.3)中略去了转角的影响,用 y'' 近似地代替曲率。实践表明,根据这一公式所得的结果在工程应用中是足够精确的。

11.3 用积分法求梁的弯曲变形

为了计算梁的转角 θ 与挠度 y,可将式(11.4)进行积分。对于等截面直梁,EI 为常数,挠曲线近似微分方程(11.4)又可改写为

$$EIy'' = M(x) \tag{11.5}$$

将此式两边积分,得转角方程

$$EIy' = EI\theta = \int M(x)\,\mathrm{d}x + C \tag{a}$$

再积分一次,得挠曲线方程

$$EIy = \iint M(x)\,\mathrm{d}x\,\mathrm{d}x + Cx + D \tag{b}$$

上二式中的积分常数 C 和 D,可通过梁支承处或某些截面处的已知位移条件来确定,这些条件称为边界条件。例如在梁的铰支座处的挠度为零[图11.5(a)];在梁的固定端,挠度和转角均为零[图11.5(b)]。将梁的边界条件代入式(a)及式(b),即可确定积分常数 C 和 D,从而得到梁的转角方程和挠曲线方程。

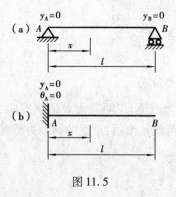

图 11.5

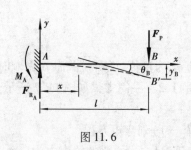

图 11.6

例 11.1 图 11.6 所示的悬臂梁，自由端作用一集中力 F_P。试求梁的转角方程及挠曲线方程。

解 以梁的左端 A 为原点，取直角坐标系如图。

（1）列弯矩方程

在距坐标原点 x 处取截面，弯矩方程为

$$M(x) = - F_P(l - x) = - F_P l + F_P x \tag{a}$$

（2）列挠曲线近似微分方程并积分

将弯矩方程代入式(11.5)，得

$$EIy'' = - F_P l + F_P x \tag{b}$$

通过两次积分，得

$$EI\theta = EIy' = - F_P lx + \frac{F_P}{2}x^2 + C \tag{c}$$

$$EIy = - \frac{F_P l}{2}x^2 + \frac{F_P}{6}x^3 + Cx + D \tag{d}$$

（3）确定积分常数

悬臂梁在固定端处的挠度和转角均为零，即

在 $x = 0$ 处

$$\theta = 0 \tag{e}$$

$$y = 0 \tag{f}$$

将这两个边界条件代入式(c)和式(d)得

$$C = 0, \quad D = 0$$

（4）建立转角方程和挠曲线方程

将求得的积分常数 C 和 D 代入式(c)和式(d)，得梁的转角方程和挠曲线方程分别为

$$\theta = - \frac{F_P x}{2EI}(2l - x) \tag{g}$$

$$y = - \frac{F_P x^2}{6EI}(3l - x) \tag{h}$$

（5）求最大转角和最大挠度

由图 11.6 可以看出，自由端 B 处的转角和挠度绝对值最大。将 $x = l$ 代入式(g)和式(h)可得

$$\theta_B = - \frac{F_P l^2}{2EI} \quad 即 \ |\theta|_{max} = \frac{F_P l^2}{2EI}$$

$$y_B = - \frac{F_P l^3}{3EI} \quad 即 \ |y|_{max} = \frac{F_P l^3}{3EI}$$

所得的 θ_B 为负值，说明横截面 B 做顺时针方向转动；y_B 为负值，说明截面 B 的挠度向下。

例 11.2 一简支梁如图 11.7 所示。简支梁受均布荷载 q 作用，求梁的转角方程和挠曲线方程。

解 （1）列弯矩方程

由于对称关系，梁的约束力为

$$F_{R_A} = F_{R_B} = \frac{ql}{2}$$

以 A 为原点,取坐标系如图,梁的弯矩方程为

$$M(x) = \frac{ql}{2}x - \frac{q}{2}x^2 \qquad\qquad (a)$$

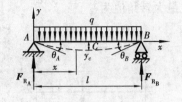

图 11.7

(2)列挠曲线近似微分方程并积分

将弯矩方程(a)代入式(11.5),得

$$EIy'' = \frac{ql}{2}x - \frac{q}{2}x^2 \qquad\qquad (b)$$

通过两次积分,得

$$EI\theta = EIy' = \frac{ql}{4}x^2 - \frac{q}{6}x^3 + C \qquad\qquad (c)$$

$$EIy = \frac{ql}{12}x^3 - \frac{q}{24}x^4 + Cx + D \qquad\qquad (d)$$

(3)确定积分常数

简支梁在两个支座处的挠度等于零,即

在 $x = 0$ 处 $\qquad\qquad\qquad\qquad y = 0 \qquad\qquad (e)$

在 $x = l$ 处 $\qquad\qquad\qquad\qquad y = 0 \qquad\qquad (f)$

将式(e),式(f)分别代入式(d),可求得

$$D = 0, \ C = -\frac{ql^3}{24}$$

(4)建立转角方程和挠曲线方程

将积分常数 C,D 代入式(c)和式(d),得梁的转角方程和挠曲线方程分别为

$$\theta = -\frac{q}{24EI}(l^3 - 6lx^2 + 4x^3) \qquad\qquad (g)$$

$$y = -\frac{qx}{24EI}(l^3 - 2lx^2 + x^3) \qquad\qquad (h)$$

(5)求最大转角和最大挠度

由于梁的荷载及支座的对称性,变形后梁的挠曲线也是对称的(图 11.7),最大挠度在梁的中点处,最大转角在梁的两支座处。将 $x = \frac{l}{2}$ 代入式(h),得

$$y_c = -\frac{5ql^4}{384EI}$$

故 $$|y|_{max} = \frac{5ql^4}{384EI}$$

y_c 为负值,说明梁中点的挠度向下。

将 $x = 0$ 和 $x = l$ 分别代入式(g)得

$$\theta_A = -\frac{ql^3}{24EI}, \ \theta_B = \frac{ql^3}{24EI}$$

故最大转角值为

$$|\theta|_{max} = \frac{ql^3}{24EI}$$

例 11.3 一简支梁如图 11.8 所示,在 C 点处受一集中力 F_P 作用。试求梁的转角及挠曲线方程。

解 (1)列弯矩方程

由静力平衡方程求得梁的约束力

$$F_{RA} = \frac{F_P b}{l}, F_{RB} = \frac{F_P a}{l}$$

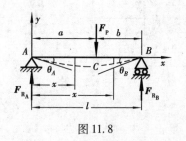

图 11.8

取坐标系如图,弯矩方程为

AC 段 $\qquad M_1(x) = \dfrac{F_P b}{l}x \qquad\qquad (0 \leqslant x \leqslant a)$ （a）

CB 段 $\qquad M_2(x) = \dfrac{F_P b}{l}x - F_P(x-a) \quad (a \leqslant x \leqslant l)$ （b）

(2)列挠曲线近似微分方程并积分

两段梁的弯矩方程不同,因而要分别列出挠曲线近似微分方程,并分别积分如下:

AC 段$(0 \leqslant x \leqslant a)$		CB 段$(a \leqslant x \leqslant l)$	
$EIy''_1 = \dfrac{F_P b}{l}x$		$EIy''_2 = \dfrac{F_P b}{l}x - F_P(x-a)$	
$EI\theta_1 = \dfrac{F_P b}{2l}x^2 + C_1$	（c）	$EI\theta_2 = \dfrac{F_P b}{2l}x^2 - \dfrac{F_P}{2}(x-a)^2 + C_2$	（e）
$EIy_1 = \dfrac{F_P b}{6l}x^3 + C_1 x + D_1$	（d）	$EIy_2 = \dfrac{F_P b}{6l}x^3 - \dfrac{F_P}{6}(x-a)^3 + C_2 x + D_2$	（f）

(3)确定积分常数

积分出现的四个积分常数,需要四个已知位移条件来确定。由于梁的挠曲线是一条光滑连续的曲线,故左、右两段梁在截面 C 处应有相同的转角和挠度,即

在 $x = a$ 处 $\qquad\qquad\qquad\qquad \theta_1 = \theta_2$ （g）

$\qquad\qquad\qquad\qquad\qquad\qquad y_1 = y_2$ （h）

这样的条件称为梁的光滑连续条件。式(g)表示挠曲线在截面 C 处应光滑;式(h)表示挠曲线在截面 C 处应连续。此外,梁在 A,B 两端皆为铰支座,边界条件为

$x = 0$ 处 $\qquad\qquad\qquad\qquad y_1 = 0$ （i）

$x = l$ 处 $\qquad\qquad\qquad\qquad y_2 = 0$ （j）

由以上两个光滑连续条件和两个边界条件,即可确定四个积分常数如下:

$$D_1 = D_2 = 0$$

$$C_1 = C_2 = -\frac{F_P b}{6l}(l^2 - b^2)$$

(4)建立转角方程和挠曲线方程

把所求得的四个积分常数代入式(c),(d),(e),(f)得到转角方程和挠曲线方程如下:

AC 段 $(0 \leqslant x \leqslant a)$		CB 段 $(a \leqslant x \leqslant l)$	
$\theta_1 = -\dfrac{F_{\mathrm{p}}b}{6EIl}(l^2 - b^2 - 3x^2)$	(k)	$\theta_2 = -\dfrac{F_{\mathrm{p}}b}{6EIl}\left[l^2 - b^2 - 3x^2 + \dfrac{3l}{b}(x-a)^2\right]$	(m)
$y_1 = -\dfrac{F_{\mathrm{p}}bx}{6EIl}(l^2 - b^2 - x^2)$	(l)	$y_2 = -\dfrac{F_{\mathrm{p}}b}{6EIl}\left[(l^2 - b^2)x - x^3 + \dfrac{l}{b}(x-a)^3\right]$	(n)

(5)求最大转角和最大挠度

由图 11.8 可见,梁 A 端或 B 端截面的转角可能最大。把 $x = 0$ 和 $x = l$ 分别代入式(k)和式(m)得

$$\theta_A = -\frac{F_{\mathrm{p}}ab(l+b)}{6EIl}$$

$$\theta_B = \frac{F_{\mathrm{p}}ab(l+a)}{6EIl}$$

当 $a > b$ 时,绝对值最大的转角为 θ_B。

梁上挠度最大处截面的转角应为零,在式(k)中,令 $x = a$ 即得截面 C 的转角

$$\theta_C = \frac{F_{\mathrm{p}}ab}{3EIl}(a - b)$$

当 $a > b$ 时,θ_C 为正,可见由截面 A 到截面 C,转角由负变为正,改变了符号。挠曲线为光滑连续曲线,故转角 $\theta = 0$ 的截面必定在 AC 段内。令式(k)等于零,可得

$$\frac{F_{\mathrm{p}}b}{6EIl}(l^2 - b^2 - 3x_0^2) = 0$$

$$x_0 = \sqrt{\frac{l^2 - b^2}{3}} \tag{o}$$

x_0 即为挠度为最大值的截面的横坐标。把 x_0 代入式(l),可得梁的最大挠度为

$$|y|_{\max} = \frac{F_{\mathrm{p}}b}{9\sqrt{3}EIl}\sqrt{(l^2 - b^2)^3}$$

由式(o)可以看出,当力 F_{p} 无限靠近 B 端支座(即 $b \to 0$)时,x_0 值趋近于 $\dfrac{l}{\sqrt{3}} = 0.577l$。这说明即使荷载非常靠近梁端支座,梁最大挠度的所在位置仍与梁的中点非常靠近。可以近似地用梁中点的挠度来代替梁的实际最大挠度,这样引起的误差不超过 3%。将 $x = \dfrac{l}{2}$ 代入式(l),求得梁中点的挠度为

$$\left|y_{\frac{l}{2}}\right| = \frac{F_{\mathrm{p}}b}{48EI}(3l^2 - 4b^2)$$

在简支梁中,只要挠曲线上无拐点,总可以用梁中点的挠度代替最大挠度,并且不会引起很大的误差。

积分法的优点是可以求得转角和挠度的普遍方程。但当梁上的荷载较多时,弯矩方程式的分段也必然增多,积分常数随着增多,确定积分常数就十分冗繁。此外,当只需确定某些特定截面的转角和挠度,而并不需求出转角和挠度的普遍方程时,积分法就显得过于复杂。为此,将梁在某些简单荷载作用下的变形列于表 11.1 中,以便直接查用;而且利用这些表格,使

用叠加法,可以方便地计算一些弯曲变形问题。

表 11.1 简单荷载作用下梁的变形

序号	梁的简图	端截面转角	挠曲线方程	绝对值最大的挠度
1		$\theta_B = -\dfrac{M_e l}{EI}$	$y = -\dfrac{M_e x^2}{2EI}$	$y_B = -\dfrac{M_e l^2}{2EI}$
2		$\theta_B = -\dfrac{F_P l^2}{2EI}$	$y = -\dfrac{F_P x^2}{6EI}(3l - x)$	$y_B = -\dfrac{F_P l^3}{3EI}$
3		$\theta_B = -\dfrac{F_P c^2}{2EI}$	$0 \leqslant x \leqslant c$ $y = -\dfrac{F_P x^2}{6EI}(3c - x)$ $c \leqslant x \leqslant l$ $y = -\dfrac{F_P c^2}{6EI}(3x - c)$	$y_B = -\dfrac{F_P c^2}{6EI}(3l - c)$
4		$\theta_B = -\dfrac{q l^3}{6EI}$	$y = -\dfrac{q x^2}{24EI}(x^2 + 6l^2 - 4lx)$	$y_B = -\dfrac{q l^4}{8EI}$
5		$\theta_A = -\dfrac{M_e l}{6EI}$ $\theta_B = \dfrac{M_e l}{3EI}$	$y = -\dfrac{M_e x}{6lEI}(l^2 - x^2)$	在 $x = \dfrac{l}{\sqrt{3}}$ 处 $y = -\dfrac{M_e l^2}{9\sqrt{3}\,EI}$ 在 $x = \dfrac{l}{2}$ 处 $y_{\frac{l}{2}} = -\dfrac{M_e l^2}{16EI}$
6		$\theta_A = \dfrac{M_e}{6lEI}(l^2 - 3b^2)$ $\theta_B = \dfrac{M_e}{6lEI}(l^2 - 3a^2)$ $\theta_C = -\dfrac{M_e}{6lEI} \times (3a^2 + 3b^2 - l^2)$	$0 \leqslant x \leqslant a$ $y = \dfrac{M_e x}{6lEI}(l^2 - 3b^2 - x^2)$ $a \leqslant x \leqslant l$ $y = -\dfrac{M_e(l - x)}{6lEI} \times [l^2 - 3a^2 - (l - x)^2]$	在 $x = \sqrt{\dfrac{l^2 - 3b^2}{3}}$ 处 $y_1 = \dfrac{M_e(l^2 - 3b^2)^{\frac{3}{2}}}{9\sqrt{3}\,lEI}$ 在 $x = \sqrt{\dfrac{l^2 - 3a^2}{3}}$ 处 $y_2 = -\dfrac{M_e(l^2 - 3a^2)^{\frac{3}{2}}}{9\sqrt{3}\,lEI}$

续表

序号	梁的简图	端截面转角	挠曲线方程	绝对值最大的挠度
7		$\theta_A = -\theta_B$ $= -\dfrac{F_P l^2}{16EI}$	$0 \leqslant x \leqslant \dfrac{l}{2}$ $y = -\dfrac{F_P x}{48EI}(3l^2 - 4x^2)$	$y_C = -\dfrac{F_P l^3}{48EI}$
8		$\theta_A = -\dfrac{F_P ab(l+b)}{6lEI}$ $\theta_B = \dfrac{F_P ab(l+a)}{6lEI}$	$0 \leqslant x \leqslant a$ $y = -\dfrac{F_P bx}{6lEI}(l^2 - x^2 - b^2)$ $a \leqslant x \leqslant l$ $y = -\dfrac{F_P b}{6lEI} \times$ $\left[(l^2-b^2)x - x^3 + \dfrac{l}{b}(x-a)^3 \right]$	若 $a>b$,在 $x = \sqrt{\dfrac{l^2-b^2}{3}}$ 处 $y = -\dfrac{\sqrt{3}F_P b}{27lEI}(l^2 - b^2)^{\frac{3}{2}}$ 在 $x = \dfrac{l}{2}$ 处 $y_{\frac{l}{2}} = -\dfrac{F_P b}{48EI}(3l^2 - 4b^2)$
9		$\theta_A = -\theta_B$ $= -\dfrac{ql^3}{24EI}$	$y = -\dfrac{qx}{24EI}(l^3 - 2lx^2 + x^3)$	$y_C = -\dfrac{5ql^4}{384EI}$

11.4　用叠加法求弯曲变形

由前面的计算中可以看出,在弯曲变形很小,且材料服从胡克定律的情况下,所求得的梁的转角和挠度都与梁上的荷载成线性关系。

9.5 节中曾经指出,在小变形和材料为线弹性的条件下,只要所计算的物理量(内力、应力、变形等)与所施加的荷载成线性关系时,叠加原理是普遍适用的。因此,不仅可用叠加原理计算弯矩,也可将叠加原理用于梁的弯曲变形计算:当梁上同时作用有几个荷载时,可分别求出各荷载单独作用时梁的变形,然后计算其代数和,即可得到各荷载同时作用时梁的变形。这种计算变形的方法称为叠加法。

例 11.4　一简支梁如图 11.9(a)所示,在 C,D,E 处作用有集中力 F_P。求梁跨中点 C 的挠度及梁端截面 A 的转角。

解　荷载将梁分为四段,如用积分法求解,计算过繁,采用叠加法计算。

由表 11.1 第 7 栏查得,因 C 点处的荷载引起的梁中点的挠度及截面 A 的转角[图 11.9 (b)]分别为

$$y_{C_1} = -\frac{F_P l^3}{48EI}$$

$$\theta_{A_1} = -\frac{F_P l^2}{16EI}$$

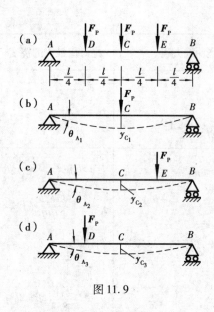

图 11.9

由表 11.1 第 8 栏查得,因 E 点处的荷载引起的梁中点处挠度及截面 A 的转角[图 11.9(c)]分别为

$$y_{C_2} = -\frac{F_P b}{48EI}(3l^2 - 4b^2)$$

$$\theta_{A_2} = -\frac{F_P ab(l + b)}{6EIl}$$

将 $a = \frac{3}{4}l$, $b = \frac{l}{4}$ 代入,得

$$y_{C_2} = -\frac{11F_P l^3}{768EI}$$

$$\theta_{A_2} = -\frac{5F_P l^2}{128EI}$$

由对称关系,D 点处荷载引起的梁中点处的挠度 $y_{C_3} = y_{C_2}$[图 11.9(d)];自表 11.1 第 8 栏查得,此时截面 A 的转角为

$$\theta_{A_3} = -\frac{F_P ab(l + b)}{6EIl}$$

将 $a = \frac{l}{4}$, $b = \frac{3}{4}l$ 代入,得

$$\theta_{A_3} = -\frac{3F_P l^2}{128EI}$$

由叠加法可得,各荷载同时作用时,梁中点 C 的总挠度为

$$y_C = y_{C_1} + 2y_{C_2} = -\frac{F_P l^3}{48EI} - 2 \cdot \frac{11F_P l^3}{768EI} = -\frac{19F_P l^3}{384EI}$$

式中负号表示挠度方向向下。

截面 A 的总转角为

$$\theta_A = \theta_{A_1} + \theta_{A_2} + \theta_{A_3} = -\frac{F_P l^2}{16EI} - \frac{5F_P l^2}{128EI} - \frac{3F_P l^2}{128EI} = -\frac{F_P l^2}{8EI}$$

式中负号表示转角为顺时针方向。

例 11.5 外伸梁受荷载如图 11.10(a)所示,计算梁的外伸端 D 的挠度。

解 用叠加法计算外伸端 D 的挠度。先假设梁的 AB 段为刚性,即不发生变形,则 BD 段可视为在 B 端固定的悬臂梁[图 11.10(b)],在均布荷载 q 作用下,自由端 D 的挠度可由表 11.1 第 4 栏计算,即

$$y_{D_1} = -\frac{qa^4}{8EI}$$

然后,将外伸部分 BD 上的荷载向支座 B 简化[图 11.10(c)],得一集中力 qa 与集中力偶 $M_e = \frac{1}{2}qa^2$。再计算梁在 C 点的集中力 $F_P = qa$ 及 B 点的集中力偶作用下的变形,并将 BD 部分视为刚性的。此时,AB 段可按简支梁进行计算。

由表 11.1 第 7 栏查得,在 C 点处集中力 $F_P = qa$ 引起的截面 B 的转角为

$$\theta_{BF_P} = \frac{qa(2a)^2}{16EI} = \frac{qa^3}{4EI}$$

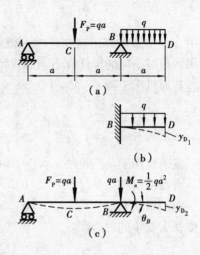

自表 11.1 第 5 栏查得,在 B 点处集中力偶 $M_e = \frac{1}{2}qa^2$

引起的截面 B 的转角为

$$\theta_{BM_e} = -\frac{\left(\frac{1}{2}qa^2\right) \cdot 2a}{3EI} = -\frac{qa^3}{3EI}$$

由叠加法,截面 B 的总转角为

$$\theta_B = \theta_{BF_P} + \theta_{BM_e} = \frac{qa^3}{4EI} - \frac{qa^3}{3EI} = -\frac{qa^3}{12EI}$$

式中负号表示截面 B 的转角为顺时针转向。

　　由于截面 B 的转动使外伸端 D 有一向下的挠度,因转角 θ_B 很小,故挠度值为

图 11.10

$$y_{D_2} = -|\theta_B| \cdot a = -\frac{qa^4}{12EI}$$

外伸梁的外伸端 D 的总挠度为

$$y_D = y_{D_1} + y_{D_2} = -\frac{qa^4}{8EI} - \frac{qa^4}{12EI} = -\frac{5qa^4}{24EI}$$

挠度为负表示其方向向下。以上 y_D 的计算方法称为逐段刚化法,仍属于叠加方法。

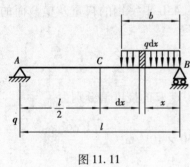

图 11.11

　　例 11.6　在简支梁的一部分上作用有均布荷载 q（图 11.11）。试求梁中点 C 的挠度,设 $b < \dfrac{l}{2}$。

　　解　用叠加法计算 C 点的挠度。由表 11.1 第 8 栏查得,梁的中点 C 由微集中力 $dF_P = q\,dx$ 所引起的挠度为

$$dy_C = -\frac{dF_P \cdot x}{48EI}(3l^2 - 4x^2) = -\frac{qx}{48EI}(3l^2 - 4x^2)\,dx$$

按照叠加法,在图示均布载荷作用下,梁中点 C 的挠度应为 dy_C 的积分,即

$$y_C = \int_{BC} dy_C = -\frac{q}{48EI}\int_0^b x(3l^2 - 4x^2)\,dx = -\frac{qb^2}{48EI}\left(\frac{3}{2}l^2 - b^2\right)$$

11.5　梁的刚度计算

　　工程中的某些梁,为保证其能正常工作,对梁的挠度或转角要加以限制。一般是要求梁的最大挠度或转角（或某特定截面的挠度或转角）不得超过各自的许可值,即

$$|y|_{\max} \leqslant [y] \tag{11.6}$$

$$|\theta|_{\max} \leqslant [\theta] \tag{11.7}$$

式中，$[y]$ 为梁的许用挠度；$[\theta]$ 为梁的许用转角。以上二式称为梁的刚度条件。许用挠度和许用转角对不同的构件有不同的规定，可从有关的设计规范和手册中查得，例如：

普通机床主轴 $[y] = (0.000\ 1 \sim 0.000\ 5)l$

                     $[\theta] = 0.001 \sim 0.005\ \text{rad}$

起重机大梁 $[y] = \left(\dfrac{1}{500} \sim \dfrac{1}{1\ 000}\right)l$

发动机曲轴及凸轮轴 $[y] = 0.05 \sim 0.06\ \text{mm}$

滑动轴承 $[\theta] = 0.001\ \text{rad}$

向心球轴承 $[\theta] = 0.005\ \text{rad}$

其中，l 为支承间的跨距。

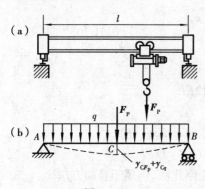

图 11.12

例 11.7 起重量为 50 kN 的单梁吊车，由 45b 号工字钢制成，其跨度 $l = 10$ m[图 11.12(a)]。已知梁的许用挠度 $[y] = \dfrac{l}{500}$，材料的弹性模量 $E = 210$ GPa，校核吊车梁的刚度。

解 吊车梁的计算简图如图 11.12(b)所示，梁的自重为均布荷载；电葫芦的轮压为一集中力 F_P，当其行至梁的中点 C 时，C 点所产生的挠度最大。

(1)计算变形

由型钢表查得，45b 工字钢的自重及横截面的惯性矩分别为

$$q = 87.4\ \text{kgf/m} = 874\ \text{N/m}$$

$$I = 33\ 760\ \text{cm}^4$$

由表 11.1 查得，集中力 F_P 和均布荷载 q 所引起的梁中点 C 的挠度值分别为

$$|y_{CF_P}| = \frac{F_P l^3}{48EI} = \frac{50\ \text{kN} \times (10\ \text{m})^3}{48 \times 210 \times 10^6\ \text{kN/m}^2 \times 33\ 760 \times 10^{-8}\ \text{m}^4} = 14.69\ \text{mm}$$

$$|y_{Cq}| = \frac{5ql^4}{384EI} = \frac{5 \times 874\ \text{N/m} \times (10\ \text{m})^4}{384 \times 210 \times 10^9\ \text{N/m}^2 \times 33\ 760 \times 10^{-8}\ \text{m}^4} = 1.61\ \text{mm}$$

由叠加法，得梁的最大挠度为

$$|y|_{\max} = |y_{CF_P}| + |y_{Cq}| = 14.69\ \text{mm} + 1.61\ \text{mm} = 16.3\ \text{mm}$$

(2)校核刚度

吊车梁的许用挠度为

$$[y] = \frac{l}{500} = \frac{10\ \text{m}}{500} = 20\ \text{mm}$$

因为 $|y|_{\max} = 16.3\ \text{mm} < [y] = 20\ \text{mm}$

故吊车梁的刚度符合要求。

例 11.8 某车床主轴受力如图 11.13(a)，若工作时最大主切削力 $F_{P_1} = 2$ kN，齿轮传给轴的径向力 $F_{P_2} = 1$ kN，空心轴外径 $D = 80$ mm，内径 $d = 40$ mm，卡盘 C 处许用挠度 $[y] =$

0.000 1l,轴承 B 处许用转角$[\theta] = 0.001$ rad,试校核其刚度。已知 $l = 400$ mm,$a = 200$ mm,$E = 210$ GPa。

解　车床主轴计算简图如图 11.13(b),为一外伸梁,受集中力 $\boldsymbol{F}_{P_1}$,$\boldsymbol{F}_{P_2}$ 作用。

(1)计算变形

用逐段刚化法计算外伸梁 C 点的挠度 y_C 及截面 B 的转角 θ_B。梁的惯性矩为

$$I = \frac{\pi}{64}(D^4 - d^4) = \frac{\pi}{64}((8\text{ cm})^4 - (4\text{ cm})^4)$$

$$= 189\text{ cm}^4$$

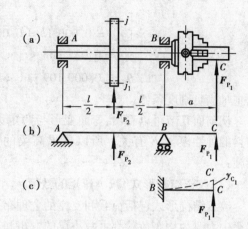

首先刚化 AB 段梁,即 AB 段为刚性,不发生变形,则 BC 段梁可视为悬臂梁[图 11.13(c)],由表 8.1第 2 栏查得

$$y_{C_1} = \frac{F_{P_1}a^3}{3EI}$$

$$\theta_{B_1} = 0$$

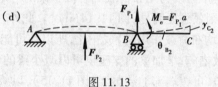

图 11.13

然后刚化 BC 段梁,即 BC 段为刚性不变形,AB 段可视为简支梁。将 C 点处的集中力向 B 支座简化,附加力偶 $M_e = F_{P_1}a$[图 11.13(d)],由表 8.1 查得,因集中力 $\boldsymbol{F}_{P_2}$ 和集中力偶 $M_e = F_{P_1}a$ 所引起的截面 B 的转角为

$$\theta_{B_2} = \frac{(F_{P_1}a)l}{3EI} - \frac{F_{P_2}l^2}{16EI}$$

截面 B 的总转角为

$$\theta_B = \theta_{B_1} + \theta_{B2} = \theta_{B_2} = \frac{F_{P_1}al}{3EI} - \frac{F_{P_2}l^2}{16EI}$$

$$= \frac{1}{210\text{ kN/mm}^2 \times 189 \times 10^4\text{ mm}^4}\left(\frac{2\text{ kN} \times 200\text{ mm} \times 400\text{ mm}}{3} - \frac{1\text{ kN} \times (400\text{ mm})^2}{16}\right)$$

$$= 0.000\ 109\text{ rad}$$

θ_B 为正值,故为逆时针转向。

由于 θ_{B_2} 沿逆时针方向转动,因而 C 点有一向上的挠度[图 11.13(d)]

$$y_{C_2} = |\theta_{B_2}| \cdot a$$

由叠加法,C 点的总挠度为

$$y_C = y_{C1} + y_{C2} = \frac{F_{P_1}a^3}{3EI} + |\theta_{B_2}|a$$

$$= \frac{2\text{ kN} \times (200\text{ mm})^3}{3 \times 210\text{ kN/mm}^2 \times 189 \times 10^4\text{ mm}^4} + 0.000\ 109 \times 200\text{ mm} = 0.035\text{ mm}$$

y_C 为正值,挠度方向向上。

(2)校核刚度

车床主轴的许用挠度为

$$[y] = 0.000\ 1l = 0.000\ 1 \times 400\ \text{mm} = 0.04\ \text{mm}$$

因为
$$y_C = 0.035\ \text{mm} < [y] = 0.04\ \text{mm}$$
$$\theta_B = 0.000\ 109\ \text{rad} < [\theta] = 0.001\ \text{rad}$$

故主轴满足刚度条件。

从前面几节可以看出,弯曲变形与弯矩大小、跨度长短、支座条件、梁横截面的惯性矩 I、材料的弹性模量 E 有关。所以要提高梁的弯曲刚度以减小梁的弯曲变形,可以采用以下措施:

(1)改善结构形式,减小弯矩的数值

改善结构形式包括荷载和支座的合理布置。将简支梁中点的集中力移到靠近某一支座或将集中力改为均布荷载都可减小梁的弯矩和变形[图 11.14(a),(b),(c)],若再调整梁的支座,则效果更明显[图 11.14(d)]。此外,由于挠度与梁跨度的三次方(集中力作用时)或四次方(均布荷载作用时)成正比,所以在可能的条件下,尽量减小梁的跨度,也是提高梁的刚度的有效措施;增加梁的支座也可以减小梁的弯曲变形,提高梁的刚度。例如镗刀杆,若外伸部分过长,可在端部加装尾架(图 11.15),以减小镗刀杆的变形,提高加工精度。应当指出,增加支座将使构件由原来的静定梁变为静不定梁。

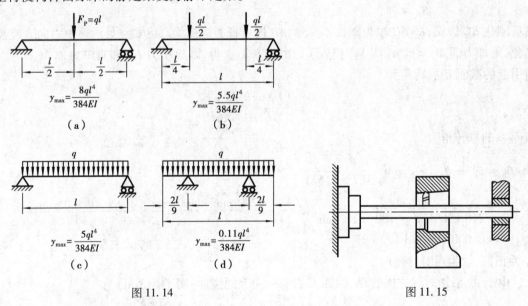

图 11.14   图 11.15

(2)选择合理的截面形状

选取形状合理的横截面,可以增大横截面惯性矩的数值,也是提高弯曲刚度的有效措施。例如,工字形、槽形、T 形截面都比面积相等的矩形截面有更大的惯性矩,在工程中应用较多。

(3)选用弹性模量较大的材料

例如,在条件相同的情况下,钢梁比铝梁的变形要小,因为材料的弹性模量越大,其弯曲变形就越小。必须指出,由于各种钢材的弹性模量值大致相同,因此,为提高弯曲刚度而采用高强度钢材,并不会达到预期的效果。

11.6　静不定梁

前面所讨论的梁,其约束力都可通过静力平衡方程求得,所以都是静定梁。在工程实际中,为提高梁的强度和刚度,或因为构造上的需要,往往在静定梁上增加一个或几个约束。这时,未知约束力的数目将多于独立平衡方程的数目,仅由静力平衡方程不能求解全部约束力。这种梁称为静不定梁。

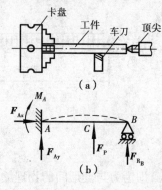

图 11.16

例如安装在车床卡盘上的工件如果比较细长,切削时会产生过大的变形,影响加工精度,因此常在工件的自由端用尾架上的顶尖顶紧[图 11.16(a)],以减小工件变形。把卡盘卡紧的一端简化为固定端,尾架顶尖简化为铰支座,梁的计算简图如图 11.16(b)所示。这时工件有 F_{Ax},F_{Ay},M_A,F_{RB} 四个约束力,而独立的平衡方程只有三个。未知约束力数目比平衡方程数目多一个,此梁为一次静不定梁。

又如一些机器中的齿轮轴,采用三个轴承支承(图 11.17);厂矿中铺设的管道则需用三个以上的支座支承(图 11.18),这些都属于静不定梁。

与拉压静不定问题类似,静不定梁的求解也需根据梁的变形几何条件和力与变形间的物理关系,建立补充方程,然后与静力平衡方程联立求解。

在静不定梁中,那些对于维持梁的平衡为不必要的约束,习惯上称为多余约束;与其相应的约束力称为多余约束力。如果去掉静不定梁上的多余约束,则此静不定梁又将变为一个静定梁,这个静定梁称为原静不定梁的基本静定梁。例如图 11.19(a)中的静不定梁,如果以 B 端的可动铰支座为多余约束,将其去掉后即得一悬臂梁[图 11.19(b)],它就是原静不定梁的基本静定梁。

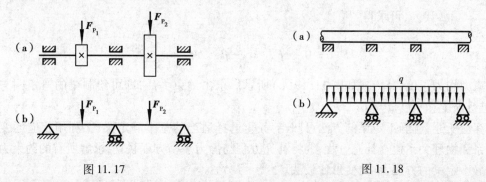

图 11.17　　　　　　　　　　　　　　图 11.18

为使基本静定梁的受力及变形情况与原静不定梁完全一致,作用在基本静定梁上的外力除原来的荷载外,还应加上多余约束力,同时还要求基本静定梁满足一定的变形几何条件。例如,图 11.19 静不定梁的基本静定梁的受力情况如图 11.19(c)所示,由于原静不定梁在 B 端有可动铰支座的约束,故还应要求基本静定梁在 B 端的挠度为零,即

$$y_B = 0 \tag{a}$$

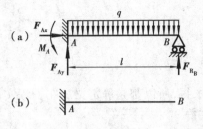

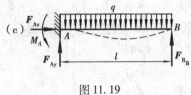

图 11.19

式(a)即为应满足的变形几何条件。这样就将原来的静不定梁[图 11.19(a)]变换为一个等效的静定梁来处理,这个静定梁在原荷载和多余未知约束力作用下[图 11.19(c)],B 端的挠度应为零。将这一变换后的静定梁,称为原静不定梁的相当系统或等效结构。

由叠加法,B 端的挠度为均布荷载 q 引起的挠度 y_{Bq} 与多余未知约束力 F_{R_B} 引起的挠度 y_{BF_R} 的代数和,即

$$y_B = y_{Bq} + y_{BF_R} = 0 \qquad (b)$$

由表 11.1 查得

$$y_{Bq} = -\frac{ql^4}{8EI}, \quad y_{BF_R} = \frac{F_{R_B}l^3}{3EI} \qquad (c)$$

式(c)即为力与变形间的物理关系,将其代入式(b)得

$$-\frac{ql^4}{8EI} + \frac{F_{R_B}l^3}{3EI} = 0 \qquad (d)$$

式(d)就是所求的补充方程,由此求得

$$F_{R_B} = \frac{3}{8}ql$$

静不定梁的其他约束力可由以下平衡方程解得

$$\sum F_x = 0, \quad F_{Ax} = 0$$

$$\sum F_y = 0, \quad F_{Ay} - ql + F_{R_B} = 0$$

$$\sum M_A = 0, \quad M_A + F_{R_B}l - \frac{ql^2}{2} = 0$$

将 $F_{R_B} = \dfrac{3}{8}ql$ 代入,可求得

$$F_{Ax} = 0, \quad F_{Ay} = \frac{5}{8}ql, \quad M_A = \frac{1}{8}ql^2$$

各约束力均为正值,其方向如图 11.19(c)所示。求出约束力后,即可绘制梁的弯矩图与剪力图,进行强度和刚度计算。

综上所述,解静不定梁的方法可归结为:①选择适当的基本静定梁;②利用相应的变形几何关系和物理关系建立补充方程;③将补充方程与静力平衡方程联立,求解所有的约束力。这种解静不定梁的方法,称为变形比较法。

应当指出,多余约束的选择不是唯一的。例如,图 11.19(a)的静不定梁也可选择阻止 A 端转动的约束为多余约束,相应的多余约束力则为力偶 M_A。去掉这一多余约束后,固定端 A 将变为固定铰支座;相应的基本静定梁则为一简支梁,其上的荷载如图 11.20(b)所示。因为原静不定梁的 A 截面是不能转动的,所以变形几何条件则为 A 端的转角为零,即

$$\theta_A = \theta_{Aq} + \theta_{AM} = 0$$

由表 11.1 查得，q 和 M_A 所引起的 A 端转角分别为

$$\theta_{Aq} = -\frac{ql^3}{24EI} \qquad \theta_{AM} = \frac{M_A l}{3EI}$$

代入变形几何条件，即得补充方程

$$-\frac{ql^3}{24EI} + \frac{M_A l}{3EI} = 0$$

由此解得

$$M_A = \frac{ql^2}{8}$$

再利用平衡方程解出其他约束力，结果同前。

例 11.9　车床床头箱的一根传动轴可简化为三支座等截面梁，如图 11.21（a）所示。已知 $F_P = 15$ kN，$l = 400$ mm，轴的外径 $D = 50$ mm，内径 $d = 40$ mm，$[\sigma] = 120$ MPa，校核传动轴的强度。

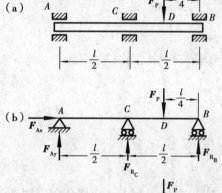

图 11.20

解　传动轴上有四个约束力［图 11.21（b）］，但平衡方程只有三个，故为一次静不定梁，需要一个补充方程。

（1）取基本静定梁，列变形几何条件

选取 C 点支座为多余约束，F_{R_C} 为多余约束力，则相应的基本静定梁为一简支梁，其上受集中力 F_P 和多余支座反力 F_{R_C} 的作用［图 11.21（c）］。相应的变形几何条件为

$$y_C = y_{CF_P} + y_{CF_R} = 0$$

式中 y_{CF_P} 和 y_{CF_R} 分别为 F_P 和 F_{R_C} 在 C 点引起的挠度。

（2）建立补充方程

由表 11.1 查得

$$y_{CF_P} = -\frac{P \cdot \frac{l}{4}}{48EI}\left[3l^2 - 4\left(\frac{l}{4}\right)^2\right] = -\frac{11Pl^3}{768EI}$$

$$y_{CF_R} = \frac{F_{R_C} l^3}{48EI}$$

将 y_{CF_P} 和 y_{CF_R} 代入变形几何条件，得补充方程

$$-\frac{11F_P l^3}{768EI} + \frac{F_{R_C} l^3}{48EI} = 0$$

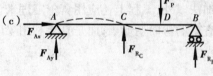

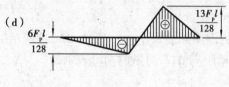

图 11.21

（3）求解约束力

由补充方程解得

$$F_{R_C} = \frac{11}{16}F_P$$

列出梁的平衡方程

$$\sum F_x = 0, \quad F_{A_x} = 0$$

$$\sum M_A = 0, \quad F_{R_B}l - F_P \cdot \frac{3}{4}l + F_{R_C} \cdot \frac{l}{2} = 0$$

$$\sum F_y = 0, \quad F_{Ay} + F_{R_C} - F_P + F_{R_B} = 0$$

把 F_{R_C} 之值代入以上方程,解得

$$F_{R_B} = \frac{13}{32}F_P, \quad F_{Ay} = -\frac{3}{32}F_P$$

F_{Ay} 为负值,与原设方向相反。

(4)校核强度

作梁的弯矩图如图 11.21(d)所示,最大弯矩在 D 截面,其值为

$$M_{max} = \frac{13}{128}F_P l = \frac{13}{128} \times 15 \times 10^3 \text{ N} \times 0.4 \text{ m} = 609 \text{ N} \cdot \text{m}$$

梁的抗弯截面模量为

$$W = \frac{\pi D^3}{32}\left[1 - \left(\frac{d}{D}\right)^4\right] = \frac{\pi \times (50 \text{ mm})^3}{32}\left[1 - \left(\frac{40 \text{ mm}}{50 \text{ mm}}\right)^4\right] = 7\,245 \text{ mm}^3$$

梁的最大弯曲正应力

$$\sigma_{max} = \frac{M_{max}}{W} = \frac{609 \times 10^3 \text{ N} \cdot \text{mm}}{7\,245 \text{ mm}^3} = 84 \text{ MPa} < [\sigma] = 120 \text{ MPa}$$

车床传动轴满足强度条件。

11.7 用莫尔定理计算梁的弯曲变形

计算梁的弯曲变形,除了前面所讲的积分法与叠加法以外,工程上还应用莫尔定理来计算弯曲变形。这种方法不用做繁杂的积分运算,也无须查梁的弯曲变形表,而是直接利用梁的弯矩图图形来计算梁的弯曲变形,具有方便且实用的特点。

11.7.1 虚功原理

计算梁弯曲变形的莫尔定理,可以利用变形体的虚功原理来建立。图 11.22(a)所示一物体在大小与方向不变的力 F 作用下,沿光滑地面移动距离 Δ,F 力做的功可表示为

$$W = F\Delta \tag{a}$$

又如图 11.22(b),圆盘在大小与转向都不变的力偶 $M_e = 2Fr$ 作用下,转动的角位移为 φ,力偶 M_e 做的功为

$$W = M_e\varphi \tag{b}$$

上述两种情况,都是力或力偶在自身引起的线位移或角位移上所做的功,称为实功。

当做功的力或力偶与相应于力或力偶方向上的位移彼此独立无关时,这种功便称之为虚功。图 11.23 的悬臂杆,自由端作用一集中力 F_P 以后,由于环境温度的升高,使杆件伸长了 Δl,力 F_P 在位移 Δl 上做的功为

$$W = F_P\Delta l \tag{c}$$

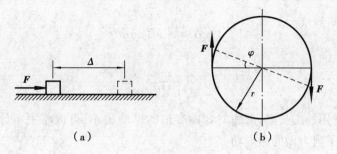

（a）　　　　　　　　　　　　　（b）

图 11.22

　　由于 Δl 是温度变化而产生的，并非 $\boldsymbol{F}_\mathrm{P}$ 力所引起，这个功就是虚功。

　　在虚功中，力与位移是彼此独立无关的两个因素。因此，可以将二者看成是分别属于同一结构的两种完全无关的状态。图 11.24（a）的简支梁在一组外力作用下，梁要产生弯曲变形，此状态称为位移状态；图

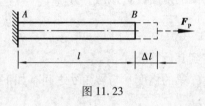

图 11.23

11.24（b）所示为同一简支梁，C 处作用一个单位集中力 $\overline{F}=1$，这一状态称为力状态。力状态中的外力沿着位移状态中相应的位移上所做的虚功，称为外虚功，用 W_ext 表示；力状态中，梁的内力沿着位移状态中相应的梁的变形上所做的虚功，称为内虚功，用 W_int 表示。

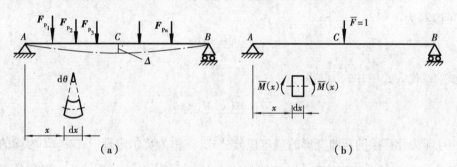

（a）　　　　　　　　　　　　　（b）

图 11.24

　　对于弹性变形体，外力所做的虚功 W_ext 与内力所做的虚功 W_int 是相等的，即有

$$W_\mathrm{ext} = W_\mathrm{int} \tag{11.8}$$

这一原理称之为虚功原理，在力学中有着广泛的应用。

11.7.2　莫尔定理

　　虚功原理可以用来计算梁的弯曲变形。梁在已知外荷载作用下的位移状态是实际的真实状态；而力状态是假设的虚拟状态，两种状态毫不相关，因此可用虚功原理来计算梁的变形。

　　计算实际位移状态［图 11.24（a）］简支梁上 C 点的挠度 Δ，为此在梁 C 点处加上单位集中力 $\overline{F}=1$，作为虚设的力状态，于是外力的虚功 $W_\mathrm{ext} = \overline{F}\Delta = 1 \cdot \Delta$。在力状态中，单位力产生的弯矩为 $\overline{M}(x)$，梁的实际位移状态中，任一微段 $\mathrm{d}x$ 两侧横截面的相对转角为 $\mathrm{d}\theta$，于是弯矩 $\overline{M}(x)$ 在转角 $\mathrm{d}\theta$ 上的微内虚功为 $\overline{M}(x)\mathrm{d}\theta$，全梁的内虚功 $W_\mathrm{int} = \int_l \overline{M}(x)\mathrm{d}\theta$，利用虚功原理式

(11.8),可得

$$1 \cdot \Delta = \int_l \overline{M}(x) \mathrm{d}\theta \tag{d}$$

此式又可写为

$$\Delta = \int_l \overline{M}(x) \mathrm{d}\theta \tag{11.9}$$

对于工程中常用的细长梁,剪力对弯曲变形的影响很小,可以略去不计。在式(11.9)的推导过程中,略去了剪力做的内虚功。

式(11.9)中 $\mathrm{d}\theta$ 为梁的微段 $\mathrm{d}x$ 在荷载作用下的横截面相对转角,它可以利用 11.2 节所述的梁的挠曲线近似微分方程

$$y'' = \frac{M(x)}{EI} \tag{e}$$

得到其计算公式。

梁的挠度 y 与转角 θ 之间有如下的微分关系式(见 11.2 节)

$$\theta = \frac{\mathrm{d}y}{\mathrm{d}x} = y' \tag{f}$$

将式(f)代入式(e),即可得到

$$\frac{\mathrm{d}\theta}{\mathrm{d}x} = \frac{M(x)}{EI} \tag{g}$$

此式又可改写为

$$\mathrm{d}\theta = \frac{M(x)\mathrm{d}x}{EI} \tag{h}$$

把式(h)代入式(11.9),可得

$$\Delta = \int_l \frac{\overline{M}(x)M(x)\mathrm{d}x}{EI} \tag{11.10}$$

式(11.10)即为计算梁的弯曲变形的莫尔积分公式,亦称为莫尔定理。式中 EI 为梁的抗弯刚度,$M(x)$ 为作用在梁上的荷载产生的弯矩,$\overline{M}(x)$ 为虚设的单位力作用于梁上引起的弯矩。

由于式(h)的推导应用了线弹性情况下才成立的梁的挠曲线近似微分方程,所以,莫尔定理只适用于线弹性结构。

值得注意的是,式(11.10)中的 Δ 既可以是梁的挠度,也可以是梁的转角;虚拟加上的单位力既可以是集中力,也可以是集中力偶。必须指出,虚拟的力状态中所加的单位力,在实际的位移状态需要计算的变形(挠度或转角)上,应能做外虚功。如果用式(11.10)计算出的 Δ 值为正,Δ 的方向与单位力的方向相同;反之,则 Δ 的方向相反。

式(11.10)也可以用来计算小曲率曲杆的弯曲变形,只需将公式中的坐标变量 x 改变为曲杆的弧长坐标 s 即可。

例 11.10 均布荷载作用下的悬臂梁[图 11.25(a)],其 EI 为常数。试用莫尔定理计算梁端点 A 的挠度 y_A。

解 为了计算悬臂梁 A 点的挠度,需要在 A 点作用一铅垂向下的单位集中力。按图 11.25(a)及(b)计算悬臂梁的弯矩 $M(x)$ 和 $\overline{M}(x)$

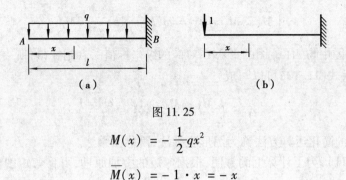

图 11.25

$$M(x) = -\frac{1}{2}qx^2$$

$$\overline{M}(x) = -1 \cdot x = -x$$

利用莫尔定理,可得

$$y_A = \int_l \frac{\overline{M}(x)M(x)\,\mathrm{d}x}{EI} = \frac{1}{EI}\int_0^l (-x)\left(-\frac{1}{2}qx^2\right)\mathrm{d}x$$

$$= \frac{ql^4}{8EI}$$

计算结果为正值,表明 A 端挠度与所加单位力的方向相同,即 y_A 向下。

11.7.3　图形互乘法

利用式(11.10)计算梁的弯曲变形时,需要做积分运算,当梁上的荷载比较复杂时,积分过程比较困难,但是对于等截面直梁,可以用图形互乘法代替积分运算,简化计算过程。

在等截面直梁的情况下,莫尔积分中的 EI 为常量,可以提出积分符号。这就只需要计算积分

$$\int_l \overline{M}(x)M(x)\,\mathrm{d}x \tag{i}$$

在 $\overline{M}(x)$ 和 $M(x)$ 两个函数中,只要有一个是线性的,以上积分式就可以简化。

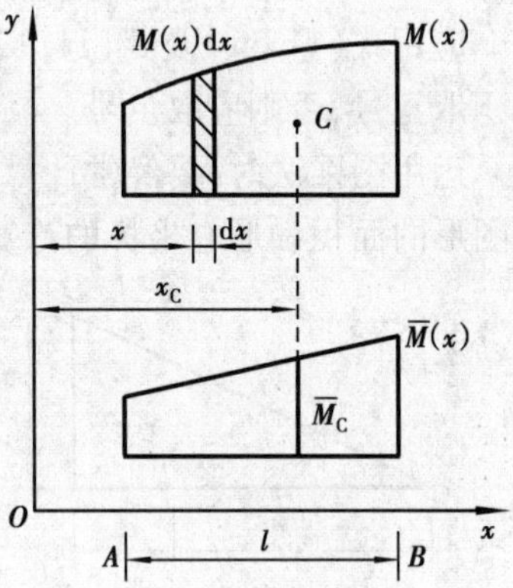

图 11.26 表示出直梁 AB 的弯矩图 $\overline{M}(x)$ 和 $M(x)$,其中 $\overline{M}(x)$ 为倾斜直线,设其表达式为

$$\overline{M}(x) = kx + b \tag{j}$$

弯矩图 $M(x)$ 为任意形状。这样,式(i)中的积分可写成

图 11.26

$$\int_l \overline{M}(x)M(x)\,\mathrm{d}x = k\int_l xM(x) + b\int_l M(x)\,\mathrm{d}x$$

$$= k\int_l x\mathrm{d}\omega + b\int_l \mathrm{d}\omega = k\int_l x\mathrm{d}\omega + b\omega \tag{k}$$

式中,$\mathrm{d}\omega = M(x)\mathrm{d}x$ 为图中画阴影线的微分面积,ω 为整个 $M(x)$ 图的面积,这样积分 $\int_l x\mathrm{d}\omega$ 就是 $M(x)$ 图的面积对 y 轴的静矩。若用 x_C 代表 $M(x)$ 图的形心 C 到 y 轴的距离,则

$$\int_l x\mathrm{d}\omega = \omega x_C$$

于是式(k)化为

$$\int_l \overline{M}(x)M(x)\,\mathrm{d}x = \omega(kx_C + b) = \omega\overline{M}_C \tag{1}$$

式中 $\overline{M}_C$ 是 $\overline{M}(x)$ 图中与 $M(x)$ 图的形心 C 对应的纵坐标值。利用式(1)所表示的结果,在等截面直梁的情况下,式(11.10)可以写成

$$\Delta = \int_l \frac{\overline{M}(x)M(x)\,\mathrm{d}x}{EI} = \frac{\omega\overline{M}_C}{EI} \tag{11.11}$$

以上对莫尔积分的简化运算方法称为图形互乘法,简称图乘法。

应用式(11.11),为了计算上的方便,根据弯矩的叠加原理,可将弯矩图分成几部分,对每一部分使用图乘法,然后求其总和。有时 $M(x)$ 为光滑连续曲线,而 $\overline{M}(x)$ 由若干直线段组成,这时要根据 $\overline{M}(x)$ 中的各个直线段,分段采用图乘法,然后求其总和。因此,图乘法公式(11.11)可写成更广泛且实用的形式

$$\Delta = \sum_{i=1}^{n} \frac{\omega_i \overline{M}_{C_i}}{EI} \tag{11.12}$$

式(11.12)中,ω_i 为第 i 段荷载弯矩 $M(x)$ 图的面积,$\overline{M}_{C_i}$ 为单位荷载弯矩 $\overline{M}(x)$ 图中与面积 ω_i 的形心 C_i 所对应的纵坐标值。

荷载弯矩 $M(x)$ 分块的基本原则:$M(x)$ 图形中,每一块 ω_i 面积所对应的单位荷载弯矩 $\overline{M}(x)$,应该是一条斜率不变的直线段;其次是要求计算简单。

应用式(11.11)及式(11.12)时,如果 $M(x)$ 图与 $\overline{M}(x)$ 图在梁的同一侧,则图乘法所得的乘积取正号,否则应取负号。

运用图乘法时,要经常计算某些图形的面积和形心的位置。在图11.27中,给出了几种常见图形的面积和形心坐标的计算公式。

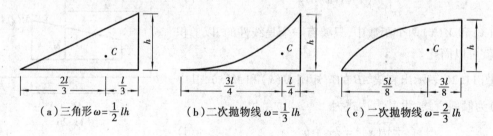

$\quad$(a)三角形 $\omega = \frac{1}{2}lh$ $\qquad\qquad$(b)二次抛物线 $\omega = \frac{1}{3}lh$ $\qquad\qquad$(c)二次抛物线 $\omega = \frac{2}{3}lh$

图11.27

对于由若干根直杆组成的刚架结构,式(11.12)还可以用来计算刚架中给定截面的线位移或角位移。若把式(11.12)中的弯矩改变为相应的轴力,便可用于计算桁架结构的结点位移。

例11.11 均布荷载作用下的简支梁[图11.28(a)],其 EI 为常量。试求梁中点的挠度 y_C。

解 简支梁在均布荷载作用下的弯矩图为二次抛物线[图11.28(b)]。为了求出跨中点 C 的挠度,在 C 点作用一向下的单位力[图11.28(c)]。单位力作用下的 $\overline{M}(x)$ 图为两段直线[图11.28(d)],所以要依据 $\overline{M}(x)$ 分两段使用图乘法。利用图11.27中的公式容易求得 AC

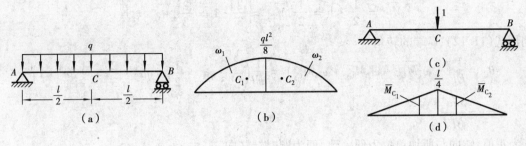

图 11.28

和 CB 两段内 $M(x)$ 图面积为

$$\omega_1 = \omega_2 = \frac{2}{3} \cdot \frac{ql^2}{8} \cdot \frac{l}{2} = \frac{ql^3}{24}$$

面积 ω_1 和 ω_2 的形心在 $\overline{M}(x)$ 图中对应的纵坐标

$$\overline{M}_{C_1} = \overline{M}_{C_2} = \frac{5}{8} \cdot \frac{l}{4} = \frac{5l}{32}$$

由式(11.12)可求得中点 C 的挠度

$$y_C = \frac{1}{EI}(\omega_1 \overline{M}_{C_1} + \omega_2 \overline{M}_{C_2}) = \frac{2}{EI} \cdot \frac{ql^3}{24} \cdot \frac{5l}{32} = \frac{5ql^4}{384EI}$$

挠度为正值,表示其方向向下,与所加单位力方向一致。

例 11.12 外伸梁受荷载作用如图 11.29(a)所示,计算梁的外伸端 C 的转角。

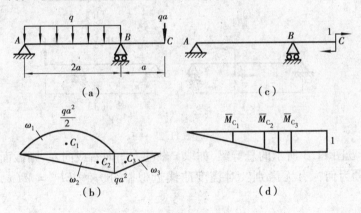

图 11.29

解 外伸梁在荷载作用下的弯矩图,可以看成是图 11.29(b)中三部分的叠加结果。欲求截面 C 的转角,需要在截面 C 处作用一单位力偶[图 11.29(c)]。单位力偶作用下的 $\overline{M}(x)$ 图为二段直线,如图 11.29(d)所示。根据 $M(x)$ 图与 $\overline{M}(x)$ 图,分为三部分作图乘法计算,$M(x)$ 图各部分面积

$$\omega_1 = \frac{2}{3} \cdot 2a \cdot \frac{qa^2}{2} = \frac{2qa^3}{3}, \quad \omega_2 = \frac{1}{2} \cdot 2a \cdot qa^2 = qa^3, \quad \omega_3 = \frac{1}{2} \cdot a \cdot qa^2 = \frac{qa^3}{2}$$

面积 ω_1,ω_2 及 ω_3 的形心在 $\overline{M}(x)$ 图上的纵坐标

$$\overline{M}_{C_1} = \frac{1}{2} \cdot 1 = \frac{1}{2}, \overline{M}_{C_2} = \frac{2}{3} \cdot 1 = \frac{2}{3}, \overline{M}_{C3} = 1$$

利用式(11.12),C端的转角

$$\theta_C = \frac{1}{EI}(-\omega_1\overline{M}_{C_1} + \omega_2\overline{M}_{C_2} + \omega_3\overline{M}_{C3}) = \frac{1}{EI}\left(-\frac{2}{3}qa^3 \cdot \frac{1}{2} + qa^3 \cdot \frac{2}{3} + \frac{1}{2}qa^3 \cdot 1\right)$$

$$= \frac{5qa^3}{6EI}$$

θ_C为正值,转向与所加单位力偶一致,即为顺时针转向。

习　题

11.1　梁的变形与弯矩有什么关系?正弯矩产生正转角,负弯矩产生负转角;弯矩最大的地方转角最大,弯矩为零的地方转角为零,这些说法对吗?

11.2　弯矩的正负对挠曲线的形状有什么影响?试大致画出题图11.2所示各梁挠曲线的形状。

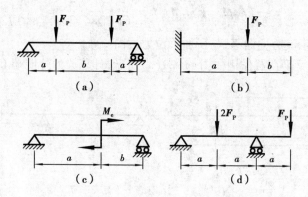

题图 11.2

11.3　对于题图11.3所示的悬臂梁,如取x轴的方向向右或向左,则截面A的挠度y_A和转角θ_A的正负号为何?有无区别?对挠度曲线近似微分方程$EIy'' = M(x)$的正负号有无影响?

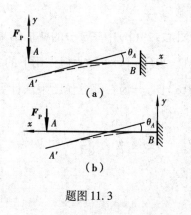

题图 11.3

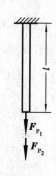

题图 11.4

11.4　一拉杆的材料服从胡克定律,依次加载 F_{P_1} 和 F_{P_2},如题图 11.4 所示。设为小变形,试证明:(1)若 $\Delta l = CF_P$,则可用叠加法求总变形;(2)若 $\Delta l = KF_P^2$,则不能使用叠加法。式中的 C,K 为常数。

11.5　用积分法求题图 11.5 中各梁的转角方程、挠曲线方程以及指定的转角和挠度。已知抗弯刚度 EI 为常数。

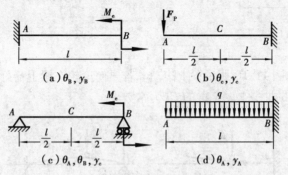

题图 11.5

11.6　用积分法求题图 11.6 中各梁的转角方程、挠曲线方程以及指定的转角和挠度。已知抗弯刚度 EI 为常数。

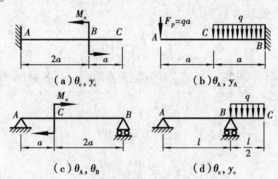

题图 11.6

11.7　写出题图 11.7 所示各梁的边界条件。其中(b)图的 k 为弹簧刚度(N/m)。

11.8　题图 11.8 中,重量为 F_P 的直梁放置在水平刚性平面上,若以 $\dfrac{F_P}{3}$ 的力提起一端,未提起部分仍保持与平面密合,试求提起部分的长度 a。

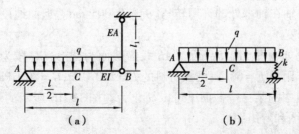

题图 11.7

11.9　题图 11.9 所示均质梁,单位长度的重量为 q,抗弯刚度 EI 为常数,放置在水平刚性平台上,若伸出台外部分 AB 长度为 a,试计算台面上拱起部分 BC 的长度 b。

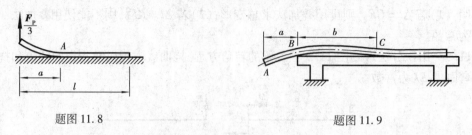

题图 11.8   题图 11.9

11.10 滚轮在题图 11.10 所示梁上滚动。若要使滚轮在梁上恰好走一水平路径,问预先须将梁轴线弯成怎样的曲线?设全梁的 EI 为常数。

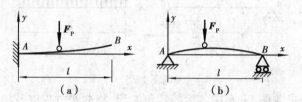

题图 11.10

11.11 已知梁的挠曲线方程为

$$y = -\frac{qx}{24EI}(l^3 - 2lx^2 + x^3)$$

试根据剪力、弯矩与分布荷载集度 q 之间的微分关系,证明该梁的剪力方程和弯矩方程分别为:

$$F_Q(x) = \frac{ql}{2} - qx$$

$$M(x) = \frac{ql}{2}x - \frac{q}{2}x^2$$

11.12 用叠加法求题图 11.12 所示各梁截面 A 的挠度和截面 B 的转角。已知 EI 为常数。

11.13 桥式起重机的最大载荷为 $F_p = 20$ kN。起重机大梁为 32a 工字钢,$E = 210$ GPa,$l = 8.76$ m。规定 $[y] = \dfrac{l}{500}$。校核大梁的刚度。

11.14 一齿轮轴受力如题图 11.14 所示,已知 $a = 100$ mm,$b = 200$ mm,$c = 150$ mm,$l = 300$ mm;$E = 210$ GPa,轴在轴承处的许用转角 $[\theta] = 0.005$ rad。近似地设全轴的直径均为 $d = 60$ mm,试校核轴的刚度。

11.15 一直角拐如题图 11.15 所示。AB 段横截面为圆形,BC 段为矩形;A 端固定,B 端为滑动轴承,C 端的作用力 $F = 60$ N;已知材料的 $E = 210$ GPa,$G = 80$ GPa。试求 C 端的挠度。

11.16 房屋建筑中的某一等截面梁可以简化为题图 11.16 所示的均布载荷作用下的双跨梁。试作梁的剪力图和弯矩图。

11.17 一两端简支的输气管道,已知其外径 $D = 114$ mm,壁厚 $\delta = 4$ mm,单位长度重量 $q = 106$ N/m,材料的 $E = 210$ GPa。设管道的许用挠度 $[y] = \dfrac{l}{500}$,试确定此管道的最大跨度。

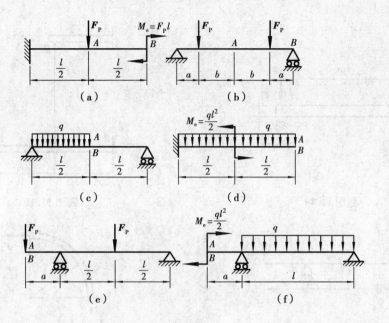

题图 11.12

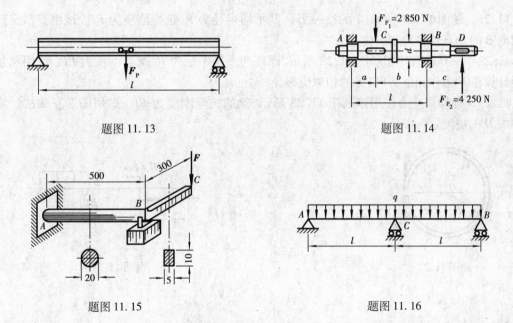

题图 11.13　　　　　　　　　题图 11.14

题图 11.15　　　　　　　　　　题图 11.16

11.18　题图 11.18 所示悬臂梁的抗弯刚度 $EI = 30$ kN·m^2,弹簧的刚度为 175 kN/m。若梁与弹簧间的空隙为 1.25 mm,当集中力 $F = 450$ N 作用于梁的自由端时,试求弹簧将分担多大的力。

11.19　题图 11.19 所示悬臂梁 AD 和 BE 的抗弯刚度均为 $EI = 24 \times 10^6$ N·m^2,由钢杆 CD 相连接。CD 杆的 $l = 5$ m,$A = 3 \times 10^{-4}$ m^2,$E = 200$ GPa。若 $F_P = 50$ kN,试求悬臂梁 AD 在 D 点的挠度。

11.20　题图 11.20 所示等截面梁,已知 F_P,a 和 EI。

(1)求 C 点的挠度 y_C。

(2)若 $a = 3$ m,梁的 $[\sigma] = 160$ MPa,矩形截面为 50×120 mm^2。求许可荷载 F_P。

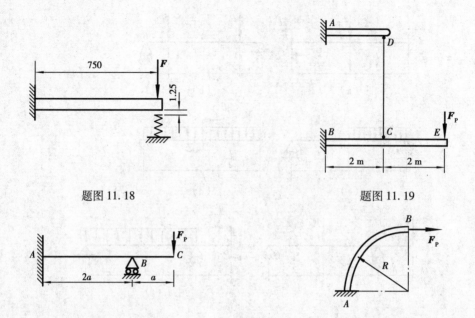

题图 11.18

题图 11.19

题图 11.20

题图 11.21

11.21 题图 11.21 所示四分之一圆环,其平均半径为 R,抗弯刚度为 EI。试用莫尔定理求截面 B 的垂直位移与水平位移。

11.22 一开口圆环如题图 11.22 所示,圆环的平均半径为 R,抗弯刚度为 EI。试用莫尔定理计算在 F 力作用下,开口处的相对位移。

11.23 外伸梁受力作用如题图 11.23 所示,梁的抗弯刚度为 EI。试用图形互乘法计算外伸端 D 的挠度。

题图 11.22

题图 11.23

第 **12** 章
应力状态分析和强度理论

12.1　应力状态概述

　　基本变形的研究表明:在杆件上不同的点其应力一般是不相同的。例如直杆拉伸时,斜截面上的应力与斜截面倾角有关,直梁弯曲时横截面不同点的应力与到中性轴的距离有关。因此在说明一点的应力时,必须首先指出是哪一点的应力,这就是"点"的概念;其次,过一点可以做很多方向不同的平面,简称"方向面",即使是同一点,不同方向面上的应力也不相同,因而说明一点的应力时,还要指明过这一点哪个方向面上的应力,这就是"面"的概念。因而通常所说的"一点的应力状态"是指:过一点不同方向面上应力情况的总称。

　　为了表示"一点的应力状态",一般情况下总是围绕所讨论点作一个正六面体,当六面体的边长充分小时,它便趋于宏观上的"点"。这种六面体称为单元体。由于单元体各棱边长度很小,因而各方向面上的应力可以认为是均匀分布的。用单元体表示一点应力状态,如图 12.1(a),(b),(c)所示。图(a)表示空间应力状态一般形式。单元体方向面以其法线命名。以 x 为法线的方向面称为 x 平面;以 y 为法线的方向面称为 y 平面;以 z 为法线的方向面称为 z 平面。方向面上的应力的第一个脚标表示应力所在平面,第二个脚标表示所指的方向。

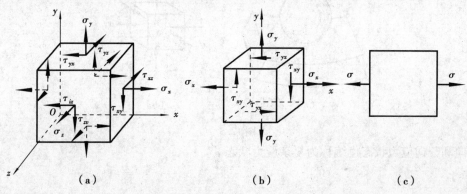

图 12.1

213

重复脚标以一个脚标表示。例如 τ_{xy} 表示在 x 平面指向 y 方向的剪应力，σ_x 表示在 x 平面指向 x 方向的正应力。这样可以写出各方向面上的应力。单元体一共有 9 个应力分量：

$$\begin{bmatrix} \sigma_x & \tau_{xy} & \tau_{xz} \\ \tau_{yx} & \sigma_y & \tau_{yz} \\ \tau_{zx} & \tau_{zy} & \sigma_z \end{bmatrix}$$

根据剪应力互等定理，$\tau_{xy} = \tau_{yx}$，$\tau_{xz} = \tau_{zx}$，$\tau_{yz} = \tau_{zy}$，因而只有 6 个应力分量是独立的［图 12.1（a）中，隐蔽面应力未画出］。图 12.1（b）表示平面应力状态的一般形式，共有 4 个应力分量：

$$\begin{bmatrix} \sigma_x & \tau_{xy} \\ \tau_{yx} & \sigma_y \end{bmatrix}$$

由剪应力互等定理，$\tau_{xy} = \tau_{yx}$，因而只有 3 个应力分量是独立的。

图 12.1（c）表示简单应力状态，只有一个应力分量 σ。

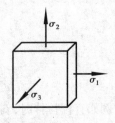

图 12.2

当单元体的方向面取向改变时，其上之应力也随之而改变，因此总可以使单元体找到这样一个取向——单元体各方向面上只有正应力而无剪应力，如图 12.2 所示。对于只有正应力而无剪应力的方向面称为主平面。主平面上的正应力称为主应力。而把主平面外法线的方向称为主方向。对于各方向面上只有主应力的单元体称为主单元体。主单元体上的三个主应力分别以 σ_1，σ_2，σ_3 表示。并且按其代数值大小排列，即 $\sigma_1 \geqslant \sigma_2 \geqslant \sigma_3$。用主应力 σ_1，σ_2，σ_3 表示一点处的应力状态具有普遍意义。

根据主应力的数值，可将应力状态分为三类：3 个主应力中只有一个主应力不为零的应力状态称为简单应力状态或单向应力状态；3 个主应力中有两个主应力不为零的应力状态称为二向应力状态或平面应力状态；3 个主应力都不为零的应力状态称为三向应力状态或空间应力状态。例如轴向拉（压）杆内各点为单向应力状态；圆轴扭转时，轴内各点为二向应力状态；直梁横力弯曲时，除梁上、下边缘的点为单向应力状态外，梁内其他各点均为二向应力状态；在滚珠轴承中，滚珠与外圈接触点处的应力可以作为三向应力状态实例（见图 12.3）。

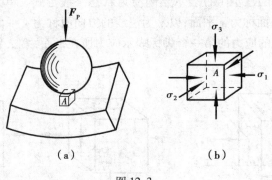

（a）   （b）

图 12.3

二向和三向应力状态也统称为复杂应力状态。

12.2　二向应力状态分析——解析法

　　工程实际中许多问题属于二向应力状态或可以近似看成是二向应力状态。现在研究二向应力状态下已知通过一点的某些截面上的应力后,如何确定通过这一点其他截面上的应力,从而确定主应力和主平面。

　　图 12.4(a)所示为二向应力状态一般形式,各方向面上应力为已知,关于应力的符号规定为:正应力以拉应力为正,压应力为负;剪应力对单元体内任一点取矩为顺时针转向时规定为正,反之为负。取任意斜截面截取单元体,图 12.4(b)所示,斜截面的外法线 n 与 x 轴的夹角为 α,如图 12.4(c)所示。规定:在图示 xOy 坐标系下由 x 轴转到外法线 n 为反时针转向时,则 α 为正,反之为负。

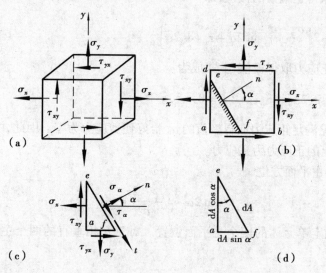

图 12.4

　　现在假想从单元体中截取三角形单元,如图 12.4(c)所示,斜截面上的应力用 σ_α 和 τ_α 表示,并设斜截面面积为 dA,另外两个平面的面积分别为 $dA \cos \alpha$ 和 $dA \sin \alpha$,如图 12.4(d)所示。三角形单元的平衡方程为

$$\sum F_n = 0$$

$$\sigma_\alpha dA + (\tau_{xy} dA \cos \alpha)\sin \alpha - (\sigma_x dA \cos \alpha) \cos \alpha + (\tau_{yx} dA \sin \alpha) \cos \alpha - (\sigma_y dA \sin \alpha)\sin \alpha = 0$$

$$\sum F_t = 0$$

$$\tau_\alpha dA - (\tau_{xy} dA \cos \alpha)\cos \alpha - (\sigma_x dA \cos \alpha)\sin \alpha + (\tau_{yx} dA \sin \alpha)\sin \alpha + (\sigma_y dA \sin \alpha)\cos \alpha = 0$$

由剪应力互等定理
$$\tau_{xy} = \tau_{yx}$$
代入上两式并化简得

$$\sigma_\alpha = \sigma_x \cos^2 \alpha + \sigma_y \sin^2 \alpha - 2\tau_{xy} \sin \alpha \cos \alpha$$

$$\tau_\alpha = (\sigma_x - \sigma_y) \sin \alpha \cos \alpha + \tau_{xy} (\cos^2 \alpha - \sin^2 \alpha)$$

由三角学可知

$$\cos^2\alpha = \frac{1 + \cos 2\alpha}{2} \qquad\qquad \sin^2\alpha = \frac{1 - \cos 2\alpha}{2}$$

$$2\sin\alpha\cos\alpha = \sin 2\alpha$$

代入上两式进一步化简得

$$\sigma_\alpha = \frac{\sigma_x + \sigma_y}{2} + \frac{\sigma_x - \sigma_y}{2}\cos 2\alpha - \tau_{xy}\sin 2\alpha \tag{12.1}$$

$$\tau_\alpha = \frac{\sigma_x - \sigma_y}{2}\sin 2\alpha + \tau_{xy}\cos 2\alpha \tag{12.2}$$

此即为斜截面应力的一般公式。公式表明斜截面上的正应力 σ_α 和剪应力 τ_α 随 α 的改变而变化，即 α 为变量，而 σ_α 和 τ_α 都是以 α 为变量的函数。利用以上公式可以通过求极值的方法确定正应力和剪应力的极大值或极小值，并确定它们所在平面的方位。

令 $\dfrac{\mathrm{d}\sigma_\alpha}{\mathrm{d}\alpha} = 0$，可求得正应力的极值，即

$$\frac{\mathrm{d}\sigma_\alpha}{\mathrm{d}\alpha} = -2\left[\frac{\sigma_x - \sigma_y}{2}\sin 2\alpha + \tau_{xy}\cos 2\alpha\right] \tag{a}$$

当 $\alpha = \alpha_0$ 时，正应力取得极值，上式成为

$$\frac{\sigma_x - \sigma_y}{2}\sin 2\alpha_0 + \tau_{xy}\cos 2\alpha_0 = 0 \tag{b}$$

对照式(12.2)，可见满足正应力取得极值的 α_0 恰好使剪应力为零。因此，由 α_0 所确定的方向面为主平面，而其上的正应力为主应力。

由式(b)，可得主平面方位

$$\tan 2\alpha_0 = -\frac{2\tau_{xy}}{\sigma_x - \sigma_y} \tag{12.3}$$

由式(12.3)可以确定单元体的四个主平面位置。对于互相垂直的两个主平面方位，可由 α_0 和 $\alpha_0 + \dfrac{\pi}{2}$ 确定。

从公式(12.3)求出 $\sin 2\alpha_0$ 和 $\cos 2\alpha_0$，代入式(12.1)可以求得主应力，即

$$\left.\begin{array}{c}\sigma_{1,2}\\\sigma_{2,3}\end{array}\right\} = \frac{\sigma_x + \sigma_y}{2} \pm \sqrt{\left(\frac{\sigma_x - \sigma_y}{2}\right)^2 + \tau_{xy}^2} \tag{12.4}$$

式中 $\sigma_{1,2}$ 表示 σ_1 或 σ_2，$\sigma_{2,3}$ 表示 σ_2 或 σ_3。即按照约定 $\sigma_1 \geqslant \sigma_2 \geqslant \sigma_3$，所求得的极值正应力，其极大值可能为 σ_1 或 σ_2，而极小值可能为 σ_2 或 σ_3。因为在垂直于 xy 平面方向上还有一正应力为零。

如何确定主应力方向，可以采用直接判定法，即把单元体对称分为四个象限，剪应力箭头指向两平面交线象限内的 α_0 或 $(\alpha_0 + \dfrac{\pi}{2})$ 对应的主应力为极大值；剪应力箭头背离两平面交线象限内的 α_0 或 $(\alpha_0 + \dfrac{\pi}{2})$ 对应的主应力为极小值。

用完全相似的方法，可以确定极大和极小剪应力。

当 $\alpha = \alpha_1$ 时，可使 $\dfrac{\mathrm{d}\tau_\alpha}{\mathrm{d}\alpha} = 0$，可得

$$(\sigma_x - \sigma_y)\cos 2\alpha_1 - 2\tau_{xy}\sin 2\alpha_1 = 0$$

由此得到

$$\tan 2\alpha_1 = \frac{\sigma_x - \sigma_y}{2\tau_{xy}} \tag{12.5}$$

上式可确定四个平面,对于两个相互垂直的平面由 α_1 和 $(\alpha_1 + \frac{\pi}{2})$ 确定。

由式(12.5)求出 $\sin 2\alpha_1$ 和 $\cos 2\alpha_1$,代入式(12.2)可得到剪应力的极值

$$\left.\begin{matrix}\tau_{\max}\\ \tau_{\min}\end{matrix}\right\} = \pm\sqrt{\left(\frac{\sigma_x - \sigma_y}{2}\right)^2 + \tau_{xy}^2} \tag{12.6}$$

比较式(12.3)和式(12.5)可得

$$\tan 2\alpha_0 = -\frac{1}{\tan 2\alpha_1} \tag{12.7}$$

故　　　　　　　　　　$2\alpha_1 = 2\alpha_0 + \frac{\pi}{2}$, $\alpha_1 = \alpha_0 + \frac{\pi}{4}$

即极值剪应力所在平面与主平面的夹角为45°。

若以 $\beta = \alpha + \frac{\pi}{2}$ 代换式(12.1)中的 α,化简后得

$$\sigma_\beta = \frac{\sigma_x + \sigma_y}{2} - \frac{\sigma_x - \sigma_y}{2}\cos 2\alpha + \tau_{xy}\sin 2\alpha$$

与式(12.1)和式(12.4)共同解出

$$\sigma_\alpha + \sigma_\beta = \sigma_x + \sigma_y = \sigma_{1,2} + \sigma_{2,3} = \text{常值}$$

上式说明通过受力物体内一点,任意两相互垂直面上的正应力之和为一常量。

还可以解出

$$\tau_{\max} = \frac{\sigma_{1,2} - \sigma_{2,3}}{2}$$

说明极值剪应力等于两个主应力之差的二分之一。

例 12.1　已知各方向面上的应力为 $\sigma_x = -100$ MPa, $\sigma_y = 50$ MPa, $\tau_{xy} = -60$ MPa, $\tau_{yx} = 60$ MPa。试求:(1)画出单元体的应力状态;(2)求 $\alpha = -30°$ 时斜截面上的应力;(3)主应力大小及其方向,并画出主单元体。

解　(1)根据正应力和剪应力的符号规定,画单元体的应力状态,如图12.5(a)所示。

(2)当 $\alpha = -30°$ 时,由式(12.1)和式(12.2)

$$\sigma_{30°} = \frac{-100 \text{ MPa} + 50 \text{ MPa}}{2} + \frac{-100 \text{ MPa} - 50 \text{ MPa}}{2}\cos(-60°) - (-60 \text{ MPa})\sin(-60°)$$

$$= -114 \text{ MPa}(\text{压应力})$$

$$\tau_{30°} = \frac{-100 \text{ MPa} - 50 \text{ MPa}}{2}\sin(-60°) + (-60 \text{ MPa})\cos(60°)$$

$$= 35 \text{ MPa}$$

(3)由式(12.4)

$$\left.\begin{matrix}\sigma_1\\ \sigma_3\end{matrix}\right\} = \frac{-100 \text{ MPa} + 50 \text{ MPa}}{2} \pm \sqrt{\left(\frac{100 \text{ MPa} + 50 \text{ MPa}}{2}\right)^2 + (60 \text{ MPa})^2}$$

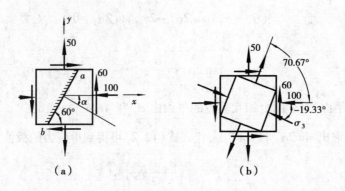

图 12.5

$$= -25 \text{ MPa} \pm 96 \text{ MPa} = \begin{cases} 71 \text{ MPa} \\ -121 \text{ MPa} \end{cases}$$

即主应力 $\sigma_1 = 71$ MPa, $\sigma_2 = 0$, $\sigma_3 = -121$ MPa

主应力方向由式（12.3）得

$$\tan 2\alpha_0 = -\frac{2 \times (-60 \text{ MPa})}{-100 \text{ MPa} - 50 \text{ MPa}} = -0.8$$

$$2\alpha_0 = -38.66°, \quad \alpha_0 = -19.33°$$

$$\alpha_0 + 90° = -19.33° + 90° = 70.67°$$

由于 $\alpha_0 + 90° = 70.67°$ 在第一象限为剪应力箭头指向两截面交线的象限为 σ_1 所在主平面位置，$\alpha_0 = -19.33°$ 则为 σ_3 所在主平面位置，见图 12.5（b）。

12.3 二向应力状态分析——图解法

由斜截面应力式（12.1）和式（12.2）可知，σ_α 和 τ_α 都是 α 的函数，说明 σ_α 和 τ_α 之间存在一定的函数关系。

将式（12.1）和式（12.2）改写成如下形式

$$\sigma_\alpha - \frac{\sigma_x + \sigma_y}{2} = \frac{\sigma_x - \sigma_y}{2} \cos 2\alpha - \tau_{xy} \sin 2\alpha$$

$$\tau_\alpha - 0 = \frac{\sigma_x - \sigma_y}{2} \sin 2\alpha + \tau_{xy} \cos 2\alpha$$

将上两式各自平方之后相加，得到

$$\left(\sigma_\alpha - \frac{\sigma_x + \sigma_y}{2} \right)^2 + (\tau_\alpha - 0)^2 = \left(\frac{\sigma_x - \sigma_y}{2} \right)^2 + \tau_{xy}^2$$

可知式中是 $\sigma\text{-}\tau$ 坐标平面内，以 σ_α 和 τ_α 为变量的一个圆的方程，其轨迹为圆周（图 12.6）。圆心的坐标为 $\left(\dfrac{\sigma_x + \sigma_y}{2}, 0 \right)$，半径 R 为 $\sqrt{\left(\dfrac{\sigma_x - \sigma_y}{2} \right)^2 + \tau_{xy}^2}$。而圆周上任一点 $E(\sigma_\alpha, \tau_\alpha)$ 的横坐标 σ_α 和纵坐标 τ_α 分别代表与 x 平面夹角为 α 角度的斜截面上的正应力和剪应力。此圆称为应力圆，也叫莫尔圆。

以图 12.7(a)所示二向应力状态为例说明应力圆的做法：

1)确定 x 平面及其应力大小,所在位置 D 点

按比例量取 $\overline{OA} = \sigma_x$,$\overline{AD} = \tau_{xy}$,确定 D 点。

2)确定 y 平面及其应力大小,所在位置 D' 点

按比例量取 $\overline{OB} = \sigma_y$,$\overline{BD'} = \tau_{yx}$,确定 D' 点。

3)确定圆心位置,做应力圆

连接 $\overline{DD'}$,交 σ 轴于 C 点,以 $\overline{CD}$ 为半径画圆,即为应力圆,

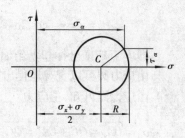

图 12.6

其圆心坐标 $\overline{OC} = \dfrac{1}{2}(\overline{OA} + \overline{OB}) = \dfrac{1}{2}(\sigma_x + \sigma_y)$,其半径 $\overline{CD} = \sqrt{\overline{CA}^2 + \overline{AD}^2} = \sqrt{\left(\dfrac{\sigma_x - \sigma_y}{2}\right)^2 + \tau_{xy}^2}$,如图 12.7(b)所示。

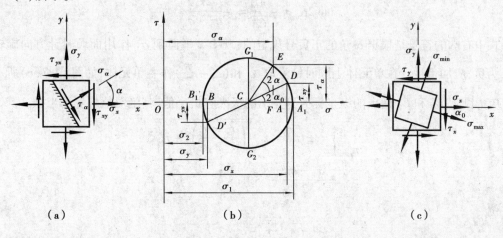

（a）　　　　　　　　　　（b）　　　　　　　　　　（c）

图 12.7

应力圆确定之后,如欲求单元体 α 面的应力,则只需将半径按 α 的相同转向转 2α 至 CE 处。所得 E 点的横坐标 $\overline{OF}$ 和纵坐标 $\overline{EF}$ 则分别代表与 $\acute{x}$ 平面夹角为 α 斜截面上的正应力 σ_α 和剪应力 τ_α。[见图 12.7(b)]

证明如下：

由图 12.7(b)可知

$$\overline{CA} = \frac{\overline{OA} - \overline{OB}}{2} = \frac{\sigma_x - \sigma_y}{2}$$

$$\begin{aligned}\overline{OF} &= \overline{OC} + \overline{CE}\cos(2\alpha_0 + 2\alpha) \\ &= \overline{OC} + \overline{CD}\cos 2\alpha_0 \cos 2\alpha - \overline{CD}\sin 2\alpha_0 \sin 2\alpha \\ &= \overline{OC} + \overline{CA}\cos 2\alpha - \overline{AD}\sin 2\alpha \\ &= \frac{\sigma_x + \sigma_y}{2} + \frac{\sigma_x - \sigma_y}{2}\cos 2\alpha - \tau_{xy}\sin 2\alpha = \sigma_\alpha\end{aligned}$$

$$\begin{aligned}\overline{EF} &= \overline{CE}\sin(2\alpha_0 + 2\alpha) \\ &= \overline{CD}\sin 2\alpha_0 \cos 2\alpha + \overline{CD}\cos 2\alpha_0 \sin 2\alpha \\ &= \overline{AD}\cos 2\alpha + \overline{CA}\sin 2\alpha\end{aligned}$$

$$= \tau_{xy} \cos 2\alpha + \frac{\sigma_x - \sigma_y}{2} \sin 2\alpha = \tau_\alpha$$

即 E 点的横坐标和纵坐标分别等于 α 面上的正应力和剪应力。证毕。

由应力圆可以直观地得出主应力大小及主平面方位。

由应力圆可知,主应力

$$\sigma_1 = \overline{OA_1} = \overline{OC} + \overline{CA_1} = \overline{OC} + \overline{CD} = \frac{\sigma_x + \sigma_y}{2} + \sqrt{\left(\frac{\sigma_x - \sigma_y}{2}\right)^2 + \tau_{xy}^2}$$

$$\sigma_2 = \overline{OB_1} = \overline{OC} - \overline{CB_1} = \overline{OC} - \overline{CD} = \frac{\sigma_x + \sigma_y}{2} - \sqrt{\left(\frac{\sigma_x - \sigma_y}{2}\right)^2 + \tau_{xy}^2}$$

主平面方位:

$$\tan 2\alpha_0 = -\frac{\overline{AD}}{\overline{CA}} = -\frac{2\tau_{xy}}{\sigma_x - \sigma_y}$$

式中右端的符号是根据 α 角的正负号规定的,现由 x 平面到 σ_1 作用面顺时针方向旋转,故 α 为负,应加负号。在单元体上顺时针量取 α_0 和 $\left(\alpha_0 + \dfrac{\pi}{2}\right)$ 作主单元体,如图 12.7(c) 所示。

应力圆上 G_1 和 G_2 两点的纵坐标分别是 τ 的极大和极小值,其绝对值均等于半径。

$$\left.\begin{array}{c}\tau_{max} \\ \tau_{min}\end{array}\right\} = \pm\overline{CD} = \pm\sqrt{\left(\frac{\sigma_x - \sigma_y}{2}\right)^2 + \tau_{xy}^2}$$

或者

$$\tau_{max} = \frac{\sigma_1 - \sigma_2}{2}$$

其方位

$$\tan 2\alpha_1 = \frac{\overline{CA}}{\overline{AD}} = \frac{\sigma_x - \sigma_y}{2\tau_{xy}}$$

在应力圆上与主应力方位相差 $\dfrac{\pi}{2}$,在单元体上相差 $\dfrac{\pi}{4}$。

用图解法对二向应力状态分析时,需特别强调的是应力圆与单元体的对应关系:

1)应力圆上一点的坐标对应着单元体某一截面上的应力。即圆上一个点,单元体上一个面。

2)应力圆上两点圆弧所对应的圆心角 2α 对应着单元体两截面外法线之间的夹角 α,且转向相同,即转向相同,转角 2 倍。

3)单元体内互相垂直截面上的应力,对应应力圆上直径的两端点的坐标,即直径两端点,垂直二平面。

为了便于记忆,将此对应关系简述为:"圆上一个点,体上一个面。直径两端点,垂直二平面。转向相同,转角 2 倍。"

例 12.2 单元体如图 12.8(a) 所示。$\sigma_x = -80$ MPa,$\tau_{xy} = 30$ MPa。$\sigma_y = 0$,$\tau_{yx} = -30$ MPa。试用图解求:1. $\alpha = 30°$ 斜截面上的应力;2. 主应力大小及其所在截面的方位,并在单元体上画出。

解 (1)画应力圆

在 σ-τ 坐标平面内,按选定比例尺,由坐标($\sigma_x = -80$,$\tau_{xy} = 30$)和($\sigma_y = 0$,$\tau_{yx} = -30$)分

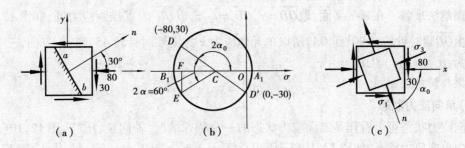

图 12.8

别确定 D 和 D' 点。连接 DD'，与横坐标轴交于 C 点。以 C 点为圆心，DD' 为直径画圆，即得所求应力圆[图 12.8(b)]。

(2)求 $\alpha = 30°$ 截面上的应力

从应力圆半径 CD 顺时针转 $2\alpha = 60°$ 至 CE 处，所得 E 点的坐标对应与 x 轴成 $30°$ 的法线所决定的截面上的应力 $\sigma_{30°}$ 和 $\tau_{30°}$。量得

$$\sigma_{30°} = \overline{OF} = -86 \text{ MPa}$$

$$\tau_{30°} = \overline{FE} = -19.6 \text{ MPa}$$

其方向如图 12.8(a)所示。

(3)求主应力

应力图与 σ 轴交于 A_1，B_1 两点，量得 $\overline{OA_1} = 10$ MPa，$\overline{OB_1} = -90$ MPa。按主应力代数值排列

$$\sigma_1 = 10 \text{ MPa}$$

$$\sigma_2 = 0$$

$$\sigma_3 = -90 \text{ MPa}$$

在应力圆上由 $\overline{CD}$ 到 $\overline{CA_1}$ 为顺时针转过 $2\alpha_0 = 143.2°$（量得），对应单元体应从 x 轴顺时针转到 σ_1 所在平面的外法线 n 为 $\alpha_0 = 71.6°$，主单元体如图 12.8(c)所示。

在讨论了二向应力状态一般情况之后，下面讨论两个重要的特例：

(1)纯剪切应力状态

单元体各方向面上只有剪应力而无正应力称为纯剪切应力状态。如圆轴受扭转时轴内各点（除轴线上的点）均为纯剪切应力状态，如图 12.9(a)所示。

用解析法求解 以 $\sigma_x = 0$，$\tau_{xy} = \tau$，$\sigma_y = 0$，$\tau_{yx} = -\tau$ 代入式(12.1)和式(12.2)得

$$\sigma_\alpha = -\tau \sin 2\alpha$$

$$\tau_\alpha = \tau \cos 2\alpha$$

当 $\alpha = \pm 45°$ 时，$\sigma_{\pm 45°} = \mp \tau$，$\tau_{\pm 45°} = 0$，按主应力代数值排列：$\sigma_1 = \sigma_{-45°} = \tau$，$\sigma_2 = 0$，$\sigma_3 = \sigma_{+45°} = -\tau$。

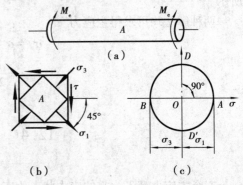

图 12.9

221

用图解法求解 在 σ-τ 平面,取 $\overline{OD} = \tau$,$\overline{OD'} = -\tau$,以 $\overline{DD'}$ 为直径画应力圆,如图 12.9(b) 所示。由 $\overline{OD}$ 顺时针转过 90°到 OA,所以单元体应由 x 方向顺时针转 45°到 σ_1 方向,三个主应力分别为: $\sigma_1 = \tau$, $\sigma_2 = 0$, $\sigma_3 = -\tau$。

结果与解析法相同。

(2)单向应力状态

单向应力状态可以看作是二向应力状态的一个特殊情况,轴向拉、压杆[图 12.10(a)]内各点均为单向应力状态,如图 12.10(b)所示。将 $\sigma_x = \sigma$,$\sigma_y = 0$,$\tau_{xy} = \tau_{yx} = 0$ 代入式(12.1)和式(12.2)得

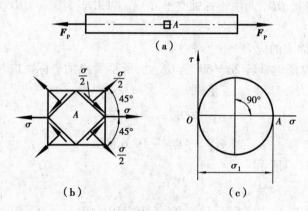

图 12.10

$$\sigma_\alpha = \frac{\sigma}{2}(1 + \cos 2\alpha) = \sigma \cos^2 \alpha$$

$$\tau_\alpha = \frac{\sigma}{2} \sin 2\alpha$$

当 $\alpha = \pm 45°$时,$\sigma_{\pm 45°} = \frac{\sigma}{2}$, $\tau_{\pm 45°} = \pm \frac{\sigma}{2}$

若用应力圆求解,在 σ-τ 坐标内取 $\overline{OA} = \sigma_x = \sigma$,以 $\overline{OA}$ 为直径画圆得应力圆,如图 12.10(c)所示。

两种解法均可求得主应力

$$\sigma_1 = \sigma \ , \ \sigma_2 = 0 \ , \ \sigma_3 = 0$$

$$\tau_{\max} = \frac{\sigma}{2} \ , \ \tau_{\min} = -\frac{\sigma}{2}$$

12.4 三向应力状态

三个主应力都不为零的应力状态为三向应力状态,其应力分析比较复杂,这里只讨论当三个主应力已知时[图 12.11(a)]任意斜截面上的应力计算。

(1)斜截面上的应力

在图 12.11(a)的主单元体中,用任意斜截面 ABC 截取四面体,如图 12.11(b)所示。设

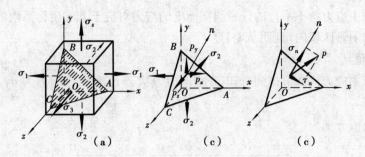

图 12.11

ABC 截面的外法线 n 与 x, y, z 之间的夹角分别为 α, β, γ，该面的总应力 p 沿 x, y, z 轴的分量分别为 p_x, p_y, p_z。

设截面 ABC 面积为 $\mathrm{d}A$、侧面 OBC、OAC、OAB 的面积分别为 $\mathrm{d}A \cos \alpha, \mathrm{d}A \cos \beta, \mathrm{d}A \cos \gamma$，由四面体 $OABC$ 的平衡条件

$$\sum F_x = 0 \ , p_x \mathrm{d}A - \sigma_1 \mathrm{d}A \cos \alpha = 0$$

$$p_x = \sigma_1 \cos \alpha$$

同理

$$\sum F_y = 0 \quad p_y = \sigma_2 \cos \beta$$

$$\sum F_z = 0 \quad p_z = \sigma_3 \cos \gamma$$

因而斜截面上的正应力为

$$\sigma_n = p_x \cos \alpha + p_y \cos \beta + p_z \cos \gamma$$

或

$$\sigma_n = \sigma_1 \cos^2 \alpha + \sigma_2 \cos^2 \beta + \sigma_3 \cos^2 \gamma$$

斜截面上的剪应力由图 12.11(c) 得

$$\tau_n = \sqrt{p^2 - \sigma_n^2} = \sqrt{p_x^2 + p_y^2 + p_z^2 - \sigma_n^2} \tag{12.8}$$

或

$$\tau_n = \sqrt{\sigma_1^2 \cos^2 \alpha + \sigma_2^2 \cos^2 \beta + \sigma_3^2 \cos^2 \gamma - \sigma_n^2} \tag{12.9}$$

(2) 三向应力状态的应力圆

对于主单元体如图 12.12(a) 所示，可以分别用平行于主应力的斜截面截取三棱柱部分为研究对象。所截取的三棱柱斜截面上的应力与平行于斜截面的主应力无关。于是可以按平面应力状态应力圆方法，画出相应的应力圆。

用平行于 σ_3 的斜截面截得三棱柱如图 12.12(b) 所示。斜截面 ab 上的应力与 σ_3 无关，在 $\sigma\text{-}\tau$ 坐标平面以 $\sigma_1 - \sigma_2$ 为直径，C_1 为圆心作应力圆 I。同理可以画出以 $\sigma_2 - \sigma_3$ 为直径，C_2 为圆心的应力圆 II 和以 $\sigma_1 - \sigma_3$ 为直径，C_3 为圆心的应力圆 III，见图 12.13。

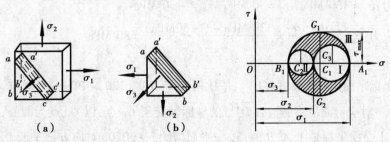

图 12.12

图 12.13

对于与三个主应力均不平行的任意斜截面上的应力对应于 σ-τ 坐标系内的点必位于三个应力圆所构成的阴影区域内(证明从略)。

(3)应力极值

由应力圆或主应力代数值排列可知,在空间应力状态下,最大主应力为 σ_1,即

$$\sigma_{\max} = \sigma_1 \tag{12.10}$$

而剪应力极值分别为

$$\tau_{12} = \frac{\sigma_1 - \sigma_2}{2}, \quad \tau_{13} = \frac{\sigma_1 - \sigma_3}{2}, \quad \tau_{23} = \frac{\sigma_2 - \sigma_3}{2}$$

称为主剪应力,其最大值为

$$\tau_{\max} = \frac{\sigma_1 - \sigma_3}{2} \tag{12.11}$$

其所在截面的外法线与 σ_1 和 σ_3 均成45°角。

例 12.3 试用解析法和图解法求图 12.14(a)所示单元体的主应力和最大剪应力(应力单位 MPa),并作三向应力圆。

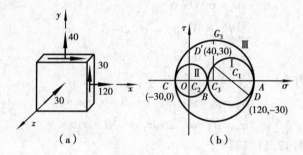

图 12.14

解 单元体 z 面为主平面,−30 MPa 为主应力之一。需求与 x,y 面应力有关的另两个主应力。

(1)解析法

将 $\sigma_x = 120$ MPa,$\tau_{xy} = -30$ MPa,$\sigma_y = 40$ MPa 代入式(9.4),得

$$\left.\begin{array}{c}\sigma_1 \\ \sigma_2\end{array}\right\} = \frac{120 \text{ MPa} + 40 \text{ MPa}}{2} \pm \sqrt{\left(\frac{120 \text{ MPa} - 40 \text{ MPa}}{2}\right)^2 + (-30 \text{ MPa})^2} = 80 \text{ MPa} \pm 50 \text{ MPa}$$

$$= \begin{cases} 130 \text{ MPa} \\ 30 \text{ MPa} \end{cases}$$

主应力为:$\sigma_1 = 130$ MPa,$\sigma_2 = 30$ MPa,$\sigma_3 = -30$ MPa

最大剪应力:$\tau_{\max} = \dfrac{\sigma_1 - \sigma_3}{2} = \dfrac{130 \text{ MPa} - (-30\text{MPa})}{2} = 80$ MPa

(2)图解法

在 σ-τ 坐标平面内[图 12.14(b)],按比例确定 D 点(120,−30)——对应 x 面应力和 D' 点(40,30)——对应 y 面应力,连接 $\overline{DD'}$ 与横坐标轴交于 C_1 点,以 C_1 点为圆心,$\overline{DD'}$ 为直径做圆,得应力圆 I 交横坐标轴上 A、B 两点。z 平面应力(−30,0)对应 σ-τ 平面上 C 点,以 $\overline{BC}$ 为直径,C_2 为圆心做应力圆 II。以横坐标轴 $\overline{AC}$ 为直径,C_3 为圆心做应力圆 III。三向应力圆如图

9.14(b)所示。按比例量得主应力。

$$\sigma_1 = \overline{OA} = 130 \text{ MPa} \,,\quad \sigma_2 = \overline{OB} = 30 \text{ MPa} \,,\quad \sigma_3 = \overline{OC} = -30 \text{ MPa}$$

最大剪应力(大圆半径)

$$\tau_{max} = \overline{C_3 G_3} = 80 \text{ MPa}$$

12.5 广义胡克定律 体积应变

12.5.1 广义胡克定律

取自受力物体任一点处的一般单元体,有九个应力分量,图 12.15(a)所示,考虑到剪应力互等定理 τ_{xy} 和 τ_{yx},τ_{yz} 和 τ_{zy},τ_{zx} 和 τ_{xz} 都分别数值相等。这样原来的九个应力分量中就只有六个是独立的。这种普遍情况,可以看作是三组单向应力状态和三组纯剪切应力状态的组合。对于各向同性材料,当变形很小且在线弹性范围内时,线应变只与正应力有关,而与剪应力无关;剪应变只与剪应力有关,而与正应力无关。这样可将单元体分成分别只有正应力作用和只

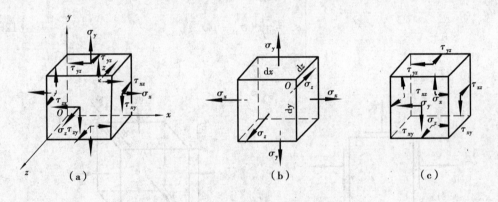

图 12.15

有剪应力作用两部分的叠加,见图 12.15。对于只有正应力作用部分,图 12.15(b),正应力作用只引起单元体棱边的改变。例如由于 σ_x 单独作用在 x 方向引起的线应变为 $\dfrac{\sigma_x}{E}$,由于 σ_y 和 σ_z 单独作用,在 x 方向引起的线应变为 $-\mu\dfrac{\sigma_y}{E}$ 和 $-\mu\dfrac{\sigma_z}{E}$,叠加得 x 方向的线应变

$$\varepsilon_x = \frac{\sigma_x}{E} - \mu\frac{\sigma_y}{E} - \mu\frac{\sigma_z}{E}$$

$$= \frac{1}{E}\left[\sigma_x - \mu(\sigma_y + \sigma_z)\right]$$

同理可求得 y 方向线应变 ε_y 和 z 方向线应变 ε_z。

最后得到

$$\begin{cases} \varepsilon_x = \dfrac{1}{E}\left[\sigma_x - \mu(\sigma_y + \sigma_z)\right] \\[2mm] \varepsilon_y = \dfrac{1}{E}\left[\sigma_y - \mu(\sigma_z + \sigma_x)\right] \\[2mm] \varepsilon_z = \dfrac{1}{E}\left[\sigma_z - \mu(\sigma_x + \sigma_y)\right] \end{cases} \tag{12.12}$$

对于只有剪力作用部分,图 12.15(c),在 xOy、yOz 和 zOx 平面剪应变与剪应力之间的关系为

$$\begin{cases} \gamma_{xy} = \dfrac{\tau_{xy}}{G} \\[2mm] \gamma_{yz} = \dfrac{\tau_{yz}}{G} \\[2mm] \gamma_{zx} = \dfrac{\tau_{zx}}{G} \end{cases} \tag{12.13}$$

式(12.12)和式(12.13)称为广义胡克定律。

当单元体为平面应力状态一般情况(图 12.16)时,广义胡克定律为

$$\begin{cases} \varepsilon_x = \dfrac{1}{E}(\sigma_x - \mu\sigma_y) \\[2mm] \varepsilon_y = \dfrac{1}{E}(\sigma_y - \mu\sigma_x) \\[2mm] \gamma_{xy} = \dfrac{\tau_{xy}}{G} \end{cases} \tag{12.14}$$

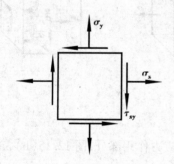

图 12.16

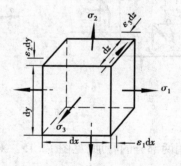

图 12.17

当单元体为主单元体时(图 12.17),属于只有正应力作用的情况,x,y,z 的方向分别与 $\sigma_1,\sigma_2,\sigma_3$ 的方向一致,广义胡克定律化为

$$\begin{cases} \varepsilon_1 = \dfrac{1}{E}\left[\sigma_1 - \mu(\sigma_2 + \sigma_3)\right] \\[2mm] \varepsilon_2 = \dfrac{1}{E}\left[\sigma_2 - \mu(\sigma_3 + \sigma_1)\right] \\[2mm] \varepsilon_3 = \dfrac{1}{E}\left[\sigma_3 - \mu(\sigma_1 + \sigma_2)\right] \end{cases} \tag{12.15}$$

这里 $\varepsilon_1,\varepsilon_2$ 和 ε_3 分别表示沿三个主应力方向的应变,称为主应变。是由主应力表示的胡克定律。

12.5.2　体积应变

以上讨论可以看出,单元体各棱边既然产生伸长或缩短,那么单元体的体积也可能发生改变。如图 12.17 所示主单元体,设单元体变形前各棱边长度为 dx, dy 和 dz,则其体积为

$$V_0 = dxdydz$$

设变形后 dx, dy 和 dz 的线应变分别为 $\varepsilon_1, \varepsilon_2$ 和 ε_3,则体积变为

$$V = dx(1 + \varepsilon_1) \cdot dy(1 + \varepsilon_2) \cdot dz(1 + \varepsilon_3)$$
$$= V_0(1 + \varepsilon_1)(1 + \varepsilon_2)(1 + \varepsilon_3)$$

展开上式并略去高阶小量 $\varepsilon_1\varepsilon_2, \varepsilon_2\varepsilon_3\cdots\cdots$,则得变形后的体积为

$$V = V_0(1 + \varepsilon_1 + \varepsilon_2 + \varepsilon_3)$$

单位体积的改变量,即体积应变为

$$\theta = \frac{V - V_0}{V_0} = \varepsilon_1 + \varepsilon_2 + \varepsilon_3 \tag{12.16}$$

将式(12.15)代入上式并化简得

$$\theta = \frac{1 - 2\mu}{E}(\sigma_1 + \sigma_2 + \sigma_3) = \frac{3(1 - 2\mu)}{E} \cdot \frac{\sigma_1 + \sigma_2 + \sigma_3}{3} \tag{12.17}$$

引入符号

$$K = \frac{E}{3(1 - 2\mu)}, \quad \sigma_m = \frac{\sigma_1 + \sigma_2 + \sigma_3}{3}$$

则式(12.17)变为

$$\theta = \frac{\sigma_m}{K} \tag{12.18}$$

这里的 K 称为体积弹性模量,σ_m 为 3 个主应力的平均值,称为平均主应力。由此说明,任一点处的体积应变 θ 与该点处的 3 个主应力之和成正比。

若受力物体某一点为纯剪切应力状态,即已知 $\sigma_1 = -\sigma_3 = \tau_{xy}, \sigma_2 = 0$,代入式(9.17)可知,其体积应变 $\theta = 0$。因此,可以得到如下两点结论:

1)在任意形式的应力状态下,一点处的体积应变与剪应力无关,而与通过该点任意 3 个相互垂直平面上的正应力之和成正比;

2)通过受力物体上任意一点的任意 3 个相互垂直平面上的正应力之和为常数。

例 12.4　二向应力状态,如图 12.18 所示,已知主应力 $\sigma_1 \neq 0, \sigma_2 \neq 0, \sigma_3 = 0$,主应变 $\varepsilon_1 = 1.7 \times 10^{-4}, \varepsilon_2 = 0.4 \times 10^{-4}$,泊松比 $\mu = 0.3$。试求主应变 ε_3。

解　利用广义胡克定律

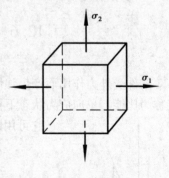

图 12.18

$$\begin{cases} \varepsilon_1 = \frac{1}{E}[\sigma_1 - \mu(\sigma_2 + \sigma_3)] \\[2mm] \varepsilon_2 = \frac{1}{E}[\sigma_2 - \mu(\sigma_3 + \sigma_1)] \\[2mm] \varepsilon_3 = \frac{1}{E}[\sigma_3 - \mu(\sigma_1 + \sigma_2)] \end{cases}$$

把 $\sigma_3 = 0$ 代入

$$\varepsilon_1 = \frac{1}{E}[\sigma_1 - \mu\sigma_2] \tag{1}$$

$$\varepsilon_2 = \frac{1}{E}[\sigma_2 - \mu\sigma_1] \tag{2}$$

$$\varepsilon_3 = \frac{1}{E}[0 - \mu(\sigma_1 + \sigma_2)] = -\frac{\mu}{E}(\sigma_1 + \sigma_2) \tag{3}$$

将式(1)与式(2)相加,得

$$\varepsilon_1 + \varepsilon_2 = \frac{\sigma_1 + \sigma_2}{E}(1 - \mu)$$

则

$$\sigma_1 + \sigma_2 = \frac{E}{1 - \mu}(\varepsilon_1 + \varepsilon_2)$$

将上式代入式(3)

$$\varepsilon_3 = -\frac{\mu}{E} \cdot \frac{E}{1 - \mu}(\varepsilon_1 + \varepsilon_2) = -\frac{\mu}{1 - \mu}(\varepsilon_1 + \varepsilon_2)$$

代入已知数据

$$\varepsilon_3 = -\frac{0.3}{1 - 0.3}(1.7 + 0.4) \times 10^{-4} = -0.9 \times 10^{-4}$$

ε_3 为负值,表明与 σ_3 平行的棱边变形是缩短。

12.6 三向应力状态下的弹性比能

构件受外力作用而产生弹性变形时,其内部积蓄有变形能,构件单位体积内所积蓄的变形能称为比能。单向应力状态下构件内所积蓄的比能数值为正应力 σ 在线应变 ε 上所做的功,它可用图 12.19 中三角形 abO 的面积来表示,即

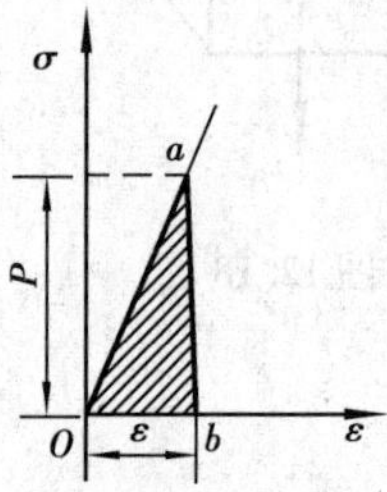

$$u = \frac{1}{2}\sigma\varepsilon$$

或

$$u = \frac{\sigma^2}{2E} = \frac{E}{2}\varepsilon^2$$

在三向应力状态下,设 3 个主应力 $\sigma_1, \sigma_2, \sigma_3$ 由零开始按比例增加到终值,那么 3 个主应变 $\varepsilon_1, \varepsilon_2$ 及 ε_3 也将按比例增长。根据各力所做功之和等于物体的变形能可得单元体的弹性比能表达式

图 12.19

$$u = \frac{1}{2}\sigma_1\varepsilon_1 + \frac{1}{2}\sigma_2\varepsilon_2 + \frac{1}{2}\sigma_3\varepsilon_3$$

把主应变公式(9.15)代入整理得

$$u = \frac{1}{2E}\left[\sigma_1^2 + \sigma_2^2 + \sigma_3^2 - 2\mu(\sigma_1\sigma_2 + \sigma_2\sigma_3 + \sigma_3\sigma_1)\right] \tag{12.19}$$

三向应力状态下的单元体,通常同时发生体积改变和形状改变。因此,弹性比能可以认为由两部分组成:

1)单元体由于体积改变而积蓄的弹性比能,称为体积改变弹性比能,用 u_V 表示。体积改变是指单元体各方向均匀变形,变形后只是体积发生变化,而形状保持不变。

2)单元体因形状改变而积蓄的弹性比能,称为形状改变弹性比能,用 u_f 表示。形状改变是指单元体体积改变为零,由于各棱边变形不同,只有形状改变,见图 12.20。因此

$$u = u_V + u_f$$

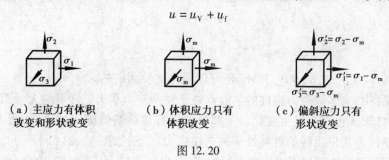

（a）主应力有体积　　　　（b）体积应力只有　　　　（c）偏斜应力只有
改变和形状改变　　　　　　体积改变　　　　　　　　形状改变

图 12.20

图 12.20(b)中 $\sigma_m = \dfrac{\sigma_1 + \sigma_2 + \sigma_3}{3}$ 为主应力平均值,在三向等值正应力作用下单元体只有体积改变,其体积改变弹性比能为

$$u_V = \frac{1}{2}\sigma_m\varepsilon_m + \frac{1}{2}\sigma_m\varepsilon_m + \frac{1}{2}\sigma_m\varepsilon_m = \frac{3}{2}\sigma_m\varepsilon_m$$

由广义胡克定律

$$\varepsilon_m = \frac{\sigma_m}{E} - \mu\left(\frac{\sigma_m}{E} + \frac{\sigma_m}{E}\right) = \frac{(1-2\mu)}{E}\sigma_m$$

则

$$u_V = \frac{3(1-2\mu)}{2E}\sigma_m^2 = \frac{1-2\mu}{6E}(\sigma_1 + \sigma_2 + \sigma_3)^2 \tag{12.20}$$

图 12.20(c)中, $\sigma'_1,\sigma'_2,\sigma'_3$ 称为偏斜应力,在三个不相等正应力作用下单元体只有形状改变而无体积改变,其形状改变弹性比能为

$$u_f = u - u_V$$

把式(12.19)和式(12.20)代入并整理得

$$u_f = \frac{1+\mu}{3E}(\sigma_1^2 + \sigma_2^2 + \sigma_3^2 - \sigma_1\sigma_2 - \sigma_2\sigma_3 - \sigma_3\sigma_1)$$

$$= \frac{1+\mu}{6E}\left[(\sigma_1 - \sigma_2)^2 + (\sigma_2 - \sigma_3)^2 + (\sigma_3 - \sigma_1)^2\right] \tag{12.21}$$

或

$$u_f = \frac{2(1+\mu)}{3E}\left[\left(\frac{\sigma_1 - \sigma_2}{2}\right)^2 + \left(\frac{\sigma_2 - \sigma_3}{2}\right)^2 + \left(\frac{\sigma_3 - \sigma_1}{2}\right)^2\right]$$

$$= \frac{2(1+\mu)}{3E}\left[\tau_{12}^2 + \tau_{23}^2 + \tau_{31}^2\right] \tag{12.22}$$

12.7　强度理论的概念

通过对杆件 4 种基本变形的研究,在常温、静载下,材料的破坏可以分为塑性屈服和脆性断裂两种类型。例如低碳钢的拉伸,表现为塑性屈服,其失效的标志为出现塑性变形,失效应力为屈服极限 σ_s。又例如铸铁的拉伸,表现为脆性断裂,破坏现象是突然断裂。因而材料因强度不足引起失效或破坏现象是不同的。在单向应力状态下,它们的破坏条件和强度条件可以完全建立在试验的基础上。例如简单轴向拉伸时其强度条件为

$$\sigma \leqslant [\sigma]$$

而

$$[\sigma] = \frac{\sigma_u}{n}$$

其中极限应力 σ_u 为 σ_s 或 σ_b。σ_s 和 σ_b 是可以通过试验测定的。

在工程实际中,大多数受力构件的危险点处于复杂应力状态。随着应力状态的改变,材料的失效或者破坏形式也将会发生变化。例如拉伸带有切口的低碳钢试件,如图 12.21(a),发生脆性断裂,是因为切口尖端的材料处于三向拉应力状态,如图 12.21(b) 所示,断口为平面,如图 12.21(c) 所示。又例如压缩大理石时加围压,保持围压小于轴向压应力,如图 12.22(a) 所示,使得材料处于三向压应力状态,如图 12.22(b) 所示,正立方形将被压缩成如图 12.22(c) 所示鼓形。

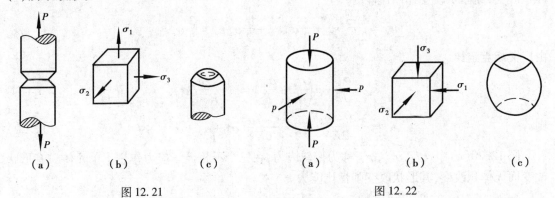

图 12.21　　　　　　　　　　　　图 12.22

因此应力状态的改变会影响同一种材料的破坏形式,不能认为某一种材料只会发生塑性屈服,另一种材料只会发生脆性断裂。

从以上例子可以看出,不能用低碳钢简单拉伸时的极限应力 σ_s 来建立带切口拉伸时的强度条件。那在复杂应力状态下,材料的强度条件应该如何建立呢? 这就是我们所要研究的强度理论。

强度理论由三部分组成,第一是提出假说,第二是建立破坏准则,第三是实践的检验。当材料处于复杂应力状态时,三个主应力 $\sigma_1, \sigma_2, \sigma_3$ 可能有无穷多种组合,要在每一种组合下,由试验来建立相应的强度条件将不胜其烦,而且也不可能适用于每一种材料。解决这一问题的方法是依据部分试验结果,采用断裂推理的方法提出假说,推测材料在复杂应力状态下破坏的原因,建立破坏准则。对于四个常用的强度理论,人们在长期的生产实践中,综合各种现象

和资料提出了如下的假说:材料的某一类型破坏(或失效)是由某一特定因素引起的,无论简单应力状态还是复杂应力状态下某种类型的破坏(或失效)都是由同一因素引起的。于是可以用简单应力状态下的试验结果建立复杂应力状态下的破坏(失效)准则。再经过实践的验证,证明这一破坏(失效)准则是比较符合实际的。于是便可以建立复杂应力状态下的强度条件。

12.8　4 个常用的强度理论

材料按破坏类型可以分为塑性屈服和脆性断裂两类。四个强度理论也分为两类。一类是解释材料发生脆性断裂的强度理论,分别为最大拉应力理论和最大伸长线应变理论。另一类是解释材料发生塑性屈服的强度理论,分别为最大剪应力理论和形状改变比能理论。下面分别讨论这 4 个强度理论。

12.8.1　最大拉应力理论(第一强度理论)

这一理论认为最大拉应力是引起材料脆性断裂破坏的主要因素,即认为无论是什么应力状态,只要最大拉应力达到与材料性质有关的某一极限值,则材料就发生断裂。既然最大拉应力与应力状态无关,于是就可以用单向应力状态确定这一极限值。由应力状态分析可知,$\sigma_{\max} = \sigma_1$,因而材料的断裂破坏准则为

$$\sigma_{\max} = \sigma_1 = \sigma_b$$

将极限应力除以安全系数得到许用应力$[\sigma]$,于是强度条件为

$$\sigma_1 \leqslant [\sigma] \tag{12.23}$$

试验证明,这一理论与铸铁、石料、混凝土等脆性材料的拉断破坏结果比较符合。由于这一理论没有考虑σ_2和σ_3的影响,而且对没有拉应力的状态(如单向压缩、三向压缩)也无法应用。

12.8.2　最大伸长线应变理论(第二强度理论)

这一理论认为最大伸长线应变ε_1是引起材料脆性断裂破坏的主要因素,即无论何种应力状态下,只要最大伸长线应变ε_1达到与材料性质有关的某一极限值,材料就会发生断裂。ε_1的极限值既然与应力状态无关,就可以由单向应力状态确定。设单向拉伸时发生脆性断裂的伸长应变极限值为ε_u,且

$$\varepsilon_u = \frac{\sigma_b}{E}$$

则其破坏准则为

$$\varepsilon_1 = \varepsilon_u = \frac{\sigma_b}{E}$$

根据广义胡克定律

$$\varepsilon_1 = \frac{1}{E}[\sigma_1 - \mu(\sigma_2 + \sigma_3)]$$

于是

$$\sigma_1 - \mu[(\sigma_2 + \sigma_3)] = \sigma_b$$

将 σ_b 除以安全系数得许用应力 $[\sigma]$，于是强度条件为

$$\sigma_1 - \mu(\sigma_2 + \sigma_3) \leqslant [\sigma] \tag{12.24}$$

实践证明，砖、石、混凝土等脆性材料受单向压缩时，往往沿垂直于压力方向开裂，而最大伸长线应变与开裂方向相同。此理论可以很好地解释这种现象。但脆性材料在二向压缩和二向拉伸情况下，此理论与试验结果并不符合，目前已很少采用。

12.8.3 最大剪应力理论(第三强度理论)

这一理论认为最大剪应力是引起材料塑性屈服的主要因素，即无论何种应力状态，只要最大剪应力 τ_{max} 达到与材料性质有关的某一极限值，材料就要发生塑性屈服失效。单向拉伸下，与轴线成45°斜截面上的 $\tau_{max} = \dfrac{\sigma_s}{2}$ 时出现屈服，即极限应力 $\tau_u = \dfrac{\sigma_s}{2}$，因而材料的失效准则为

$$\tau_{max} = \tau_u = \frac{\sigma_s}{2}$$

在复杂应力状态下

$$\tau_{max} = \frac{1}{2}(\sigma_1 - \sigma_3)$$

于是

$$\sigma_1 - \sigma_3 = \sigma_s$$

这就是材料开始出现塑性屈服的条件，或称之为屈雷斯加屈服准则。

将 σ_s 除以安全系数得许用应力，则强度条件为

$$\sigma_1 - \sigma_3 \leqslant [\sigma] \tag{12.25}$$

最大剪应力理论较为满意地解释了材料的屈服现象。例如低碳钢拉伸时，沿与轴线成45°的方向出现滑移线，这是材料内部沿这一方向滑移的痕迹。沿这一方向的斜截面上的剪应力恰为最大值。由于没有考虑 σ_2 的影响，或者说没有考虑其他两个主剪应力 τ_{12}，τ_{23} 的影响，偏于安全。只适用于拉伸屈服极限与压缩屈服极限相同的塑性材料。

12.8.4 形状改变比能理论(第四强度理论)

这一理论认为形状改变比能是引起屈服的主要因素，即无论何种应力状态，只要形状改变比能 u_f 达到与材料性质有关的某一极限值，材料就会发生屈服。单向拉伸下，屈服应力为 σ_s，相应的形状改变比能由式(12.21)得到，故引起材料屈服的形状改变比能屈服准则为

$$u_f = \frac{1+\mu}{6E}(2\sigma_s^2)$$

任意应力状态下

$$u_f = \frac{1+\mu}{6E}[(\sigma_1 - \sigma_2)^2 + (\sigma_2 - \sigma_3)^2 + (\sigma_3 - \sigma_1)^2]$$

与单向应力状态下屈服准则相同，得

$$\frac{1+\mu}{6E}[(\sigma_1 - \sigma_2)^2 + (\sigma_2 - \sigma_3)^2 + (\sigma_3 - \sigma_1)^2] = \frac{1+\mu}{6E}(2\sigma_s^2)$$

整理后得屈服准则(即密息斯屈服准则)为

$$\sqrt{\frac{1}{2}\left[(\sigma_1-\sigma_2)^2+(\sigma_2-\sigma_3)^2+(\sigma_3-\sigma_1)^2\right]}=\sigma_s$$

把 σ_s 除以安全系数得许用应力 $[\sigma]$,于是强度条件为

$$\sqrt{\frac{1}{2}\left[(\sigma_1-\sigma_2)^2+(\sigma_2-\sigma_3)^2+(\sigma_3-\sigma_1)^2\right]}\leqslant[\sigma] \tag{12.26}$$

这一理论与试验结果吻合较好,比第三强度理论更符合试验结果。在纯剪切应力状态下比第三强度理论结果大 15%,这是差异最大的情况。其适用情况与第三强度理论相同。

12.8.5　相当应力

把四个强度理论的强度条件写成统一的形式

$$\sigma_r\leqslant[\sigma] \tag{12.27}$$

式中 σ_r 称为相当应力,它由 3 个主应力按一定形式组合而成。按照从第一强度理论到第四强度理论的顺序,相当应力分别为

$$\begin{cases}\sigma_{r1}=\sigma_1\\ \sigma_{r2}=\sigma_1-\mu(\sigma_2+\sigma_3)\\ \sigma_{r3}=\sigma_1-\sigma_3\\ \sigma_{r4}=\sqrt{\frac{1}{2}\left[(\sigma_1-\sigma_2)^2+(\sigma_2-\sigma_3)^2+(\sigma_3-\sigma_1)^2\right]}\end{cases} \tag{12.28}$$

例 12.5　试按强度理论建立纯剪切应力状态的强度条件,并寻求许用剪应力与许用拉应力之间的关系。

解　纯剪切实为拉-压二向应力状态,且

$$\sigma_1=\tau,\ \sigma_2=0,\ \sigma_3=-\tau$$

对于脆性材料,一般用第一和第二强度理论。

由第一强度理论

$$\sigma_1=\tau\leqslant[\sigma]$$

而剪切强度条件为

$$\tau\leqslant[\tau]$$

因而

$$[\tau]=[\sigma]$$

由第二强度理论

$$\sigma_1-\mu(\sigma_2+\sigma_3)\leqslant[\sigma]$$

即

$$\tau+\mu\tau=(1+\mu)\tau\leqslant[\sigma]$$

取 $\mu=0.25$

$$\tau\leqslant\frac{[\sigma]}{1+\mu}=\frac{[\sigma]}{1+0.25}=0.8[\sigma]$$

而

$$\tau\leqslant[\tau]$$

因此

$$[\tau]\leqslant0.8[\sigma]$$

对于塑性材料,一般采用第三和第四强度理论。

由第三强度理论

$$\sigma_1 - \sigma_3 \leqslant [\sigma]$$

即

$$\tau + \tau = 2\tau \leqslant [\sigma] \; , \; \tau \leqslant \frac{[\sigma]}{2} = 0.5[\sigma]$$

而

$$\tau \leqslant [\tau]$$

因此

$$[\tau] = 0.5[\sigma]$$

由第四强度理论

$$\sqrt{\frac{1}{2}\left[(\sigma_1 - \sigma_2)^2 + (\sigma_2 - \sigma_3)^2 + (\sigma_3 - \sigma_1)^2\right]} \leqslant [\sigma]$$

把主应力代入,化简得

$$\sqrt{3}\,\tau \leqslant [\sigma]$$

即

$$\tau \leqslant 0.6[\sigma]$$

而

$$\tau \leqslant [\tau]$$

因此

$$[\tau] = 0.6[\sigma]$$

于是得到扭转问题中所给出的$[\tau]$和$[\sigma]$之间的关系为:

脆性材料

$$[\tau] = (0.8 - 1.0)[\sigma]$$

塑性材料

$$[\tau] = (0.5 - 0.6)[\sigma]$$

例 12.6 如图 12.23(a)所示圆筒形薄壁容器受内压压强为 $p = 3$ MPa,圆筒内直径 $D = 1$ m,壁厚 $t = 10$ mm,试求筒壁内任意点处的三个主应力;若$[\sigma] = 160$ MPa,校核其强度。

解 由图 12.23(b)可以看出,作用在两端筒底总压力为

$$F_{\mathrm{P}} = p \cdot \frac{\pi D^2}{4}$$

其方向沿圆筒轴线。圆筒横截面上应力

$$\sigma' = \frac{F_{\mathrm{P}}}{A} = \frac{p \cdot \dfrac{\pi D^2}{4}}{\pi D t} = \frac{pD}{4t}$$

用相距为l的两个横截面和包括直径的纵向平面,从圆筒中截取一部分,如图 12.23(c)所示。

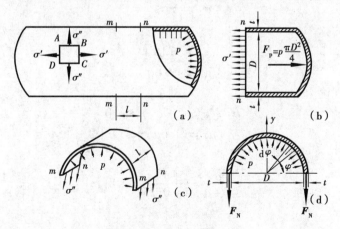

图 12.23

若在筒壁的纵向截面上应力为σ'',则内力为

$$F_{\mathrm{N}} = \sigma'' t l$$

在这一部分圆筒内的微分面积 $l \cdot \dfrac{D}{2}\mathrm{d}\varphi$ 上压力为 $pl \cdot \dfrac{D}{2}\mathrm{d}\varphi$。它在 y 方向的投影为 $pl \cdot \dfrac{D}{2}\mathrm{d}\varphi \sin\varphi$。通过积分求出上述投影的总和为

$$\int_0^\pi pl \cdot \frac{D}{2}\sin\varphi\,\mathrm{d}\varphi = plD$$

积分结果表明,截出部分在纵向平面上的投影面积 lD 与 p 的乘积,就等于内压力的合力。由平衡方程 $\sum F_y = 0$,得

$$2\sigma''tl - plD = 0$$

$$\sigma'' = \frac{pD}{2t}$$

由 σ' 和 σ'' 结果可知 $\sigma'' = 2\sigma'$,即纵向截面上的应力是横截面上应力的 2 倍。

这样,筒壁内任意点的应力状态为二向应力状态,其主应力为

$$\sigma_1 = \frac{pD}{2t}\ ,\ \sigma_2 = \frac{pD}{4t}\ ,\ \sigma_3 = 0$$

把有关数据代入得

$$\sigma_1 = \frac{pD}{2t} = \frac{3 \times 10^6\ \mathrm{Pa} \times 1\ \mathrm{m}}{2 \times 1 \times 10^{-2}\ \mathrm{m}} = 150 \times 10^6\ \mathrm{Pa} = 150\ \mathrm{MPa}$$

$$\sigma_2 = \frac{1}{2}\sigma_1 = \frac{1}{2} \times 150\ \mathrm{MPa} = 75\ \mathrm{MPa}$$

$$\sigma_3 = 0$$

下面进行强度校核:

按第三强度理论

$$\sigma_{r3} = \sigma_1 - \sigma_3 = 150 - 0 = 150\ \mathrm{MPa} < [\sigma]$$

按第四强度理论

$$\sigma_{r4} = \sqrt{\frac{1}{2}\big[(\sigma_1 - \sigma_2)^2 + (\sigma_2 - \sigma_3)^2 + (\sigma_3 - \sigma_1)^2\big]}$$

$$= \sqrt{\frac{1}{2}\big[(150\ \mathrm{MPa} - 75\ \mathrm{MPa})^2 + (75\ \mathrm{MPa} - 0)^2 + (0 - 150\ \mathrm{MPa})^2\big]}$$

$$= 130\ \mathrm{MPa} < [\sigma]$$

安全。

12.9　莫尔强度理论

前面所述四个强度理论,主要是采用科学假设的方法建立的,它们是对决定材料强度失效或破坏的主要因素,根据一定的实验基础,进行假设,然后验证。所以观点明确,物理意义清楚。当然,强度失效或破坏的因素很多(特别是微观、细观因素很多),一两个主要因素不可能概括全部,因此理论与实验之间的偏差是难免的。正是这种原因,以往有些强度理论尽管物理意义似乎很合理(例如最大伸长线应变理论),但由于同实验结果偏差太大,也很快被淘汰。因此,一个从宏观角度描述现象的理论能否成立,关键仍在于能否同实验结果相符合。所以基

于这种考虑,近代工程科学中较多地采用唯象学的方法,即根据尽可能多的实验结果对现象和数据进行综合分析和描述,确定出其行为方程,而不过多地注意其物理意义的阐述。莫尔强度理论就是综合实验结果建立的,现介绍如下。

单向拉伸试验时,失效应力为屈服极限 σ_s 或强度极限 σ_b。在 σ-τ 平面内,以失效应力为直径作应力圆 OA',称为极限应力圆(图 12.24)。同样,由单向压缩试验确定的极限应力圆为 OB'。由纯剪切试验确定的极限应力圆是以 OC' 为半径的圆。对任意的应力状态,设想三个主应力按比例增加,直至材料以屈服或断裂的形式失效。这时,由三个主应力可确定三个应力圆。现在只作出三个应力圆中最大的一个,亦即由 σ_1 和 σ_3 确定的应力圆,如图 12.24 中的圆 $D'E'$。按上述方式,在 σ-τ 平面内得到一系列的极限应力圆。于是可以做出它们的包络线 $F'G'$。包络线当然与材料的性质有关,不同的材料包络线也不一样;但对同一材料则认为它是唯一的。

对一个已知的应力状态 $\sigma_1,\sigma_2,\sigma_3$,如由 σ_1 和 σ_3 确定的应力圆在上述包络线之内,则这一应力状态不会引起失效。如恰与包络线相切,就表明这一应力状态已达到失效状态。

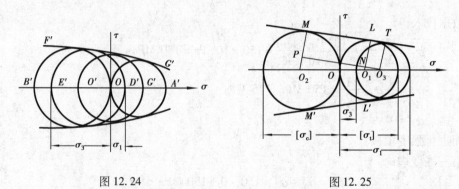

图 12.24 　　　　　　　　　　　　　　　图 12.25

在实用中,为了利用有限的试验数据便可近似地确定包络线,常以单向拉伸和压缩的两个极限应力圆的公切线代替包络线,若再除以安全系数,便得如图 12.25 所示以圆的公切线代替包络线的情况。图中 $[\sigma_l]$ 和 $[\sigma_c]$ 分别为材料的抗拉和抗压许用应力。若由 σ_1 和 σ_3 确定的应力圆在公切线 ML 和 $M'L'$ 之内,则这样的应力状态是安全的。当应力圆与公切线相切时,便是许可状态的最高界限。

由图 12.25 中各线段间的几何关系可得到

$$\frac{\overline{O_1N}}{\overline{O_2P}} = \frac{\overline{O_3O_1}}{\overline{O_3O_2}} \tag{a}$$

其中

$$\overline{O_1N} = \overline{O_1L} - \overline{O_3T} = \frac{[\sigma]^+}{2} - \frac{\sigma_1 - \sigma_3}{2}$$

$$\overline{O_2P} = \overline{O_2M} - \overline{O_3T} = \frac{[\sigma]^-}{2} - \frac{\sigma_1 - \sigma_3}{2}$$

$$\overline{O_3O_1} = \overline{O_3O} - \overline{O_1O} = \frac{\sigma_1 + \sigma_3}{2} - \frac{[\sigma]^+}{2}$$

$$\overline{O_3O_2} = \overline{O_3O} + \overline{OO_2} = \frac{\sigma_1 + \sigma_3}{2} + \frac{[\sigma]^-}{2}$$

将以上各式代入式(a),经简化后得

$$\sigma_1 - \frac{[\sigma]^+}{[\sigma]^-}\sigma_3 = [\sigma]^+$$

考虑到一定的安全储备,于是莫尔理论的强度条件为

$$\sigma_1 - \frac{[\sigma]^+}{[\sigma]^-}\sigma_3 \leqslant [\sigma]^+ \qquad (12.29)$$

写成相当应力形式

$$\sigma_{rM} = \sigma_1 - \frac{[\sigma]^+}{[\sigma]^-}\sigma_3$$

对抗拉和抗压强度相等的材料,$[\sigma]^+ = [\sigma]^-$,式(12.29)化为

$$\sigma_1 - \sigma_3 \leqslant [\sigma]$$

成为第三强度理论的强度条件。

当 $\sigma_3 = 0$ 或 $\sigma_1 = 0$ 时,分别同单向拉伸或单向压缩实验吻合。

莫尔强度理论可以用来说明材料的脆性断裂和塑性屈服,但仍然未考虑 σ_2 的影响。与前述四个强度理论相比较,它不是只考虑 σ,ε,τ 各因素中的一个,而是考虑了 σ 和 τ 的组合,因此莫尔强度理论是比较完善的。

例 12.7　图 12.26(a)为一 T 形截面铸铁梁。铸铁的许用拉应力 $[\sigma]^+ = 30$ MPa,许用压应力 $[\sigma]^- = 60$ MPa,T 型截面尺寸如图所示。已知截面对形心轴 z 的惯性矩 $I_z = 763$ cm^4 且 $y_1 = 52$ mm。试全面校核此梁的强度。

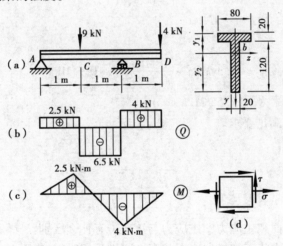

图 12.26

解　作梁的剪力图[图 12.26(b)]和弯矩图[图 12.26(c)]。由弯矩图可知,最大正弯矩在截面 C 处,最大负弯矩在截面 B 处。

$$M_C = 2.5 \text{ kN} \cdot \text{m}$$
$$M_B = -4 \text{ kN} \cdot \text{m}$$

B 截面:最大拉应力发生在截面的上边缘各点处

$$\sigma_{max}^+ = \frac{M_B y_1}{I_z} = \frac{4 \times 10^3 \text{ N} \cdot \text{m} \times 0.052 \text{ m}}{763 \times 10^{-8} \text{ m}^4} = 27.3 \times 10^6 \text{ Pa} = 27.3 \text{ MPa}$$

最大压应力发生在截面下边缘各点处

$$\sigma_{\max}^- = \frac{M_B y_2}{I_z} = \frac{4 \times 10^3 \text{ N} \cdot \text{m} \times (0.140 \text{ m} - 0.052 \text{ m})}{763 \times 10^{-8} \text{ m}^4} = 46.1 \times 10^6 \text{ Pa} = 46.1 \text{ MPa}$$

C 截面:为正弯矩,最大拉应力发生在截面的下边缘各点处

$$\sigma_{\max}^+ = \frac{M_C y_2}{I_z} = \frac{2.5 \times 10^3 \text{ N} \cdot \text{m} \times (0.140 \text{ m} - 0.052 \text{ m})}{763 \times 10^{-8} \text{ m}^4} = 28.8 \times 10^6 \text{ Pa} = 28.8 \text{ MPa}$$

上述各点为单向应力状态,均未超过许用应力。下面用莫尔强度理论校核截面 B 上 b 点的强度。该点既有正应力又有剪应力,先计算其值,即

$$\sigma = \frac{M_B y}{I_z} = \frac{4 \times 10^3 \text{ N} \cdot \text{m} \times (0.052 \text{ m} - 0.020 \text{ m})}{763 \times 10^{-8} \text{ m}^4}$$

$$= 16.8 \times 10^6 \text{ Pa} = 16.8 \text{ MPa}$$

$$\tau = \frac{Q_{\text{左}} S_z^*}{I_z t} = \frac{6.5 \times 10^3 \text{ N} \times (0.080 \text{ m} \times 0.020 \text{ m} \times 0.042 \text{ m})}{763 \times 10^{-8} \text{ m}^4 \times 0.020}$$

$$= 2.86 \times 10^6 \text{ Pa} = 2.86 \text{ MPa}$$

在 B 截面上,b 点的应力状态如图 12.26(d)所示,求其主应力,即

$$\left.\begin{array}{c} \sigma_1 \\ \sigma_3 \end{array}\right\} = \frac{16.8 \text{ MPa}}{2} \pm \sqrt{\left(\frac{16.8 \text{ MPa}}{2}\right)^2 + (2.86 \text{ MPa})^2}$$

$$= 8.4 \text{ MPa} \pm 8.9 \text{ MPa} = \begin{cases} 17.3 \text{ MPa} \\ -0.5 \text{ MPa} \end{cases}$$

$$\sigma_2 = 0$$

由莫尔强度理论

$$\sigma_1 - \frac{[\sigma]^+}{[\sigma]^-} \sigma_3 = 17.3 \text{ MPa} - \frac{30 \text{ MPa}}{60 \text{ MPa}} \times (-0.5 \text{ MPa})$$

$$= 17.55 \text{ MPa} < [\sigma]^+$$

校核结果说明全梁强度满足要求。

习 题

12.1　什么叫主平面和主应力?主应力与正应力有什么区别?

12.2　何谓单向应力状态和二向应力状态?圆轴受扭时,轴表面各点处于何种应力状态?梁受横力弯曲时,梁顶、梁底及其他各点处于何种应力状态?

12.3　通过受力构件的任一点,总可以找到三个主平面,也只能找到三个主平面,它们之间必定相互垂直。对吗?为什么?

12.4　三向应力圆在什么情况下:(1)成为一个圆;(2)成为一个点圆;(3)成为三个圆。

12.5　对比几种典型材料(如低碳钢、铸铁等)在拉伸、压缩和扭转时的破坏形式,并从宏观上分析其破坏的主要原因。

12.6　强度理论中相当应力(或称计算应力)的意义是什么?它相当于怎样的应力?是否真的有这样的应力存在?

12.7　在题图 12.7 所示各单元体中,试用解析法和图解法求斜截面 ab 上的应力。应力单位为 MPa。

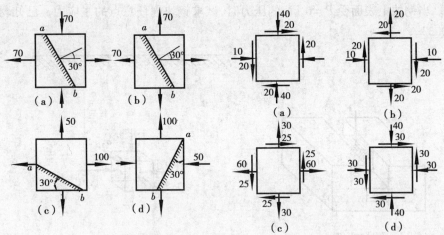

题图 12.7　　　　　　　　　　题图 12.8

12.8　已知如题图 12.8(a),(b),(c),(d) 所示各单元体的应力状态(应力单位为 MPa),试求:

(1) 主应力之值及其方向,并画在单元体上;

(2) 最大剪应力之值。

12.9　一圆轴受力如题图 12.9 所示,已知固定端横截面上的最大弯曲应力为 40 MPa,最大扭转剪应力为 30 MPa,因剪力而引起的最大剪应力为 6 kPa。

(1) 用单元体画出在 A,B,C,D 各点处的应力状态;

(2) 求 A 点的主应力和最大剪应力。

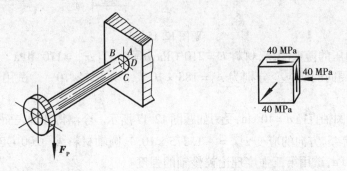

题图 12.9　　　　　　　　　　题图 12.11

12.10　受内压的薄壁圆筒,内径 $D =1.2$ m,内压 $p =1.5$ MPa,其材料的屈服极限 $\sigma_s = 240$ MPa,泊松比 $\mu = 0.3$,安全系数 $n_s = 2$。试按最大剪应力理论和形状改变比能理论计算壁厚 t,并做比较。

12.11　钢制受力构件,其危险点应力状态如题图 12.11 所示,已知 $[\sigma] = 160$ MPa,试用第三强度理论校核其强度。

12.12　已知某厚壁圆筒在内压力作用下,其危险点处的材料处于三向应力状态,三个主应力为:$\sigma_1 = 550$ MPa,$\sigma_2 = 240$ MPa,$\sigma_3 = -350$ MPa,试按第三强度理论和第四强度理论计算

239

其相当应力。

12.13 在题图 12.13 所示槽形刚体的槽内放置一边长为 1 cm 的正立方钢块,钢块与槽壁无空隙。当钢块上表面受 $P = 6$ kN 的压力时,试求钢块内任意点的主应力。已知材料的泊松比 $\mu = 0.33$。

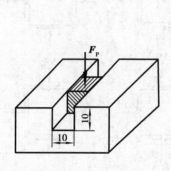

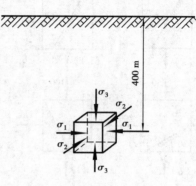

题图 12.13   题图 12.14

12.14 设地层为石灰岩,如题图 12.14 所示,泊松比 $\mu = 0.2$,单位体积重 $\gamma = 25$ kN/m^3。试计算离地面 400 m 深处的主应力。

12.15 如题图 12.15 所示一外伸梁的受力情况和横截面形状尺寸。已知 $\boldsymbol{F}_P = 500$ kN,材料的许用应力 $[\sigma] = 160$ MPa,$[\tau] = 100$ MPa,试全面校核此梁的强度。

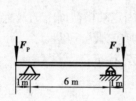

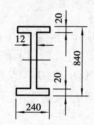

题图 12.15

12.16 受内压的薄壁圆筒,材料 $E = 210$ GPa,$\mu = 0.3$,$[\sigma] = 170$ MPa。今测得圆筒壁表面一点沿轴向和周向的线应变分别为 $\varepsilon' = 188 \times 10^{-6}$,$\varepsilon'' = 737 \times 10^{-6}$。试用第三强度理论校核其强度。

12.17 已知圆轴直径 $d = 10$ cm,受力如题图 12.17 所示。今测得圆轴表面的轴向应变 $\varepsilon_{0°} = 3 \times 10^{-4}$,与轴线成 45° 方向的应变 $\varepsilon_{45°} = -1.375 \times 10^{-4}$,圆轴材料 $E = 200$ GPa,$\mu = 0.25$,许用应力 $[\sigma] = 120$ MPa,试用第三强度理论校核轴的强度。

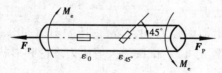

题图 12.17

12.18 薄壁锅炉的平均直径为 1 250 mm,最大内压为 23 个大气压(一个大气压 ≈ 0.1 MPa),在高温下工作,屈服点 $\sigma_s = 182.5$ MPa。若安全系数为 1.8,试按第三强度理论设计锅炉的壁厚。

12.19　车轮与钢轨接触点处的主应力为 − 800 MPa, − 900 MPa 和 − 1 100 MPa。若 $[\sigma]$ = 300 MPa,试对接触点作强度校核。

12.20　炮筒横截面如题图 12.20 所示。在危险点处,σ^+ = 550 MPa,σ_{r} = − 350 MPa,第 1 个主应力垂直于图面是拉应力,且其大小为 420 MPa。试按第三和第四强度理论,计算其相当应力。

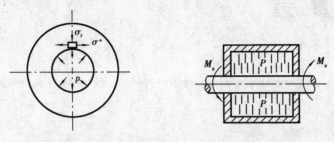

题图 12.20　　　　　　　　　　　　　题图 12.21

12.21　直径 d = 10 mm 的柱塞通过密闭的高压容器(题图 12.21),并承受转矩 M_x = 80 N·m,容器内压 p = 500 MPa,其材料的拉伸和压缩强度极限分别为 σ_{b}^+ = 2 100 MPa,σ_{b}^- = 5 120 MPa。试按莫尔强度理论计算危险点处的相当应力。

第13章
组合变形

13.1 组合变形概念和应力叠加法

在实际工程结构中,杆件受力时,往往同时发生几种基本变形。当杆件某一截面或某一段内,包含两种或两种以上的基本变形内力成分,并且内力所对应的应力或变形属于同数量级时,其变形形式称为组合变形。如图 13.1(a)摇臂钻床。为了分析立柱的变形,将外力向立柱的轴线简化,在立柱横截面上有轴力 $F_N = F_P$ 和弯矩 $M = F_P a$,图 13.1(b)。F_N 所对应的拉应力和 M 对应的弯曲正应力若属于同数量级组成拉伸和弯曲的组合变形。

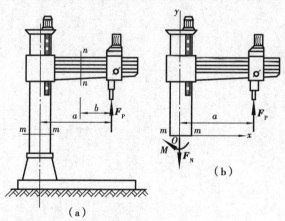

图 13.1

分析组合变形时,可先将外力进行简化或分解,把构件上的外力转化成几组静力等效的载荷,其中每一组载荷对应着一种基本变形,这一过程称为分解。例如图 13.1(b)中把外力转化为对应着轴向拉伸的 F_P 和对应着弯曲的 M。在材料服从胡克定律,小变形前提下,构件每一种基本变形都是各自独立、互不影响的,可以分别计算每一种基本变形各自引起的应力或变形,这一过程称为计算。最后,将各种基本变形下对应各点的应力(或变形)叠加,其总和为组合变形下的应力(或变形),这一过程称为叠加。

总结应力的叠加法分为 3 个过程,分别为分解、计算和叠加。

如立柱受力如图 13.2(a)所示,在柱肩受集中力 F_P。首先进行分解,将 F_P 向立柱轴线简化得 F_P 和 $m = F_P a$,横截面上内力 $F_N = P$,$M = F_P a$ 成为轴向压缩与弯曲的组合。然后进行计算,内力所对应的应力为压应力 $\sigma' = \dfrac{F_N}{A}$,弯曲正应力 $\sigma'' = \dfrac{M}{I_z} = \dfrac{M_y}{I_z}$,其应力分布如图 13.2(b),(c)所示。最后进行叠加,将各点应力叠加得组合变形下的应力及其分布图 13.2(a)。

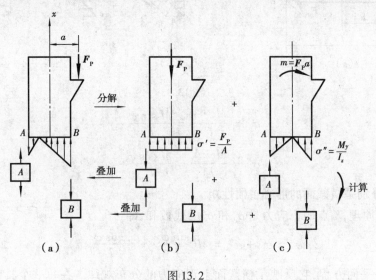

图 13.2

13.2 斜弯曲

前面研究梁的弯曲正应力时,仅限于讨论构件具有纵向对称面,且横向载荷均作用在纵向对称面内,因而弯曲变形后横截面的中性轴与纵向对称面垂直,挠曲线为纵向对称面内的一条平面曲线,这就是平面弯曲的情况。如果横向力通过截面形心,但不在纵向对称面内,则由后面的推导可知,变形后杆件轴线与外力将不在同一纵向平面内,这种弯曲变形称为斜弯曲。

图 13.3 所示矩形截面悬臂梁,当自由端的横向力 F_P 通过截面形心,且与铅垂对称轴成一倾角 φ 时,就是斜弯曲受力情况。下面用叠加法分析其应力和变形情况。

将 F_P 力沿 y,z 轴分解得

$$F_{Py} = F_P \sin \varphi \qquad F_{Pz} = F_P \cos \varphi$$

F_{Py} 将使梁在水平平面 x-y 内发生平面弯曲;

F_{Pz} 将使梁在垂直平面 x-z 内发生平面弯曲。

梁的任意横截面 m-n 上引起的弯矩分别为

$$M_z = F_{Py}(l - x) = F_P \sin \varphi (l - x) = M \sin \varphi$$
$$M_y = F_{Pz}(l - x) = F_P \cos \varphi (l - x) = M \cos \varphi$$

式中,$M = F_P(l - x)$,故斜弯曲是两个方向平面弯曲的组合。

对于横截面 m-n 上的任意点 K,M_z 和 M_y 对应的弯曲正应力分别为 σ' 和 σ''。

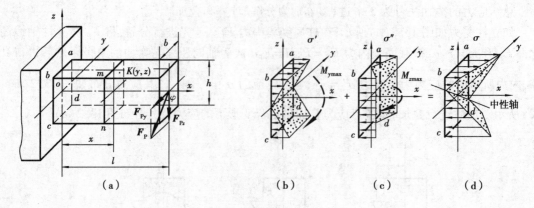

图 13.3

$$\sigma' = \frac{M_z \cdot y}{I_z} = \frac{M \sin \varphi}{I_z} \cdot y$$

$$\sigma'' = \frac{M_y \cdot z}{I_y} = \frac{M \cos \varphi}{I_y} \cdot z$$

式中 I_z 和 I_y 分别是横截面的形心主惯性矩。

根据叠加原理,K 点的正应力是 σ' 和 σ'' 的代数和,即

$$\sigma = \sigma' + \sigma'' = M\left(\frac{\sin \varphi}{I_z} \cdot y + \frac{\cos \varphi}{I_y} \cdot z\right) \tag{13.1}$$

上式是一平面方程,它反映了横截面上正应力的分布规律。在每一个具体问题中,σ' 和 σ'' 是拉应力还是压应力可根据梁的变形来确定。

进行强度计算时,首先需要确定危险截面和危险点的位置。对于图 13.3 所示悬臂,固定端显然是危险截面。至于危险点,对有棱角的截面应是 M_z 和 M_y 引起的正应力都达到最大值的点,显然 a 和 c 就是这样的点,其中 a 有最大拉应力,c 有最大压应力[图 13.3(b),(c),(d)]。故斜弯曲的强度条件为

$$\sigma_{\max} = M_{\max}\left(\frac{\sin \varphi}{I_z} \cdot y_{\max} + \frac{\cos \varphi}{I_y} \cdot z_{\max}\right)$$

$$= M_{\max}\left(\frac{\sin \varphi}{W_z} + \frac{\cos \varphi}{W_y}\right) \leqslant [\sigma] \tag{13.2}$$

在这里,因梁截面是矩形,具有棱角容易确定危险点的位置。对于没有棱角的截面,则先要确定中性轴(正应力为零点的连线)的位置,然后才能定出危险点的位置。为此,在式(13.1)中,令 $\sigma = 0$,因为 $M \neq 0$,设中性轴上各点坐标为 (y_0, z_0) 故得

$$\frac{\sin \varphi}{I_z} \cdot y_0 + \frac{\cos \varphi}{I_y} \cdot z_0 = 0 \tag{13.3}$$

这就是斜弯曲时中性轴方程,可见中性轴是一条通过截面形心的一条斜直线[图 13.4(a)],与 y 轴的夹角是 α,即

$$\tan \alpha = \frac{z_0}{y_0} = -\frac{I_y}{I_z}\tan \varphi$$

中性轴把截面划分成拉伸和压缩两个区域。显然截面上距中性轴最远的点 D_1 和 D_2,其应力数值最大,就是危险点[图 13.4(b)]。

梁在斜弯曲时的变形也可用叠加法来计算。仍以上述悬臂梁为例,在 xy 平面,F_{Py} 在自由端引起的挠度为

$$f_y = \frac{F_{Py}l^3}{3EI_z} = \frac{F_P \sin \varphi l^3}{3EI_z}$$

在 $x\text{-}z$ 平面,F_{Pz} 在自由端引起的挠度为:

$$f_z = \frac{F_{Pz}l^3}{3EI_y} = \frac{F_P \cos \varphi l^3}{3EI_y}$$

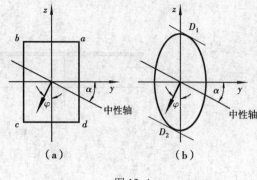

图 13.4

自由端因横向力 F_P 引起的总挠度就是 f_y 和 f_z 的矢量和(图 13.5),即

$$f = \sqrt{f_y^2 + f_z^2}$$

若总挠度 f 与 z 轴的夹角为 β,则

$$\tan \beta = \frac{f_y}{f_z} = \frac{I_y}{I_z} \tan \varphi$$

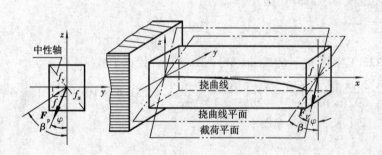

图 13.5

可见对于 $I_y \neq I_z$ 的截面,$\beta \neq \varphi$。这表明变形后梁的挠曲线与集中力 F_P 不在同一纵向平面内,所以称为"斜弯曲"。

有些截面,如圆形、正方形等,其 $I_y = I_z$ 则 $\beta = \varphi$。表明变形后梁的挠曲线与集中力 F_P 仍然在同一纵向平面内,仍然是平面弯曲。对这一类梁来说,横向力作用于通过截面形心的任何一个纵向平面时,它总是发生平面弯曲,而不会发生斜弯曲。

比较 $\tan \alpha = -\dfrac{I_y}{I_z} \tan \varphi$ 和 $\tan \beta = \dfrac{I_y}{I_z} \tan \varphi$ 两式,可见中性轴与 y 轴的夹角 α 等于挠曲线方向与 z 轴的夹角 β。故中性轴总是垂直于挠度所在平面(图 13.5)。

例 13.1　图 13.6 所示桥式起重机大梁为 32a 工字钢制成。已知 $l = 4$ m,材料为 Q235 钢,许用应力 $[\sigma] = 160$ MPa,由于起重机小车行进中的惯性或其他原因,载荷 F_P 偏离纵向垂直对称面一个角度 φ。若 $\varphi = 15°$,$F_P = 30$ kN,试校核梁的强度。

解　(1)确定危险截面位置

当小车走到梁中点为最不利状态,这时中点弯矩最大,是危险截面。将 P 分解为 P_y 和 P_z,即

$$F_{Pz} = F_P \sin \varphi = 30 \text{ kN} \sin 15° = 7.76 \text{ kN}$$

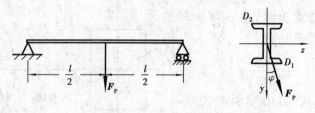

图 13.6

$$F_{Py} = F_P \cos\varphi = 30 \text{ kN} \cos 15° = 29 \text{ kN}$$

P 在中点时

$$M_{zmax} = \frac{F_{Py} \cdot l}{4} = \frac{29 \text{ kN} \times 4 \text{ m}}{4} = 29 \text{ kN} \cdot \text{m}$$

$$M_{ymax} = \frac{F_{Pz} \cdot l}{4} = \frac{7.76 \text{ kN} \times 4 \text{ m}}{4} = 7.76 \text{ kN} \cdot \text{m}$$

（2）求危险点应力

Q235 钢为拉压相等的塑性材料，D_1 和 D_2 两点为危险点，其数值相等，但 D_1 为拉应力，D_2 为压应力。只要校核 D_1 点即可，则

$$\sigma_{max} = \frac{M_{zmax}}{W_z} + \frac{M_{ymax}}{W_y}$$

查表获得 32a 工字钢 $W_z = 692 \text{ cm}^3$，$W_y = 70.8 \text{ cm}^3$ 代入上式

$$\sigma_{max} = \frac{29 \times 10^3 \text{ N} \cdot \text{m}}{692 \times 10^{-6} \text{ m}^3} + \frac{7.76 \times 10^3 \text{ N} \cdot \text{m}}{70.8 \times 10^{-6} \text{ m}^3} = 151.4 \times 10^6 \text{ Pa} = 151.4 \text{ MPa}$$

$$< [\sigma] = 160 \text{ MPa}$$

因此强度足够。

（3）讨论

若载荷 F_P 不偏离纵向垂直对称面，即 $\varphi = 0$，于是跨度中点的最大弯曲正应力

$$\sigma_{max} = \frac{M_{max}}{W_z} = \frac{F_P l}{4 W_y} = \frac{30 \times 10^3 \text{ N} \times 4 \text{ m}}{4 \times 692 \times 10^{-6} \text{ m}^3} = 43.4 \text{ MPa}$$

可见偏离一个小角度，其应力就是 $\varphi = 0$ 时的 3.5 倍。这是因为工字钢 $W_y \ll W_z$ 的原因，所以梁横截面的 W_y 和 W_z 相差较大时应注意斜弯曲对强度不利的影响。

以上讨论了梁横截面有对称轴的情况。若梁的横截面无对称轴，对实心截面梁，当横向力通过截面形心 C 时［图 13.7（a）］，应将横向力分解为沿形心主惯性轴的两个分量 F_{Pz} 和 F_{Py}，它们在形心主惯性平面 xy 和 xz 内分别引起平面弯曲，最后将这两个平面弯曲的应力和变形叠加。对开口薄壁截面梁，横向力必须通过截面的弯曲中心 A［图 13.7（b）］，才不致引起扭转。

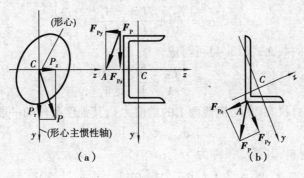

图 13.7

13.3　拉伸(压缩)与弯曲的组合

拉伸(压缩)与弯曲的组合变形,是工程中常见的组合变形情况。

如图 13.8(a)所示矩形截面梁,受横向力和轴向力作用。六个内力分量中只有 $M_x = 0$,$F_N, M_y, M_z, F_{Qy}, F_{Qz}$ 均不为 0,图 13.8(b)所示。对于细长梁剪力 F_{Qy} 和 F_{Qz} 不属于同数量级,可略去不计。只有内力 F_N, M_y 和 M_z,成为拉(压)和弯曲组合变形的一般情况。按照叠加法,可先将载荷分解成轴向拉伸(压缩)和 xOy 和 xOz 两个平面内的平面弯曲,再分别计算各种基本变形下的应力 $\sigma' = \dfrac{F_N}{A}$,$\sigma'' = \dfrac{M_z z}{I_y}$ 和 $\sigma''' = \dfrac{M_z y}{I_z}$,并画出应力分布图。最后将各点应力叠加得到组合变形下的应力情况,[图 13.8(c)]。

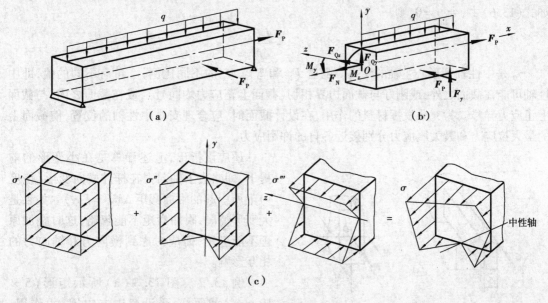

图 13.8

拉(压)弯组合变形下横截面各点的应力为

$$\sigma = \frac{F_N}{A} \pm \frac{M_y z}{I_y} \pm \frac{M_z y}{I_y} \tag{13.4}$$

对于具有两个对称轴的截面式(13.4)可写成

$$\sigma^{\pm} = \frac{F_N}{A} \pm \frac{M_y}{W_y} \pm \frac{M_z}{W_z} \tag{13.5}$$

假设危险点为单向应力状态(忽略横截面上的剪应力),其强度条件的一般形式为

$$\sigma_{max} \leqslant [\sigma]$$

对于抗拉、压不等的材料,其强度条件为

$$\sigma_{max}^{\pm} = [\sigma]^{\pm}$$

若只在 xOy 平面内发生平面弯曲,式(13.4)成为

$$\sigma = \frac{F_N}{A} + \frac{M_z y}{I_z} \tag{13.6}$$

对有水平对称轴(z 轴)的截面,式(13.6)成为

$$\sigma^{\pm} = \frac{F_N}{A} \pm \frac{M_z}{W_z} \tag{13.7}$$

若无轴力 N,式(13.4)成为

$$\sigma = \frac{M_y z}{I_y} + \frac{M_z y}{I_z}$$

表示斜弯曲时的应力情况。

由式(13.4)可知,在形心轴上 $y=0$,$z=0$,$\sigma=\frac{F_N}{A} \neq 0$。所以在拉(压)弯曲组合变形中,中性轴(零应力线)恒不通过横截面形心。中性轴位置可以通过组合应力为零的点来确定。例如式(13.6)中,令 $\sigma=0$,则

$$y_0 = -\frac{I_z F_N}{A M_z}$$

y_0 是中性轴到形心主轴的距离。随着 F_N 和弯矩 M_z 的不同比例,y_0 可有不同的值,即中性轴可能在截面之外,或刚好与截面边界相切(截面上正应力均同号),或在截面之内,与截面上正应力异号。为充分发挥材料的作用,在设计截面时,应合理安排中性轴的位置,使截面上的最大拉应力和最大压应力分别接近各自的许用应力。

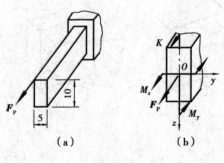

图 13.9

还应该指出,上述计算是在小变形的前提下,即略去了轴向力在杆件横向变形(挠度 y)上所引起的附加弯矩 $\Delta M(= F_P y)$。如果是大变形情况,附加弯矩不能忽略,这时叠加原理不能应用,而应考虑到横向力和轴向力的相互影响。

例 13.2 图 13.9(a)所示矩形(5×10 mm²)截面杆,受沿棱边方向 F_P 力作用。已知 $F_P = 1$ kN,杆的许用应力 $[\sigma] = 160$ MPa,试校核杆的强度。

解　将 F_P 力平移到形心后,各横截面上将有三个内力,即轴力 $F_N = F_P$,弯矩 $M_y = F_P \times 5$ 和 $M_z = F_P \times 2.5$,杆件为轴向拉伸和两个方向平面弯曲的组合。由图 13.9(b)不难看出 K 点为最大正应力点,其值为

$$\sigma_{\max} = \frac{F_N}{A} + \frac{M_y}{W_y} + \frac{M_z}{W_z}$$

$$= \frac{1 \times 10^3 \ \mathrm{N}}{10 \times 5 \times 10^{-6} \ \mathrm{m}^2} + \frac{1 \times 10^3 \ \mathrm{N} \times 5 \times 10^{-3} \ \mathrm{m}}{\frac{1}{6} \times 5 \times 10^2 \times 10^{-9} \ \mathrm{m}^3} + \frac{1 \times 10^3 \ \mathrm{N} \times 2.5 \times 10^{-3} \ \mathrm{m}}{\frac{1}{6} \times 10 \times 5^2 \times 10^{-9} \ \mathrm{m}^3}$$

$$= (20 + 60 + 60) \times 10^6 \ \mathrm{Pa} = 140 \ \mathrm{MPa}$$

$$\sigma_{\max} = 140 \ \mathrm{MPa} < [\sigma] = 160 \ \mathrm{MPa}$$

杆的强度足够。

例 13.3　如图 13.10(a)所示,一侧边带槽的钢板,已知钢板宽 $b = 8$ cm,厚度 $\delta = 1$ cm,半圆形槽的半径 $r = 1$ cm,许用应力$[\sigma] = 140$ MPa。在拉力 $F_P = 80$ kN 作用下,试对此钢板进行强度校核。

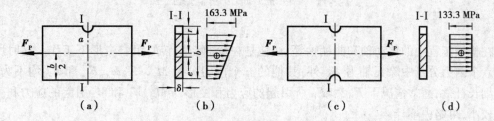

图 13.10

解　由于钢板在截面 Ⅰ-Ⅰ 处有一圆槽,因而外力 F_P 对此截面为偏心拉伸,其偏心距之值为

$$e = \frac{b}{2} - \frac{b - r}{2} = \frac{r}{2} = \frac{1 \ \mathrm{cm}}{2} = 0.5 \ \mathrm{cm}$$

沿 Ⅰ-Ⅰ 截面截开图 13.10(b),内力有轴力和弯矩,分别为

$$F_N = F_P = 80 \ \mathrm{kN}$$

$$M = F_P e = 80 \ \mathrm{kN} \times 0.5 \times 10^{-2} \ \mathrm{m} = 0.4 \ \mathrm{kN \cdot m}$$

截面上任一点的应力为

$$\sigma = \frac{F_N}{A} + \frac{M \cdot y}{I_y}$$

为线性分布。上、下边缘的应力分别为最大和最小应力[图 13.10(b)]为

$$\sigma_{\max} = \frac{F_N}{A} + \frac{M}{\frac{\delta(b - r)^2}{6}}$$

$$= \frac{80 \times 10^3 \ \mathrm{N}}{0.01 \times (0.08 - 0.01) \ \mathrm{m}^2} + \frac{0.4 \times 10^3 \ \mathrm{N \cdot m} \times 6}{0.01 \times (0.08 - 0.01)^2 \ \mathrm{m}^3}$$

$$= (114.3 + 49) \times 10^6 \ \mathrm{Pa} = 163.3 \ \mathrm{MPa} > [\sigma]$$

$$\sigma_{\min} = \frac{F_N}{A} - \frac{M}{\frac{\delta(b-r)^2}{6}} = \frac{80 \times 10^3 \text{ N}}{0.01(0.08-0.01) \text{ m}^2} - \frac{0.4 \times 10^3 \text{ N} \cdot \text{m} \times 6}{0.01 \times (0.08-0.01)^2 \text{ m}^3}$$

$$= (114.3 - 49) \times 10^6 \text{ Pa} = 65.3 \text{ MPa}$$

计算结果表明,钢板在Ⅰ-Ⅰ截面处强度不够。同时表明截面上正应力同号,中性轴在截面之外。应加以调整,将中性轴调整到截面之内,并且使得上、下边缘有相等的正应力。为此,在钢板上再开一对称的槽[图 13.10(c)]。这样便将中性轴移到截面的对称轴上。保证钢板只发生轴向拉伸,不会有因偏心而引起弯曲,截面上的应力[图 13.10(d)]为

$$\sigma = \frac{F_N}{A} = \frac{F_N}{\delta(b-2r)} = \frac{80 \times 10^3 \text{ N}}{0.01 \times (0.08-0.02) \text{ m}^2} = 133.3 \times 10^6 \text{ Pa}$$

$$= 133.3 \text{ MPa} < [\sigma]$$

钢板满足了强度条件。

13.4 弯曲与扭转的组合

在机械工程中的传动轴和曲柄轴等,往往是在弯曲与扭转的组合变形下工作。这时所产生的六个内力分量中除无轴力 F_N 外,其他的五个内力分量 M_x, M_y, M_z, F_{Qy} 和 F_{Qz} 均不为零。对于细长杆件,通常情况下 F_{Qy} 和 F_{Qz} 所引起的应力和变形与 M_x, M_y 和 M_z 引起的应力和变形相比较小,可略去不计。

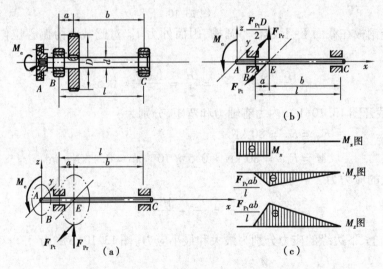

图 13.11

现以图 13.11(a) 所示传动轴为例,说明在弯扭组合变形下的强度计算。由联轴器 A 传给轴的力偶矩为 m。齿轮 E 的节圆直径为 D,作用于齿轮上的啮合力 F_P 可分解为圆周力 F_{Pt} 和径向力 F_{Pr}。将圆周力向轴线简化后,得到作用于轴线上的横向力 F_{Pt} 和力偶矩 $\frac{F_P D}{2}$,由平衡方程

$$\sum M_x = 0 \text{ 得}$$

$$\frac{F_{Pt}D}{2} = M_e$$

力偶矩 M_e 和 $\frac{F_{Pt}D}{2}$ 引起传动轴的扭转变形,而横向力 F_{Pt} 和径向力 F_{Pr} 引起轴在水平平面和垂直平面内的弯曲变形。这时可略去弯曲时剪力的影响。

根据轴的计算简图[图 13.11(b)],分别做出轴的扭矩 M_x 图,和垂直平面内的弯矩图 M_y 和水平平面内的弯矩图 M_z。如图 13.11(c)所示。轴在 AE 段内各横截面上的扭矩皆相等,但横截面 E 上的 M_y 和 M_z 都为极值,故横截面 E 为危险截面。在危险截面 E 上的内力矩是

扭矩
$$M_x = M_e = \frac{F_{Pt}D}{2}$$

xz 平面内的弯矩
$$M_{ymax} = \frac{F_{Pr}ab}{l}$$

xy 平面内的弯矩
$$M_{zmax} = \frac{F_{Pt}ab}{l}$$

对截面为圆形的轴,包含轴线的任意纵向面都是纵向对称面。所以把 M_{ymax} 和 M_{zmax} 合成后,合成弯矩 M 的作用平面仍然是纵向对称面。所以轴在合成弯矩作用平面内发生平面弯曲。按矢量合成的方法,求出 M_{ymax} 和 M_{zmax} 的合成弯矩 M[图 13.12(a)]为

$$M = \sqrt{M_{ymax}^2 + M_{zmax}^2} = \frac{ab}{l}\sqrt{F_{Pr}^2 + F_{Pt}^2}$$

合成弯矩 M 的作用平面垂直于矢量 M。

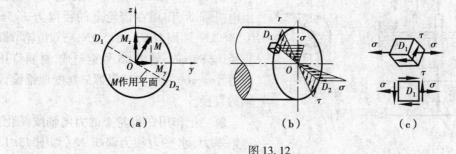

图 13.12

根据应力在危险截面 E 上的分布情况,在 D_1 和 D_2 分别有 σ 和 τ 的极值[图 13.12(b)],可知危险点应为 D_1 和 D_2 两点,对拉压相等的材料只需计算其中一点。对于 D_1 点

$$\tau = \frac{M_x}{W_t}$$

$$\sigma = \frac{M}{W}$$

可知为平面应力状态[图 13.12(c)]。应该按强度理论建立强度条件。

先求 D_1 点的主应力,由式(9.4)得

$$\left.\begin{array}{c}\sigma_1 \\ \sigma_3\end{array}\right\} = \frac{\sigma}{2} \pm \sqrt{\left(\frac{\sigma}{2}\right)^2 + \tau^2} = \frac{\sigma}{2} \pm \frac{1}{2}\sqrt{\sigma^2 + 4\tau^2}$$

对于塑性材料,应采用第三强度理论或第四强度理论。

按第三强度理论和第四强度理论,强度条件分别为

$$\sigma_{r3} = \sigma_1 - \sigma_3 \leqslant [\sigma]$$

$$\sigma_{r4} = \sqrt{\frac{1}{2}[(\sigma_1 - \sigma_2)^2 + (\sigma_2 - \sigma_3)^2 + (\sigma_3 - \sigma_1)^2]} \leqslant [\sigma]$$

把主应力 σ_1 和 σ_3 代入上两式,分别为

$$\sigma_{r3} = \sqrt{\sigma^2 + 4\tau^2} \leqslant [\sigma] \tag{13.8}$$

$$\sigma_{r4} = \sqrt{\sigma^2 + 3\tau^2} \leqslant [\sigma] \tag{13.9}$$

将 $\sigma = \dfrac{M}{W}$ 和 $\tau = \dfrac{M_x}{W_t}$ 代入上两式,并注意到 $W_t = 2W$,于是得圆轴弯曲与扭转组合变形下的强度条件分别为

$$\sigma_{r3} = \frac{1}{W}\sqrt{M^2 + M_x^2} \leqslant [\sigma] \tag{13.10}$$

$$\sigma_{r4} = \frac{1}{W}\sqrt{M^2 + 0.75M_x^2} \leqslant [\sigma] \tag{13.11}$$

以上公式中的式(13.8)和式(13.9)适用于任何截面的平面应力状态的弯扭组合变形。而式(13.10)和式(13.11)只适合于圆形截面的弯扭组合变形。应用范围最广的是 $\sigma_{r3} = \sigma_1 - \sigma_3$ 和 $\sigma_{r4} = \sqrt{\dfrac{1}{2}[(\sigma_1 - \sigma_2)^2 + (\sigma_2 - \sigma_3)^2 + (\sigma_3 - \sigma_1)^2]}$,适用于任意的复杂应力状态。在具体应用时,应根据不同公式的适用范围正确选用。

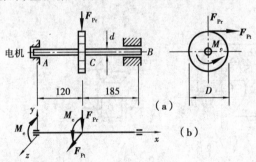

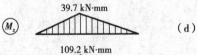

图 13.13

例 13.4 图 13.13(a)所示齿轮传动轴由电机带动,作用在齿轮上的径向力 $F_{Pr} = 0.546$ kN,圆周力 $F_{Pt} = 1.5$ kN,已知齿轮节圆直径 $D = 80$ mm,轴由 45 号钢制成,材料许用应力 $[\sigma] = 60$ MPa。试用第三强度理论设计轴的直径。

解 把作用在齿轮上的力向轴线简化,得铅垂力,水平力和力偶矩 M_e,如图 13.13(b)所示,其中

$$M_e = F_{Pt} \cdot \frac{D}{2} = 1.5 \text{ kN} \times \frac{80 \text{ mm}}{2}$$

$$= 60 \text{ kN} \cdot \text{mm} = 60 \text{ N} \cdot \text{m}$$

分别做出扭矩图 (M_x)、弯矩图 (M_y)、(M_z),如图 10.13(c),(d),(e)所示。由内力图可知危险截面在齿轮 C 处,其中

扭矩　$M_x = M_e = 60$ N · m

弯矩

xz 平面　$M_{ymax} = \dfrac{0.546 \text{ kN} \times 0.120 \text{ m} \times 0.185 \text{ m}}{0.120 \text{ m} + 0.185 \text{ m}}$

$= 39.7 \times 10^{-3}$ kN · m $= 39.7$ N · m

xy 平面　　　　　　　$M_{z\max} = \dfrac{1.5\ \text{kN} \times 0.120\ \text{m} \times 0.185\ \text{m}}{0.120\ \text{m} + 0.185\ \text{m}}$

$$= 109.2 \times 10^{-3}\ \text{kN} \cdot \text{m} = 109.2\ \text{N} \cdot \text{m}$$

对于圆截面,可用矢量和的方法求出 C 截面的合成弯矩,其值为

$$M = \sqrt{M_{y\max}^2 + M_{z\max}^2}$$

$$= \sqrt{(39.7\ \text{N} \cdot \text{m})^2 + (109.2\ \text{N} \cdot \text{m})^2} = 116\ \text{N} \cdot \text{m}$$

按第三强度理论

$$\frac{1}{W}\sqrt{M^2 + M_x^2} \leqslant [\sigma]$$

把 $W = \dfrac{\pi d^3}{32}$ 代入上式得

$$d \geqslant \sqrt[3]{\frac{32\sqrt{M^2 + M_x^2}}{\pi[\sigma]}}$$

$$= \sqrt[3]{\frac{32\sqrt{(116\ \text{N} \cdot \text{m})^2 + (60\ \text{N} \cdot \text{m})^2}}{\pi \times 60 \times 10^6\ \text{Pa}}}$$

$$= 0.028\ \text{m} = 28\ \text{mm}$$

因此轴的直径 $d = 28\ \text{mm}$。

例 13.5　一钢制圆轴,装有两胶带轮 A 和 B。两轮有相同直径 $D = 1\ \text{m}$ 及重量 $F_\text{P} = 5\ \text{kN}$。$A$ 轮上胶带的张力为水平方向,B 轮上胶带的张力为铅垂方向,它们的大小如图 13.14(a) 所示。设圆轴的直径 $d = 75\ \text{mm}$,许用应力 $[\sigma] = 70\ \text{MPa}$,试按第四强度理论校核轴的强度。

解　将两胶带轮的张力向轴线简化,可得 A 截面处有铅垂力 5 kN,水平力 7 kN。B 截面处有铅垂力 12 kN。在 A 和 B 截面有等值反向的力偶矩 m,其值为

$$M_\text{e} = (5\ \text{kN} - 2\ \text{kN}) \times \frac{1\ \text{m}}{2} = 1.5\ \text{kN} \cdot \text{m}$$

轴的受力如图 13.14(b) 所示。轴的扭矩图 (M_x)、弯矩图 (M_y)、(M_z) 如图 13.14(c),(d),(e) 所示。用求矢量和的方法可求得 C,B 截面合成弯矩分别为

$$M_C = \sqrt{(2.1\ \text{kN} \cdot \text{m})^2 + (1.5\ \text{kN} \cdot \text{m})^2} = 2.58\ \text{kN} \cdot \text{m}$$

$$M_B = \sqrt{(1.05\ \text{kN} \cdot \text{m})^2 + (2.25\ \text{kN} \cdot \text{m})^2} = 2.48\ \text{kN} \cdot \text{m}$$

因为 $M_C > M_B$,故 C 截面为危险截面,即

$$M = M_C = 2.58\ \text{kN} \cdot \text{m} = 2.58 \times 10^3\ \text{N} \cdot \text{m}$$

按第四强度理论

$$\frac{1}{W}\sqrt{M^2 + 0.75T^2} = \frac{32}{\pi d^3}\sqrt{M^2 + 0.75M_x^2}$$

$$= \frac{32}{\pi \times 0.075^3\ \text{m}^3} \times \sqrt{(2.58 \times 10^3\ \text{N} \cdot \text{m})^2 + 0.75 \times (1.5 \times 10^3\ \text{N} \cdot \text{m})^2}$$

$$= 69.7 \times 10^6\ \text{Pa} = 69.7\ \text{MPa} < [\sigma]$$

故轴强度满足要求。

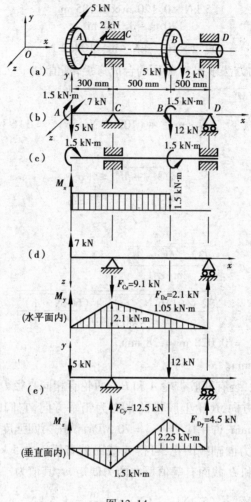

图 13.14

习　题

13.1　题图 13.1 中所示三种斜置的梁,除了支座 *C* 有差别外,其余都相同。试判断这三种情况下梁的 *BC* 段各产生什么变形。

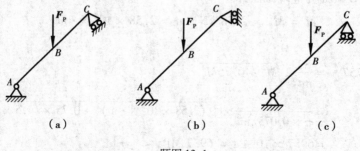

题图 13.1

13.2 对于组合变形的杆件,在什么条件下可以进行应力叠加? 在什么情况下则不能利用应力叠加的方法? 试举例说明。

13.3 若一圆杆为拉伸与扭转的组合变形,试写出其强度条件。并说明拉伸与扭转组合变形同弯曲与扭转组合变形时的内力和应力有什么区别? 建立强度条件时又有什么相同和不同之处?

13.4 一圆截面悬臂梁如题图 13.4 所示,同时受到轴向力,横向力和扭转力偶矩作用。

(1)试指出危险截面和危险点的位置;

(2)画出危险点的应力状态;

(3)下面两个强度条件中哪一个正确?

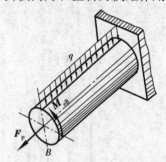

$$\frac{F_P}{A} + \sqrt{\left(\frac{M}{W}\right)^2 + 4\left(\frac{M_x}{W_t}\right)^2} \leqslant [\sigma]$$

$$\sqrt{\left(\frac{F_P}{A} + \frac{M}{W}\right)^2 + 4\left(\frac{M_x}{W_t}\right)^2} \leqslant [\sigma]$$

题图 13.4

13.5 同一个强度理论,其强度条件往往写成不同的形式。以第三强度理论为例,我们常用的有以下三种形式

(1) $\sigma_1 - \sigma_3 \leqslant [\sigma]$

(2) $\sqrt{\sigma^2 + 4\tau^2} \leqslant [\sigma]$

(3) $\frac{1}{W}\sqrt{M^2 + M_x^2} \leqslant [\sigma]$

问它们的适用范围是否相同? 为什么?

13.6 杆件弯扭组合变形时,各危险点是否都要采用强度理论来核算强度? 能否分别按 $\sigma_{max} = \sqrt{M_y^2 + M_z^2}/W \leqslant [\sigma]$ 和 $\tau_{max} = M_x/W_t \leqslant [\tau]$ 进行强度计算?

13.7 题图 13.7 所示矩形截面悬臂梁。已知 $F_P = 240$ N, $\frac{h}{b} = 2$, $[\sigma] = 10$ MPa,试选择截面尺寸。

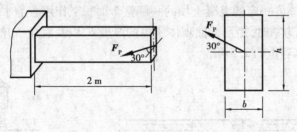

题图 13.7

13.8 原为正方形截面杆,边长为 a,受轴向拉力 F_P 作用,现在杆的中段开一 $\frac{a}{2}$ 宽的切口,如题图 13.8 所示。试求切口处的最大拉应力和最大压应力。

13.9 题图 13.9 所示 AB 横梁由 No.14 工字钢制成。已知 $F_P = 12$ kN,材料 $[\sigma] = 160$ MPa。试校核该横梁的强度。

13.10 题图 13.10 所示短柱子,已知 $F_{P_1} = 100$ kN, $F_{P_2} = 45$ kN, $b = 180$ mm, $h = 300$ mm,试问 P_2 偏心距为多少时截面上仍不会产生拉应力?

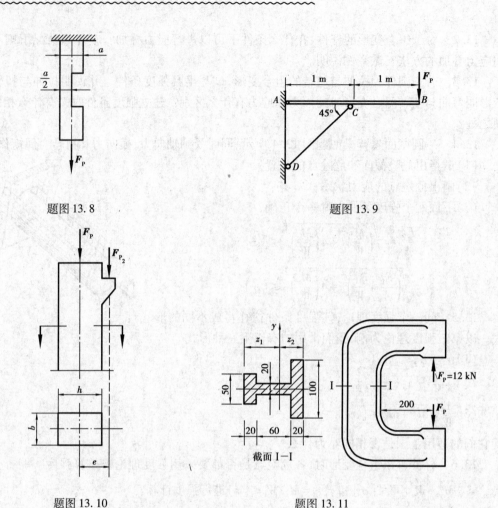

题图 13.8

题图 13.9

题图 13.10

题图 13.11

13.11　材料为灰铸铁 HT15-33 的压力机框架如题图 13.11 所示。许用拉应力为 $[\sigma]^{+}=30$ MPa，许用压应力 $[\sigma]^{-}=80$ MPa。试校核框架立柱的强度。

13.12　在高为 h，厚度一定的混凝土坝的一侧整个面积上作用着静水压力（题图13.12）。试求当混凝土抗拉强度为零时，矩形截面坝体所需的厚度 b，以及直角三角形截面坝体基的厚度 b，设混凝土容重为水容重的 2.5 倍。

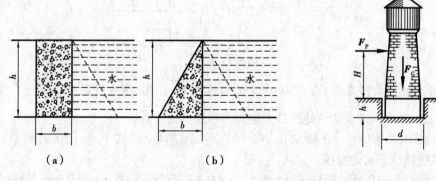

（a）　　　　（b）

题图 13.12

题图 13.13

13.13　水塔连同基础共重 $F = 4\,000$ kN，受水平风力的作用（题图 13.13）。风压的合力 $F_P = 60$ kN，作用在离地面高 $H = 15$ m 的地方，基础入土深度 $h = 3$ m。设土的许用压力 $[\sigma]^- = 3 \times 10^5$ Pa，基础的直径 $d = 5$ m。试校核土壤的承载能力。

13.14　题图 13.14 所示矩形截面钢杆，用应变片测得杆件上、下表面的轴向正应变分别为 $\varepsilon_a = 1 \times 10^{-3}$，$\varepsilon_b = 0.4 \times 10^{-3}$，材料的弹性模量 $E = 210$ GPa。（1）试作横截面上的正应力分布图；（2）求拉力 F_P 及其偏心距 δ 的数值。

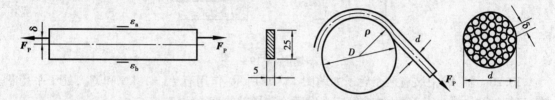

题图 13.14　　　　　　　　　　　　题图 13.15

13.15　如题图 13.15 所示为 n 股钢丝组成的钢丝绳，其直径为 d，绕在直径为 D 的滑轮上，若每股钢丝的直径为 δ，其缠绕时的张力为 F_P，试计算钢丝绳中的应力。设钢丝材料的弹性模量为 E。

13.16　铁道路标圆信号板，装在外径 $D = 60$ mm 的空心圆柱上（如题图 13.16 所示），信号板所受的最大风载 $p = 2$ kN/m^2，材料的许用应力 $[\sigma] = 60$ MPa，试按第三强度理论选定空心圆柱的厚度。

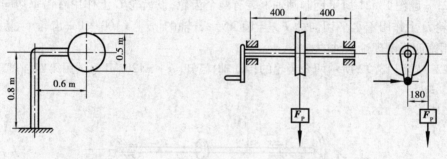

题图 13.16　　　　　　　　　　　　题图 13.17

13.17　手摇绞车如题图 13.17 所示，轴的直径 $d = 30$ mm，材料为 Q235 钢，$[\sigma] = 80$ MPa。试按第三强度理论，求绞车的最大起吊重量 F_P。

13.18　题图 13.18 所示电动机的功率为 9 kW，转速 750 r/min，皮带轮直径 $D = 250$ mm，主轴外伸部分长度为 $l = 120$ mm，主轴直径 $d = 40$ mm。若 $[\sigma] = 60$ MPa，试用第三强度理论校核该轴的强度。

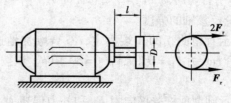

题图 13.18

257

13.19 皮带传动轴由电动机带动,如题图13.19所示。皮带拉力分别为2.5 kN和5 kN,皮带轮自重$F_G = 10$ kN,轴的$[\sigma] = 80$ MPa,试用第四强度理论选择轴的直径d。

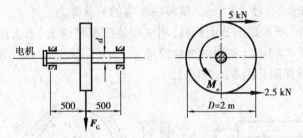

题图13.19

13.20 轴AB上装有两个轮子如题图13.20所示,作用有$F_P = 3$ kN和F_W,处于平衡状态,已知轴的$[\sigma] = 60$ MPa,试按第三强度理论选择轴的直径。

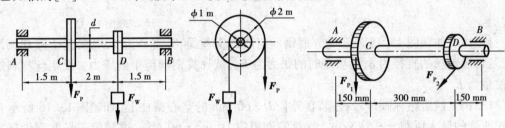

题图13.20   题图13.21

13.21 题图13.21所示钢制圆轴上装有两个齿轮,设齿轮C上作用着铅垂切向力$F_{P_1} = 5$ kN,齿轮D上作用着水平切向力$F_{P_2} = 10$ kN。若轴的$[\sigma] = 100$ MPa,齿轮C直径$d = 15$ cm。试用第四强度理论求轴的直径。

13.22 题图13.22所示两个齿轮的传动轴,已知$[\sigma] = 120$ MPa;试用第四强度理论选择轴的直径d。

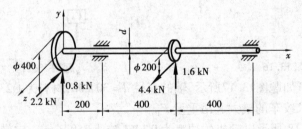

题图13.22

13.23 题图13.23所示齿轮传动轴,在齿轮Ⅰ上,作用有径向力$F_{Pr} = 3.64$ kN,切向力$F_{P_z} = 10$ kN,在齿轮Ⅱ上,作用有切向力$F_{P'_y} = 5$ kN,径向力$F_{P'_z} = 1.82$ kN,若许用应力$[\sigma] = 100$ MPa,试按第四强度理论校核轴的强度。

13.24 题图13.24所示直角曲拐的A端固定,BC臂刚性地连接在AB轴上。已知钢轴AB直径$d = 6$ cm,长度$a = 9$ cm,力$F_P = 6$ kN,$[\sigma] = 60$ MPa。试按第三强度理论校核AB轴的强度。

13.25 题图13.25所示圆截面杆受横向力F_P和外力偶矩M_e作用。今测得A点轴向应变$\varepsilon_0 = 4 \times 10^{-4}$,$B$点与母线成45°方向应变$\varepsilon_{45°} = 3.75 \times 10^{-4}$。已知杆的抗弯截面模量$W =$

6 000 mm³,$E = 200$ GPa,$\mu = 0.25$,$[\sigma] = 140$ MPa,试按第三强度理论校核该杆的强度。

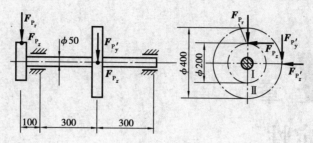

题图 13.23

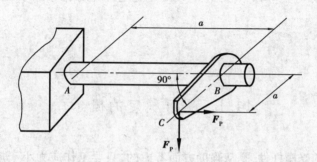

题图 13.24

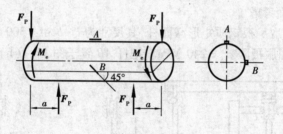

题图 13.25

第 **14** 章
压杆的稳定性

14.1 压杆稳定的概念

前面已经讨论的受压杆件,是从强度方面考虑的,只要工作应力小于规定的许用应力,就认为杆件工作状态是安全的。事实上,这仅仅对粗短压杆才是正确的。而对较细长的压杆就不能单纯地从强度方面考虑了。

现在做一个试验,取一根钢质矩形截面杆,其尺寸为 $l \cdot b \cdot t = 300 \text{ mm} \times 10 \text{ mm} \times 2 \text{ mm}$,见图 14.1(a)。材料的屈服极限 $\sigma_s = 240 \text{ MPa}$。把杆 AB 置于图 14.1(b)的位置,然后用砝码通

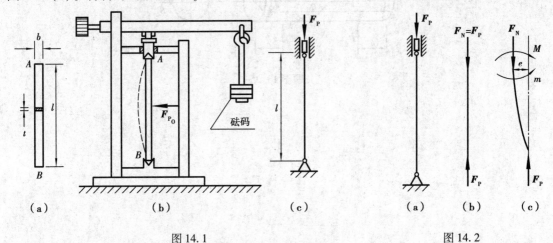

图 14.1   图 14.2

过杠杆对杆 AB 施加轴向压力 F_P。AB 杆的受力简图如图 14.1(c)。可以观察到当 F_P 力较小时,AB 杆能保持原有的直线状态。而且经受得住横向干扰力 F_{P_0} 的扰动。逐渐增加砝码的重量,使 $F_P = 143 \text{ N}$ 左右时,在干扰力 F_{P_0} 的扰动解除之后,AB 杆会在任意的微弯状态下维持新的平衡。再增大 F_P,使其大于 143 N,稍加扰动,AB 杆就会突然弯下去,完全失去原有的平衡状态。这时若仍然作为强度问题处理,则轴向压力 $F_P = A \cdot \sigma_s = 2 \text{ mm} \times 10 \text{ mm} \times 240 \text{ MPa} = 4\ 800$ N。显然,这时不符合压杆实际的情况。实际上,对于较细长的压杆要研究它是否能经受扰动

260

而维持原有平衡状态的能力。压杆保持其原有直线平衡状态的能力称为压杆的稳定性。

根据以上试验,从现象上观察到三种状态。在某一特定压力 $F_{P_{cr}}$ 作用下,扰动解除后压杆成微弯状态,不再继续弯曲下去也不恢复原有的平衡状态,称为临界状态,对应的 $F_{P_{cr}}$ 称为临界力;在 $F_P < F_{P_{cr}}$ 作用下,扰动解除后压杆能恢复原有平衡称为稳定状态;在 $F_P > F_{P_{cr}}$ 作用下,稍加干扰压杆变弯,并有继续弯曲下去的趋势,不能回到原有平衡位置,称为不稳定状态。

压杆为什么会出现这三种状态? 现在对压杆稳定的物理实质进行讨论。若仅作定性分析,AB 杆受力简图如图 14.2(a)所示。大家知道,直杆受轴向压力时,压力 F_P 只有使杆压缩的作用,相应地其横截面上的内力只有轴力 $F_N = F_P$,如图 14.2(b);当受扰微弯,在压杆的任意横截面处都产生一对新的对立因素[图 14.2(c)],因截面形心偏离杆端压力作用线而产生的外力矩 $m = pe$,与弯曲弹性变形对应的弹性内力矩,即弯矩 $M = \dfrac{EI}{\rho}$。外力矩的作用是要使杆弯曲,而内力矩则要使杆弹回复直。这两个因素的特点是:对应于某一扰动微弯成的形状,杆在任意横截面处的曲率 $\dfrac{1}{\rho}$ 和偏心距 e 是一定的,因此,使杆弹回的弯矩 M 之值也一定。但是使杆弯曲的外力矩 m 则不定,它还与压力 F_P 的大小成正比。显然,这两个因素在不同情况下的相互作用,必将产生不同的效果:

1)$F_P < F_{P_{cr}}$ 实为 $m < M$,弹回的作用大于使杆件变弯的作用,故产生弹回过程。在此过程中,e 和 $\dfrac{1}{\rho}$ 都在减小,即 m 和 M 都在变小,并且保持 $m < M$ 的局面不变,直到回复成直杆才同时减小到零,弹回过程才结束。由于动效应,有时这过程表现为急速衰减振动。

2)$F_P > F_{P_{cr}}$ 实为 $m > M$,与第一种情况相反,弹回的作用小于使杆件变弯的作用,杆将发生大幅度变弯过程。如果杆很细长,在大挠度弯曲中,其曲率 $\dfrac{1}{\rho}$ 比横截面偏心距 e 增长得快,故也可能在某大挠度弯曲状态下,因 M 赶上 m 而达到平衡。

3)$F_P = F_{P_{cr}}$ 实为 $m = M$,使杆件弯曲的作用力与弹回作用力处于均势,自不再弯,也不弹回。只有这时杆件才可能在扰动成的微弯状态下随遇地微弯平衡。

由此可见,压杆的稳定与否,其物理实质是受扰微弯时出现的使杆弯曲的外力矩 m 与杆件要复直的内力矩 M,何者处于优势的问题,优胜的一方决定压杆稳定的实质。

通过以上分析可知临界力 $F_{P_{cr}}$ 标志着压杆原有直线形状从稳定状态过渡到不稳定状态的分界点,因而是压杆稳定性计算中的重要参量。

在工程中有很多较细长的压杆常需要考虑其稳定性。例如内燃机配气机构中的挺杆(图 14.3),托架中的压杆(图 14.4),等等。由于失稳破坏是突然发生的,往往会给机械和工程结构带来很大的危害。因此,对于较细长的压杆必须进行稳定性计算。

除压杆外,还有很多其他形式的结构也存在稳定性问题。例如板条或工字梁在最大抗弯刚度平面内弯曲时,会因载荷到达临界值而发生侧向弯曲,如图 14.5 所示。承受外压的薄壁容器当外压超过临界值时,就会发生失稳。截面由圆形变成椭圆形,如图 14.6 所示。

本章只讨论压杆的稳定性。

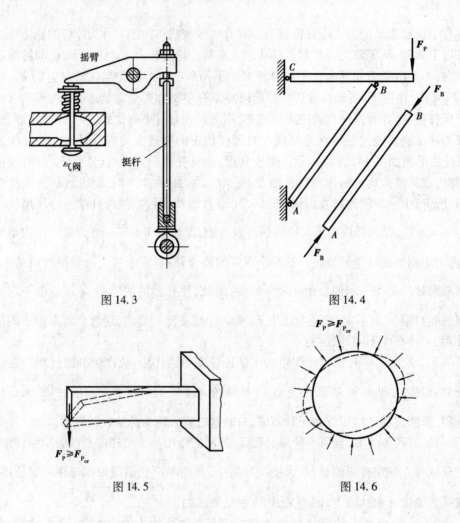

图 14.3   图 14.4

图 14.5   图 14.6

14.2 细长压杆的临界力 欧拉公式

从以上分析知道,解决压杆稳定性关键在于求临界力 $F_{P_{cr}}$。实验指出,压杆的临界力与压杆两端支承有关。现在先研究两端球铰支承情况下细长压杆的临界力。

两端球铰支承细长压杆受轴向力 F_P 作用,如图 14.7(a)所示。在临界状态时,横截面上的弹性内力矩 $M(x)$ 等于外力矩 $m(x)$[图 14.7(b)],即

$$M(x) = m(x) = -F_P y \tag{1}$$

式中 F_P 可视为绝对值,弯矩 $M(x)$ 按符号规则决定其正负号。

若杆内应力不超过杆件材料的比例极限,在小变形情况下可以利用梁弯曲变形的挠曲线近似微分方程,即

$$\frac{\mathrm{d}^2 y}{\mathrm{d} x^2} = \frac{M(x)}{EI} \tag{2}$$

把式(1)代入式(2)得

$$\frac{\mathrm{d}^2 y}{\mathrm{d}x^2} = -\frac{F_P y}{EI} \tag{3}$$

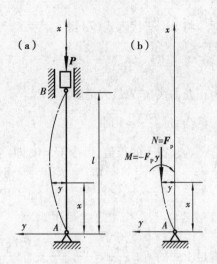

图 14.7

在两端球铰支承情况下,压杆可以在任何方向上发生弯曲。因而压杆总是在杆抗弯能力最小的纵向平面发生弯曲,所以上式中的 I 应该是压杆横截面的最小惯性矩 $I_{\min}$。

若在式(3)中,令

$$k^2 = \frac{F_P}{EI} \tag{4}$$

成为

$$\frac{\mathrm{d}^2 y}{\mathrm{d}x^2} + k^2 y = 0 \tag{5}$$

这是一个二阶线性常系数齐次微分方程,其通解是

$$y = a \sin kx + b \cos kx \tag{6}$$

式中 a 和 b 是积分常数,由压杆的边界条件确定。k 是待定值,由临界条件确定。

由杆的边界条件

当 $x = 0$ 时,$y = 0$,代入式(6)后解出 $b = 0$,于是式(6)简化为

$$y = a \sin kx \tag{7}$$

当 $x = l$ 时,$y = 0$,代入式(7)得

$$a \sin kl = 0 \tag{8}$$

上式中,a 和 $\sin kl$ 中至少有一个等于零。若 $a = 0$,则压杆轴线上各点的挠度都等于零,这与压杆在微弯的变形状态下保持平衡的前提相矛盾。因而只能是

$$\sin kl = 0 \tag{9}$$

满足这一条件的 kl 值应为

$$kl = n\pi \qquad (n = 0, 1, 2, \cdots)$$

于是

$$k = \frac{n\pi}{l} \tag{10}$$

代入式(4)可得

$$k^2 = \frac{F_P}{EI} = \left(\frac{n\pi}{l}\right)^2$$

于是

$$F_P = \frac{n^2 \pi^2 EI}{l^2} \tag{11}$$

若 $n = 0$,则 $F_P = 0$ 或 $y = 0$,与前提条件不合。在 $n = 1$ 时,挠曲线比较稳定,而对应的载荷 F_P 为最小,称为临界力,即

$$F_{P_{cr}} = \frac{\pi^2 EI_{\min}}{l^2} \tag{14.1}$$

上式称为欧拉公式,是伟大的数学家 $L\cdot$ 欧拉在 18 世纪中叶首先提出并解决的。

下面对式(11.1)进行讨论和说明:

1)压杆的线形讨论

将 $k = \dfrac{n\pi}{l}$ 代入式(7)得

$$y = a \sin \frac{n\pi}{l} x$$

为正弦曲线，a 为最大挠度。

当 $\sin \dfrac{n\pi}{l}x = 1$ 时 $\qquad\qquad y_{\max} = a$

为求得 y 的极值，可令 $y' = 0$，即

$$\frac{\mathrm{d}y}{\mathrm{d}x} = a\,\frac{n\pi}{l}\cos\frac{n\pi}{l}x = 0$$

得 $\qquad\qquad\qquad\qquad \cos\dfrac{n\pi}{l}x = 0$

满足上式的 $\qquad \dfrac{n\pi}{l}x = \dfrac{\pi}{2},\quad \dfrac{3}{2}\pi,\quad \dfrac{5}{2}\pi,\quad \dfrac{7}{2}\pi,\cdots$

即 $\qquad\qquad x = \dfrac{l}{2n},\quad 3\cdot\dfrac{l}{2n},\quad 5\cdot\dfrac{l}{2n},\quad 7\cdot\dfrac{l}{2n},\cdots$

在 l 范围内，最大挠度位置为

$n = 1,\quad x_0 = \dfrac{l}{2};$ $\qquad\qquad n = 2,\quad x_0 = \dfrac{l}{4},\dfrac{3}{4}l;$

$n = 3,\quad x_0 = \dfrac{l}{6},\dfrac{3}{6}l,\dfrac{5}{6}l;$ $\quad n = 4,\quad x_0 = \dfrac{l}{8},\dfrac{3}{8}l,\dfrac{5}{8}l,\dfrac{7}{8}l;$

$\cdots$

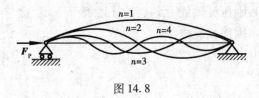

图 14.8

其中 n 为正弦半波个数。当 $n = 1$ 时也就是说在 l 长度上只有一个正弦半波，$n = 2$ 时有两个正弦半波，……见图 14.8。但实际上，只有在偶然情况或挠曲线拐点处存在夹持情况才可能出现上述情况。虽然在理论上，压杆可以维持上述挠曲线形状，使压杆处于临界状态，但是只要稍有外界干扰，这些拐点的曲线平衡状态将立即消失。由于在实际的压杆中不可避免地存在着种种干扰因素（杆的初弯曲，轴向压力偏心等），所以压杆在没有中间夹持情况下，不可能存在上述临界状态。由此，可得出结论，工程上具有实际意义的临界力，对于两端铰支压杆是取 $n = 1$ 时的最小临界力

$$F_{\mathrm{P_{cr}}} = \frac{\pi^2 EI}{l^2}$$

2）欧拉公式是根据理想压杆导出的，若以横坐标表示压杆中点的挠度 $y_{\max}$，以纵坐标表示压力 F_{P}（图 14.9），当压力小于临界力时，杆件一直保持平衡，F_{P} 和 $y_{\max}$ 的关系是直线 OA，当压力到达临界力时，F_{P} 和 $y_{\max}$ 的关系是水平线 AB。实际上，压杆轴线绝不会没有初弯曲，压力也不可能毫无偏心地与轴线重合，材料也不会绝对均匀。压杆的这些与理想压杆不相符的因素，就相当于作用在压杆上的压力有一个微小的偏心距 e。试验和理论分析结果表明，实际压杆的 F_{P} 和 $y_{\max}$ 的关系如图 14.9 中 AB 以下的曲线所示。偏心距 e 越小，曲线越靠近折线 OAB，其极限情况就是上述理想压杆的结果。

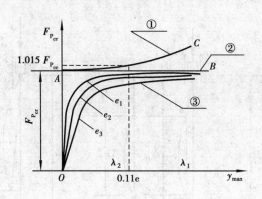

图 14.9

①——理想压杆由精确微分方程导出的结果，②——理想压杆由近似微分方程导出的结果，③——实际压杆试验结果。

3）式（14.1）表示的临界力相当于杆件弯曲成一个正弦半波曲线 $y = a \sin \dfrac{\pi x}{l}$，积分常数 a 表示临界状态时，压杆中点的挠度值。为不定值，即理论上相当于一种随遇平衡状态。但需注意，由于导出欧拉公式时使用的是挠曲线近似微分方程 $y'' = \dfrac{M(x)}{EI}$，故上述结果只适用于小变形情况。进一步研究指出，如果使用挠曲线精确微分方程

$$\frac{y''}{\left[1 + (y')^2 \right]^{\frac{3}{2}}} = \frac{M(x)}{EI} = -\frac{F_{P_{cr}} y}{EI}$$

则可得到 F_P 与挠度 y_{max} 一一对应的关系如图 14.9 中 OAC 所示。计算结果表明，当挠度 y_{max} 达到 0.11l 时，F_P 值仅较 $F_{P_{cr}}$ 增加 1.5%，故可将 $F_{P_{cr}}$ 定为压杆的危险压力值。

14.3　其他约束条件下细长压杆的临界力

对于其他约束条件下的细长压杆的临界压力，可仿照上一节的推导方法，用挠曲线近似微分方程求解。亦可以按照上述的线型分析结论，利用挠曲线相似的特点，对照 l 长度上的正弦半波个数与两端铰支细长压杆的正弦半波个数比较，找出最小的正弦半波而求得临界力。下面用后一种方法来求解临界力。

14.3.1　一端固定、一端自由的细长压杆

如图 14.10（a）在临界状态下，受扰微弯的挠曲线最小正弦半波个数为 $n = \dfrac{1}{2}$，代入式（11）

$$F_{P_{cr}} = \frac{\pi^2 EI}{\left(\dfrac{1}{n} \right)^2 l^2} = \frac{\pi^2 EI}{(2l)^2} \tag{14.2}$$

14.3.2　两端固定的细长压杆

如图 14.10（b）所示，在临界状态下，受扰微弯的挠曲线最小正弦半波个数 $n = 2$，代

265

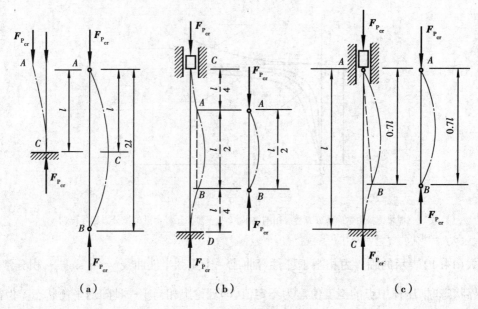

图 14.10

入式(11)

$$F_{\text{Pcr}} = \frac{\pi^2 EI}{\left(\frac{1}{n}\right)^2 l^2} = \frac{\pi^2 EI}{(0.5l)^2} \tag{14.3}$$

14.3.3　一端固定,一端铰支的细长压杆

如图 14.10(c),在临界状态下,受扰微弯的挠曲线最小正弦半波个数 $n = 1.5$,代入式(11)。

$$F_{\text{Pcr}} = \frac{\pi^2 EI}{\left(\frac{1}{n}\right)^2 l^2} \approx \frac{\pi^2 EI}{(0.7l)^2} \tag{14.4}$$

综合起来得到欧拉公式的一般形式

$$F_{\text{Pcr}} = \frac{\pi^2 EI}{(\mu l)^2} \tag{14.5}$$

式中 $\mu = \frac{1}{n}$ 为长度系数;μl 为相当长度即相当于两端铰支细长压杆的 l 长度所具有一个正弦半波。长度系数见表 14.1:

表 14.1　压杆的长度系数

压杆的约束条件	长度系数
两端铰支	$\mu = 1$
一端固定、一端自由	$\mu = 2$
两端固定	$\mu = 0.5$
一端固定、一端铰支	$\mu = 0.7$
一端固定,另一端可移动但不转动	$\mu = 1$

由此可知,如果杆端约束越强,则 μ 值越小,相应的压杆临界力越高。

14.3.4　几种常见约束的简化

以上结果是在完全理想的杆端约束情况下得到的,而实际情况要复杂得多。将实际构件简化成理想约束形式的压杆比较困难。下面介绍几种常见的简化情况。

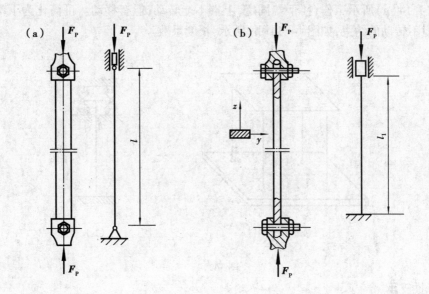

图 14.11

(1)柱形铰约束

图 14.11 所示的压杆,在 x-y 平面由于约束处可转动,简化成两端铰支

$$\mu = 1$$

在 x-z 平面不能转动,在 l_1 长度两端简化为固定端约束

$$\mu = 0.5$$

(2)焊接或铆接

对于杆端与支承处焊接或铆接的压杆,例如图 14.12 所示桁架上弦杆 AC 的两端,可简化为铰支端。因为杆受力后连接处仍可能产生微小的转动,故不能将其简化成固定端。

$$\mu = 1$$

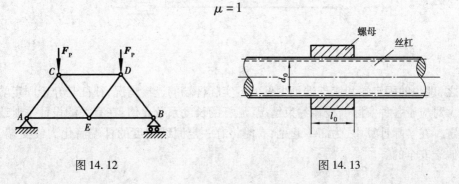

图 14.12

图 14.13

267

（3）**螺母和丝杆连接**

这种连接的简化将随着支承套(螺母)长度l_0与支承直径(螺母的螺纹平均直径)d_0的比值l_0/d_0(图14.13)而定。当$l_0/d_0<1.5$时可简化为铰支端；当$l_0/d_0>3$时，则简化成固定端；当$1.5<l_0/d_0<3$时，则简化为非完全铰；若两端均为非完全铰，取$\mu=0.75$。

（4）**工作台**

如图14.14(a)所示工作台，下端固定，上端不能转动，但有移动。可简化为下端固定，上端有移动但不转动的约束，如图14.14(b)所示，长度系数

$$\mu=1$$

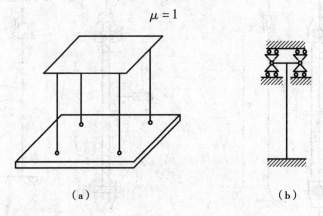

（a）　　　　　　（b）

图14.14

（5）**弹性支承**

如图14.15(a)所示的压杆，左端固定，右端为弹性支承。设弹簧的两个极限情况，即弹簧刚度$C=0$和$C=\infty$。当$C=0$时为图14.15(b)所示情况，右端为自由端$\mu=2$；当$C=\infty$时为图14.15(c)所示，右端为铰支端$\mu=0.7$，因此对弹性支承$\mu=0.7\sim2.0$。

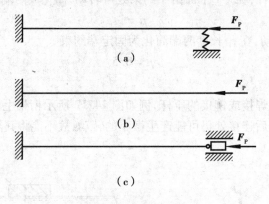

（a）

（b）

（c）

图14.15

总之，理想的固定端和铰支端是少见的。实际杆端的连接情况，往往是介于固定端和铰支端之间。对应于各种实际的杆端约束情况，压杆的长度系数μ值，在有关的设计手册或规范中另有规定。在实际计算中，为简单起见，有时将有一定固结程度的杆端简化为铰支端，这样的简化是偏于安全的。

14.4　欧拉公式适用范围　中、小柔度杆的临界应力

欧拉公式是以压杆的挠曲线近似微分方程为依据推导出来的,而这个微分方程只有在材料服从胡克定律的条件下才成立。因此,当压杆的应力不超过材料的比例极限时,欧拉公式才适用。为确定欧拉公式的适用范围,下面先介绍临界应力和柔度的概念。

14.4.1　临界应力和柔度

压杆的临界力除以横截面面积所得的值称为压杆的临界应力,用 σ_{cr} 表示,即

$$\sigma_{cr} = \frac{F_{P_{cr}}}{A} = \frac{\pi^2 E}{(\mu l)^2} \cdot \frac{I}{A} \tag{1}$$

式中, $\dfrac{I}{A}$ 是一个只与横截面的形状和尺寸有关的几何量,将其用 i^2 表示,即

$$i^2 = \frac{I}{A} \quad \text{或} \quad i = \sqrt{\frac{I}{A}} \tag{2}$$

i 称为截面的惯性半径,其量纲为[长度]。把式(2)代入式(1)得

$$\sigma_{cr} = \frac{\pi^2 E}{\left(\dfrac{\mu l}{i}\right)} \tag{3}$$

令

$$\lambda = \frac{\mu l}{i} \tag{14.6}$$

则细长压杆临界应力为

$$\sigma_{cr} = \frac{\pi^2 E}{\lambda^2} \tag{14.7}$$

称为欧拉临界应力公式。式中 λ 为一无量纲的量,称为柔度或长细比,它综合反应了压杆的约束条件(μ),压杆长度(l)和截面几何性质(i)对压杆临界应力的影响。例如对直径为 d 的圆形截面压杆,其惯性半径为

$$i = \sqrt{\frac{I}{A}} = \sqrt{\frac{\pi d^4/64}{\pi d^2/4}} = \frac{d}{4}$$

则柔度

$$\lambda = \frac{\mu l}{i} = \frac{4\mu l}{d} \tag{4}$$

从式(14.7)和式(4)可知,柔度 λ 与杆长 l 成正比,与压杆直径 d 成反比,所以越细长的压杆其柔度越大。而 λ^2 与临界应力 σ_{cr} 成反比,越细长的压杆,其临界应力越小。说明细长杆容易失稳。相反,若杆比较粗短,则其柔度 λ 较小,而临界应力较大,压杆不易失稳。所以柔度 λ 是压杆稳定计算中的一个重要参数。

14.4.2　欧拉公式适用范围

欧拉公式适合条件为小变形和材料服从胡克定律,因此,压杆的临界应力不能超过材料的

比例极限 σ_p,欧拉公式才成立。即

$$\sigma_{cr} = \frac{\pi^2 E}{\lambda^2} \leqslant \sigma_p$$

或

$$\lambda \geqslant \pi \sqrt{\frac{E}{\sigma_p}} \tag{5}$$

当 $\sigma_{cr} = \sigma_p$ 时 $\lambda = \lambda_1$,则

$$\lambda_1 = \pi \sqrt{\frac{E}{\sigma_p}}$$

式(14.8)表明,当 $\sigma_{cr} \leqslant \sigma_p$ 时,则必有 $\lambda \geqslant \lambda_1$,所以从柔度判断,式(14.7)的适用范围是

$$\lambda \geqslant \lambda_1 = \pi \sqrt{\frac{E}{\sigma_p}} \tag{14.8}$$

对于 Q235 钢,其 $E = 205$ GPa,$\sigma_p = 200$ MPa,因此

$$\lambda_1 = \pi \sqrt{\frac{205 \times 10^9 \text{ Pa}}{200 \times 10^6 \text{ Pa}}} \approx 100$$

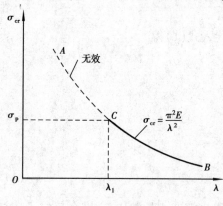

图 14.16

即 $\lambda_1 = 100$ 是 Q235 钢制成的压杆能应用欧拉公式的最小柔度值。所谓细长杆,就是指压杆正常工作时 $\lambda \geqslant \lambda_1$ 的压杆,也叫做大柔度杆。显然,材料不同,在不同的约束条件下,其柔度值各异。

临界应力公式 $\sigma_{cr} = \frac{\pi^2 E}{\lambda^2}$ 反映了 σ_{cr} 与 λ 的关系,可以用坐标表示。以 σ_{cr} 为纵坐标,λ 为横坐标,根据式(14.7)可以画出图14.16所示曲线,称为欧拉双曲线。只有当 $\lambda \geqslant \lambda_1$,即满足 $\sigma_{cr} \leqslant \sigma_p$ 的条件,欧拉公式才有效,如图中曲线 BC 部分;当 $\lambda < \lambda_1$ 时曲线无效,如图 14.16 中曲线 AC 部分。一些材料的 λ_1 值见表14.2。其他材料的柔度 λ_1 值可查有关手册和规范。

表14.2　直线公式的系数 a,b 及柔度 λ_1,λ_2

材料(σ_s,σ_b 的单位为 MPa)	a/MPa	b/MPa	λ_1	λ_2
Q235 钢($\sigma_s = 235$,$\sigma_b \geqslant 372$)	304	1.12	100	60
优质碳钢($\sigma_s = 306$,$\sigma_b \geqslant 471$)	461	2.568	100	60
硅钢($\sigma_s = 353$,$\sigma_b \geqslant 510$)	578	3.744	100	60
铬　钼　钢	980.7	5.296	55	
铸　　铁	332.2	1.454	80	
硬铝(铅合金)	392	3.26	50	
松　　木	28.7	0.19	59	

14.4.3　中、小柔度杆的临界应力

实验表明,对于超过比例极限,而柔度小于 λ_1 的压杆,仍然表现为侧弯失稳的破坏形式,但其侧弯在局部区域内引起的是塑性变形,其余大部分依然保持为弹性状态,故可以说是弹塑性失稳,发生这种情况的压杆称为中柔度杆或中长杆。这类压杆的临界力需根据弹塑性稳定理论确定。目前,稳定计算中多采用经验公式,这些经验公式是以试验结果为依据提出的,其中常用有直线公式和抛物线公式。这里只介绍直线公式。

直线公式把临界应力 σ_{cr} 和柔度 λ 表示为如下的直线关系

$$\sigma_{cr} = a - b\lambda \tag{14.9}$$

式中　a 与 b 是与材料有关的常数,其值见表 14.2,a,b 的单位为 MPa。

上述经验公式也有一个适用范围,对于塑性材料制成的压杆,还要求其临界应力不超过材料的屈服极限 σ_s,若以 λ_2 代表对应于 σ_s 时的柔度值,则要求

$$\sigma_{cr} = a - b\lambda \leqslant \sigma_s$$

即

$$\lambda \geqslant \frac{a - \sigma_s}{b}$$

对应于屈服极限 σ_s 的柔度 λ_2 为

$$\lambda_2 = \frac{a - \sigma_s}{b} \tag{14.10}$$

λ_2 是使用直线公式时 λ 的最小值。所以直线公式适用的范围是柔度值介于 λ_1 和 λ_2 之间,即 $\lambda_2 \leqslant \lambda \leqslant \lambda_1$ 的压杆。

例如 Q235 钢制成的压杆,其 $\sigma_s = 235$ MPa,$a = 304$ MPa,$b = 1.12$ MPa,由式(14.10)得

$$\lambda_2 = \frac{304 \text{ MPa} - 235 \text{ MPa}}{1.12 \text{ MPa}} = 61.6$$

取 $\lambda_2 \approx 60$,因此,对于中柔度杆的 λ 值为 $60 \sim 100$。

如果是脆性材料,只要把式(14.10)中的 σ_s 改为 σ_b,就可以确定相应的 λ_2 作为直线公式的最小柔度值。一些材料的 λ_2 值也列于表 14.2 中。

柔度小于 λ_2 的粗短杆,称为小柔度杆或短杆。实验证明,这种柔度很小的短压杆,当它受到压力作用时,不可能像大柔度杆那样能观察到失稳现象。主要是因为压应力达到屈服极限(塑性材料)或强度极限(脆性材料)而失效或破坏。这说明小柔度杆的失效或破坏的主要因素是因为强度不足而引起的。所以对小柔度杆无需作稳定计算,仅作强度计算就够了。其极限应力为

$$\sigma_{cr} = \sigma_s \quad \text{或} \quad \sigma_{cr} = \sigma_b$$

14.4.4　压杆的临界应力总图

综合以上的讨论结果,各种压杆的临界应力和适用范围是

大柔度杆　　$\sigma_{cr} = \dfrac{\pi^2 E}{\lambda^2}$　$(\lambda > \lambda_1)$

中柔度杆　　$\sigma_{cr} = a - b\lambda$　$(\lambda_2 \leqslant \lambda \leqslant \lambda_1)$

小柔度杆　　$\sigma_{cr} = \sigma_s$(或 σ_b)　$(\lambda < \lambda_2)$

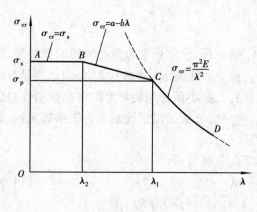

图 14.17

在 λ-σ_{cr} 坐标系中,做出压杆的临界应力与柔度之间的关系图线如图 14.17 所示,称为压杆的临界应力总图。从图中可以明显地看出,短杆的临界应力与 λ 无关,而长杆的临界应力随柔度的增加而减小。

例 14.1 某农用发动机挺杆,如图 14.3 所示,为空心圆截面。其外径 $D = 10$ mm,内径 $d = 7$ mm,长度 $l = 351$ mm,材料 Q235 钢的弹性模量 $E = 210$ GPa。若将挺杆两端简化为铰支约束。试求:

(1)挺杆的临界应力;

(2)若挺杆采用横截面面积相同的实心圆截面杆,求两者临界应力之比。

解 (1)求空心圆截面挺杆的临界应力

挺杆截面惯性半径为

$$i = \sqrt{\frac{I}{A}} = \sqrt{\frac{\frac{\pi}{64}(D^4 - d^4)}{\frac{\pi}{4}(D^2 - d^2)}} = \frac{1}{4}\sqrt{D^2 + d^2}$$

$$= \frac{1}{4}\sqrt{(10 \text{ mm})^2 + (7 \text{ mm})^2} = 3.05 \text{ mm}$$

由于两端铰支约束取 $\mu = 1$,则挺杆的柔度

$$\lambda = \frac{1 \times 351 \text{ mm}}{3.05 \text{ mm}} = 115$$

对于 Q235 钢,$\lambda_1 = 100$,故挺杆为大柔度杆,可以用欧拉公式求临界应力

$$\sigma_{cr} = \frac{\pi^2 E}{\lambda^2} = \frac{\pi^2 \times 210 \times 10^9 \text{ Pa}}{115^2} = 157 \times 10^6 \text{ Pa} = 157 \text{ MPa}$$

(2)求实心圆截面挺杆的临界应力

设实心圆截面的直径为 d_1,其面积与空心圆截面面积相等,因此

$$\frac{\pi}{4}d_1^2 = \frac{\pi}{4}(D^2 - d^2)$$

即 $\qquad d_1 = \sqrt{D^2 - d^2} = \sqrt{(10 \text{ mm})^2 - (7 \text{ mm})^2} = 7.14 \text{ mm}$

实心圆截面惯性半径

$$i_1 = \frac{d_1}{4} = \frac{7.14 \text{ mm}}{4} = 1.78 \text{ mm}$$

实心圆挺杆的柔度

$$\lambda = \frac{\mu l}{i_1} = \frac{1 \times 351 \text{ mm}}{1.78 \text{ mm}} = 197$$

显然为大柔度杆,临界应力

$$\sigma_{cr1} = \frac{\pi^2 E}{\lambda^2} = \frac{\pi^2 \times 210 \times 10^9 \text{ Pa}}{197^2} = 53 \times 10^6 \text{ Pa} = 53 \text{ MPa}$$

(3)两种截面压杆临界应力之比

$$\sigma_{cr} : \sigma_{cr1} = 157 : 53 = 2.93 : 1$$

可见在相同条件下,消耗等量材料,采用空心圆杆较采用实心圆杆能显著提高其稳定能力。

例 14.2 一根 $12 \times 20\ cm^2$ 的矩形截面松木柱,长度 $l = 7\ m$,支承情况是:在最大刚度平面内弯曲时为两端铰支,如图 14.18(a);在最小刚度平面内弯曲时为两端固定,如图 14.18(b)。木材的弹性模量 $E = 10\ GPa$。试求木柱的临界力和临界应力。

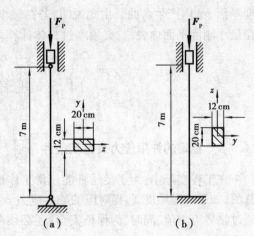

图 14.18

解 由于木柱在最小和最大刚度平面内支承情况不同,所以需分别计算其临界力和临界应力。

(1)计算最大刚度平面内的临界力和临界应力

木柱在最大刚度平面 z-x 内,截面对 y 轴的惯性矩和惯性半径分别为

$$I_y = \frac{12\ cm \times (20\ cm)^3}{12} = 8\ 000\ cm^4$$

$$i_y = \sqrt{\frac{I_y}{A}} = \sqrt{\frac{8\ 000\ cm^4}{12\ cm \times 20\ cm}} = 5.77\ cm$$

由于两端铰支取 $\mu = 1$,则其柔度

$$\lambda_y = \frac{\mu l}{i_y} = \frac{1 \times 7\ m}{5.77 \times 10^{-2}}\ m = 121$$

查表 14.2 知松木 $\lambda_1 = 59$,故为大柔度杆,用欧拉公式求临界力和临界应力,分别为

$$F_{P_{cr}} = \frac{\pi^2 E I_y}{(\mu l)^2} = \frac{\pi^2 \times 10 \times 10^9\ Pa \times 8\ 000 \times 10^{-8}\ m^4}{1 \times (7\ m)^2} = 161 \times 10^3\ N = 161\ kN$$

$$\sigma_{cr} = \frac{\pi^2 E}{\lambda_y^2} = \frac{\pi^2 \times 10 \times 10^9\ Pa}{121^2} = 6.74 \times 10^6\ Pa = 6.74\ MPa$$

(2)计算最小刚度平面内的临界力和临界应力

木柱在最小刚度平面 x-y 内,截面对 z 轴的惯性矩和惯性半径分别是

$$I_z = \frac{20\ cm \times (12\ cm)^3}{12} = 2\ 880\ cm^4$$

$$i_z = \sqrt{\frac{I_z}{A}} = \sqrt{\frac{2\ 880\ cm^4}{12\ cm \times 20\ cm}} = 3.46\ cm$$

由于两端固定,取 $\mu = 0.5$,其柔度

$$\lambda_z = \frac{\mu l}{i_z} = \frac{0.5 \times 7\ m}{3.46 \times 10^{-2}\ m} = 101$$

为大柔度杆,其临界应力和临界力为

$$\sigma_{cr} = \frac{\pi^2 \times 10 \times 10^9\ Pa}{101^2} = 9.68 \times 10^6\ Pa = 9.68\ MPa$$

$$F_{P_{cr}} = \sigma_{cr}A = 9.68 \times 10^6 \text{ Pa} \times 12 \times 20 \times 10^{-4} \text{ m}^2 = 232 \times 10^3 \text{ N} = 232 \text{ kN}$$

比较以上结果可知,第一种情况的临界力和临界应力都较小,因此木柱失稳时将在最大刚度平面 z-x 内产生弯曲。由此说明,若在最小和最大刚度平面内支承情况不同时,压杆不一定在最小刚度平面内失稳,必须经过具体计算才能确定。

14.5 压杆的稳定性计算

14.5.1 稳定的许用应力及稳定条件

在工程实际中,为了使压杆能正常工作而不丧失稳定,必须进行稳定计算。根据临界应力总图,如果求得柔度 λ,相对应的临界应力 σ_{cr} 即可求出。要保证压杆不失稳,其工作应力不能超过临界应力值,同时,为保证安全,还必须考虑一定的安全储备。因此,压杆稳定许用应力为

$$[\sigma_{st}] = \frac{\sigma_{cr}}{n_{st}}$$

式中 n_{st} 为规定的稳定安全系数。一般取得比强度安全系数大,原因是压杆的一些不可避免的影响因素,如初弯曲,受力偏心,材料不完全均匀,约束简化差异等,实际的临界应力总是低于理论值;失稳的突然性,造成较严重的灾害事故。n_{st} 值见表 14.3。

表 14.3 钢制压杆 n_{st} 数值

金属结构中的压杆	1.8 ~ 3.0
矿山和冶金设备中压杆	4 ~ 8
机床的丝杆	2.5 ~ 4
水平长丝杆或精密丝杆	>4
磨床油缸活塞杆	4 ~ 6
低速发动机挺杆	4 ~ 6
高速发动机挺杆	2 ~ 5
拖拉机转向纵、横推杆	>5

则压杆的稳定条件为

$$\sigma = \frac{F_P}{A} \leqslant [\sigma_{st}] = \frac{\sigma_{cr}}{n_{st}}$$

即

$$\sigma \leqslant \frac{\sigma_{cr}}{n_{st}} \tag{14.11}$$

或

$$F_P \leqslant \frac{F_{P_{cr}}}{n_{st}} \tag{14.12}$$

实际中,经常采用的是用安全系数表示的稳定条件,即

$$n = \frac{\sigma_{cr}}{\sigma} \geqslant n_{st} \tag{14.13}$$

或

$$n = \frac{F_{P_{cr}}}{F_P} \geqslant n_{st} \tag{14.14}$$

式中 n 为工作稳定安全系数,σ 为工作应力。

在压杆稳定计算中,对于有局部削弱的压杆,如油孔,螺钉孔,沟槽等,应进行强度和稳定两方面的计算。进行强度计算时,应对削弱面进行强度计算,因为强度问题是对危险点的计算。进行稳定计算时不考虑削弱面,因为压杆稳定是对整体,削弱面对临界力影响可以不计。但削弱面必须进行强度校核。只有两种情况都进行计算,才能保证压杆正常工作。

14.5.2 稳定性计算的折减系数法

在压杆稳定性计算中还有一个重要的方面,即压杆截面的设计。已知压杆所受的压力和杆端约束,要求计算压杆截面尺寸是工程中经常遇到的情况。显然不能直接套用 $\sigma \leqslant [\sigma_{st}]$ 进行截面设计。虽然公式 $\sigma \leqslant [\sigma_{st}]$ 与压杆强度 $\sigma \leqslant [\sigma]$ 在形式上相似,但是却有重大区别:强度许用应力 $[\sigma]$ 只是随材料不同而异,而稳定许用应力 $[\sigma_{st}]$ 不仅与材料有关,而且还是压杆柔度的函数。因为压杆的临界应力和稳定安全系数都随柔度不同而不同。$[\sigma]$ 和 $[\sigma_{st}]$ 之间的关系可用 φ 表示如下

$$\varphi = \frac{[\sigma_{st}]}{[\sigma]} = \frac{\sigma_{cr}}{n_{st}[\sigma]}$$

或
$$\sigma_{st} = \varphi[\sigma] \tag{14.15}$$

式中 φ 为折减系数,折减系数 φ 随柔度 λ 的变化见图 14.19。从图中可根据柔度 λ 及材料查得 φ 的大小,于是稳定条件可写为

$$\sigma = \frac{F_P}{A} \leqslant \varphi[\sigma] \tag{14.16}$$

或
$$\frac{F_P}{\varphi A} \leqslant [\sigma] \tag{14.17}$$

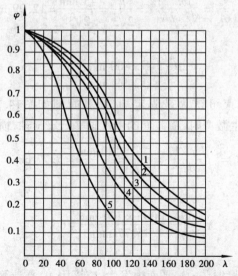

曲线1—Q195,Q215,Q235,Q255钢;曲线2—Q275钢;
曲线3—低合金钢($\sigma_s > 314$ MPa);曲线4—木材;曲线5—铸铁。

图 14.19

利用以上公式可以设计压杆的截面尺寸。这种方法称为折减系数法。

例14.3 图14.20(a)所示为一台机器的连杆,材料为优质碳钢,所受最大轴心压力 $F_P = 60$ kN,设规定的稳定安全系数 $n_{st} = 4$。试校核连杆的稳定性。

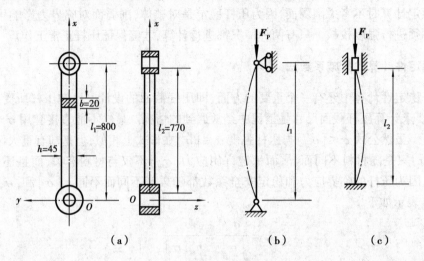

图 14.20

解 (1)计算柔度

在 xOy 和 xOz 平面内压杆长度不同,杆端的约束情况也不同。所以要分别计算压杆在这两个平面内的柔度。

在 xOy 平面内,杆两端能转动,应作为铰支,计算图如图14.20(b)所示,长度系数取 $\mu = 1$。杆在 xOy 平面内发生微弯时,横截面的中性轴 z 轴的惯性半径为

$$i_z = \sqrt{\frac{I_z}{A}} = \sqrt{\frac{bh^3/12}{bh}} = \frac{h}{2\sqrt{3}} = \frac{45 \text{ mm}}{2\sqrt{3}} = 12.99 \text{ mm}$$

其相应的柔度为

$$\lambda_z = \frac{\mu l_1}{i_z} = \frac{1 \times 800 \text{ mm}}{12.99 \text{ mm}} = 61.6$$

在 xOz 平面内,杆端约束可认为是固定端,计算简图如图14.20(c)所示,长度系数取 $\mu = 0.5$。杆在 xOz 平面内发生微弯时,横截面的中性轴平行于 y 轴,惯性半径为

$$i_y = \sqrt{\frac{hb^3/12}{bh}} = \frac{b}{2\sqrt{3}} = \frac{20 \text{ mm}}{2\sqrt{3}} = 5.77 \text{ mm}$$

其相应的柔度

$$\lambda_y = \frac{\mu l_2}{i_y} = \frac{0.5 \times 770 \text{ mm}}{5.77 \text{ mm}} = 66.7$$

(2)计算临界应力

由于 $\lambda_y > \lambda_z$,压杆失稳将先在 xOz 平面内发生,应该用 λ_y 来计算临界应力,取压杆的柔度值 $\lambda = \lambda_y = 66.7$,在 60 和 100 之间,故压杆是中柔度杆,应该按直线公式计算临界应力,查表14.2 得 $a = 461$ MPa,$b = 2.568$ MPa。于是

$$\sigma_{cr} = a - b\lambda = 461 \text{ MPa} - 2.568 \text{ MPa} \times 66.7 = 290 \text{ MPa}$$

（3）校核稳定性

压杆的最大工作应力为

$$\sigma = \frac{F_P}{A} = \frac{60 \times 10^3 \text{ N}}{20 \times 45 \times 10^{-8} \text{ m}^2} = 66.7 \times 10^6 \text{ Pa} = 66.7 \text{ MPa}$$

因此，压杆的工作安全系数为

$$n = \frac{\sigma_{cr}}{\sigma} = \frac{290 \text{ MPa}}{66.7 \text{ MPa}} = 4.35 > 4$$

所以压杆稳定性方面是安全的。

讨论：此题中欲使连杆在 xOy 和 xOz 两平面内失稳时临界应力相等，必须使 $\lambda_z = \lambda_y$，即

$$\frac{l_1}{i_z} = \frac{0.5 l_2}{i_y}$$

或

$$\frac{l_1}{\sqrt{I_z/A}} = \frac{0.5 l_2}{\sqrt{I_y/A}}$$

简化得

$$\frac{I_z}{I_y} = \left(\frac{l_1}{0.5 l_2}\right)^2 = 4\frac{l_1^2}{l_2^2}$$

上式中，由于 l_1 与 l_2 长度相差不大，可近似认为 $l_1 \approx l_2$。因此

$$I_z = 4 I_y$$

可见，为使连杆在两个方向抵抗失稳的能力近似相等，在压杆的截面设计中，应保持 $I_z \approx 4 I_y$ 关系。

例 14.4　图 14.21 所示一端固定另一端自由的工字钢立柱，顶部受轴向压力 $F_P = 200$ kN 作用，材料为 Q235 钢，许用压应力 $[\sigma] = 160$ MPa。在立柱中点横截面 C 处，因结构需要开一直径 $d = 70$ mm 的圆孔。试选择工字钢型号。

解　此题属于压杆的截面选择问题，用折减系数法求解比较方便。由稳定条件式（14.17）可知，立柱的横截面面积为

$$A \geqslant \frac{F_P}{\varphi[\sigma]}$$

由于折减系数 φ 与压杆柔度 λ 有关，柔度 λ 与惯性半径 i 有关，而 i 又与横截面面积 A 有关，所以折减系数与 A 有关，在 A 未知时，φ 也未知。因此，在截面选择这一类问题中，需用下面介绍的逐次渐近法进行计算。

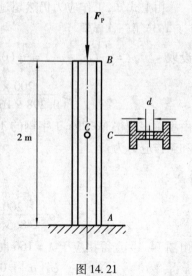

图 14.21

（1）第一次试算

设取 $\varphi_1 = 0.5$，则

$$A \geqslant \frac{F_P}{\varphi_1[\sigma]} = \frac{200 \times 10^3 \text{ N}}{0.5 \times 160 \times 10^6 \text{ Pa}} = 25 \times 10^{-4} \text{ m}^2 = 25 \text{ cm}^2$$

从型钢表中查得 No.16 工字钢 $A = 26.1$ cm^2，如果选用 No.16，查得 $i_{min} = 1.89$ cm，其柔度和横截面上的工作应力分别为

277

$$\lambda = \frac{\mu l}{i_{\min}} = \frac{2 \times 2 \ \text{m}}{1.89 \times 10^{-2} \ \text{m}} = 212$$

$$\sigma = \frac{F_P}{A} = \frac{200 \times 10^3 \ \text{N}}{26.1 \times 10^{-4} \ \text{m}^2} = 76.6 \ \text{MPa}$$

由图 14.14 查得对应于 $\lambda = 212$ 时的折减系数 $\varphi_1' = 0.17$，于是

$$\varphi_1'[\sigma] = 0.17 \times 160 = 27.2 \ \text{MPa} < \sigma = 76.6 \ \text{MPa}$$

由上式知，工作应力 σ 超过许用值过多，需进一步计算。

（2）第二次试算

设取 $\varphi_2 = \frac{1}{2}(\varphi_1 + \varphi_1') = \frac{1}{2}(0.5 + 0.17) = 0.335$，则

$$A \geqslant \frac{200 \times 10^3 \ \text{N}}{0.335 \times 160 \times 10^6 \ \text{Pa}} = 37.31 \times 10^{-4} \ \text{m}^2 = 37.31 \ \text{cm}^2$$

查型钢表 No.22a 工字钢的 $A = 42 \ \text{cm}^2$，如果选用此种型号，查得 $i_{\min} = 2.31 \ \text{cm}$，相应的柔度和工作应力为

$$\lambda = \frac{\mu l}{i_{\min}} = \frac{2 \times 2 \ \text{m}}{2.31 \times 10^{-3} \ \text{m}} = 173$$

$$\sigma = \frac{F_P}{A} = \frac{200 \times 10^3 \ \text{N}}{42 \times 10^{-4} \ \text{m}^2} = 47.6 \times 10^6 \ \text{Pa} = 47.6 \ \text{MPa}$$

由图 14.14 查得对应于 $\lambda = 173$ 时的折减系数 $\varphi_2' = 0.26$，因此

$$\varphi_2'[\sigma] = 0.26 \times 160 = 41.6 \ \text{MPa} < \sigma = 47.6 \ \text{MPa}$$

由上式知，工作应力仍然超过许用值不少，仍需进一步试算。

（3）第三次试算

设取 $\quad \varphi_3 = \frac{1}{2}(\varphi_2 + \varphi_2') = \frac{1}{2}(0.335 + 0.26) = 0.298$，则

$$A \geqslant \frac{200 \times 10^3 \ \text{N}}{0.298 \times 160 \times 10^6 \ \text{Pa}} = 41.95 \times 10^{-4} \ \text{m}^2 = 41.95 \ \text{cm}^2$$

由型钢表查得 No.25a 工字钢的 $A = 48.5 \ \text{cm}^2$，若选这种型号，查得 $i_{\min} = 2.403 \ \text{cm}$，相应的柔度和工作应力为

$$\lambda = \frac{2 \times 2 \ \text{m}}{2.403 \times 10^{-2} \ \text{m}} = 166$$

$$\sigma = \frac{200 \times 10^3 \ \text{N}}{48.5 \times 10^{-4} \ \text{m}^2} = 41.2 \times 10^6 \ \text{Pa} = 41.2 \ \text{MPa}$$

由图 14.14 查得相应于 $\lambda = 166$ 时的折减系数 $\varphi_3' = 0.27$。因此

$$\varphi_3'[\sigma] = 0.27 \times 160 = 43.2 \ \text{MPa} > \sigma = 41.2 \ \text{MPa}$$

这时工作应力 σ 小于许用值，可见最终选取 No.25a 工字钢作立柱符合稳定性要求。

（4）强度校核

由于立柱中点有局部削弱的截面，还应进行强度校核。

从型钢表查得 No.25a 工字钢，腹板厚度 $\delta = 0.8 \ \text{cm}$，所以立柱中点 C 截面的净面积 A_1 为

$$A_1 = A - \delta d = 48.5 \times 10^{-4} \ \text{m}^2 - 0.8 \times 10^{-2} \ \text{m} \times 70 \times 10^{-3} \ \text{m} = 42.9 \times 10^{-4} \ \text{m}^2$$

该截面工作应力为

$$\sigma = \frac{200 \times 10^3 \text{ N}}{42.9 \times 10^{-4} \text{ m}^2} = 46.6 \times 10^6 \text{ Pa} = 46.6 \text{ MPa} < [\sigma]$$

可见立柱强度也符合要求。

14.6　提高压杆稳定性的措施

通过前几节的讨论可知,影响压杆稳定性,即影响压杆临界力和临界应力的因素有:压杆的材料、长度、截面形状和尺寸,以及杆端约束情况等。因而,可以从以上几个方面综合考虑,提高压杆的临界力和临界应力。

(1)**选择适宜的材料**

由欧拉公式知道,细长杆临界应力 σ_{cr} 与材料弹性模量 E 成正比,选择弹性模量高的材料为好。由于钢的弹性模量比其他材料,如铸铁、铝合金、木材等的弹性模量高,所以压杆大多采用钢材制造。又由于碳素钢与合金钢的弹性模量几乎相同,故采用合金钢来制作细长压杆是不经济的。而对于中、小柔度杆,其 σ_{cr} 随 σ_s 的增大而增大,故这时采用高强度合金钢是有利的,特别对高速运动的压杆,现实意义更明显。

(2)**尽可能减小柔度**

从临界应力总图可知,随着柔度的增加,临界应力减小,因而尽量减小柔度可以提高临界应力 σ_{cr} 的值。柔度与压杆的截面形状和尺寸、长度、杆端约束紧密相关。所以,应综合考虑这三方面的影响。

1)选择合理的截面形状和尺寸　因为 $i = \sqrt{I/A}$,所以应在 A 不变的前提下,尽可能加大惯性矩 I。考虑到压杆一般是在 I_{min} 的方向失稳,故应兼顾各方向的 I,尽可能使得 $I_{max} \approx I_{min}$,使压杆在各方向上的稳定性大致相等。在工程实际中,往往有在不同纵向平面内因杆端约束不同而使得柔度 λ 不等的情况,应综合考虑 I 和约束条件的影响,如例 14.2。

2)减小压杆长度 l　显然,减小 l 可以减小柔度 λ,所以在条件允许的情况下,尽量使 l 减小。例如增加中间支承。

(3)**加强杆端约束**

由压杆柔度公式可知,杆端约束刚性越强,压杆长度系数 μ 越小,即柔度越小临界力和临应力越高。因而尽可能增加杆端约束的刚性,可以提高压杆的稳定性。

习　题

14.1　构件的强度、刚度和稳定性有什么区别? 试举例说明。

14.2　压杆失稳后产生弯曲变形,梁受横力作用也产生弯曲变形,两者在性质上有什么区别? 又有什么相同之处?

14.3　若其他条件不变,细长压杆的长度增加一倍时,它的临界力有什么变化?

14.4　若其他条件不变,圆截面细长压杆的直径增加一倍时,它的临界力有什么变化?

14.5 相当长度 μl 与什么长度相当？你能记住各种杆端约束情况下细长压杆的长度系数 μ 值吗？μ 值越大、表示压杆的稳定性越大还是愈小？

14.6 计算中长杆时,如果误用了细长压杆的欧拉公式,后果如何？计算细长压杆的临界应力时,如果误用了中长杆的经验公式,后果又如何？

14.7 圆截面的细长压杆,杆的材料,杆长及杆端的约束保持不变。若将其圆截面改变为面积相同的正方形截面,则其临界力为原压杆临界力的几倍？

14.8 题图 14.8 所示各压杆均为细长杆,其横截面形状,尺寸均相同,材料一样。试判断哪根杆最先失稳？哪根杆最后失稳？

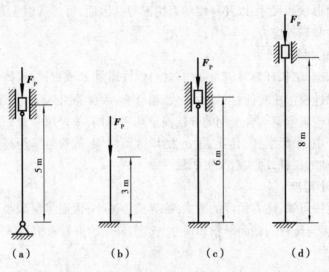

题图 14.8

14.9 题图 14.9 所示细长压杆,两端为球形铰支,弹性模量 $E = 200$ GPa,试用欧拉公式计算其临界力。

(1)圆形截面,$d = 25$ mm,$l = 1$ m;

(2)矩形截面,$h = 2b = 40$ mm,$l = 1$ m;

(3)No. 16 工字钢,$l = 2$ m。

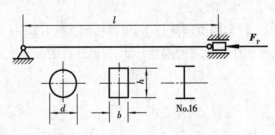

题图 14.9

14.10 题图 14.10 所示压杆的材料为 Q235 钢,$E = 210$ GPa,在正视图(a)的平面内,两端为铰支,在俯视图(b)的平面内,两端认为固定,试求此杆的临界力。

14.11 题图 14.11 所示蒸汽机的活塞杆 AB,所受的压力 $F_P = 120$ kN,$l = 180$ cm,横截面为圆形,直径 $d = 7.5$ cm。材料为优质碳钢,$E = 210$ GPa,$\sigma_p = 240$ MPa。规定 $n_{st} = 8$,试校核活

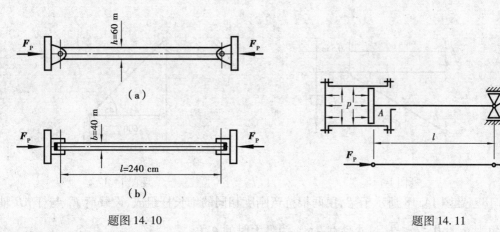

题图 14.10　　　　　　　　　　　　题图 14.11

塞杆的稳定性。

14.12　外径与内径之比 $D/d = 1.2$ 的两端固定压杆如题图14.12所示,材料为 Q235 钢,$E = 210$ GPa,$\lambda_p = 100$,试求能应用欧拉公式时,压杆长度与外径的最小比值,以及这时的临界压力。

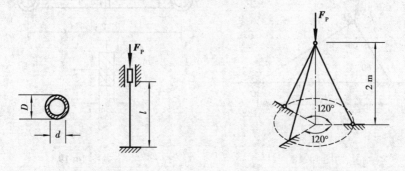

题图 14.12　　　　　　　　　　　题图 14.14

14.13　一木柱两端铰支,其横截面为 120×200 mm^2 的矩形,长度 $l = 4$ m,木材的 $E = 10$ GPa,试求木柱的临界应力。

14.14　由三根钢管构成的支架如题图14.14所示。钢管的外径为 30 mm,内径为22 mm,长度 $l = 2.5$ m,$E = 210$ GPa。在支架的顶点三杆铰接。若取稳定安全系数 $n_{st} = 3$,试求许可载荷 F_P。

14.15　某厂自制的简易起重机如题图14.15所示,其压杆 BD 为 20 号槽钢,材料为 Q235 钢。起重机的最大起重量是 $F_P = 40$ kN。若规定的稳定安全系数为 $n_{st} = 5$,试校核 BD 杆的稳定性。

14.16　两端固定的管道长为 2 m,内径 $d = 30$ mm,外径 $D = 40$ mm。材料为 Q235 钢,$E = 210$ GPa,线膨胀系数 $\alpha = 125 \times 10^7$ ℃$^{-1}$。若安装管道时的温度为 10 ℃,试求不引起管道失稳的最高温度。

14.17　题图14.17所示三角桁架,两杆均由 Q235 钢制成圆截面,直径为 d。已知:$F_P = 15$ kN,$d = 20$ mm,Q235 钢之 $\sigma_s = 240$ MPa,$E = 200$ GPa,强度安全系数 $n_s = 2.0$,稳定安全系数 $n_{st} = 2.5$,试验算结构是否能安全工作。

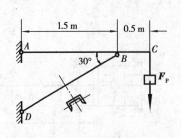

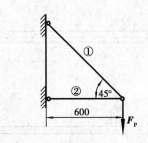

题图 14.15   题图 14.17

14.18 题图 14.18 所示桁架,由两根抗弯刚度相同的细长杆组成,设载荷 F_P 与杆 AB 轴线的夹角为 θ,且 $0 \le \theta \le \dfrac{\pi}{2}$,试求使载荷 F_P 为最大时的 θ 角。

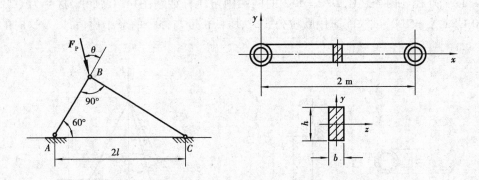

题图 14.18   题图 14.19

14.19 题图 14.19 所示压杆两端用柱形铰连接(在 x-y 平面内可视为两端铰支,$\mu = 1$;在 x-z 平面内,可视为两端完全固定,$\mu = 0.5$),杆的横截面为 $b \times h$ 的矩形。压杆材料为 Q235 钢,$E = 210$ MPa,$\sigma_p = 200$ MPa,试求:

(1)当压杆在 x-y 和 x-z 平面内同时失稳时 b/h 的比值是多少?

(2)在上述比值下当 $h = 60$ mm 时的临界压力。

14.20 悬臂回转吊车如题图 14.20 所示,斜杆 AB 由钢管制成,在 B 点铰支;钢管的外径 $D = 100$ mm,内径 $d = 86$ mm,杆长 $l = 5.5$ m;材料为 Q235 钢,$E = 210$ GPa,起重量 $F_W = 20$ kN,稳定安全系数 $n_{st} = 2.5$。试校核斜杆的稳定性。

14.21 题图 14.21 所示结构,AB 为圆截面,直径 $d = 80$ mm;BC 为正方形截面,边长 $a = 70$ mm;材料均为 Q235 钢,$E = 210$ GPa,$l = 3$ m;稳定安全系数 $n_{st} = 2.5$,试求结构的许可压力 F_P。

14.22 题图 14.22 所示结构用 Q235 钢制成,$E = 210$ GPa,$\sigma_p = 200$ MPa。试问当 $q = 20$ kN/m 和 $q = 40$ kN/m 时,横梁 B 点的挠度分别为多少?

14.23 题图 14.23 所示结构中,CF 为铸铁圆杆,直径 $d_1 = 10$ cm,$[\sigma_c] = 120$ MPa,$E = 120$ GPa。BE 为钢圆杆,直径 $d_2 = 5$ cm,材料为 Q235 钢,$[\sigma] = 160$ MPa,$E = 210$ GPa。若横梁可视为刚性的,试求载荷 F_P 的许可值。

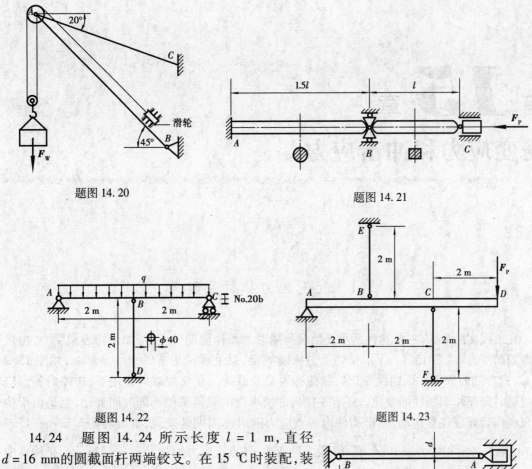

题图 14.20

题图 14.21

题图 14.22

题图 14.23

14.24　题图 14.24 所示长度 $l = 1$ m，直径 $d = 16$ mm 的圆截面杆两端铰支。在 15 ℃ 时装配，装配后 A 端与刚性槽之间有空隙 $\Delta = 0.25$ mm，材料为 Q235 钢，$E = 210$ GPa，线膨胀系数 $\alpha = 12.5 \times 10^{-6}$ ℃$^{-1}$，规定安全系数 $n_{st} = 2.5$，试求工作中所能经受的最高温度。

题图 14.24

第**15**章
交变应力和冲击应力

15.1 交变应力和疲劳破坏

在工程实际中,有一些构件所承受的载荷随时间而作周期性变化,如齿轮齿根受力,由最大弯矩渐变为零[图 15.1(a)],又如受迫振动的梁,梁上载荷为 $F_P + F_H \cdot \cos \omega t$,如图 15.2 (a)。这种随时间而作周期性变化的载荷称为交变载荷。在交变载荷作用下,构件内各点应力也随时间而作周期性的变化。还有一些构件所承受的载荷虽然不随时间变化,但是由于构件自身作旋转或往复运动,使得构件内各点应力随时作周期性变化,如旋转的车轴[图 15.3 (a)],轴内各点正应力 $\sigma = \dfrac{My}{I_z}$,在 AB 段为纯弯曲,各点正应力为 $\sigma = \dfrac{M}{I_z} \cdot \dfrac{d}{2} \sin \omega t$。把构件中产生随时间而作周期性变化的应力称为交变应力。

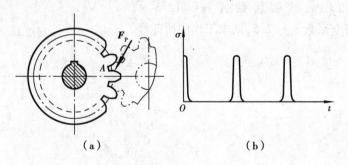

（a）　　　　　　　　　　　　　　（b）

图 15.1

在 $\sigma\text{-}t$ 坐标系下,可以画出正应力 σ 随时间 t 变化的曲线,图 15.1(b)是齿根 A 点正应力 σ 随时间 t 变化的曲线;如图 15.2(b)是受迫振动的梁中点下侧 A 点正应力 σ 随时间 t 变化的曲线;再如图 15.3(b)为车轴 AB 段上任一截面上的 A 点正应力 σ 随时间 t 变化的曲线。

图 15.3(b)表示 A 点的位置从 1 点经 2 点、3 点、4 点再回到 1 点时其应力变化过程 $\sigma_1 = 0$, $\sigma_2 = \sigma_{max}$, $\sigma_3 = 0$, $\sigma_4 = \sigma_{min}$, $\sigma_1 = 0$。应力每重复变化一次的过程称为一个应力循环。

在交变应力作用下构件的破坏习惯上称为"疲劳破坏"。交变应力下材料抵抗破坏的能

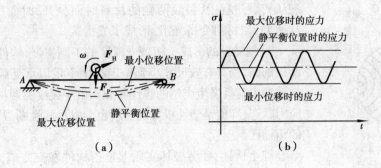

图 15.2

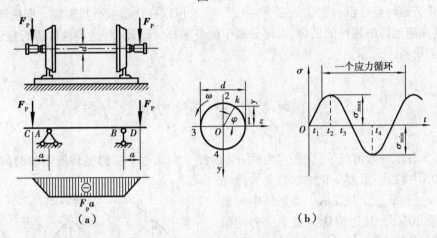

图 15.3

力,称为疲劳强度。同静应力相比较,交变应力引起的疲劳破坏有以下特点:

（1）**低应力破坏**

构件承受交变应力的最大应力值远小于材料的强度极限(σ_b,τ_b),甚至低于屈服极限(σ_s,$\sigma_{0.2}$,τ_s)时,破坏就可能发生。

（2）**破坏有一个过程**

在交变应力作用下,构件的破坏有一个较长的过程,要经过一定次数的应力循环之后才会发生破坏。

（3）**突然的脆性断裂**

在长期交变应力作用下,疲劳破坏是以材料的突然脆性断裂而结束的。在此之前有一个裂纹形成和扩展的过程。

（4）**断口的特点**

疲劳断口如图 15.4 所示,分为裂纹源,光滑区和粗糙区。通过对断口的分析,可以解释疲劳破坏的过程:

1）裂纹源的形成　对金属疲劳的解释一般认为,在足够大交变应力下,金属中位置最不利或较弱的晶体,沿最大剪应力作用面形成滑移带,滑移带开裂成为微观裂纹。分散的微观裂纹经过集结沟通形成宏观裂纹。这一过程就是裂纹源的形成。

2）光滑区的形成　在交变应力作用下,裂纹尖端严重应力集中,促使裂纹逐渐扩展。在

粗糙区
光滑区
裂纹源

图 15.4

裂纹扩展过程中,裂纹两侧的材料时而分开,时而压紧,不断地反复研磨,使材料变得光滑,形成了光滑区。

3)粗糙区的形成　随着光滑区的不断扩展,构件的有效尺寸不断被削弱,当其有效尺寸小到一定程度不足以承受载荷或受到偶然超载冲击就会发生突然的脆性断裂。由于裂纹尖端材料处于三向拉应力状态,即使是塑性极好的材料也会发生脆性断裂,因而形成断口的粗糙区。

综上所述,疲劳破坏实质上是指构件在交变应力作用下,裂纹的发生,发展和突然脆性断裂的全过程。

由于疲劳破坏是在没有明显征兆下突然发生的,所以往往造成严重事故。据统计,机械零件,尤其是高速运转的构件的破坏,大部分属于疲劳破坏。因此,对这类构件进行疲劳强度计算是非常必要的。

15.2　循环特征、平均应力和应力幅

图 15.5 表示一般情况下,交变应力的 $\sigma\text{-}t$ 曲线。完成一个应力循环所需的时间,称为一个周期(如图中 T)。重复变化的次数称为循环次数。以 σ_{max} 和 σ_{min} 分别表示应力循环中的最大应力和最小应力,其比值称为交变应力的循环特征,用 r 表示,即

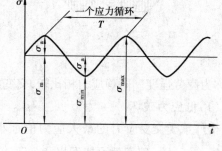

图 15.5

$$r = \frac{\sigma_{min}}{\sigma_{max}}, \quad (|\sigma_{min}| < |\sigma_{max}|) \tag{15.1}$$

或者

$$r = \frac{\sigma_{max}}{\sigma_{min}}, \quad (|\sigma_{min}| > |\sigma_{max}|) \tag{15.1'}$$

使 r 的取值范围为: $-1 \leqslant r \leqslant +1$

σ_{max} 和 σ_{min} 的代数平均值称为平均应力,用 σ_m 表示,为交变应力的静应力部分,即

$$\sigma_m = \frac{1}{2}(\sigma_{max} + \sigma_{min}) \tag{15.2}$$

σ_{max} 和 σ_{min} 代数差之半称为应力幅,用 σ_a 表示,为交变应力动应力部分,即

$$\sigma_a = \frac{1}{2}(\sigma_{max} - \sigma_{min}) \tag{15.3}$$

由式(15.2)和式(15.3)可得

$$\sigma_{max} = \sigma_m + \sigma_a \tag{15.4}$$

$$\sigma_{min} = \sigma_m - \sigma_a \tag{15.5}$$

若交变应力的 σ_{max} 和 σ_{min} 大小相等,符号相反即 $\sigma_{max} = -\sigma_{min}$。如图 15.3 的循环,称为对称循环。在对称循环下,$r = -1$,$\sigma_m = 0$,$\sigma_a = \sigma_{max}$。

除对称循环之外,其余情况统称为不对称循环,由式(15.4)和式(15.5)可知,任一不对称循环都可看成是,在平均应力 σ_m 上叠加一个幅度为 σ_a 的对称循环如图 15.5 所示。

最小应力 σ_{min} 为零(或 σ_{max} 为零)的应力循环称为脉动循环,如图 15.1 所示。脉动循环下,$r=0,\sigma_a=\sigma_m=\dfrac{1}{2}\sigma_{max}$。

静应力可看作是交变应力的特例。这时应力并无变化,故 $r=+1$　$\sigma_a=0$　$\sigma_{max}=\sigma_{min}=\sigma_m$。本节所述,对于承受扭转的交变应力情况同样适用,这时只需将 σ 改为 τ 即可。

15.3　材料的持久极限及其测定

在交变应力作用下,构件是低应力破坏。显然,材料在静载荷下的屈服极限和强度极限已不能作为疲劳强度的指标。因此,疲劳强度的指标必须重新建立。

交变应力按其最小应力和最大应力之比值(即循环特征)不同,分为各类不同的循环类型。在某一类循环特征下,材料具有一个经历无限次应力循环而不破坏的应力临界值,称为材料的持久极限。用 σ_r 表示,其中 r 表示应力循环特征。对不同的 r,其持久极限 σ_r 也将不同。持久极限的测定方法由国家标准规定。现简单介绍对称循环持久极限 σ_{-1} 的测定方法。

持久极限的测定是在疲劳试验机上进行的。图 15.6 所示为对称循环弯曲疲劳试验机,可以测定材料对称循环的持久极限。

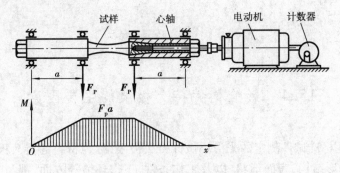

图 15.6

试件按国家标准规定把材质相同的材料,加工成直径 7 ~ 10 mm,有足够大的圆角过度,表面磨光的光滑小试件。每组 10 根左右。

试验时分别把试件装夹于疲劳试验机上,这时可以通过所加砝码计算出试件所受的静应力。假设所加砝码重量为 $2F_P$,则试件所受弯矩为 F_Pa,则最大弯曲正应力

$$\sigma=\frac{F_Pa}{W}$$

对第一根试件施加的载荷,应使试件内最大应力 $\sigma_{max,1}$,约等于材料强度极限的 60%,经过一定循环次数 N_1 后,试件断裂。然后使第二根试件的 $\sigma_{max,2}<\sigma_{max,1}$,进行试验,得到第二根试件断裂时的循环次数 N_2。这样逐次降低最大应力的数值,得出每根试件断裂时的循环次数 N。根据试验数据,可以描绘出 σ_{max}-N 坐标系内的一条曲线,称为持久曲线。(见图 15.7)或应力-寿命曲线(S-N 曲线)。由持久曲线可以看出:试件断裂前所能经受的循环次数 N,随 σ_{max}

的减小而增大。钢试件的疲劳试验结果表明，当应力降到某一极限值时，S-N 曲线趋近于水平线。这表明只要应力不超过这一极限值，N 可无限增长，即试件可以经历无限次循环而不发生疲劳破坏，交变应力的这一极限值就是材料的持久极限 σ_{-1}。

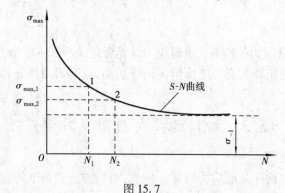

图 15.7

常温下的试验结果表明，对于钢试件经历 10^7 次循环仍未疲劳，则再增加循环次数也不会疲劳。所以把在 10^7 次循环下仍未疲劳的最大应力，规定为钢材的持久极限，而把 $N_0 = 10^7$ 称为循环基数。有色金属的 S-N 曲线无明显的水平直线部分，通常规定一个循环基数，例如，$N_0 = 10^8$，把它对应的最大应力作为这类材料的"条件"持久极限。

试验表明，材料的持久极限随变形形式不同而异。钢材在对称循环下的持久极限与其静载抗拉强度 σ_b 之间存在下述近似关系：

弯曲　　　　　$\sigma_{-1} \approx 0.4\sigma_b$

拉压　　　　　$\sigma_{-1} \approx 0.28\sigma_b$

扭转　　　　　$\tau_{-1} \approx 0.22\sigma_b$

15.4　影响构件持久极限的主要因素

在试验机上用标准试件测定的光滑小试件持久极限，称为材料的持久极限。实际构件无论在尺寸大小、外形结构、表面形状，以及工作条件、工作环境等方面，都与光滑小试件不同。因而材料的持久极限还不能直接作为构件的持久极限。要扣除各种因素造成的影响，才能将材料的持久极限换算成构件的持久极限。现在，介绍影响构件持久极限的主要因素。

15.4.1　构件外形（应力集中）的影响

构件的外形因结构的要求必须有轴肩、沟槽、横孔、缺口、螺纹、键槽等。这些外形的变化都将引起应力集中，在应力集中的局部区域更易形成疲劳裂纹使构件的持久极限显著降低。一般用有效应力集中系数 K_σ 或 K_τ 来表示其降低的程度，即

$$K_\sigma（或 K_\tau） = \frac{无应力集中的光滑小试件的持久极限}{同尺寸而有应力集中的试件的持久极限}$$

有效应力集中系数 K_σ（或 K_τ）是一个大于 1 的数值。

工程中为使用方便，把关于有效应力集中系数的数据整理成曲线或表格。如图 15.8 和图 15.9，为对称循环下的有效应力集中系数曲线。

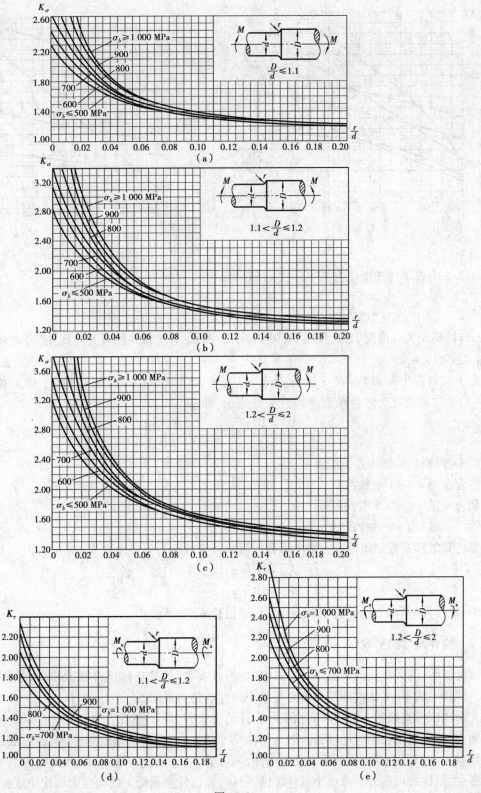

图 15.8

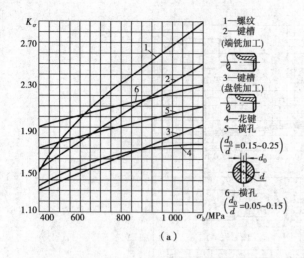 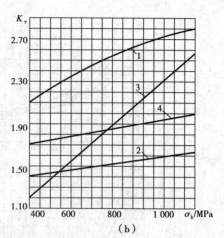

图 15.9

在 2.3 中曾讲过理论应力集中系数 k，即

$$k = \frac{\sigma_{max}}{\sigma}$$

k 与材料无关。由图 15.8 和图 15.9 可知，K_σ 和 K_τ 与材料性能有关。现在，讨论 k 与 K_σ 和 K_τ 之间的关系。

由于应力集中的影响，在交变应力下，应力增加为 $\sigma(K_\sigma - 1)$；而静载下，应力增加为 $\sigma(k-1)$。二者之比为敏性系数，用 q_σ 或 q_τ 表示，即

$$q_\sigma = \frac{K_\sigma - 1}{k - 1} \quad \text{或} \quad q_\tau = \frac{K_\tau - 1}{k - 1}$$

对于各种材料，敏性系数取值如下：

高合金钢　$q \approx 1$ 敏性最高

软　　钢　$q \approx 0.5$ 敏性较低

铸　　铁　$q \approx 0$ 敏性最低

当已知敏性系数和理论应力集中系数时可求得有效应力集中系数 K_σ 或 K_τ，即

$$K_\sigma = 1 + q_\sigma(k - 1)$$

或
$$K_\tau = 1 + q_\tau(k - 1)$$

实用中，常假设 $q_\sigma = q_\tau = q$。通过以上公式可以估算 K_σ 和 K_τ。

15.4.2　构件尺寸的影响

试验证明，持久极限的数值，不仅与试件的形状有关，而且还随试件横截面面积的大小而改变。同样形状下，大试件的持久极限低于小试件的持久极限。

光滑小试件直径为 7 ~ 10 mm，而实际构件的尺寸大多不在这个尺寸范围内。随着构件尺寸的增大，持久极限会相应地降低。因为构件尺寸越大，内部的缺陷就越多，因而形成裂纹的可能性越大。如图 15.10 所示两个受扭构件，两者的 $\tau_{1max} = \tau_{2max}$，而 $\alpha_1 < \alpha_2$，剪应力沿半径线性分布，大试件的剪应力衰减比小试件缓慢，所以，大试件横截面上的高应力区比小试件的大，即大试件处于高应力状态的晶粒比小试件多，形成裂纹的机会就更多。

构件尺寸的影响,用尺寸系数 ε_{σ} 表示持久极限的降低程度,即

$$\varepsilon_{\sigma}(\text{或 } \varepsilon_{\tau}) = \frac{\text{光滑大试件的持久极限}}{\text{光滑小试件的持久极限}}$$

尺寸系数 ε_{σ}(或 ε_{τ})是一个小于 1 的数值。实验证明,尺寸大小对轴向拉、压持久极限无影响,即这时 $\varepsilon_{\sigma}=1$。常用钢材在对称循环下的尺寸系数列入表 15.1。

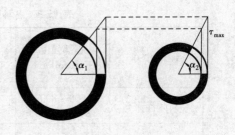

图 15.10

表 15.1　尺寸系数

直径 d/mm		> 20 ~ 30	> 30 ~ 40	> 40 ~ 50	> 50 ~ 60	> 60 ~ 70
ε_{σ}	碳　钢	0.91	0.88	0.84	0.81	0.78
	合金钢	0.83	0.77	0.73	0.70	0.68
各种钢 ε_{τ}		0.89	0.81	0.78	0.76	0.74
直径 d/mm		> 70 ~ 80	> 80 ~ 100	> 100 ~ 120	> 120 ~ 150	> 150 ~ 500
ε_{σ}	碳　钢	0.75	0.73	0.70	0.68	0.60
	合金钢	0.66	0.64	0.62	0.60	0.54
各种钢 ε_{τ}		0.73	0.72	0.70	0.68	0.60

15.4.3　构件表面质量的影响

构件表面加工质量对持久极限也有影响。因为实际构件的表面质量若与光滑小试件不同,会影响持久极限的数值。一般情况下,构件的最大应力发生在表层,疲劳裂纹也多发生于表层,表面加工的刀痕、擦伤等将会引起应力集中,降低持久极限。另一方面,如果构件经淬火、渗碳、氮化等热处理或化学处理使得表层得到强化,或者经过滚压、喷丸等机械处理使表层形成预压应力,减弱容易形成裂纹的工作拉应力。这些都会明显提高构件持久极限。因而,用表面质量系数 β 表示表面质量对持久极限的影响,即

$$\beta = \frac{\text{其他加工情况的试件的持久极限}}{\text{表面磨光的标准试件的持久极限}}$$

当构件表面质量低于磨光试件时,$\beta < 1$;当构件表面质量经强化处理提高后,$\beta > 1$。

表面质量系数 β 的数值见表 15.2 和表 15.3。

表 15.2　不同表面粗糙度的表面质量系数 β

加工方法	轴表面粗糙度 R_{a}/μm	σ_{b}/MPa		
		400	800	1 200
磨　削	0.4 ~ 0.2	1	1	1
车　削	3.2 ~ 0.8	0.95	0.90	0.80
粗　车	25 ~ 6.3	0.85	0.80	0.65
未加工表面	~	0.75	0.65	0.45

表 15.3　各种强化方法的表面质量系数 β

强化方法	心部强度 σ_b/MPa	β		
		光　　轴	低应力集中轴 $K_\sigma \leq 1.5$	高应力集中轴 $K_\sigma \geq 1.8 \sim 2$
高频淬火	$600 \sim 800$ $800 \sim 1\,000$	$1.5 \sim 1.7$ $1.3 \sim 1.5$	$1.6 \sim 1.7$	$2.4 \sim 2.8$
氮　　化	$900 \sim 1\,200$	$1.1 \sim 1.25$	$1.5 \sim 1.7$	$1.7 \sim 2.1$
渗　　碳	$400 \sim 600$ $700 \sim 800$ $1\,000 \sim 1\,200$	$1.8 \sim 2.0$ $1.4 \sim 1.5$ $1.2 \sim 1.3$	3 2	
喷丸硬化	$600 \sim 1\,500$	$1.1 \sim 1.25$	$1.5 \sim 1.6$	$1.7 \sim 2.1$
滚子滚压	$600 \sim 1\,500$	$1.1 \sim 1.3$	$1.3 \sim 1.5$	$1.6 \sim 2.0$

注：1. 高频淬火系根据直径 $10 \sim 20$ mm，淬硬层厚度为 $(0.05 \sim 0.20)d$ 的试件实验求得的数据，对大尺寸的试件强化系数的值会有些降低。

2. 氮化层厚度为 $0.01d$ 时用小值；在 $(0.02 \sim 0.04)d$ 时用大值。

3. 喷丸硬化系根据 $8 \sim 40$ mm 的试件求得的数据。喷丸速度低时用小值，速度高时用大值。

4. 滚子滚压系根据 $17 \sim 130$ mm 试件求得的数据。

　　除了以上三种影响因素之外，还有温度的影响、间歇的影响、超载的影响、锻炼的影响和在腐蚀介质中的影响等。可根据构件的工作情况加以考虑。

　　综合以上三种主要因素的影响，构件在对称循环下的持久极限应该是

弯曲或拉压

$$\sigma_{-1}^0 = \frac{\varepsilon_\sigma \beta}{K_\sigma} \sigma_{-1}$$

扭转

$$\tau_{-1}^0 = \frac{\varepsilon_\tau \beta}{K_\tau} \tau_{-1}$$

(15.6)

式中，σ_{-1}，τ_{-1} 是光滑小试件的持久极限或材料持久极限。

15.5　对称循环下构件的疲劳强度校核

　　对于在交变应力下工作的构件进行强度校核时，常采用安全系数形式的强度条件，就是要求构件对于疲劳强度的工作安全系数 n_σ 不小于规定的安全系数 n，即

$$n_\sigma \geq n$$

(15.7)

式中规定的安全系数 n 的数值，应根据有关设计规范来确定。

　　而工作安全系数 n_σ 等于构件的持久极限与构件最大工作应力之比。在对称循环下

$$n_\sigma = \frac{\sigma_{-1}^0}{\sigma_{\max}}$$

式中　σ_{-1}^0 为对称循环下，构件的持久极限，$\sigma_{\max}$ 为构件危险点交变应力的最大值（不考虑应力集中的名义应力）。

将式(15.6)代入上式得

$$n_{\sigma} = \frac{\sigma_{-1}}{\dfrac{K_{\sigma}}{\varepsilon_{\sigma}\beta}\sigma_{max}} \tag{15.8}$$

利用式(15.7),则弯曲或拉压对称循环下构件的疲劳强度条件为

$$n_{\sigma} = \frac{\sigma_{-1}}{\dfrac{K_{\sigma}}{\varepsilon_{\sigma}\beta}\sigma_{max}} \geqslant n \tag{15.9}$$

对于扭转对称循环,疲劳强度条件为

$$n_{\tau} = \frac{\tau_{-1}}{\dfrac{K_{\tau}}{\varepsilon_{\tau}\beta}\tau_{max}} \geqslant n \tag{15.10}$$

例 15.1　合金钢的阶梯圆轴如图 15.11 所示,粗细两段直径 $D = 50$ mm,$d = 40$ mm,过渡圆角半径 $r = 5$ mm。材料的 $\sigma_b = 900$ MPa,$\sigma_{-1} = 400$ MPa。承受对称循环交变弯矩 $M = \pm 450$ N·m,规定的安全系数 $n = 2$。试校核该轴的疲劳强度。

解　轴承受对称循环交变弯矩,其危险截面应为粗细两段轴交界面 A-A,危险点最大弯曲正应力(在细轴上、下两点)为

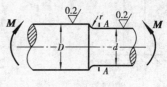

图 15.11

$$\sigma_{max} = \frac{M}{W} = \frac{450\ \text{N·m}}{\dfrac{\pi}{32}(40)^3 \times 10^{-9}\ \text{m}^3}$$
$$= 71.6 \times 10^6\ \text{Pa} = 71.6\ \text{MPa}$$

在对称循环下,其影响因素分别为:有效应力集中系数 K_{σ},根据 $\dfrac{D}{d} = \dfrac{50}{40} = 1.25$,$\dfrac{r}{d} = \dfrac{5}{40} = 0.125$,$\sigma_b = 900$ MPa,可以从图 15.8(c)查得 $K_{\sigma} = 1.55$。尺寸系数 ε_{σ},根据 $d = 40$ mm 查表 15.1 得 $\varepsilon_{\sigma} = 0.77$。表面质量系数 β,根据表面粗糙度 0.2 查表 15.2 得 $\beta = 1$。

进行疲劳强度校核,利用式(15.9)得

$$n_{\sigma} = \frac{\sigma_{-1}}{\dfrac{K_{\sigma}}{\varepsilon_{\sigma}\beta}\sigma_{max}} = \frac{400 \times 10^6\ \text{Pa}}{\dfrac{1.55}{0.77 \times 1} \times 71.6 \times 10^6\ \text{Pa}} = 2.78$$

规定的安全系数 $n = 2$,满足疲劳强度条件

$$n_{\sigma} > n$$

此轴的疲劳强度足够。

注意:在求系数 K_{σ},ε_{σ} 和 β 时,如果不能直接从相应的图或表中查出时,可以使用插入法。

交变应力只介绍对称循环下基本变形构件的疲劳强度校核。至于不对称循环,弯曲和扭转组合等的疲劳强度问题,这里不再介绍。

15.6 冲击应力

15.6.1 冲击的概念

当物体以一定的运动速度作用于构件上时,构件在瞬间($10^{-3} \sim 10^{-5}$ s)内,使物体速度发生很大变化,从而使物体产生很大的加速度,而构件则受到很大的压力,这种现象称为冲击。如锻压,弹击等。冲击时构件内产生的应力称为冲击应力。

通常把物体称为冲击物,构件称为被冲击物。如图 15.12 所示。

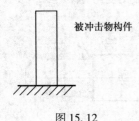

冲击物

被冲击物构件

图 15.12

冲击物的作用实质上是由冲击物的惯性力引起的。由于冲击时速度变化时间很短,加速度无法计算。使冲击问题的精确计算十分困难。工程上一般采用偏于安全的近似方法—能量法来计算冲击时的应力和变形。

用能量法计算冲击问题时的简化假设:

1)被冲击物(或缓冲系)为无质量线弹性体。如梁、弹簧等均略去质量。

2)把冲击物视为刚体(无变形)。

3)冲击过程中没有能量转换的其他损失(如略去热能,光,声音等能量的耗散)。

计算过程如下:

1)计算动能 T 和势能 V;

2)计算变形能 U_d;

3)根据机械能守恒定律建立方程 $T + V = U_d$;

4)求解动载荷,动应力或动变形。

15.6.2 自由落体冲击

当重量为 $\overline{W}$ 的物体自高度为 h 处以速度 $v = 0$ 自由下落,冲击到弹性体(如梁)上,称为自由落体冲击。如图 15.13。

(1)**计算动能 T 和势能 V**

动能 $T = 0$

势能 $V = Q(h + \Delta_d)$

(2)**计算变形能 U_d**

被冲击物获得的变形能,等于冲击力 F_{Pd} 所做的功。由于冲击力 F_{Pd} 和相应动位移 Δ_d 都是由零开始增加到终值,对线弹性体,材料胡克定律成立,即

$$U_d = \frac{1}{2} F_{Pd} \Delta_d$$

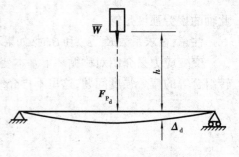

图 15.13

（3）建立方程

由机械能守恒定律

$$T + V = U_d$$

即

$$\overline{W}(h + \Delta_d) = \frac{1}{2}F_{P_d}\Delta_d \tag{15.11}$$

在线弹性范围内

$$\frac{F_{P_d}}{\overline{W}} = \frac{\Delta_d}{\Delta_{st}} = \frac{\sigma_d}{\sigma_{st}}$$

式中，Δ_{st} 是静载荷 $\overline{W}$ 作用下梁的静位移；σ_{st} 是静载荷 $\overline{W}$ 作用下梁的静应力。如图 15.14 所示。

将 $F_{P_d} = \dfrac{\overline{W}\Delta_d}{\Delta_{st}}$ 代入式（15.11）

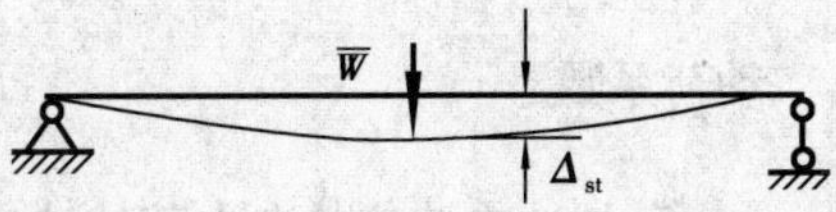

$$\overline{W}(h + \Delta_d) = \frac{\overline{W}\Delta_d}{\Delta_{st}} \cdot \frac{\Delta_d}{2}$$

图 15.14

得

$$\Delta_d^2 - 2\Delta_{st}\Delta_d - 2h\Delta_d = 0$$

$$\Delta_d - 2\Delta_{st}\Delta_d - 2h\Delta_{st} = 0$$

$$\Delta_d = \Delta_{st} \pm \sqrt{\Delta_{st}^2 + 2h\Delta_{st}}$$

$$= \Delta_{st}\left[1 \pm \sqrt{1 + \frac{2h}{\Delta_{st}}}\right]$$

由于 $\sqrt{1 + \dfrac{2h}{\Delta_{st}}} > 1$，并且动位移总是大于静位移。故去掉负号，因此

$$\Delta_d = \Delta_{st}\left[1 + \sqrt{1 + \frac{2h}{\Delta_{st}}}\right]$$

引用记号

$$K_d = 1 + \sqrt{1 + \frac{2h}{\Delta_{st}}} \tag{15.12}$$

称为动荷系数。

动位移

$$\Delta_d = K_d\Delta_{st} \tag{15.13}$$

只要求出动荷系数 K_d，就可以求得动位移，动应力和冲击力，即

$$\left.\begin{array}{r}\Delta_d = K_d\Delta_{st} \\ \sigma_d = K_d\sigma_{st} \\ F_{P_d} = K_d\overline{W}\end{array}\right\} \tag{15.14}$$

冲击形式不同，动荷系数 K_d 也不同。

15.6.3 其他冲击形式下的动荷系数

(1)已知动能的自由落体冲击

由

$$K_d = 1 + \sqrt{1 + \frac{2h}{\Delta_{st}}} = 1 + \sqrt{1 + \frac{2h\overline{W}}{\Delta_{st}\overline{W}}}$$

如果物体从高度 h 自由下落,与梁接触时的速度 v,即

$$v^2 = 2gh$$

动能

$$T = \frac{1}{2}\frac{\overline{W}}{g}v^2 = \frac{1}{2}\frac{\overline{W}}{g}(2gh) = \overline{W}h$$

动荷系数

$$K_d = 1 + \sqrt{1 + \frac{2T}{\overline{W}\Delta_{st}}}$$

(2)已知冲击速度的自由落体冲击

由

$$v^2 = 2gh$$

动荷系数

$$K_d = 1 + \sqrt{1 + \frac{2hg}{\Delta_{st}g}} = 1 + \sqrt{1 + \frac{v^2}{g\Delta_{st}}}$$

(3)突加载荷

当 $h = 0$ 时,成为突加载荷

动荷系数

$$K_d = 1 + \sqrt{1 + \frac{2 \times 0}{\Delta_{st}}} = 2$$

(4)水平冲击

图 15.15 中,重量为 $\overline{W}$ 的重物以水平速度 v 冲击弹性构件时

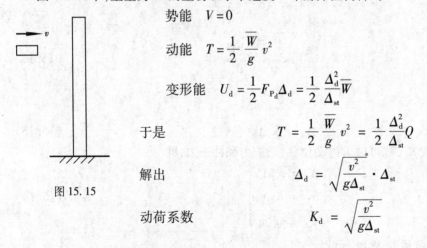

势能 $V = 0$

动能 $T = \frac{1}{2}\frac{\overline{W}}{g}v^2$

变形能 $U_d = \frac{1}{2}F_{Pd}\Delta_d = \frac{1}{2}\frac{\Delta_d^2}{\Delta_{st}}\overline{W}$

于是 $T = \frac{1}{2}\frac{\overline{W}}{g}v^2 = \frac{1}{2}\frac{\Delta_d^2}{\Delta_{st}}Q$

图 15.15

解出 $\Delta_d = \sqrt{\frac{v^2}{g\Delta_{st}}} \cdot \Delta_{st}$

动荷系数 $K_d = \sqrt{\frac{v^2}{g\Delta_{st}}}$

15.6.4 冲击载荷下的强度条件

试验结果表明,材料在冲击载荷下的强度比在静载荷下的强度要略高一些,但对光滑的受冲击载荷作用的构件进行强度计算时,通常任以静载荷下的基本许用应力来建立强度条件。

冲击载荷下的强度条件为:

$$\sigma_{\mathrm{dmax}} = K_{\mathrm{d}}\sigma_{\mathrm{stmax}} \leqslant [\sigma]$$

或者

$$\sigma_{\mathrm{stmax}} \leqslant \frac{[\sigma]}{K_{\mathrm{d}}}$$

例 15.2　图 15.16 所示悬臂梁，A 端固定，自由端 B 上方有一重物自由落下，撞击到梁上。已知梁材料为木材，弹性模量 $E = 10$ GPa；梁长 $l = 2$ m，截面为矩形，面积 120 mm×200 mm；重物高度为 40 mm，重量 $\overline{W} = 1$ kN。

求：(1) 梁所受到的冲击载荷；

(2) 梁横截面上的最大冲击正应力与最大冲击挠度。

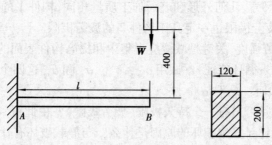

图 15.16

解　(1) 梁的最大静应力和最大静挠度

最大静应力发生在固定端 A 截面，其值为：

$$\sigma_{\mathrm{stmax}} = \frac{M_{\mathrm{max}}}{W} = \frac{6\overline{W}l}{bh^2} = \frac{6 \times 1 \times 10^3 \times 2}{120 \times 200^2 \times 10^{-9}} \text{ MPa} = 2.5 \text{ MPa}$$

最大静挠度发生在自由端 B 截面，其值为：

$$y_{\mathrm{stmax}} = \frac{\overline{W}l^3}{3EI} = \frac{12\overline{W}l^3}{3Ebh^3} = \frac{12 \times 1 \times 10^3 \times 2^3}{3 \times 10 \times 10^{-9} \times 120 \times 200^3 \times 10^{-12}} \text{ mm} = \frac{10}{3} \text{ mm}$$

(2) 确定动荷系数

$$K_{\mathrm{d}} = 1 + \sqrt{1 + \frac{2h}{\Delta_{\mathrm{st}}}} = 1 + \sqrt{1 + \frac{2 \times 40 \times 3}{10}} = 6$$

(3) 计算冲击载荷，最大冲击应力和最大冲击挠度

冲击载荷

$$F_{\mathrm{Pd}} = K_{\mathrm{d}}\overline{W} = 6 \times 1 \times 10^3 \text{ N} = 6 \text{ kN}$$

最大冲击应力

$$\sigma_{\mathrm{dmax}} = K_{\mathrm{d}}\sigma_{\mathrm{stmax}} = 6 \times 2.5 \text{ MPa} = 15 \text{ MPa}$$

最大冲击挠度

$$y_{\mathrm{dmax}} = K_{\mathrm{d}}y_{\mathrm{stmax}} = 6 \times \frac{10}{3} = 20 \text{ mm}$$

习 题

15.1 试判断下列论述的正确性：

(1)交变应力是指构件内的应力随时间作周期性的变化,而作用在构件上的载荷可能是动载荷,也可能是静载荷。（　　）

(2)材料的条件疲劳极限随疲劳循环次数的增加而降低。（　　）

(3)两构件的截面尺寸,几何外形和表面加工质量相同,构件 1 的强度极限大于构件 2 的强度极限,则构件 1 的疲劳极限也一定高于构件 2 的疲劳极限。（　　）

(4)提高构件的疲劳强度,关键是减缓应力集中和提高构件表面的加工质量。（　　）

15.2 为什么要引入循环特征 r？试用 σ_{max}，σ_{min}，σ_a 和 σ_m 这四个特征应力中的任意两个表示 r。r 的取值范围如何？是不是 $|r|<1$？

15.3 每一种材料是否只有一个持久极限(疲劳极限)？由此得到什么体会？

15.4 交变应力时材料发生破坏的原因是什么？与静载破坏有什么区别？疲劳断口有什么特点？

15.5 与材料疲劳极限(持久极限)有关的因素：①＿＿＿＿＿②＿＿＿＿＿③＿＿＿＿＿。

15.6 影响构件疲劳极限(持久极限)的主要因素是：①＿＿＿＿＿＿＿＿＿＿＿＿＿＿②＿＿＿＿＿＿＿＿＿＿③＿＿＿＿＿＿＿＿＿＿。

15.7 柴油机发动机大头螺钉在工作时受到最大拉力 $P_{max}=58.3$ kN,最小拉力 $P_{min}=55.8$ kN。螺纹处内径 $d=11.5$ mm。试求其平均应力 σ_m,应力幅 σ_a,循环特征 r,并作 $\sigma\text{-}t$ 曲线。

15.8 阶梯轴如题图 15.8 所示。材料为铬镍合金钢,$\sigma_b=920$ MPa,$\sigma_{-1}=420$ MPa,$\tau_{-1}=250$ MPa。轴的尺寸是：$d=40$ mm,$D=50$ mm,$r=5$ mm。分别求弯曲和扭转时的有效应力集中系数和尺寸系数。

15.9 题图 15.9 所示旋转轴上作用一不变的弯矩 $M=1$ kN·m,已知材料碳钢的 $\sigma_b=600$ MPa,$\sigma_{-1}=250$ MPa,轴表面精车加工,试求轴的工作安全系数。

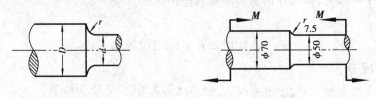

题图 15.8   题图 15.9

15.10 题图 15.10 所示火车车厢的车轴,若轴上的载荷 $F_P=48$ kN,钢的 $\sigma_b=560$ MPa,$\sigma_{-1}=350$ MPa,许用安全系数为 $n=1.8$,车轴的尺寸 $l=1$ 524 mm,$a=230$ mm,$D=140$ mm,$d=120$ mm,$r=5$ mm。试校核此轴的强度。

15.11 题图 15.11 所示 AB 杆下端固定,长度为 l,在 C 点受到沿水平运动的物体的冲击。物体重量为 $\overline{W}$,当其与杆件接触的速度为 v。设杆件的弹性模量 E,惯性矩 I 和抗弯截面模量 W 全为已知。AB 杆的最大应力。

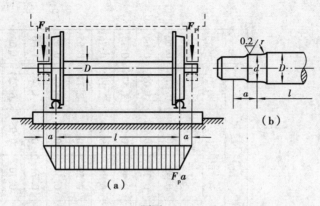

题图 15.10

15.12　重量为 $\overline{W}$ 的重物至高度 h 下落冲击于梁上的 C 点(题图 15.12)。设梁的弹性模量 E,惯性矩 I 和抗弯截面模量 W 全为已知。试求梁内最大正应力及梁的跨度中点的挠度。

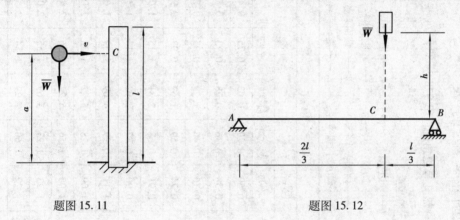

题图 15.11　　　　　　　　　　　　　题图 15.12

附录　型钢表

1. 热轧等边角钢 (GB 9787—88)

符号意义：
b——边宽；
d——边厚；
r——内圆弧半径；
r_1——边端内弧半径；

I——惯性矩；
i——惯性半径；
W——截面系数；
z_0——重心距离。

角钢号数	尺寸/mm b	d	r	截面面积/cm²	理论重量/(kg·m⁻¹)	外表面积/(m²·m⁻¹)	参考数值 x-x I_x/cm⁴	i_x/cm	W_x/cm³	x_0-x_0 I_{x0}/cm⁴	i_{x0}/cm	W_{x0}/cm³	y_0-y_0 I_{y0}/cm⁴	i_{y0}/cm	W_{y0}/cm³	x_1-x_1 I_{x1}/cm⁴	z_0/cm
2	20	3	3.5	1.132	0.889	0.078	0.40	0.59	0.29	0.63	0.75	0.45	0.17	0.39	0.20	0.810	0.60
		4		1.459	1.145	0.077	0.50	0.58	0.36	0.78	0.73	0.55	0.22	0.38	0.24	1.09	0.64
2.5	25	3	3.5	1.432	1.124	0.098	0.82	0.76	0.46	1.29	0.95	0.73	0.34	0.49	0.33	1.57	0.73
		4		1.859	1.459	0.097	1.03	0.74	0.59	1.62	0.93	0.92	0.43	0.48	0.40	2.11	0.76
3.0	30	3	4.5	1.749	1.373	0.117	1.46	0.91	0.68	2.31	1.15	1.09	0.61	0.59	0.51	2.71	0.85
		4		2.276	1.786	0.117	1.84	0.90	0.87	2.92	1.13	1.37	0.77	0.58	0.62	3.63	0.89
3.6	36	3	4.5	2.109	1.656	0.141	2.58	1.11	0.99	4.09	1.39	1.61	1.07	0.71	0.76	4.68	1.00
		4		2.756	2.163	0.141	3.29	1.09	1.28	5.22	1.38	2.05	1.37	0.70	0.93	6.25	1.04
		5		3.382	2.654	0.141	3.95	1.08	1.56	6.24	1.36	2.45	1.65	0.70	1.09	7.84	1.07
4.0	40	3	5	2.359	1.852	0.157	3.59	1.23	1.23	5.69	1.55	2.01	1.49	0.79	0.96	6.41	1.09
		4		3.086	2.422	0.157	4.60	1.22	1.60	7.29	1.54	2.58	1.91	0.79	1.19	8.56	1.13
		5		3.791	2.976	0.156	5.53	1.21	1.96	8.76	1.52	3.10	2.30	0.78	1.39	10.74	1.17

型号	b	d	截面面积 (cm²)	理论重量 (kg/m)	外表面积 (m²/m)	Ix	ix	Wx	Ix0	ix0	Wx0	Iy0	iy0	Wy0	Ix1	z0
4.5	45	3	2.659	2.088	0.177	5.17	1.40	1.58	8.20	1.76	2.58	2.14	0.90	1.24	9.12	1.22
		4	3.486	2.736	0.177	6.65	1.38	2.05	10.56	1.74	3.32	2.75	0.89	1.54	12.18	1.26
		5	4.292	3.369	0.176	8.04	1.37	2.51	12.74	1.72	4.00	3.33	0.88	1.81	15.25	1.30
		6	5.076	3.985	0.176	9.33	1.36	2.95	14.76	1.70	4.64	3.89	0.88	2.06	18.36	1.33
5	50	3	2.971	2.332	0.197	7.18	1.55	1.96	11.37	1.96	3.22	2.98	1.00	1.57	12.50	1.34
		4	3.897	3.059	0.197	9.26	1.54	2.56	14.70	1.94	4.16	3.82	0.99	1.96	16.69	1.38
		5	4.803	3.770	0.196	11.21	1.53	3.13	17.79	1.92	5.03	4.64	0.98	2.31	20.90	1.42
		6	5.688	4.465	0.196	13.05	1.52	3.68	20.68	1.91	5.85	5.42	0.98	2.63	25.14	1.46
5.6	56	3	3.343	2.624	0.221	10.19	1.75	2.48	16.14	2.20	4.08	4.24	1.13	2.02	17.56	1.48
		4	4.390	3.446	0.220	13.18	1.73	3.24	20.92	2.18	5.28	5.46	1.11	2.52	23.43	1.53
		5	5.415	4.251	0.220	16.02	1.72	3.97	25.42	2.17	6.42	6.61	1.10	2.98	29.33	1.57
		8	8.367	6.568	0.219	23.63	1.68	6.03	37.37	2.11	9.44	9.89	1.09	4.16	47.24	1.68
6.3	63	4	4.978	3.907	0.248	19.03	1.96	4.13	30.17	2.46	6.78	7.89	1.26	3.29	33.35	1.70
		5	6.143	4.822	0.248	23.17	1.94	5.08	36.77	2.45	8.25	9.57	1.25	3.90	41.73	1.74
		6	7.288	5.721	0.247	27.12	1.93	6.00	43.03	2.43	9.66	11.20	1.24	4.46	50.14	1.78
		8	9.515	7.469	0.247	34.46	1.90	7.75	54.56	2.40	12.25	14.33	1.23	5.47	67.11	1.85
		10	11.657	9.151	0.246	41.09	1.88	9.39	64.85	2.36	14.56	17.33	1.22	6.36	84.31	1.93
7	70	4	5.570	4.372	0.275	26.39	2.18	5.14	41.80	2.74	8.44	10.99	1.40	4.17	45.74	1.86
		5	6.875	5.397	0.275	32.21	2.16	6.32	51.08	2.73	10.32	13.34	1.39	4.95	57.21	1.91
		6	8.160	6.406	0.275	37.77	2.15	7.48	59.93	2.71	12.11	15.61	1.38	5.67	68.73	1.95
		7	9.424	7.398	0.275	43.09	2.14	8.59	68.35	2.69	13.81	17.82	1.38	6.34	80.29	1.99
		8	10.667	8.373	0.274	48.17	2.12	9.68	76.37	2.68	15.43	19.98	1.37	6.98	91.92	2.03

续表

角钢号数	尺寸/mm b	d	r	截面面积/cm²	理论重量/(kg·m⁻¹)	外表面积/(m²·m⁻¹)	参考数值 x-x I_x/cm^4	i_x/cm	W_x/cm^3	x_0-x_0 I_{x0}/cm^4	i_{x0}/cm	W_{x0}/cm^3	y_0-y_0 I_{y0}/cm^4	i_{y0}/cm	W_{y0}/cm^3	x_1-x_1 I_{x1}/cm^4	z_0/cm
(7.5) 75	75	5	9	7.367	5.818	0.295	39.97	2.33	7.32	63.30	2.92	11.94	16.63	1.50	5.77	70.56	2.04
		6		8.797	6.905	0.294	46.95	2.31	8.64	74.38	2.90	14.02	19.51	1.49	6.67	84.55	2.07
		7		10.160	7.976	0.294	53.57	2.30	9.93	84.96	2.89	16.02	22.18	1.48	7.44	98.71	2.11
		8		11.503	9.030	0.294	59.96	2.28	11.20	95.07	2.88	17.93	24.86	1.47	8.19	112.97	2.15
		10		14.126	11.089	0.293	71.98	2.26	13.64	113.92	2.84	21.48	30.05	1.46	9.56	141.71	2.22
8	80	5	9	7.912	6.211	0.315	48.79	2.48	8.34	77.33	3.13	13.67	20.25	1.60	6.66	85.36	2.15
		6		9.397	7.376	0.314	57.35	2.47	9.87	90.98	3.11	16.08	23.72	1.59	7.65	102.50	2.19
		7		10.860	8.525	0.314	65.58	2.46	11.37	104.07	3.10	18.40	27.09	1.58	8.58	119.70	2.23
		8		12.303	9.658	0.314	73.49	2.44	12.83	116.60	3.08	20.61	30.39	1.57	9.46	136.97	2.27
		10		15.126	11.874	0.313	88.43	2.42	15.64	140.09	3.04	24.76	36.77	1.56	11.08	171.74	2.35
9	90	6	10	10.637	8.350	0.354	82.77	2.79	12.61	131.26	3.51	20.63	34.28	1.80	9.95	145.87	2.44
		7		12.301	9.656	0.354	94.83	2.78	14.54	150.47	3.50	23.64	39.18	1.78	11.19	170.30	2.48
		8		13.944	10.946	0.353	106.47	2.76	16.42	168.97	3.48	26.55	43.97	1.78	12.35	194.80	2.52
		10		17.167	13.476	0.353	128.58	2.74	20.07	203.90	3.45	32.04	53.26	1.76	14.52	244.07	2.59
		12		20.306	15.940	0.352	149.22	2.71	23.57	236.21	3.41	37.12	62.22	1.75	16.49	293.76	2.67
10	100	6	12	11.932	9.366	0.393	114.95	3.01	15.68	181.98	3.90	25.74	47.92	2.00	12.69	200.07	2.67
		7		13.796	10.830	0.393	131.86	3.09	18.10	208.97	3.89	29.55	54.74	1.99	14.26	233.54	2.71
		8		15.638	12.276	0.393	148.24	3.08	20.47	235.07	3.88	33.24	61.41	1.98	15.75	267.09	2.76

b	d	r	A	理论重量	外表面积	(1)	(2)	(3)	(4)	(5)	(6)	(7)	(8)	(9)	(10)
10 100	10	12	19.261	15.120	0.392	179.51	25.06	3.05	284.68	3.84	40.26	74.35	1.96	18.54	334.48	2.84
	12		22.800	17.898	0.391	208.90	29.48	3.03	330.95	3.81	46.80	86.84	1.95	21.08	402.34	2.91
	14		26.256	20.611	0.391	236.53	33.73	3.00	374.06	3.77	52.90	99.00	1.94	23.44	470.75	2.99
	16		29.627	23.257	0.390	262.53	37.82	2.98	414.16	3.74	58.57	110.89	1.94	25.63	539.80	3.06
11 110	7	12	15.196	11.928	0.433	177.16	22.05	3.41	280.94	4.30	36.12	73.38	2.20	17.51	310.64	2.96
	8		17.238	13.532	0.433	199.46	24.95	3.40	316.49	4.28	40.69	82.42	2.19	19.39	355.20	3.01
	10		21.261	16.690	0.432	242.19	30.60	3.38	384.39	4.25	49.42	99.98	2.17	22.91	444.65	3.09
	12		25.200	19.782	0.431	282.55	36.05	3.35	448.17	4.22	57.62	116.93	2.15	26.15	534.60	3.16
	14		29.056	22.809	0.431	320.71	41.31	3.32	508.01	4.18	65.31	133.40	2.14	29.14	625.16	3.24
12.5 125	8	14	19.750	15.504	0.492	297.03	32.52	3.88	470.89	4.88	53.28	123.16	2.50	25.86	521.01	3.37
	10		24.373	19.133	0.491	361.67	39.97	3.85	573.89	4.85	64.93	149.46	2.48	30.62	651.93	3.45
	12		28.912	22.696	0.491	423.16	41.17	3.83	671.44	4.82	75.96	174.88	2.46	35.03	783.42	3.53
	14		33.367	26.193	0.490	481.65	54.16	3.80	763.73	4.78	86.41	199.57	2.45	39.13	915.61	3.61
14 140	10	14	27.373	21.488	0.551	514.65	50.58	4.34	817.27	5.46	82.56	212.04	2.78	39.20	915.11	3.82
	12		32.512	25.522	0.551	603.68	59.80	4.31	958.79	5.43	96.85	248.57	2.76	45.02	1099.28	3.90
	14		37.567	29.490	0.550	688.81	68.75	4.28	1093.56	5.40	110.47	284.06	2.75	50.45	1284.22	3.98
	16		42.539	33.393	0.549	770.24	77.46	4.26	1221.81	5.36	123.42	318.67	2.74	55.55	1470.07	4.06
16 160	10	16	31.502	24.729	0.630	779.53	66.70	4.98	1237.30	6.27	109.36	321.76	3.20	52.76	1365.33	4.31
	12		37.441	29.391	0.630	916.58	78.98	4.95	1455.68	6.24	128.67	377.49	3.18	60.74	1639.57	4.39
	14		43.296	33.987	0.629	1048.36	90.95	4.92	1665.02	6.20	147.17	431.70	3.16	68.244	1914.68	4.47
	16		49.067	38.518	0.629	1175.08	102.63	4.89	1865.57	6.17	164.89	484.59	3.14	75.31	2190.82	4.55

续表

角钢号数	尺寸/mm b	d	r	截面面积/cm²	理论重量/(kg·m⁻¹)	外表面积/(m²·m⁻¹)	参考数值 x-x I_x/cm⁴	i_x/cm	W_x/cm³	x_0-x_0 I_{x0}/cm⁴	i_{x0}/cm	W_{x0}/cm³	y_0-y_0 I_{y0}/cm⁴	i_{y0}/cm	W_{y0}/cm³	x_1-x_1 I_{x1}/cm⁴	z_0/cm
18	180	12	16	42.241	33.159	0.710	1321.35	5.59	100.82	2100.10	7.05	165.00	542.61	3.58	78.41	2332.80	4.89
		14		48.896	38.383	0.709	1514.48	5.56	116.25	2407.42	7.02	189.14	621.53	3.56	88.38	2723.48	4.97
		16	16	55.467	43.542	0.709	1700.99	5.54	131.13	2703.37	6.98	212.40	698.60	3.55	97.83	3115.29	5.05
		18		61.955	48.634	0.708	1875.12	5.50	145.64	2988.24	6.94	234.78	762.01	3.51	105.14	3502.43	5.13
20	200	14		54.642	42.894	0.788	2103.55	6.20	144.70	3343.26	7.82	236.40	863.83	3.98	111.82	3734.10	5.46
		16		62.013	48.680	0.788	2366.15	6.18	163.65	3760.89	7.79	265.93	971.41	3.96	123.96	4270.39	5.54
		18	18	69.301	54.401	0.787	2620.64	6.15	182.22	4164.54	7.75	294.48	1076.74	3.94	135.52	4808.13	5.62
		20		76.505	60.056	0.787	2867.30	6.12	200.42	4554.55	7.72	322.06	1180.04	3.93	146.55	5347.51	5.69
		24		90.661	71.168	0.785	2338.25	6.07	236.17	5294.97	7.64	374.41	1381.53	3.90	166.55	6457.16	5.87

注:1. $r_1 = \dfrac{1}{3}d$;

2. 角钢长度:

钢号	2~4号	4.5~8号	9~14号	16~90号
长度	3~9 m	4~12 m	4~19 m	6~19 m

3. 一般采用材料:Q215,Q235,Q275,Q235F。

2. 热轧不等边角钢（GB 9788—88）

符号意义：

B —— 长边宽度；　　　b —— 短边宽度；
d —— 边厚；　　　　　r —— 内圆弧半径；
r₁ —— 边端内弧半径；　I —— 惯性矩；
i —— 惯性半径；　　　W —— 截面系数；
x₀ —— 重心距离；　　　y₀ —— 重心距离。
α —— u-u 轴与 y-y 轴的夹角；

角钢号数	尺寸/mm B	b	d	r	截面面积/cm²	理论重量/(kg·m⁻¹)	外表面积/(m²·m⁻¹)	x-x I_x/cm⁴	x-x i_x/cm	x-x W_x/cm³	y-y I_y/cm⁴	y-y i_y/cm	y-y W_y/cm³	x₁-x₁ I_{x1}/cm⁴	x₁-x₁ y_0/cm	y₁-y₁ I_{y1}/cm⁴	y₁-y₁ x_0/cm	u-u I_u/cm⁴	u-u i_u/cm	u-u W_u/cm³	u-u $\tan\alpha$
2.5/1.6	25	16	3	3.5	1.162	0.912	0.080	0.70	0.78	0.43	0.22	0.44	0.19	1.56	0.86	0.43	0.42	0.14	0.34	0.16	0.392
			4		1.499	1.176	0.079	0.88	0.77	0.55	0.27	0.43	0.24	2.09	0.90	0.59	0.46	0.17	0.34	0.20	0.381
3.2/2	32	20	3	3.5	1.492	1.171	0.102	1.53	1.01	0.72	0.46	0.55	0.30	3.27	1.08	0.82	0.49	0.28	0.43	0.25	0.382
			4		1.939	1.522	0.101	1.93	1.00	0.93	0.57	0.54	0.39	4.37	1.12	1.12	0.53	0.35	0.42	0.32	0.374
4/2.5	40	25	3	4	1.890	1.484	0.127	3.08	1.28	1.15	0.93	0.70	0.49	6.39	1.32	1.59	0.59	0.56	0.54	0.40	0.386
			4		2.467	1.936	0.127	3.93	1.26	1.49	1.18	0.69	0.63	8.53	1.37	2.14	0.63	0.71	0.54	0.52	0.381
4.5/2.8	45	28	3	5	2.149	1.687	0.143	4.45	1.44	1.47	1.34	0.79	0.62	9.10	1.47	2.23	0.64	0.80	0.61	0.51	0.383
			4		2.806	2.203	0.143	5.69	1.42	1.91	1.70	0.78	0.80	12.13	1.51	3.00	0.68	1.02	0.60	0.66	0.380
5/3.2	50	32	3	5.5	2.431	1.908	0.161	6.24	1.60	1.84	2.02	0.91	0.82	12.49	1.60	3.31	0.73	1.20	0.70	0.68	0.404
			4		3.177	2.494	0.160	8.02	1.59	2.39	2.58	0.90	1.06	16.65	1.65	4.45	0.77	1.53	0.69	0.87	0.402
5.6/3.6	56	36	3	6	2.743	2.153	0.181	8.88	1.80	2.32	2.92	1.03	1.05	17.54	1.78	4.70	0.80	1.73	0.79	0.87	0.408
			4		3.590	2.818	0.180	11.45	1.79	3.03	3.76	1.02	1.37	23.39	1.82	6.33	0.85	2.23	0.79	1.13	0.408

续表

角钢号数	尺寸/mm B	b	d	r	截面面积/cm^2	理论重量/$(kg \cdot m^{-1})$	外表面积/$(m^2 \cdot m^{-1})$	x-x I_x/cm^4	i_x/cm	W_x/cm^3	y-y I_y/cm^4	i_y/cm	W_y/cm^3	x_1-x_1 I_{x1}/cm^4	y_0/cm	y_1-y_1 I_{y1}/cm^4	x_0/cm	u-u I_u/cm^4	i_u/cm	W_u/cm^3	$\tan\alpha$
5.6/3.6	56	36	5	6	4.415	3.466	0.180	13.86	1.77	3.71	4.49	1.01	1.65	29.25	1.87	7.94	0.88	2.67	0.78	1.36	0.404
6.3/4	63	40	4	7	4.058	3.185	0.202	16.49	2.02	3.87	5.23	1.14	1.70	33.30	2.04	8.63	0.92	3.12	0.88	1.40	0.398
			5		4.993	3.920	0.202	20.02	2.00	4.74	6.31	1.12	2.71	41.63	2.08	10.86	0.95	3.76	0.87	1.71	0.396
			6		5.908	4.638	0.201	23.36	1.96	5.59	7.29	1.11	2.43	49.98	2.12	13.12	0.99	4.34	0.86	1.99	0.393
			7		6.802	5.339	0.201	26.53	1.98	6.40	8.24	1.10	2.78	58.07	2.15	15.47	1.03	4.97	0.86	2.29	0.389
7/4.5	70	45	4	7.5	4.547	3.570	0.226	23.17	2.26	4.86	7.55	1.29	2.17	45.92	2.24	12.26	1.02	4.40	0.98	1.77	0.410
			5		5.609	4.403	0.225	27.95	2.23	5.92	9.13	1.28	2.65	57.10	2.28	15.39	1.06	5.40	0.98	2.19	0.407
			6		6.647	5.218	0.225	32.54	2.21	6.95	10.62	1.26	3.12	68.35	2.32	18.58	1.09	6.35	0.98	2.59	0.404
			7		7.657	6.011	0.225	37.22	2.20	8.03	12.01	1.25	3.57	79.99	2.36	21.84	1.13	7.16	0.97	2.94	0.402
(7.5/5)	75	50	5	8	6.125	4.808	0.245	34.86	2.39	6.83	12.61	1.44	3.30	70.00	2.40	21.04	1.17	7.41	1.10	2.74	0.435
			6		7.260	5.699	0.245	41.12	2.38	8.12	14.70	1.42	3.88	84.30	2.44	25.37	1.21	8.54	1.08	3.19	0.435
			8		9.467	7.431	0.245	52.39	2.35	10.52	18.53	1.40	4.99	112.50	2.52	34.23	1.29	10.87	1.07	4.10	0.429
			10		11.590	9.098	0.244	62.71	2.33	12.79	21.96	1.38	6.04	140.80	2.60	43.43	1.36	13.10	1.06	4.99	0.423
8/5	80	50	5	8	6.375	5.005	0.255	41.96	2.56	7.78	12.82	1.42	3.32	85.21	2.60	21.06	1.14	7.66	1.10	2.74	0.388
			6		7.560	5.935	0.255	49.49	2.56	9.25	14.95	1.41	3.91	102.53	2.65	25.41	1.18	8.85	1.08	3.20	0.387
			7		8.724	6.848	0.255	56.16	2.54	10.58	16.96	1.39	4.48	119.33	2.69	29.82	1.21	10.18	1.08	3.70	0.384
			8		9.867	7.745	0.254	62.83	2.52	11.92	18.85	1.38	5.03	136.41	2.73	34.32	1.25	11.38	1.07	4.16	0.381

型号			d	r																	
9/5.6	90	56	5	9	7.212	5.661	0.287	60.45	2.90	9.92	1.59	18.32	4.21	121.32	2.91	29.53	1.25	10.98	1.23	3.49	0.385
			6		8.557	6.717	0.286	71.03	2.88	11.74	1.58	21.42	4.96	145.59	2.95	35.58	1.29	12.90	1.23	4.13	0.384
			7		9.880	7.756	0.286	81.01	2.86	13.49	1.57	24.36	5.70	169.66	3.00	41.71	1.33	14.67	1.22	4.72	0.382
			8		11.183	8.779	0.286	91.03	2.85	15.27	1.56	27.15	6.41	194.17	3.04	47.93	1.36	16.34	1.21	5.29	0.380
10/6.3	100	63	6	10	9.617	7.550	0.320	99.06	3.21	14.64	1.79	30.94	6.35	199.71	3.24	50.50	1.43	18.42	1.38	5.25	0.394
			7		11.111	8.722	0.320	113.45	3.29	16.88	1.78	35.26	7.29	233.00	3.28	59.14	1.47	21.00	1.38	6.02	0.393
			8		12.584	9.878	0.319	127.37	3.18	19.08	1.77	39.39	8.21	266.32	3.32	67.88	1.50	23.50	1.37	6.78	0.391
			10		15.467	12.142	0.319	153.81	3.15	23.32	1.74	47.12	9.98	333.06	3.40	85.73	1.58	28.33	1.35	8.24	0.387
10/8	100	80	6	10	10.637	8.350	0.354	107.04	3.17	15.19	2.40	61.24	10.16	199.83	2.95	102.68	1.97	31.65	1.72	8.37	0.627
			7		12.301	9.656	0.354	122.73	3.16	17.52	2.39	70.08	11.71	233.20	3.00	119.98	2.01	36.17	1.72	9.60	0.626
			8		13.944	10.946	0.353	137.92	3.14	19.81	2.37	78.58	13.21	266.61	3.04	137.37	2.05	40.58	1.71	10.80	0.625
			10		17.167	13.476	0.353	166.87	3.12	24.24	2.35	94.65	16.12	333.63	3.12	172.48	2.13	49.10	1.69	13.12	0.622
11/7	110	70	6	10	10.637	8.350	0.354	133.37	3.54	17.85	2.01	42.92	7.90	265.78	3.53	69.08	1.57	25.36	1.54	6.53	0.403
			7		12.301	9.656	0.354	153.00	3.53	20.60	2.00	49.01	9.09	310.07	3.57	80.82	1.61	28.95	1.53	7.50	0.402
			8		13.944	10.946	0.353	172.04	3.51	23.30	1.98	54.87	10.25	354.39	3.62	92.70	1.65	32.45	1.53	8.45	0.401
			10		17.167	13.476	0.353	208.39	3.48	28.54	1.96	65.88	12.48	443.13	3.70	116.83	1.72	39.20	1.51	10.29	0.397
12.5/8	125	80	8	11	14.096	11.066	0.403	227.98	4.02	26.86	2.30	74.42	12.01	454.99	4.01	120.32	1.80	43.81	1.76	9.92	0.408
			10		15.989	12.551	0.403	256.77	4.01	30.41	2.28	83.49	13.56	519.99	4.06	137.85	1.84	49.15	1.75	11.18	0.407
			12		19.712	15.474	0.402	312.04	3.98	37.33	2.26	100.67	16.56	650.09	4.14	173.40	1.92	59.45	1.74	13.64	0.404
			14		23.351	18.330	0.402	364.41	3.95	44.01	2.24	116.67	19.43	780.39	4.22	209.67	2.00	69.35	1.72	16.01	0.400
14/9	140	90	8	12	18.038	14.160	0.453	365.64	4.50	38.48	2.59	120.69	17.34	730.53	4.50	195.79	2.04	70.83	1.98	14.31	0.411
			10		22.261	17.475	0.452	445.50	4.47	47.31	2.56	146.03	21.22	913.20	4.58	245.92	2.12	85.82	1.96	17.48	0.409

续表

角钢号数	尺寸/mm				截面面积/cm²	理论重量/(kg·m⁻¹)	外表面积/(m²·m⁻¹)	参考数值												
	B	b	d	r				x-x			y-y			x_1-x_1		y_1-y_1		u-u			
								I_x/cm^4	i_x/cm	W_x/cm^3	I_y/cm^4	i_y/cm	W_y/cm^3	I_{x1}/cm^4	y_0/cm	I_{y1}/cm^4	x_0/cm	I_u/cm^4	i_u/cm	W_u/cm^3	$\tan\alpha$
14/9	140	90	12	12	26.400	20.724	0.451	521.59	4.44	55.87	169.79	2.54	24.95	1096.09	4.66	296.89	2.19	100.21	1.95	20.54	0.406
			14		30.456	23.908	0.451	594.10	4.42	64.18	192.10	2.51	28.54	1279.26	4.74	348.82	2.27	114.13	1.94	23.52	0.403
16/10	160	100	10	13	25.315	19.872	0.512	668.69	5.14	62.13	205.03	2.85	26.56	1362.89	5.24	336.59	2.28	121.74	2.19	21.92	0.390
			12		30.054	23.592	0.511	784.91	5.11	73.49	239.06	2.82	31.28	1635.56	5.32	405.94	2.36	142.33	2.17	25.79	0.388
			14		34.709	27.247	0.510	896.30	5.08	84.56	271.20	2.80	35.83	1908.50	5.40	476.42	2.43	162.23	2.16	29.56	0.385
			16		39.281	30.835	0.510	1003.04	5.05	95.33	301.60	2.77	40.24	2181.79	5.48	548.22	2.51	182.57	2.16	33.44	0.382
18/11	180	110	10	14	28.373	22.273	0.571	956.25	5.80	78.96	278.11	3.13	32.49	1940.40	5.89	447.22	2.44	166.50	2.42	26.88	0.376
			12		33.712	26.464	0.571	1124.72	5.78	93.53	325.03	3.10	38.32	2328.38	5.98	538.94	2.52	194.87	2.40	31.66	0.374
			14		38.967	30.589	0.570	1286.91	5.75	107.76	369.55	3.08	43.97	2716.60	6.06	631.95	2.59	222.30	2.39	36.32	0.372
			16		44.139	34.649	0.569	1443.06	5.72	121.64	411.85	3.06	49.44	3105.15	6.14	726.46	2.67	248.94	2.38	40.87	0.369
20/12.5	200	125	12	14	37.912	29.761	0.641	1570.90	6.44	116.73	483.16	3.57	49.99	3193.85	6.54	787.74	2.83	285.79	2.74	41.23	0.392
			14		43.867	34.436	0.640	1800.97	6.41	134.65	550.83	3.54	57.44	3726.17	6.62	922.47	2.91	326.58	2.73	47.34	0.390
			16		49.739	39.045	0.639	2023.35	6.38	152.18	615.44	3.52	64.69	4258.86	6.70	1058.86	2.99	366.21	2.71	53.32	0.388
			18		55.526	43.588	0.639	2238.30	6.35	169.33	677.19	3.49	71.74	4792.00	6.78	1197.13	3.06	404.83	2.70	59.18	0.385

注:1. $r_1 = \frac{1}{3}d$;

2. 角钢长度:2.5/1.6 ~ 5.6/3.6 号,长 3 ~ 9 m;6.3/4 ~ 9/5.6 号,长 4 ~ 12 m;10/6.3 ~ 14/9 号,长 4 ~ 19 m;16/10 ~ 20/12.5 号,长 6 ~ 19 m。

3. 一般采用材料:Q215,Q235,Q275,Q235F。

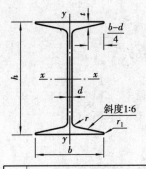

3. 热轧普通工字钢（GB 706—65）

符号意义：

h——高度；　　　　　　r_1——腿端圆弧半径；

b——腿宽；　　　　　　I——惯性矩；

d——腰厚；　　　　　　W——截面系数；

t——平均腿厚；　　　　i——惯性半径；

r——内圆弧半径；　　　S——半截面的静力矩。

型号	尺寸/mm						截面面积/cm²	理论重量/(kg·m⁻¹)	参 考 数 值						
									x-x				y-y		
	h	b	d	t	r	r_1			I_x/cm⁴	W_x/cm³	i_x/cm	$I_x:S_x$/cm	I_y/cm⁴	W_y/cm³	i_y/cm
10	100	68	4.5	7.6	6.5	3.3	14.3	11.2	245	49	4.14	8.59	33	9.72	1.52
12.6	126	74	5	8.4	7	3.5	18.1	14.2	488.43	77.529	5.195	10.85	46.906	12.677	1.609
14	140	80	5.5	9.1	7.5	3.8	21.5	16.9	712	102	5.76	12	64.4	16.1	1.73
16	160	88	6	9.9	8	4	26.1	20.5	1 130	141	6.58	13.8	93.1	21.2	1.89
18	180	94	6.5	10.7	8.5	4.3	30.6	24.1	1 660	185	7.36	15.4	122	26	2
20a	200	100	7	11.4	9	4.5	35.5	27.9	2 370	237	8.15	17.2	158	31.5	2.12
20b	200	102	9	11.4	9	4.5	39.5	31.1	2 500	250	7.96	16.9	169	33.1	2.06
22a	220	110	7.5	12.3	9.5	4.8	42	33	3 400	309	8.99	18.9	225	40.9	2.31
22b	220	112	9.5	12.3	9.5	4.8	46.4	36.4	3 570	325	8.78	18.7	239	42.7	2.27
25a	250	116	8	13	10	5	48.5	38.1	5 023.54	401.88	10.18	21.58	280.046	48.283	2.403
25b	250	118	10	13	10	5	53.5	42	5 283.96	422.72	9.938	21.27	309.297	52.423	2.404
28a	280	122	8.5	13.7	10.5	5.3	55.45	43.4	7 114.14	508.15	11.32	24.62	345.051	56.565	2.495
28b	280	124	10.5	13.7	10.5	5.3	61.05	47.9	7 480	534.29	11.08	24.24	379.496	61.209	2.493
32a	320	130	9.5	15	11.5	5.8	67.05	52.7	11 075.5	692.2	12.84	27.46	459.93	70.758	2.619
32b	320	132	11.5	15	11.5	5.8	73.45	57.7	11 621.4	726.33	12.58	27.09	501.53	75.989	2.614
32c	320	134	13.5	15	11.5	5.8	79.95	62.8	12 167.5	760.47	12.34	26.77	543.81	81.166	2.608
36a	360	136	10	15.8	12	6	76.3	59.9	15 760	875	14.4	30.7	552	81.2	2.69
36b	360	138	12	15.8	12	6	83.5	65.6	16 530	919	14.1	30.3	582	84.3	2.64
36c	360	140	14	15.8	12	6	90.7	71.2	17 310	962	13.8	29.9	612	87.4	2.6
40a	400	142	10.5	16.5	12.5	6.3	86.1	67.6	21 720	1 090	15.9	34.1	660	93.2	2.77
40b	400	144	12.5	16.5	12.5	6.3	94.1	73.8	22 780	1 140	15.6	33.6	692	96.2	2.71
40c	400	146	14.5	16.5	12.5	6.3	102	80.1	23 850	1 190	15.2	33.2	727	99.6	2.65
45a	450	150	11.5	18	13.5	6.8	102	80.4	32 240	1 430	17.7	38.6	855	114	2.89
45b	450	152	13.5	18	13.5	6.8	111	87.4	33 760	1 500	17.4	38	894	118	2.84
45c	450	154	15.5	18	13.5	6.8	120	94.5	35 280	1 570	17.1	37.6	938	122	2.79
50a	500	158	12	20	14	7	119	93.6	46 470	1 860	19.7	42.8	1 120	142	3.07
50b	500	160	14	20	14	7	129	101	48 560	1 940	19.4	42.4	1 170	146	3.01
50c	500	162	16	20	14	7	139	109	50 640	2 080	19	41.8	1 220	151	2.96
56a	560	166	12.5	21	14.5	7.3	135.25	106.2	65 585.6	2 342.31	22.02	47.73	1 370.16	165.08	3.182
56b	560	168	14.5	21	14.5	7.3	146.45	115	68 512.5	2 446.69	21.63	47.17	1 486.75	174.25	3.162
56c	560	170	16.5	21	14.5	7.3	157.85	123.9	71 439.4	2 551.41	21.27	46.66	1 558.39	183.34	3.158
63a	630	176	13	22	15	7.5	154.9	121.6	93 916.2	2 981.47	24.62	54.17	1 700.55	193.24	3.314
63b	630	178	15	22	15	7.5	167.5	131.5	98 083.6	3 163.98	24.2	53.51	1 812.07	203.6	3.289
63c	630	180	17	22	15	7.5	180.1	141	102 251.1	3 298.42	23.82	52.92	1 924.91	213.88	3.268

注：1. 工字钢长度：10～18 号，长 5～19 m；20～63 号，长 6～19 m。

　　2. 一般采用材料 Q215、Q235、Q275、Q235F。

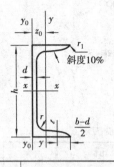

斜度10%

4. 热轧普通槽钢（GB 707—65）

符号意义：

h——高度；　　　　　　r_1——腿端圆弧半径；

b——腿宽；　　　　　　I——惯性矩；

d——腰厚；　　　　　　W——截面系数；

t——平均腿厚；　　　　i——惯性半径；

r——内圆弧半径；　　　z_0——y-y 与 y_0-y_0 轴线间距离。

型号	尺寸/mm						截面面积/cm²	理论重量/(kg·m⁻¹)	参 考 数 值							
									x-x			y-y			y_0-y_0	
	h	b	d	t	r	r_1			W_x/cm³	I_x/cm⁴	i_x/cm	W_s/cm³	I_y/cm⁴	i_y/cm	I_{y0}/cm⁴	z_0/cm
5	50	37	4.5	7	7	3.5	6.93	5.44	10.4	26	1.94	3.55	3.3	1.1	20.9	1.35
6.3	63	40	4.8	7.5	7.5	3.75	8.444	6.63	16.123	50.786	2.453		11.872	1.185	28.38	1.36
8	80	43	5	8	8	4	10.24	8.04	25.3	101.3	3.15	5.79	16.6	1.27	37.4	1.43
10	100	48	5.3	8.5	8.5	4.25	12.74	10	39.7	198.3	3.95	7.8	25.6	1.41	54.9	1.52
12.6	126	53	5.5	9	9	4.5	15.69	12.37	62.137	391.466	4.953	10.242	37.99	1.567	77.09	1.59
14a	140	58	6	9.5	9.5	4.75	18.51	14.53	80.5	563.7	5.52	13.01	53.2	1.7	107.1	1.71
14b	140	60	8	9.5	9.5	4.75	21.31	16.73	87.1	609.4	5.35	14.12	61.1	1.69	120.6	1.67
16a	160	63	6.5	10	10	5	21.95	17.23	108.3	866.2	6.28	16.3	73.3	1.83	144.1	1.8
16	160	65	8.5	10	10	5	25.15	19.74	116.8	934.5	6.1	17.55	83.4	1.82	160.8	1.75
18a	180	68	7	10.5	10.5	5.25	25.69	20.17	141.4	1 272.7	7.04	20.03	98.6	1.96	189.7	1.88
18	180	70	10.5	10.5	10.5	5.25	29.29	22.99	152.2	1 369.9	6.84	21.52	111	1.95	210.1	1.84
20a	200	73	7	11	11	5.5	28.83	22.63	178	1 780.4	7.86	24.2	128	2.11	244	2.01
20	200	75	9	11	11	5.5	32.83	25.77	191.4	1 913.7	7.64	25.88	143.6	2.09	268.4	1.95
22a	220	77	7	11.5	11.5	5.75	31.84	24.99	217.6	2 393.9	8.67	28.17	157.8	2.23	298.2	2.1
22	220	79	9	11.5	11.5	5.75	36.24	28.45	233.8	2 571.4	8.42	30.05	176.4	2.21	326.3	2.03
25a	250	78	7	12	12	6	34.91	27.47	269.597	3 369.62	9.823	30.607	175.529	2.243	322.256	2.065
25b	250	80	9	12	12	6	39.91	31.39	282.402	3 530.04	9.405	32.657	196.421	2.218	353.187	1.982
25c	250	82	11	12	12	6	44.91	35.32	295.236	3 690.45	9.065	35.926	218.415	2.206	384.133	1.921
28a	280	82	7.5	12.5	12.5	6.25	40.02	31.42	340.328	4 764.59	10.91	35.718	217.989	2.333	387.566	2.097
28b	280	84	9.5	12.5	12.5	6.25	45.62	35.81	366.46	5 130.45	10.6	37.929	242.144	2.304	427.589	2.016
28c	280	86	11.5	12.5	12.5	6.25	51.22	40.21	392.594	5 496.32	10.35	40.301	267.602	2.286	462.597	1.951
32a	320	88	8	14	14	7	48.7	38.22	474.879	7 598.06	12.49	46.473	304.787	2.502	552.31	2.242
32b	320	90	10	14	14	7	55.1	43.25	509.012	8 144.2	12.15	49.157	336.332	2.471	592.933	2.158
32c	320	92	12	14	14	7	61.5	48.33	543.145	8 690.33	11.88	52.642	374.175	2.467	643.299	2.092
36a	360	96	9	16	16	8	60.89	47.8	659.7	11 874.2	13.97	63.54	455	2.73	818.4	2.44
36b	360	98	11	16	16	8	68.09	53.45	702.9	12 651.8	13.63	66.85	496.7	2.7	880.4	2.37
36c	360	100	13	16	16	8	75.29	50.1	746.1	13 429.4	13.36	70.02	536.4	2.67	947.9	2.34
40a	400	100	10.5	18	18	9	75.05	58.91	878.9	17 577.9	15.30	78.83	592	2.81	1 067.7	2.49
40b	400	102	12.5	18	18	9	83.05	65.19	932.2	18 644.5	14.98	82.52	640	2.78	1 135.6	2.44
40c	400	104	14.5	18	18	9	91.05	71.47	985.6	19 711.2	14.71	86.19	687.8	2.75	1 220.7	2.42

注：1. 槽钢长度：5~8 号，长 5~12 m；10~18 号，长 5~19 m；20~40 号，长 6~19 m。

2. 一般采用材料：Q215、Q235、Q275、Q235F。

习题答案

第1篇　静力学

第1章

1.7　$M_x = 254.6\ kN \cdot m, M_y = 0, M_z = -127.3\ kN \cdot m$。

1.8　$M_x = 70.7\ N \cdot m, M_y = -200.6\ N \cdot m, M_z = 53.0\ N \cdot m$。

第2章

2.1　$F_R = 4\sqrt{2}\ N, \alpha = 45°$，合力作用线过 A 点。

2.2　$(1) F_R' = 150\ N, M_O = 900\ N \cdot m; (2) F_R = 150\ N, y = -6\ mm$。

2.3　力偶，$M = \dfrac{\sqrt{3}}{2}Fl$，逆时针。$x_C = y_C = \dfrac{2a}{3(4-\pi)}$

2.4　力偶，$M = \sqrt{19}Fa, \cos \alpha = \cos \beta = -\dfrac{3}{\sqrt{19}}, \cos \gamma = -\dfrac{1}{\sqrt{19}}$。

2.5　$a = b + c$。

2.6　合力，$F_R = 200\ N$，与 y 轴平行。

2.7　$\boldsymbol{F}_R' = -345.4\boldsymbol{i} + 249.6\boldsymbol{j} + 10.55\boldsymbol{k}(N), \boldsymbol{M}_O = -51.78\boldsymbol{i} - 36.65\boldsymbol{j} + 103.6\boldsymbol{k}(N \cdot m)$。

2.8　力螺旋，$F_R = 200\ N$，与 y 轴平行、向下，$M = 200\ N \cdot m$。

2.9　合力，$F_R = 25\ kN$，向下，平行力系中心$(4.2, 5.4, 0)$。

2.10　$x_C = y_C = 0, z_C = \dfrac{1}{3}h$。

2.11　$x_C = 1.67\ m, y_C = 2.15\ m$。

2.12　$x_C = y_C = \dfrac{2a}{3(4-\pi)}$。

第 3 章

3.1 $F_{AB} = -0.141\ 4$ kN, $F_{AC} = 3.15$ kN。

3.2 $\varphi = \dfrac{\pi}{2} - \alpha, OA = l \sin \alpha$。

3.3 $F_D = \dfrac{Fl}{2h}$。

3.4 $\alpha = 30°$。

3.5 $F_{AB} = 580$ N(压), $F_{AC} = 320$ N, $F_{AD} = 240$ N。

3.6 $F_{N_A} = F_{N_B} = \dfrac{\sqrt{2}Fa}{l}$。

3.7 $F = W, F_{N_A} = F_{N_B} = \dfrac{Wa}{b}, F_{N_E} = 0$。

3.8 (a) $F_{Ax} = 50$ kN, $F_{Ay} = 0, F_{N_B} = 50$ kN; (b) $F_{Ax} = M/f, F_{Ay} = 0; F_{Bx} = M/f, F_{By} = 0$。

3.9 $M_2 = 100$ N · m, $M_3 = 141$ N · m。

3.10 $M_{Ax} = -250$ N · m, $M_{Ay} = 123.223$ N · m, $M_{Az} = -16.506$ N · m。

3.11 $F_{Ax} = 2.4$ kN, $F_{Ay} = 1.2$ kN, $F_{BC} = 848$ N。

3.12 $F_1 = 14.6$ kN, $F_2 = -8.75$ kN, $F_3 = 11.7$ kN。

3.13 $F_{Ax} = 2\ 083$ N, $F_{Ay} = 2\ 083$ N, $M_A = -1\ 178$ N · m, $F_{Dx} = 0, F_{Dy} = -1\ 400$ N。

3.14 $W_1 = 2W\left(1 - \dfrac{r}{a}\right)$。

3.15 (a) $F_{Ay} = -2.5$ kN, $F_{N_B} = 15$ kN, $F_{Cy} = 2.5$ kN, $F_{N_D} = 2.5$ kN; (b) $F_{Ay} = 2.5$ kN, $M_A = 10$ kN · m, $F_{By} = 2.5$ kN, $F_{N_C} = 1.5$ kN。

3.16 $F_{Ax} = -1.75$ kN, $F_{Ay} = 0.5$ kN, $F_{Bx} = 1.75$ kN, $F_{By} = 0.5$ kN。

3.17 $F_{Ax} = 7.69$ kN, $F_{Ay} = 57.69$ kN, $F_{Bx} = -57.69$ kN, $F_{By} = 142.3$ kN, $F_{Cx} = -57.69$ kN, $F_{Cy} = 42.31$ kN。

3.18 $F_1 = F_5 = -F, F_3 = F, F_2 = F_4 = F_6 = 0$。

3.19 $F_T = 0.144W, F_{N_A} = 0.25W, F_{Bx} = -0.144W, F_{By} = -0.25W, F_{Bz} = W$。

3.20 $F_{T_2} = 2F'_{T_2} = 4\ 000$ N, $F_{Ax} = -6\ 375$ N, $F_{Az} = 1\ 399$ N, $F_{Bx} = -4\ 125$ N, $F_{Bz} = 3\ 897$ N。

3.21 (a) $F_1 = -2.598F, F_2 = 0.432F, F_3 = 2.382F$; (b) $F_1 = 0.667F, F_2 = -0.833F, F_3 = F$。

3.22 (a) $F_1 = 0, F_2 = -F/3, F_3 = -1.5F$; (b) $F_1 = -1.5F, F_2 = F, F_3 = 2.236F$。

3.23 $M = 1\ 711$ N · cm。

3.24 (1) $F_2 \geqslant F_1 \tan(\alpha + \varphi_m)$; (2) $\alpha \leqslant \varphi_m$。

3.25 $b \leqslant 11$ cm。

3.26 34 N $\leqslant F \leqslant 85$ N。

3.27 当 40.23 kN $\leqslant W_1 \leqslant 104.2$ kN 时,箱体处于平衡状态。

第 2 篇　材料力学

第 5 章

5.8　$\sigma_1 = 127$ MPa，$\sigma_2 = 63.7$ MPa。

5.9　$\sigma_1 = 175$ MPa，$\sigma_2 = 350$ MPa。

5.10　$\sigma_{30°} = 37.5$ MPa，$\tau_{30°} = 21.6$ MPa；

　　　$\sigma_{45°} = 25$ MPa，$\tau_{45°} = 25$ MPa。

5.11　$\alpha_1 = 19°54'$，$\sigma_{\alpha 1} = 44.2$ MPa。

　　　$\alpha_2 = 70°6'$，$\sigma_{\alpha 2} = 5.79$ MPa。

5.12　$\sigma_{max} = 58$ MPa，$\tau_{max} = 29$ MPa。

5.13　$b \geqslant 116$ mm，$h \geqslant 162$ mm。

5.14　$d \geqslant 20$ mm，$a \geqslant 84.1$ mm。

5.15　AB——1 094 mm²，No. 10 槽钢，

　　　AC——3 500 mm²，No. 20a 工字钢。

5.16　$\left[F_\text{P}\right] = 97.1$ kN。

5.17　$\Delta l = -0.20$ mm（缩短）。

5.18　$\sigma_{AB} = \sigma_{CD} = -200$ MPa，$\sigma_{CB} = 0$，$\Delta l_{AD} = 0.19$ mm。

5.19　$F_\text{P} = 20$ kN，$\sigma_{max} = 16$ MPa。

5.20　(a)$x_\text{A} = \dfrac{2F_\text{P}l}{EA}$，$y_\text{A} = 0$。　(b)$x_\text{A} = (1 + 2\sqrt{2})\dfrac{F_\text{P}a}{EA}$，$y_\text{A} = \dfrac{F_\text{P}a}{EA}$。

5.21　$\alpha = 26.6°$，$F_\text{P} = 50$ kN。

5.22　$\left[q\right] = 444$ kN/m，$t = 0.98$ m。

5.23　(1)$\sigma = 76$ MPa，$n = 3.95$，(2)16 个。

5.24　AC 杆：2L80 × 80 × 7，CD 杆：2L75 × 75 × 6。

5.25　$\alpha = 45°$。

5.26　$l \leqslant \dfrac{A[\sigma] - F_\text{P}}{\gamma A}$，$\Delta l = \dfrac{A^2 [\sigma]^2 - F_\text{P}^2}{2EA^2 \gamma}$。

5.27　$K = 0.729$ kN/m²，$\Delta l = 1.97$ mm。

5.28　$\Delta l = \dfrac{F_\text{P}l}{Et(b_2 - b_1)} \ln \dfrac{b_2}{b_1}$。

5.29　$x = \dfrac{6}{7}a$。

5.30　$F_\text{P} = 698$ kN。

5.31　$\sigma_1 = 10$ MPa，$\sigma_2 = 40$ MPa。

5.32　$F_1 = 13.65$ kN，$F_2 = 4.09$ kN。

5.33　$\sigma_1 = 66.6$ MPa，$\sigma_2 = 133.2$ MPa。

5.34　$\left[F_\text{P}\right] = 24$ kN。

5.35 $F_{N_1} = \dfrac{F_P}{5}$(柱),$F_{N_2} = \dfrac{2}{5}F_P$(压)。

5.36 $F_{Ay} = \dfrac{F_P}{12}$,$F_{By} = \dfrac{7}{12}F_P$,$F_{Cy} = \dfrac{F_P}{3}$。

5.37 $F_{N_{AB}} = \dfrac{\cos^2\alpha}{\cos^3\alpha + \cos^3\beta}F_P$,$F_{N_{AC}} = \dfrac{\cos^2\beta}{\cos^3\alpha + \cos^3\beta}F_P$。

5.38 $F_{N_1} = F_{N_3} = 5.33$ kN,$F_{N_2} = -10.67$ kN。

5.39 $\sigma_1 = \dfrac{E_1 DF_P}{2t(E_1 + E_2)}$,$\sigma_2 = \dfrac{E_2 DF_P}{2t(E_1 + E_2)}$。

5.40 (a)$\sigma_{max} = 131$ MPa,(b)$\sigma_{max} = 78.8$ MPa。

5.41 $\sigma_{BC} = 30.3$ MPa,$\sigma_{BD} = -26.2$ MPa。

5.42 $\sigma = 44.3$ MPa。

5.43 $\sigma_1 = -34.7$ MPa,$\sigma_2 = -58.5$ MPa。

第6章

6.2 $d \geqslant 39.9$ mm。

6.3 $d \geqslant 50$ mm,$b \geqslant 100$ mm。

6.4 $F_{Pmax} = 420$ N。

6.5 $\dfrac{d}{h} = 2.64$。

6.6 $\tau = 15.9$ MPa$< [\tau]$,安全。

6.7 $\tau = 132$ MPa,$\sigma_c = 176$ MPa,$\sigma = 140$ MPa;安全。

6.8 $d = 2.24$ mm。

6.9 $\tau = 99.5$ MPa,$\sigma_c = 125$ MPa,$\sigma = 125$ MPa;安全。

6.10 $F_{Pmax} = 822$ kN。

6.11 $M_e = 145$ N·m。

第7章

7.1 (a)$y_c = 56.7$ mm,(b)$y_c = 65$ mm。

7.2 $S_z = \dfrac{b}{2}\left(\dfrac{h^2}{4} - y^2\right)$。

7.3 $y_c = \dfrac{2d}{3\pi}$,$S_z = \dfrac{d^3}{12}$。

7.4 $I_z = \dfrac{2}{15}ah^3$。

7.5 (a)$y_c = 260.4$ mm,$I_z = 1\ 189 \times 10^3$ cm^4,$I_y = 619 \times 10^3$ cm^4。

(b)$y_c = 103$ mm,$I_y = 2\ 340$ cm^4,$I_z = 3\ 910$ cm^4。

7.6 $y_c = 154$ mm,$I_z = 5\ 835$ cm^4。

7.7 (a)$I_z = 764$ cm^4,(b)$I_z = 7\ 347$ cm^4。

7.8 $b = 111.2$ mm。

第 8 章

8.7 (a)$M_{x_1} = -2\ \text{kN} \cdot \text{m}, M_{x_2} = -2\ \text{kN} \cdot \text{m}, M_{x_3} = 3\ \text{kN} \cdot \text{m}$。

(b)$M_{x_1} = -20\ \text{kN} \cdot \text{m}, M_{x_2} = -10\ \text{kN} \cdot \text{m}, M_{x_3} = 20\ \text{kN} \cdot \text{m}$。

8.8 $d \geqslant 73.5\ \text{mm}$。

8.9 $d \geqslant 67.2\ \text{mm}$。

8.10 $\tau_{max} = 18.86\ \text{MPa} < [\tau]$,安全。

5.11 $\tau_{max} = 47.5\ \text{MPa} < [\tau], \theta_{max} = 1.7°/\text{m} < [\theta]$,安全。

8.12 $d_1 = 85\ \text{mm}, d_2 = 75\ \text{mm}$。

8.13 实心轴 $d = 23.6\ \text{mm}$;空心轴 $D = 28.2\ \text{mm}, d = 22.6\ \text{mm}$,为实心轴重量的 51%。

8.14 $\tau_{max} = 20.3\ \text{MPa} < [\tau]$,安全。

8.15 $D = 78\ \text{mm}, d = 62.4\ \text{mm}$。

8.16 $\overline{M} = 12.4\ \text{N} \cdot \text{m/m}, \tau_{max} = 36.2\ \text{MPa} < [\tau], \varphi_{AB} = 0.416\ \text{rad}$。

8.17 $\tau_1 = \dfrac{M_e\rho}{I_{p_1} + 2I_{p_2}}, \tau_2 = \dfrac{2M_e\rho}{I_{p_1} + 2I_{p_2}}$。

8.18 $\tau_{max} = 82.7\ \text{MPa} < [\tau]$,安全。

第 9 章

9.5 (a)$F_{Q_1} = -\dfrac{ql}{2}, M_1 = -\dfrac{ql^2}{8}; F_{Q_2} = -\dfrac{ql}{2}, M_2 = -\dfrac{3}{8}ql^2$。

(b)$F_{Q_1} = \dfrac{F_P}{3}, M_1 = \dfrac{2}{9}F_Pl; F_{Q_2} = -\dfrac{2}{3}F_P, M_2 = \dfrac{2}{9}F_Pl$。

(c)$F_{Q_1} = F_P + \dfrac{ql}{2}, M_1 = -\dfrac{F_Pl}{2} - \dfrac{ql^2}{8}; F_{Q_2} = F_P + ql, M_2 = -F_Pl - \dfrac{ql^2}{2}$。

(d)$F_{Q_1} = \dfrac{M_e}{l}, M_1 = \dfrac{M_e}{3}; F_{Q_2} = \dfrac{M_e}{l}, M_2 = -\dfrac{2}{3}M_e$。

(e)$F_{Q_1} = -\dfrac{F_P}{2}, M_1 = -\dfrac{F_Pl}{2}; F_{Q_2} = F_P, M_2 = -\dfrac{F_Pl}{2}$。

(f)$F_{Q_1} = -\dfrac{ql}{2}, M_1 = -\dfrac{ql^2}{8}; F_{Q_2} = \dfrac{ql}{8}, M_2 = -\dfrac{ql^2}{8}$。

9.6 (a)$|F_Q|_{max} = ql, |M|_{max} = \dfrac{ql^2}{2}$。

(b)$|F_Q|_{max} = 200\ \text{N}, |M|_{max} = 950\ \text{N} \cdot \text{m}$。

(c)$|F_Q|_{max} = F_P, |M|_{max} = F_Pa$。

(d)$|F_Q|_{max} = 50\ \text{N}, |M|_{max} = 10\ \text{N} \cdot \text{m}$。

(e)$|F_Q|_{max} = qa, |M|_{max} = \dfrac{qa^2}{2}$。

(f)$|F_Q| = \dfrac{5}{4}qa, |M|_{max} = \dfrac{qa^2}{2}$。

9.7　$M_{max} = \dfrac{F_{P_r}ab}{l} + \dfrac{F_{P_a}ra}{l}$。

9.8　$x = \dfrac{l}{2} - \dfrac{c}{4}, M_{max} = \dfrac{F_P}{2l}\left(l - \dfrac{c}{2}\right)^2$。

9.9　$a = 0.207l$。

9.10　(a) $|F_Q|_{max} = qa, |M|_{max} = qa^2$。

　　　(b) $|F_Q|_{max} = qa, |M|_{max} = \dfrac{5}{4}qa^2$。

　　　(c) $|F_Q|_{max} = \dfrac{5}{4}qa, |M|_{max} = \dfrac{3}{4}qa^2$。

　　　(d) $|F_Q|_{max} = \dfrac{3}{2}qa, |M|_{max} = qa^2$。

　　　(e) $|F_Q|_{max} = 2qa, |M|_{max} = \dfrac{3qa^2}{2}$。

　　　(f) $|F_Q|_{max} = \dfrac{7}{6}qa, |M|_{max} = \dfrac{5}{6}qa^2$。

9.11　(a) $|M|_{max} = \dfrac{3}{4}F_Pa$。

　　　(b) $|M|_{max} = 3 \text{ kN} \cdot \text{m}$。

　　　(c) $|M|_{max} = \dfrac{ql^2}{8}$。

　　　(d) $|M|_{max} = \dfrac{F_Pl}{4}$。

　　　(e) $|M|_{max} = F_Pa$。

　　　(f) $|M|_{max} = \dfrac{3}{2}qa^2$。

9.12　(a) $|F_N|_{max} = 20 \text{ kN}, |F_Q|_{max} = 20 \text{ kN}, |M|_{max} = 20 \text{ kN} \cdot \text{m}$。

　　　(b) $|F_N|_{max} = qa, |F_Q|_{max} = 2qa, |M|_{max} = 3qa^2$。

　　　(c) $|F_N|_{max} = F_P, |F_Q|_{max} = F_P, |M|_{max} = 2F_Pa$。

　　　(d) $|F_N|_{max} = \dfrac{qa}{2}, |F_Q|_{max} = qa, |M|_{max} = \dfrac{qa^2}{2}$。

第 10 章

10.6　$\sigma_{max} = 100 \text{ MPa}$。

10.7　$\sigma_{max}^+ = \sigma_{C下} = 73.7 \text{ MPa}, \sigma_{max}^- = \sigma_{A下} = 147 \text{ MPa}$。

10.8　$b \geqslant 69.3 \text{ mm}, h \geqslant 208 \text{ mm}$。

10.9　$F_P = 56.8 \text{ kN}$。

10.10　$F_P = 44.3 \text{ kN}$。

10.11　$G = 523 \text{ kN}$。

10.12　$F_{P_1} = 1.76 \text{ kN}, F_{P_2} = 7.06 \text{ kN}$。

10.13 $W_z \geqslant 187.5 \text{ cm}^3$,选 I 18。

10.14 最大允许轧制力 $F_P = 910 \text{ kN}$。

10.15 $\sigma_{\max}^+ = 26.4 \text{ MPa} < [\sigma]^+, \sigma_{\max}^- = 52.8 \text{ MPa} < [\sigma]^-$,安全。

10.16 $\tau = 0.374 \text{ MPa} < [\tau]$。

10.17 选 I 12.6。

10.18 $W_z \geqslant 220 \text{ cm}^3$,选 I 20a。

10.19 $\tau = 16.2 \text{ MPa} < [\tau]$,安全。

10.20 $a = b = 2 \text{ m}, F_P = 14.8 \text{ kN}$。

10.21 $a = 1.385 \text{ m}$。

第 11 章

11.5 (a)$\theta_C = \dfrac{M_e l}{EI}$, $y_C = \dfrac{M_e l^2}{2EI}$。

(b)$\theta_C = \dfrac{3F_P l}{8EI}$, $y_C = -\dfrac{5F_P l^2}{48EI}$。

(c)$\theta_A = -\dfrac{M_e l}{6EI}$, $\theta_B = \dfrac{M_e l}{3EI}$, $y_C = -\dfrac{M_e l^2}{16EI}$。

(d)$\theta_A = \dfrac{q l^3}{6EI}$, $y_A = -\dfrac{q l^4}{8EI}$。

11.6 (a)$\theta_C = \dfrac{2M_e a}{EI}$, $y_C = \dfrac{4M_e a^2}{EI}$。

(b)$\theta_A = \dfrac{13q a^3}{6EI}$, $y_A = -\dfrac{71q a^4}{24EI}$。

(c)$\theta_A = \dfrac{M_e a}{6EI}$, $\theta_B = -\dfrac{M_e a}{3EI}$。

(d)$\theta_C = -\dfrac{q l^3}{16EI}$, $y_C = -\dfrac{11q l^4}{384EI}$。

11.7 (a)$x = 0, y = 0; x = l, y = -\dfrac{q l l_1}{2EA}$。

(b)$x = 0, y = 0; x = l, y = -\dfrac{q l}{2k}$。

11.8 $a = \dfrac{2}{3}l$。

11.9 $b = \sqrt{2} a$。

11.10 (a)$y = \dfrac{F_P x^3}{3EI}$。

(b)$y = \dfrac{F_P x^2 (l - x)^2}{3EIl}$。

11.12 (a)$y_A = -\dfrac{F_P l^3}{6EI}$, $\theta_B = -\dfrac{9F_P l^2}{8EI}$。

$$(b) y_A = -\frac{F_P a}{6EI}(3b^2 + 6ab + 2a^2), \qquad \theta_B = \frac{F_P a(2b+a)}{2EI}。$$

$$(c) y_A = -\frac{5ql^4}{768EI}, \qquad \theta_B = \frac{ql^3}{384EI}。$$

$$(d) y_A = \frac{ql^4}{16EI}, \qquad \theta_B = \frac{ql^3}{12EI}。$$

$$(e) y_A = \frac{F_P a}{48EI}(3l^2 - 16al - 16a^2)。$$

$$\theta_B = \frac{F_P}{48EI}(24a^2 + 16al - 3l^2)。$$

$$(f) y_A = \frac{qal^2}{24EI}(5l + 6a), \qquad \theta_B = -\frac{ql^2}{24EI}(5l + 12a)。$$

11. 13 $y = 12.1$ mm $< [y]$，安全。

11. 14 $\theta_A = 3.57 \times 10^{-4}$ rad $< [\theta]$，$\theta_B = 5.72 \times 10^{-4}$ rad $< [\theta]$。

11. 15 $y_C = 8.32$ mm。

11. 16 $|F_Q|_{max} = 0.625ql$, $|M|_{max} = 0.125ql^2$。

11. 17 $l \leqslant 8.6$ m。

11. 18 $F_R = 82.6$ N。

11. 19 $y_D = 5.06$ mm。

11. 20 $(1) y_C = -\frac{5F_P a^3}{6EI}。$

        $(2) F_P \leqslant 6.4$ kN。

11. 21 $y_B = \frac{F_P R^3}{2EI}$（向下），$x_B = 0.356 \frac{F_P R^3}{EI}$（向右）。

11. 22 $\delta_{AB} = \frac{3\pi F R^3}{EI}。$

11. 23 $y_D = \frac{7qa^4}{24EI}$（向下）。

第 12 章

12. 7   (a) $\sigma_\alpha = 35$ MPa，$\tau_\alpha = 60.6$ MPa。

       (b) $\sigma_\alpha = 70$ MPa，$\tau_\alpha = 0$。

       (c) $\sigma_\alpha = 62.5$ MPa，$\tau_\alpha = 21.6$ MPa。

       (d) $\sigma_\alpha = -12.5$ MPa，$\tau_\alpha = 65$ MPa。

12. 8   (a) $\sigma_{max} = 0$，$\sigma_{min} = -50$ MPa，$\tau_{max} = 25$ MPa。

       (b) $\sigma_{max} = 30$ MPa，$\sigma_{min} = -20$ MPa，$\tau_{max} = 25$ MPa。

       (c) $\sigma_{max} = 74.1$ MPa，$\sigma_{min} = 15.9$ MPa，$\tau_{max} = 29.1$ MPa。

       (d) $\sigma_{max} = -4.6$ MPa，$\sigma_{min} = -65.4$ MPa，$\tau_{max} = 30.4$ MPa。

12. 9 $\sigma_1 = 56.1$ MPa，$\sigma_3 = -16.1$ MPa，$\tau_{max} = 36.1$ MPa。

12. 10 $t_{r3} = 7.6$ mm，$t_{r4} = 6.5$ mm。

12. 11　$\sigma_{r3} = 104.7$ MPa。

12. 12　$\sigma_{r3} = 900$ MPa,$\sigma_{r4} = 842$ MPa。

12. 13　$\sigma_1 = 0,\sigma_2 = -19.8$ MPa,$\sigma_3 = -60$ MPa。

12. 14　$\sigma_1 = \sigma_2 = -2.5$ MPa,$\sigma_3 = -10$ MPa。

12. 15　上下边缘 $\sigma_{max} = 99.1$ MPa,中性轴 $\tau_{max} = 57$ MPa,翼橡与腹板交界点。

　　　　$\sigma_{r3} = 122$ MPa,$\sigma_{r4} = 116$ MPa。

12. 16　$\sigma_{r3} = 183$ MPa。

12. 17　$\sigma_{r3} = 100$ MPa。

12. 18　$t = 1.42$ cm。

12. 19　$\sigma_{r3} = 300$ MPa $= [\sigma]$,$\sigma_{r4} = 264$ MPa $< [\sigma]$,安全。

12. 20　$\sigma_{r3} = 900$ MPa,$\sigma_{r4} = 842$ MPa。

12. 21　$\sigma_{rM} = 526$ MPa。

第 13 章

13. 7　$h = 108$ mm,$b = 54$ mm。

13. 8　$\sigma_{max}^+ = \dfrac{8F_P}{a^2}$,　$\sigma_{max}^- = \dfrac{4F_P}{a^2}$。

13. 9　$\sigma_{max} = 129$ MPa $< [\sigma]$。

13. 10　$e = 161$ mm。

13. 11　$\sigma_{max}^+ = 26.9$ MPa $< [\sigma]^+$,$\sigma_{max}^- = 32.3$ MPa $< [\sigma]^-$,安全。

13. 12　矩形坝体 $b = 0.63h$;三角形坝体 $b = 0.89h$。

13. 13　$\sigma_{max}^- = 2.92 \times 10^5$ Pa $< [\sigma]^-$,安全。

13. 14　$F_P = 18.38$ kN,$\delta = 1.785$ mm。

13. 15　$\sigma = \dfrac{4F_P}{n\pi\delta^2} + \dfrac{Ed}{D}$。

13. 16　$t = 2.65$ mm。

13. 17　$F_P = 788$ N。

13. 18　$\sigma_{r3} = 55.6$ MPa 安全。

13. 19　$d = 78.5$ mm。

13. 20　$d = 111$ mm。

13. 21　$d \geqslant 49.4$ mm。

13. 22　$d \geqslant 46$ mm。

13. 23　$\sigma_{r4} = 111.8$ MPa。

13. 24　$\sigma_{r3} = 45.8$ MPa,安全。

13. 25　$\sigma_{r3} = 144$ MPa。

第 14 章

14. 9　$(1)F_{P_{cr}} = 37.8$ kN,$(2)F_{P_{cr}} = 52.6$ kN,$(3)F_{P_{cr}} = 459$ kN。

14. 10　$F_{P_{cr}} = 259$ kN。

14. 11　　$n = 8.28 > n_{st}$ 安全。

14. 12　　$\dfrac{l}{D} = 65 , F_{P_{cr}} = 47.37 D^2$ MN。

14. 13　　$F_{P_{cr}} = 7.41$ MPa。

14. 14　　$F_P = 7.5$ kN。

14. 15　　$n = 6.5 > n_{st}$,安全。

14. 16　　最高温度 $T = 91.7$ ℃。

14. 17　　①杆 $\sigma = 6.75$ MPa $< [\sigma]$,②杆 $n = 2.87 > n_{st}$,安全。

14. 18　　$\theta = \arctan \dfrac{1}{3} = 18.44°$。

14. 19　　$b/h = \dfrac{1}{2} , F_{P_{cr}} = 280$ kN。

14. 20　　$F_{P_{AB}} = 54.5$ kN $, F_{P_{cr}} = 145$ kN $, n = 2.6 > n_{st}$ 　安全。

14. 21　　$[F_P] = 168$ kN。

14. 22　　$f_B = 0.375$ mm $, f'_B = 10.13$ mm。

14. 23　　$[F_P] = 180.3$ kN。

14. 24　　$T = 40$ ℃。

第 15 章

15. 7　　$\sigma_m = 549$ MPa $, \sigma_a = 12$ MPa $, r = 0.957$。

15. 8　　$K_\sigma = 1.55 , K_\tau = 1.26 , \varepsilon_\sigma = 0.77 , \varepsilon_\tau = 0.81$。

15. 9　　$n_\sigma = 1.68$。

15. 10　　$\sigma_a = 65.1$ MPa $, n_\sigma = 2.01 > n$,安全。

15. 11　　$\sigma_{dmax} = \sqrt{\dfrac{3EIv^2 \overline{W}}{gaW^2}}$。

15. 12　　$\sigma_{dmax} = \dfrac{2\overline{W}l}{9W}\left(1 + \sqrt{1 + \dfrac{243EIh}{2\overline{W}l^3}} \right)$。

　　　　　$y_{\frac{l}{2}} = \dfrac{23\overline{W}l^3}{1\,296\overline{W}I}\left(1 + \sqrt{1 + \dfrac{243EIh}{2\overline{W}l^3}} \right)$。

参考文献

[1] 刘鸿文. 材料力学[M]. 3 版. 北京:高等教育出版社,1992.

[2] 马安禧. 材料力学[M]. 2 版. 北京:高等教育出版社,1987.

[3] 胡国华. 材料力学[M]. 重庆:重庆大学出版社,1991.

[4] 刘相臣,等. 静力学与材料力学[M]. 重庆:重庆大学出版社,1990.

[5] 苏翼林. 材料力学[M]. 北京:高等教育出版社,1987.

[6] 俞茂铉、汪惠雄. 材料力学[M]. 北京:高等教育出版社,1986.

[7] 于绥章. 材料力学[M]. 北京:高等教育出版社,1983.

[8] 孙训方,等. 材料力学[M]. 北京:高等教育出版社,1987.

[9] 苏炜. 工程力学[M]. 2 版. 武汉:武汉理工大学出版社,2005.

[10] 边文凤,李晓玲. 工程力学(Ⅰ)[M]. 北京:机械工业出版社,2003.

[11] 周松鹤,徐烈烜. 工程力学(教程篇)[M]. 北京:机械工业出版社,2003.

[12] 张祥东. 理论力学[M]. 2 版. 重庆:重庆大学出版社,2006.

[13] 贾启芬,刘习军. 理论力学[M]. 北京:机械工业出版社,2002.